"十二五"职业教育国家规划教材
经全国职业教育教材审定委员会审定

U0738613

高职高专计算机任务驱动模式教材

计算机网络技术项目教程
（计算机网络管理员级）

于　鹏　丁喜纲　主　编

清华大学出版社
北京

内 容 简 介

本书根据《计算机网络管理员国家职业标准》中对网络管理员（国家职业资格四级）所需具备的基本职业能力要求进行编写，以组建和管理基于 Windows 系统的小型网络为主要工作情境，按照网络工程的实际流程展开，采用任务驱动模式，将计算机网络基础知识综合在各项技能中。读者可以在阅读本书时同步地进行实训，从而掌握计算机网络规划、建设、应用、运行管理及维护等方面的基础知识和技能，形成基本职业能力。

本书可作为网络管理员（国家职业资格四级）职业培训和职业技能鉴定的教材，也可作为大中专院校计算机、网络技术、通信技术、电子商务等专业的教材，以及从事网络建设、管理、维护等工作的技术人员阅读的参考用书。

图书在版编目（CIP）数据

计算机网络技术项目教程.计算机网络管理员级/于鹏，丁喜纲主编.—北京：清华大学出版社，2014（2019.3 重印）

（高职高专计算机任务驱动模式教材）

ISBN 978-7-302-35185-6

Ⅰ. ①计… Ⅱ. ①于… ②丁… Ⅲ. ①计算机网络—高等职业教育—教材 Ⅳ. ①TP393

中国版本图书馆 CIP 数据核字(2014)第 014322 号

责任编辑：张龙卿
封面设计：徐日强
责任校对：刘　静
责任印制：董　瑾

出版发行：清华大学出版社
　　　网　　　址：http://www.tup.com.cn，http://www.wqbook.com
　　　地　　　址：北京清华大学学研大厦 A 座　　　　　邮　　编：100084
　　　社 总 机：010-62770175　　　　　　　　　　　邮　　购：010-62786544
　　　投稿与读者服务：010-62776969，c-service@tup.tsinghua.edu.cn
　　　质量反馈：010-62772015，zhiliang@tup.tsinghua.edu.cn
　　　课件下载：http://www.tup.com.cn,010-62795764

印 装 者：北京国马印刷厂
经　　销：全国新华书店
开　　本：185mm×260mm　　　印　张：24.5　　　字　　数：564 千字
版　　次：2014 年 8 月第 1 版　　　　　　　印　　次：2019 年 3 月第 6 次印刷
定　　价：59.80 元

产品编号：057591-02

前　言

由于计算机网络技术的发展,使得计算机用户可以超越地理位置的限制进行信息传输,人们可以方便地访问网络内所有计算机的公共资源。计算机网络的出现与迅速发展改变了人们的传统生活方式,给人们带来了新的工作、学习及娱乐方式。目前计算机网络已经受到了人们的广泛重视,成为信息产业的重要技术支柱。目前,我国正在大力建设公共数据通信网、发展远程计算机网络,同时,各企事业单位也在建设局域网,以适应和满足办公自动化、企业管理自动化和分布式控制的需要。因此,作为职业院校计算机、网络通信及相关专业的学生,必须掌握计算机网络的基础知识和应用技能,形成相应的职业能力。

职业教育直接面向社会、面向市场,以就业为导向,因此在计算机网络技术课程的教学中,不仅要让学生理解技术原理,更重要的是使学生具备真正的技术应用能力,并为学生今后进行网络工程实践打下基础。本书在编写时从满足经济和技术发展对高素质劳动者和技能型人才的需要出发,紧紧围绕职业教育的培养目标,贯穿了"以职业活动为导向,以职业技能为核心"的理念,结合工程实际,反映岗位需求。本书在编写时着力突出以下特色。

1. 依据国家职业标准

国家职业标准源自生产一线,源自工作过程,具有以职业活动为导向、以职业能力为核心的特点。《国家"十二五"教育发展规划纲要》明确要求职业教育应"构建课程标准与职业资格标准相融合、理论与实践教学一体化的职业教育课程体系,推进学历证书与职业资格证书并重的'双证书'培养模式"。《计算机网络管理员国家职业标准》主要针对从事计算机网络运行、维护工作的人员制定,共设网络管理员、高级网络管理员和网络管理师3个等级。本书内容主要依据《计算机网络管理员国家职业标准》中对网络管理员(国家职业资格四级)需具备的基本职业能力进行编写,力求突出职业特色和岗位特色。

2. 以工作过程为导向,采用任务驱动模式

本书以工作过程为导向,采用任务驱动模式,所有内容以组建和管理

基于 Windows 系统的小型网络为主要工作情境,按照网络工程的实际流程展开,将计算机网络基础知识综合在各项技能中,力求使读者在做中学、在学中做,真正能够利用所学知识解决实际问题,以形成基本的职业能力。

3. 紧密结合教学实际

在计算机网络技术课程的学习中,需要由多台计算机以及交换机、路由器等网络设备构成的网络环境。考虑到读者的实际实验条件,本书选择了具有代表性并且广泛使用的主流技术与产品。另外通过本书提供的拓展单元,读者可以利用 VMware、Cisco Packet Tracer 等虚拟软件在一台计算机上模拟计算机网络环境,完成各种配置和测试。

4. 紧跟行业技术发展

计算机网络技术发展很快,本书着力于当前主流技术和新技术的讲解,吸收了有丰富实践经验的企业技术人员参与教材的编写过程,与企业行业密切联系,使所有内容紧跟行业技术的发展。

本书根据《计算机网络管理员国家职业标准》对网络管理员(国家职业资格四级)需具备的职业能力的要求,以组建和管理基于 Windows 系统的小型网络为主要工作情境,全书共包括 10 个工作单元和 1 个拓展单元。工作单元为认识计算机网络、组建双机互联网络、组建小型办公网络、组建小型无线网络、实现网际互联、接入 Internet、网络应用、网络管理与安全、网络运行维护和网络机房环境管理,拓展单元为使用虚拟软件模拟网络环境。每个单元都有自己要实现的工作目标,由需要读者亲自动手完成的任务组成,各个单元相互联系,涵盖了计算机网络规划、建设、应用、管理和维护的全过程。为了使读者能检查学习效果,每个项目后都附有习题,其中包括一部分历年网络管理员(国家职业资格四级)职业技能鉴定考试中的相关试题。

本书可作为网络管理员(国家职业资格四级)职业培训和职业技能鉴定的教材,也可作为大中专院校计算机、网络技术、通信技术、电子商务等专业的教材,以及从事网络建设、管理、维护等工作的技术人员阅读的参考用书。

本书由于鹏、丁喜纲主编,边金良、宋志鹏、邱海燕、韩秀丽、王柳、赵金芝、白旭霞、廖小晶、张海静、杨文青、张婷、刘未、贾钰洁、马红雁、蒋翮翮、施媛、宋雪莹、王恩惠等也参与了本书部分内容的编写工作,本书在编写过程中得到了各级领导的大力支持,值此致以衷心的感谢。

编者意在奉献给读者一本实用并具有特色的教材,但由于计算机网络技术发展日新月异,加之我们水平有限,难免有错误和不妥之处,敬请广大读者给予批评指正。

编 者

2014 年 1 月

目　录

工作单元 1　认识计算机网络与绘制网络拓扑结构图

计算机网络技术是计算机技术与通信技术相互融合的产物,是计算机应用中一个空前活跃的领域,人们可以借助计算机网络实现信息的交换和共享。如今,计算机网络技术已经深入到人们日常工作、生活的各个角落。本单元的主要目标是认识数据通信系统和计算机网络,认识常见的网络设备和传输介质,了解计算机网络的基本结构,能够利用相关软件绘制网络拓扑结构图。

任务 1.1　认识数据通信系统

【任务目的】

(1) 了解数据通信系统的基本模型;
(2) 了解基本数据传输技术。

【工作环境与条件】

(1) 已经联网并能正常运行的计算机网络;
(2) 已经联网并能正常运行的有线广播、电话、有线电视或其他数据通信系统。

【相关知识】

数据通信是一门独立的学科,它涉及的范围很广,它的任务就是利用通信媒体传输信息。信息就是知识,数据是信息的表现形式,信息是数据的内容。数据通信就是通过传输介质,采用网络、通信技术来使信息数据化以及传输它。计算机使用 0 和 1(即比特)数字信号表示数据,计算机网络中的信息通信与共享是因为这一台计算机中的比特信号要通过网络传送到另一台计算机中去处理或使用。从物理上讲,通信系统只使用传输介质传输电流、无线电波或光信号。

1.1.1　数据通信系统

通信的目的就是传递信息,通信中产生和发送信息的一端叫做信源,接收信息的一端叫做信宿,信源和信宿之间的通信线路称为信道。信息在进入信道时要变换为适合信道传输的形式,在进入信宿时又要变换为适合信宿接受的形式。另外,信息在传输过程中可能会受到外界的干扰,这种干扰称为噪声。

数据通信系统的基本模型如图 1-1 所示。

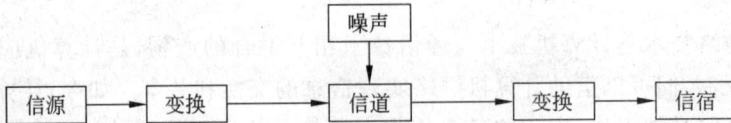

图 1-1　数据通信系统的基本模型

1. 数据与信号

信息一般用数据和信号表示。数据有模拟数据和数字数据两种形式。模拟数据是在一定时间间隔内,连续变化的数据。因为模拟数据具有连续性的特点,所以它可以取无限多个数值。例如声音、电视图像信号等都是连续变化的,都表现为模拟数据。数字数据是表现为离散量的数据,只能取有限个数值。在计算机中一般采用二进制形式,只有 0 和 1 两个数值。在数据通信中,人们习惯将被传输的二进制代码的 0、1 称为码元。

在通信系统中,数据需要转换为信号的形式从一点传到另一点。信号有模拟信号和数字信号两种基本形式。用数字信号进行的传输称为数字传输,用模拟信号进行的传输称为模拟传输。模拟信号是连续变化的、具有周期性的正弦波信号,而数字信号传输的是不连续的、离散的二进制脉冲信号,图 1-2 所示的是两种信号的典型表示。

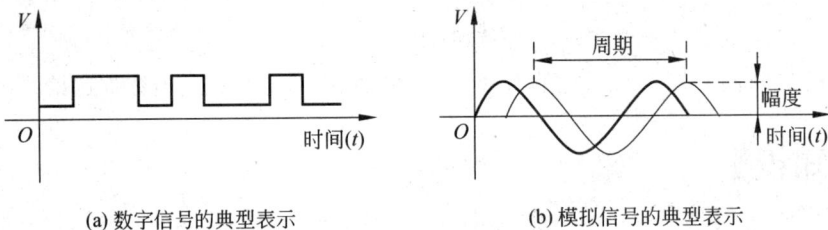

(a) 数字信号的典型表示　　　　　　(b) 模拟信号的典型表示

图 1-2　两种信号的典型表示

数据在计算机中是以离散的二进制数字信号表示的,但在数据通信过程中,它是以数字信号方式表示,还是以模拟信号方式表示,主要取决于选用的通信信道所允许传输的信号类型。如果通信信道不允许直接传输计算机所产生的数字信号,那么就需要在发送端将数字信号变换成模拟信号,在接收端再将模拟信号还原成数字信号,这个过程称为调制解调。

2. 信道

信道是信号传输的通道,主要包括通信设备和传输介质。传输介质可以是有形介质(如电缆、光纤)或无形介质(如传输电磁波的空间)。信道有物理信道和逻辑信道之分。物理信道是指用来传送信号的一种物理通路,由传输介质及有关设备组成。逻辑信道在信号的发送端和接收端之间并不存在一条物理上的传输介质,而是在物理信道的基础上,通过节点设备内部的连接来实现的。

信道可以按多种不同的方法分类,如按照传输介质来分,信道可分为有线信道和无线信道;按照传输信号的种类,信道可分为模拟信道和数字信道;按照使用权限又可分为专用信道和公用信道等。

3. 主要技术指标

数据通信系统的技术指标主要体现在数据传输的质量和数量两方面。质量指信息传输的可靠性,一般用误码率来衡量。而数量指标包括两个,一个是信道的传输能力,用信道容量来表示;另一个指信道上传输信息的速度,相应的指标是数据传输速率。

(1) 数据传输速率

数据传输速率是描述数据传输系统的重要技术指标之一。数据传输速率在数值上等于每秒钟传输所构成数据代码的二进制比特数,单位为比特/秒(bit/second),记做 b/s。对于二进制数据,数据传输速率为:

$$S = \frac{1}{t}(\text{b/s})$$

其中,t 为发送每一比特所需要的时间。例如,如果在通信信道上发送一个比特信号所需要的时间是 0.1ms,那么信道的数据传输速率为 10 000b/s。在实际应用中,常见的数据传输速率单位有：kb/s、Mb/s、Gb/s。其中：$1\text{kb/s} = 10^3\text{b/s}$,$1\text{Mb/s} = 10^6\text{b/s}$,$1\text{Gb/s} = 10^9\text{b/s}$。

在模拟信号传输中,有时会使用波特率衡量模拟信号的传输速度,波特率又称为波形速率,指每秒钟传送的波形的个数。

(2) 带宽

带宽是指频率范围,即最高频率与最低频率的差值,其单位是赫兹(Hz)。在计算机网络中能够遇到的带宽包括信号的带宽和信道的带宽。任何一个实际传输的信号都可以分解成一系列不同频率、不同幅度的正弦信号,其中具有较大能量比率的正弦信号最高频率与最低频率的差值,就是信号的带宽。

信道的带宽是指能够通过信道的正弦信号的频率范围,即信道可传送的正弦信号的最高频率与最低频率之差。例如,一条传输线可以接受从 500~3000Hz 的频率,则在这条传输线上传送频率的带宽就是 2500Hz。信道的带宽由传输介质、接口部件、传输协议以及传输信息的特性等多种因素决定。带宽在一定程度上体现了信道的性能,是衡量传输系统的一个重要指标。信道的容量、传输速率和抗干扰性等因素均与带宽有着密切的联系。需要指出的是带宽和数据传输速率之间并没有直接对应的关系,通常信道的带宽越大,信道的容量也就越大,其传输速率相应也高。

一般说来信号能在某信道上传输的前提条件是信号的频率范围在信道可传输的频率

范围内,否则就需要对信号进行频谱搬移、压缩等相应的处理。

（3）信道容量

信道是传输信息的通道,具有一定的容量。信道容量指信道能传输信息的最大能力,用单位时间内可传送的最大比特率表示,它决定于信道的带宽、可使用的时间及能通过的信道功率与干扰功率的比值。根据奈奎斯特取样定理,可以认为当信道的带宽为 F 时,在 T 秒内信道最多可传送 $2FT$ 个信息符号。信道容量和信号传输速率之间应满足以下关系,即信道容量＞传输速率,如果高传输速率的信号在低容量信道上传输。其实际传输速率会受到信道容量的限制,难以达到原有的指标。

（4）误码率

在有噪声的信道中,数据速率的增加意味着传输中出现差错的概率增加。误码率是用来表示传输二进制位时出现差错的概率。误码率近似等于被传错的二进制位数与所传送的二进制总位数的比值。在计算机网络通信系统中,要求误码率低于 10^{-9}。差错的出现具有随机性,在实际测量数据传输系统时,被测量的传输二进制位数越大,才会越接近于真正的误码率值。在误码率高于规定值时,可以用差错控制的方法进行检查和纠正。

1.1.2　数据的传输方式

数据在线路上的传输方式可以分为单工通信方式、半双工通信方式和全双工通信方式三种。

1. 单工通信方式

在单工通信方式中,数据信息只能向一个方向传输,任何时候都不能改变数据的传送方向,如图 1-3 所示,其中 A 端只能作为发射端发送资料,B 端只能作为接收端接收资料。为使双方能单工通信,还需一根线路用于控制。单工通信的信号传输链路一般由两条线路组成,一条用于传输数据;另一条用于传送控制信号,通常又称为二线制,如收音机、电视的信号传输方式就是单工通信。

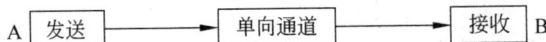

图 1-3　单工通信

2. 半双工通信方式

在半双工通信方式中,数据信息可以双向传送,但必须是交替进行,同一时刻一个信道只允许单方向传送。如图 1-4 所示,其中 A 端和 B 端都具有发送和接收装置,但传输线路只有一条,若想改变信息的传送方向,需由开关进行切换。适用于终端之间的会话式通信,但由于通信中要频繁地调换信道的方向,故效率较低,如对讲机的通信方式。

图 1-4　半双工通信

3. 全双工通信方式

全双工通信能在两个方向上同时发送和接收信息,如图 1-5 所示,它相当于把两个相反方向的单工通信方式组合起来,因此一般采用四线制。全双工通信效率高,控制简单,但组成系统造价高,适用于计算机之间通信,如计算机网络、手机通信的方式。

图 1-5 全双工通信

1.1.3 数据传输技术

1. 基带传输

在数据通信中,电信号所固有的基本频率叫基本频带,简称为基带。这种电信号就叫做基带信号。在数字通信信道上,直接传送基带信号的方法称为基带传输。

在发送端基带传输的信源数据经过编码器变换,变为直接传输的基带信号;在接收端由解码器恢复成与发送端相同的数据。基带传输是一种最基本的数据传输方式。

基带传输只能延伸有限的距离,一般不大于 2.5km,当超过上述距离时,需要加中继器,将信号放大和再生,以延长传输距离。基带传输简单、设备费用少、经济,适用于传输距离不长的场合,特别适用于在短距离网络中使用。

2. 频带传输

由于电话交换网是用于传输语音信号的模拟通信信道,并且是目前覆盖面最广的一种通信方式,因此利用模拟通信信道进行数据通信也是最普遍使用的通信方式之一。而频带传输技术就是利用调制器把二进制信号调制成能在公共电话线上传输的音频信号(模拟信号),将音频信号在传输介质中传送到接收端后,再经过解调器的解调,把音频信号还原成二进制的电信号。频带传输的基本模型如图 1-6 所示。

图 1-6 频带传输的基本模型

频带传输的优点是克服了电话线上不能传送基带信号的缺点,用于语音通信的电话交换网技术成熟,造价较低,而且能够实现多任务的目的,从而提高了通信线路的利用率。但其缺点是数据传输速率和系统效率较低。

3. 宽带传输

宽带系统是指具有比原有话音信道带宽更宽的信道。使用这种宽带技术进行传输的系统,称为宽带传输系统。宽带传输系统可以进行高速的数据传输,并且允许在同一信道上进行数字信息和模拟信息服务。

1.1.4 数据编码技术

在数据通信中,编码的作用是用信号来表示数据。计算机中的数据是以离散的二进制比特方式表示的数字数据。计算机数据在计算机网络中传输,通信信道无外乎数字信道和模拟信道两种类型,计算机数据在不同的信道中传输要采用不同的信号编码方式。也就是说,在模拟信道中传输时,要将数据转换为适于模拟信道传输的模拟信号;在数字信道中传输时,又要将数据转换为适于数字信道传输的数字信号。

1. 数字数据的数字信号编码

用数字信号表示数字数据,即用直流电压或电流波形的脉冲序列来表示数字数据的"0"和"1",就是数字数据的数字信号编码。常用的编码方法有以下几种。

(1) 不归零编码 NRZ

不归零编码用无电压表示二进制"0",用恒定的正电压表示二进制"1",如图 1-7 所示。不归零编码是效率最高的编码,但如果重复发送"1",势必要连续发送正电压,如果重复发送"0",势必要连续不送电压,这样会使某一位码元与其下一位码元之间没有间隙,不易区分识别,因此存在发送方和接收方的同步问题。

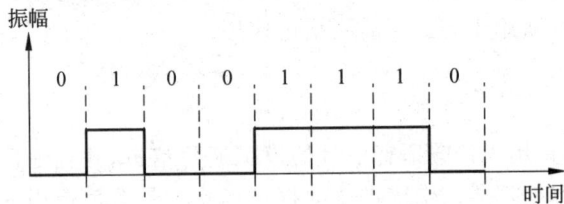

图 1-7 不归零编码

(2) 曼彻斯特编码

曼彻斯特编码不用电压的高低表示二进制"0"和"1",而是用电压的跳变来表示的。在曼彻斯特编码中,每一位的中间均有一个跳变,这个跳变既作为数据信号,也作为时钟信号。电压从高到低的跳变表示二进制"1",从低到高的跳变表示二进制"0"。

(3) 差分曼彻斯特编码

差分曼彻斯特编码是对曼彻斯特编码的改进,每位中间的跳变仅作同步之用,每位的值根据其开始边界是否发生跳变来决定。每位的开始无跳变表示二进制"1",有跳变表示二进制"0"。图 1-8 显示了对于同一个比特模式的曼彻斯特编码和差分曼彻斯特编码。

2. 数字数据的模拟信号编码

要在模拟信道上传输数字数据,首先数字信号要对相应的模拟信号进行调制,即用

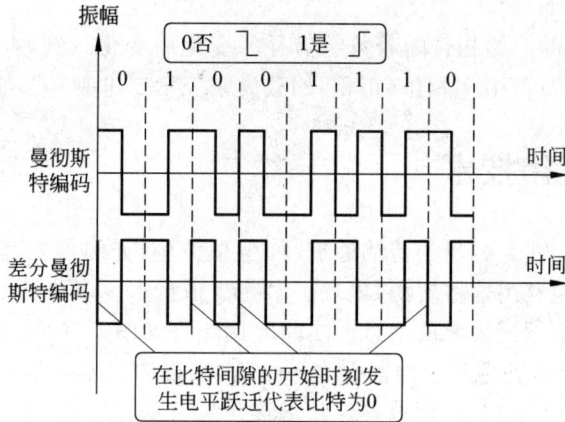

图 1-8　曼彻斯特编码和差分曼彻斯特编码

模拟信号作为载波运载要传送的数字数据。载波信号可以表示为正弦波形式：$f(t)=A\sin(\omega t+\varphi)$，其中幅度 A、频率 ω 和相位 φ 的变化均影响信号波形。因此，通过改变这三个参数可实现对模拟信号的编码。相应的调制方式分别称为幅度调制 ASK、频率调制 FSK 和相位调制 PSK。结合 ASK、FSK 和 PSK 可以实现高速调制，常见的组合是 PSK 和 ASK 的结合。

（1）幅度调制 ASK

幅度调制即载波的振幅随着数字信号的变化而变化，如图 1-9（a）所示。例如二进制"1"用有载波输出表示，即载波振幅为原始振幅；二进制"0"用无载波输出来表示，即载波振幅为零，如图 1-9（b）所示。

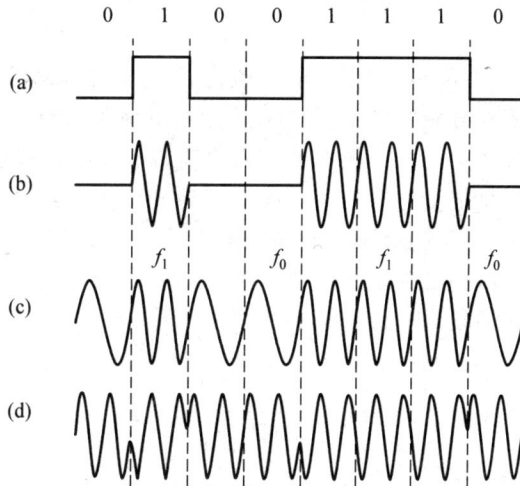

图 1-9　数字数据的模拟信号编码

（2）频率调制 FSK

频率调制即载波的频率随着数字信号的变化而变化。例如，二进制"1"用载波频率 f_1 来表示；二进制"0"用另一载波频率 f_2 来表示，如图 1-9（c）所示。

（3）相位调制 PSK

相位调制即载波的初始相位随着数字信号的变化而变化。例如,用 180°相位(反相)的载波来表示二进制"1";用 0°相位(正相)的载波来表示二进制"0",如图 1-9(d)所示。

1.1.5 多路复用技术

在长途通信中,一些高容量的传输通道(如卫星设施、光缆等),其可传输的频率带宽很宽,为了高效合理地利用这些资源,出现了多路复用技术。多路复用就是在单一的通信线路上,同时传输多个不同来源的信息。多路复用原理如图 1-10 所示。从不同发送端发出的信号 $S_1, S_2, \cdots, S_n$,先由复合器复合为一个信号,再通过单一信道传输至接收端。接收前先由分离器分出各个信号,再被各接收端接收。可见,多路复用需要经复合、传输、分离三个过程。

图 1-10　多路复用原理

如何实现各个不同信号的复合与分离,是多路复用技术研究的中心问题。为使不同的信号能够复合为一个信号,要求各信号存在一定的共性;复合的信号能否分离,又取决于各信号有无自己的特征。根据不同信道的情况,事先对被传送的信息进行处理,使之既有复合的可能性,又有分离的条件。也就是说,各信号在复合前可各自做一标记,然后复合、传输。接收时再根据各自的特殊标记来识别分离它们。常见的多路复用技术有以下几种。

1. 频分多路复用 FDM

频分复用的典型例子有许多,如无线电广播、无线电视中将多个电台或电视台的多组节目对应的声音、图像信号分别载在不同频率的无线电波上,同时,在同一无线空间中传播,接收者根据需要接收特定的某种频率的信号收听或收看。同样,有线电视也是基于同一原理。总之,频分复用是把线路或空间的频带资源分成多个频段,将其分别分配给多个用户,每个用户终端通过分配给它的子频段传输,如图 1-11 所示。在 FDM 频分复用中,各个频段都有一定的带宽,称之为逻辑信道。为了防止相邻信道信号频率覆盖造成的干扰,而相邻两个信号的频率段之间设立一定的"保护"带,保护带对应的频率未被使用,以保证各个频带互相隔离不会交叠。

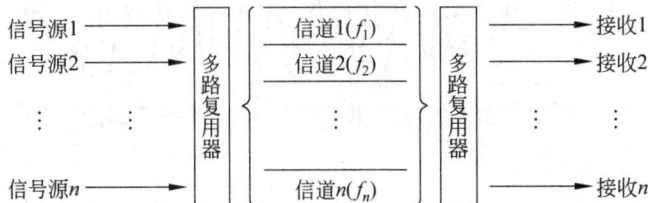

图 1-11　频分多路复用原理

2. 时分多路复用 TDM

时分多路复用是将传输信号的时间进行分割,使不同的信号在不同时间内传送,即将整个传输时间分为许多时间间隔(称为时隙、时间片),每个时间片被一路信号占用。也就是说 TDM 就是通过在时间上交叉发送每一路信号的一部分来实现一条线路传送多路信号。时分多路复用线路上的每一时刻只有一路信号存在,而频分是同时传送若干路不同频率的信号。因为数字信号是有限个离散值,所以适合于采用时分多路复用技术,而模拟信号一般采用频分多路复用。

(1) 同步时分复用

同步时分复用采用固定时间片分配方式,即将传输信号的时间按特定长度连续地划分成特定时间段,再将每一时间段划分成等长度的多个时间片,每个时间片以固定的方式分配给各路数字信号,各路数字信号在每一时间段都顺序分配到一个时间片。如图 1-12 所示。

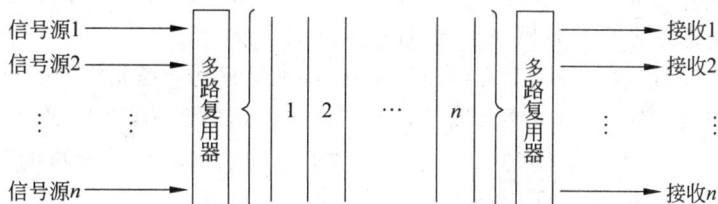

图 1-12　同步时分多路复用原理

由于在同步时分复用方式中,时间片预先分配且固定不变,无论时间片拥有者是否传输数据都占有一定时间片,形成了时间片浪费,其时间片的利用率很低,为了克服同步时分复用的缺点,引入了异步时分复用技术。

(2) 异步时分多路复用

异步时分复用技术能动态地按需分配时间片,避免每个时间段中出现空闲时间片。也就是只有某一路用户有数据要发送时才把时间片分配给它。当用户暂停发送数据时不给它分配线路资源。所以每个用户的传输速率可以高于平均速率(即通过多占时间片),最高可达到线路总的传输能力(即占有所有的时间片)。如线路总的传输能力为 28.8kb/s,3 个用户公用此线路,在同步时分复用方式中,则每个用户的最高速率为 9600b/s,而在异步时分复用方式时,每个用户的最高速率可达 28.8kb/s。

3. 波分多路复用 WDM

波分多路复用利用了光具有不同的波长的特征,实际上就是光的频分复用。随着光纤技术的使用,基于光信号传输的复用技术得到重视。光的波分多路复用是利用波分复用设备将不同信道的信号调制成不同波长的光,并复用到光纤信道上,由于波长不同,所以各路光信号互不干扰。在接收方,采用波分设备将各路波长的光分解出来,如图 1-13 所示。

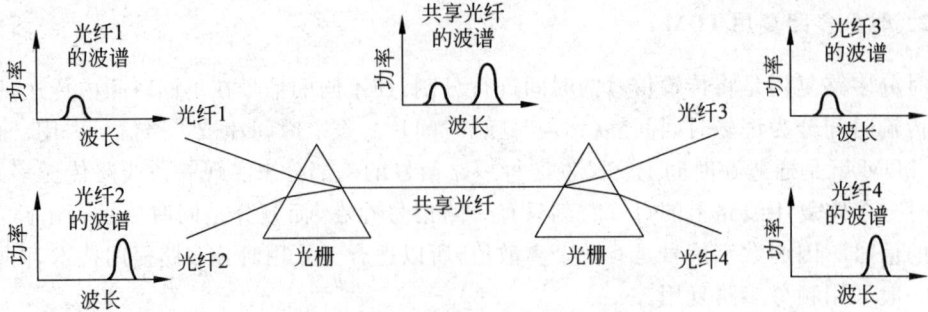

图 1-13　波分多路复用原理

4. 码分多路复用 CDM

码分多路复用也是一种共享信道的方法,每个用户可在同一时间使用同样的频带进行通信,但使用的是基于码型的分割信道的方法,即每个用户分配一个地址码,各个码型互不重叠,通信各方之间不会相互干扰,且抗干扰能力强。

码分多路复用技术主要用于无线通信系统,特别是移动通信系统,它不仅可以提高通信的话音质量和数据传输的可靠性以及减少干扰对通信的影响,而且增大了通信系统的容量,笔记本电脑、个人数字助理(PDA)以及掌上电脑等移动性计算机的联网通信就是使用了这种技术。

1.1.6　异步传输和同步传输

在计算机中,通常是用 8 位的二进制代码来表示一个字符。在数据通信中,人们可以按图 1-14 所示的方式,将待传送的每个字符的二进制代码按由低位到高位的顺序依次进行发送,到达对方后,再由通信接收装置将二进制代码还原成字符的方式称为串行通信。串行通信方式的传输速率较低,但只需要在接收端与发送端之间建立一条通信信道,因此费用低。目前,在计算机网络中,主要采用串行通信方式。

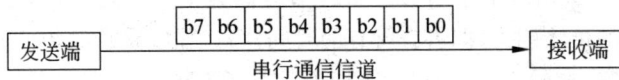

图 1-14　串行通信方式

在逐位传送的串行通信中,接收端必须能识别每个二进制位从什么时刻开始,这就是位定时。通信中一般以若干位表示一个字(或字符),除了位定时外还需要在接收端能识别每个字符从哪一位开始,这就是字符定时。

1. 异步传输

异步传输方式指收发两端各自有相互独立的位定时时钟,数据的传输速率是双方约定的,收方利用数据本身来进行同步的传输方式,一般是起止式同步方式。这种方式以字

（一般为 8 比特）为单位进行传送,在需传送的字符前设置 1 比特的零电平作为起始位,预告待传送字符即将开始;同时在字符之后,设置 1～2 比特高电平作为终止位,以表示该字符传送结束。该终止位的电平也表示平时不进行通信的状态（即处于"闲"时状态）,如图 1-15 所示。在异步方式中,不传送字符时,并不要求收发时钟"同步",但在传送字符时,要求收发时钟在每一字符中的每一位上"同步"。

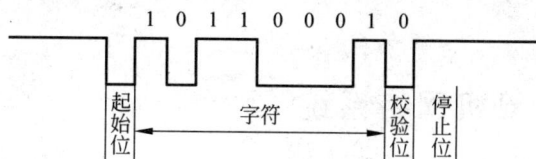

图 1-15　异步传输的数据格式

异步传输的优点是简单、可靠,常用于面向字符的、低速的异步通信场合。例如,主计算机与终端之间的交互式通信通常采用这种方式。

2. 同步传输

同步传输方式是相对于异步传输方式的,是针对时钟的同步,即指收发双方采用了统一时钟的传输方式。至于统一时钟信号的来源,或是双方有一条时钟信号的信道,或是利用独立同步信号来提取时钟。

同步传输是以数据块为单位的数据传输。每个数据块的头部和尾部都要附加一个特殊的字符或比特序列,标记一个数据块的开始和结束,一般还要附加一个校验序列（如 16 位或 32 位 CRC 校验码）,以便对数据块进行差错控制,如图 1-16 所示。在同步传输方式中,是以固定的时钟节拍来传输信号的,即有恒定的传输速率。在串行数据流中,各个信号码元之间相对位置都是固定的,接收方为了从收到的数据流中正确地区分出一个个信号码元,首先必须建立起准确的时钟信号,即位同步,也就是要求收发两方具有一个同步（同频同相）时钟,从而满足收发双方同步工作。与异步方式来比,同步传输方式中的设备,或是双方之间的信道比较复杂,但同步方式没有起止位,所以传输效率较高。

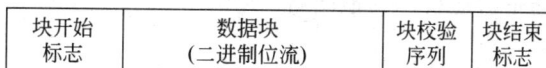

块开始 标志	数据块 （二进制位流）	块校验 序列	块结束 标志

图 1-16　同步传输的数据格式

【任务实施】

操作 1　参观有线广播系统

根据具体的条件,参观所在学校或其他单位的有线广播系统,按照通信系统基本模型了解该系统的基本组成,查看该系统的主要技术指标,思考该系统采用了何种传输方式和传输技术。

操作 2　参观电话系统

根据具体的条件,参观所在学校或其他单位的内部电话系统,按照通信系统基本模型了解该系统的基本组成,查看该系统的主要技术指标,思考该系统采用了何种传输方式和传输技术。

操作 3　参观计算机网络系统

根据具体的条件,参观所在学校或其他单位的计算机网络系统,按照通信系统基本模型了解该系统的基本组成,查看该系统的主要技术指标,思考该系统采用了何种传输方式和传输技术。

任务 1.2　初识计算机网络

【任务目的】

(1) 了解计算机网络的发展和应用;
(2) 理解计算机网络的定义;
(3) 理解计算机网络的常用分类方法。

【工作环境与条件】

(1) 已经联网并能正常运行的机房和校园网;
(2) 已经联网并能正常运行的其他网络。

【相关知识】

1.2.1　计算机网络的产生和发展

计算机网络的发展历史虽然不长,但是发展速度很快,它经历了从简单到复杂、从单机到多机的演变过程,其产生与发展主要包括面向终端的计算机网络、计算机通信网络、计算机互联网络和高速互联网络四个阶段。

1. 第一代计算机网络

第一代计算机网络是以中心计算机系统为核心的远程联机系统,是面向终端的计算机网络。这类系统除了一台中央计算机外,其余的终端都没有自主处理能力,还不能算作真正的计算机网络,因此也被称为联机系统。但它提供了计算机通信的许多基本技术,是现代计算机网络的雏形。第一代计算机网络结构如图 1-17 所示。

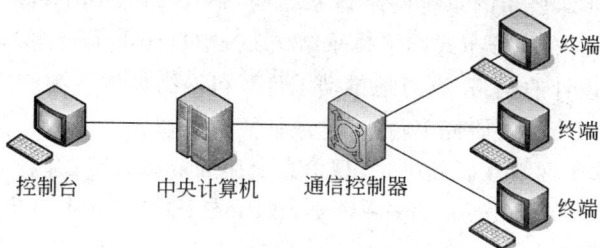

图 1-17 第一代计算机网络结构

目前,我国金融系统等领域广泛使用的多用户终端系统就属于面向终端的计算机网络,只不过其软、硬件设备和通信设施都已更新换代,极大提高了网络的运行效率。

2. 第二代计算机网络

面向终端的计算机网络只能在终端和主机之间进行通信,计算机之间无法通信。20 世纪 60 年代中期,出现了由多台主计算机通过通信线路互联构成的"计算机—计算机"通信系统,其结构如图 1-18 所示。

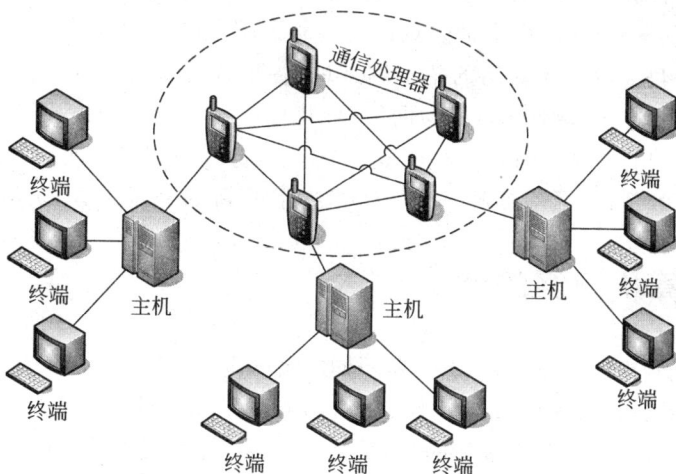

图 1-18 第二代计算机网络结构

在该网络中每一台计算机都有自主处理能力,彼此之间不存在主从关系,用户通过终端不仅可以共享本主机上的软硬件资源,还可共享通信子网上其他主机的软硬件资源。我们将这种由多台主计算机互联构成的、以共享资源为目的的网络系统称为第二代计算机网络。第二代计算机网络在概念、结构和网络设计方面都为后继的计算机网络打下了良好的基础,它也是今天 Internet 的雏形。

3. 第三代计算机网络

20 世纪 70 年代,各种商业网络纷纷建立,并提出各自的网络体系结构。比较著名的有 IBM 公司于 1974 年公布的系统网络体系结构 SNA(System Network Architecture),DEC 公司于 1975 年公布的分布式网络体系结构 DNA(Distributing Network Architecture)。这些按照不同概念设计的网络,有力地推动了计算机网络的发展和广泛使用。

然而由于这些网络是由研究单位、大学或计算机公司各自研制开发利用的,如果要在更大的范围内,把这些网络互联起来,实现信息交换和资源共享,有着很大困难。为此,国际标准化组织(International Standards Organization,ISO)成立了一个专门机构研究和开发新一代的计算机网络。经过多年卓有成效的努力,于 1984 年正式颁布了"开放系统互联基本参考模型"(Open System Interconnection Reference Model,OSI/RM),该模型为不同厂商之间开发可互操作的网络部件提供了基本依据,从此,计算机网络进入了标准化时代。我们将体系结构标准化的计算机网络称为第三代计算机网络,也称为计算机互联网络。

4. 第四代计算机网络

第四代计算机网络又称高速互联网络(或高速 Internet)。随着互联网的迅猛发展,人们对远程教学、远程医疗、视频会议等多媒体应用的需求大幅度增加。基于传统电信网络为信息载体的计算机互联网络已经不能满足人们对网络速度的要求,从而促使网络由低速向高速、由共享到交换、由窄带向宽带迅速发展,即由传统的计算机互联网络向高速互联网络发展。目前对于互联网的主干网来说,各种宽带组网技术日益成熟和完善,以 IP 技术为核心的计算机网络已经成为网络(计算机网络和电信网络)的主体。云计算等新兴网络技术可以将整个 Internet 整合成一个巨大的超级计算机,实现计算资源、存储资源、数据资源、信息资源、通信资源、软件资源和知识资源的全面共享。

1.2.2 计算机网络的定义

关于计算机网络这一概念的描述,从不同的角度出发,可以给出不同的定义。简单地说,计算机网络就是由通信线路互相连接的许多独立工作的计算机构成的集合体。这里强调构成网络的计算机是独立工作的,这是为了和多终端分时系统相区别。

从应用的角度来讲,只要将具有独立功能的多台计算机连接起来,能够实现各计算机之间信息的互相交换,并可以共享计算机资源的系统就是计算机网络。

从资源共享的角度来讲,计算机网络就是一组具有独立功能的计算机和其他设备,以允许用户相互通信和共享资源的方式互联在一起的系统。

从技术角度来讲,计算机网络就是由特定类型的传输介质(如双绞线、同轴电缆和光纤等)和网络适配器互联在一起的计算机,并受网络操作系统监控的网络系统。

我们可以将计算机网络这一概念系统地定义为:计算机网络就是将地理位置不同,并具有独立功能的多个计算机系统通过通信设备和通信线路连接起来,并且以功能完善的网络软件(网络协议、信息交换方式以及网络操作系统等)实现网络资源共享的系统。

1.2.3　计算机网络的功能

计算机技术和通信技术结合而产生的计算机网络,不仅使计算机的作用范围超越了地理位置的限制,而且也增大了计算机本身的威力,拓宽了服务,使得它在各领域发挥了重要作用,成为目前计算机应用的主要形式。计算机网络主要具有以下功能。

1. 数据通信

数据通信即实现计算机与终端、计算机与计算机间的数据传输,是计算机网络的最基本的功能,也是实现其他功能的基础。如电子邮件、传真、远程数据交换等。

2. 资源共享

资源共享是计算机网络的主要功能,在计算机网络中有很多昂贵的资源,例如大型数据库、巨型计算机等,并非为每一个用户所拥有,所以必须实现资源共享。网络中可共享的资源有硬件资源、软件资源和数据资源,其中共享数据资源最为重要。资源共享的结果是避免重复投资和劳动,从而提高资源的利用率,使系统的整体性能价格比得到改善。

3. 提高系统的可靠性

在一个系统内,单个部件或计算机的暂时失效必须通过替换资源的办法来维持系统的继续运行。而在计算机网络中,每种资源(特别是程序和数据)可以存放在多个地点,用户可以通过多种途径来访问网内的某个资源,从而避免了单点失效对用户产生的影响。

4. 进行分布处理

网络技术的发展,使得分布式计算成为可能。当需要处理一个大型作业时,可以将这个作业通过计算机网络分散到多个不同的计算机系统分别处理,提高处理速度,充分发挥设备的利用率。利用这个功能,可以将分散在各地的计算机资源集中起来进行重大科研项目的联合研究和开发。

5. 集中处理

通过计算机网络,可以将某个组织的信息进行分散、分级、集中处理与管理,这是计算机网络最基本的功能。一些大型的计算机网络信息系统正是利用了此项功能,如银行系统、订票系统等。

1.2.4　计算机网络的分类

计算机网络的分类方法很多,从不同的角度出发,会有不同的分类方法,表1-1列举了目前计算机网络的主要分类方法。

表 1-1 计算机网络的分类

分 类 标 准	网 络 名 称
覆盖范围	局域网、城域网、广域网
管理方法	基于客户机/服务器的网络、对等网
网络操作系统	Windows 网络、Netware 网络、UNIX 网络等
网络协议	NETBEUI 网络、IPX/SPX 网络、TCP/IP 网络等
拓扑结构	总线型网络、星形网络、环形网络等
交换方式	线路交换、报文交换、分组交换
传输介质	有线网络、无线网络
体系结构	以太网、令牌环网、AppleTalk 网络等
通信传播方式	广播式网络、点到点式网络

1. 按覆盖范围分类

计算机网络由于覆盖的范围不同,所采用的传输技术也不同,因此按照覆盖范围进行分类,可以较好地反映不同类型网络的技术特征。按覆盖的地理范围,计算机网络可以分为局域网、城域网和广域网。

(1)局域网

局域网(Local Area Network,LAN)的通信范围一般被限制在中等规模的地理区域内(如一个实验室、一幢大楼、一个校园),主要特点有:

- 地理范围有限,参加组网的计算机通常处在 $1 \sim 2km$ 的范围内;
- 信道的带宽大,数据传输率高,一般为 $4Mb/s \sim 10Gb/s$;
- 数据传输可靠,误码率低;
- 局域网大多采用星形、总线型或环形拓扑结构,结构简单,实现容易;
- 通常网络归一个单一组织所拥有和使用,也不受任何公共网络当局的规定约束,容易进行设备的更新和新技术的引用,不断增强网络功能。

(2)城域网

城域网(Metropolitan Area Network,MAN)是介于局域网与广域网之间的一种高速网络。最初,城域网主要用来互联城市范围内的各个局域网,目前城域网的应用范围已大大拓宽,能用来传输不同类型的业务,包括实时数据、语音和视频等。其主要特点有:

- 地理覆盖范围可达 $100km$;
- 数据传输速率为 $50kb/s \sim 2.5Gb/s$ 以上;
- 工作站数大于 500 个;
- 误码率小于 10^{-9};
- 传输介质主要是光纤;
- 既可用于专用网,又可用于公用网。

(3)广域网

广域网(Wide Area Network,WAN)所涉及的范围可以为市、省、国家,乃至世界范围,其中最著名的就是 Internet。其主要特点有:

- 分布范围广,一般从几十到几千千米;
- 数据传输率差别较大,从 9.6kb/s～22.5Gb/s 以上;
- 误码率较高,一般在 10^{-5}～10^{-3} 左右;
- 采用不规则的网状拓扑结构;
- 属于公用网络。

2. 按网络组建属性分类

根据计算机网络的组建、经营和用户,特别是数据传输和交换系统的拥有性,可以将其分为公用网和专用网。

（1）公用网

公用网是由国家电信部门组建并经营管理,面向公众提供服务。任何单位和个人的计算机和终端都可以接入公用网,利用其提供的数据通信服务设施来实现自己的业务。

（2）专用网

专用网往往由一个政府部门或一个公司组建经营,未经许可其他部门和单位不得使用。其组网方式可以由该单位自行架设通信线路,也可利用公用网提供的"虚拟网"功能。

3. 按通信传播方式分类

计算机网络必须通过通信信道完成数据传输,通信信道有广播信道和点到点信道两种类型,因此计算机网络也可以分为广播式网络和点到点式网络。

（1）广播式网络

在广播式网络中,多个站点共享一条通信信道。发送端在发送消息时,首先在数据的头部加上地址字段,以指明此数据应被哪个站点接收,数据发送到信道上后,所有的站点都将接收到。一旦收到数据,各站点将检查其地址字段,如果是自己的地址,则处理该数据,否则将它丢弃,如图 1-19 所示。广播式网络通常也允许在它的地址字段中使用一段特殊的代码,以便将数据发送到所有站点。这种操作被称为广播（broadcasting）。有些广播式网络还支持向部分站点发送的功能,这种功能被称为组播（multicasting）。

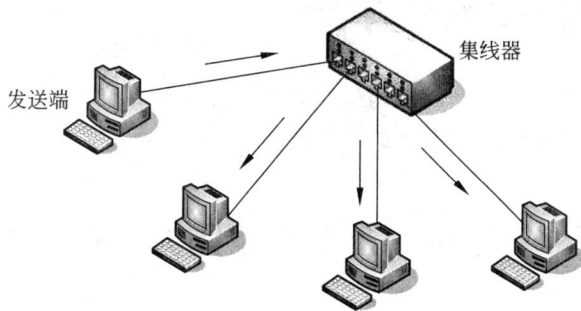

图 1-19　广播式网络

（2）点到点式网络

点到点式网络的主要特点是一条线路连接一对节点。两台计算机之间常常经过几个节点相连接,如图 1-20 所示。点到点式网络的通信,一般采用存储转发方式,并需要通过

17

多个中间节点进行中转。在中转过程中还可能存在着多条路径,传输成本也可能不同,因此在点到点式网络中路由算法显得特别重要。一般来说,在局域网中多采用广播方式,而在广域网中多采用点到点方式。

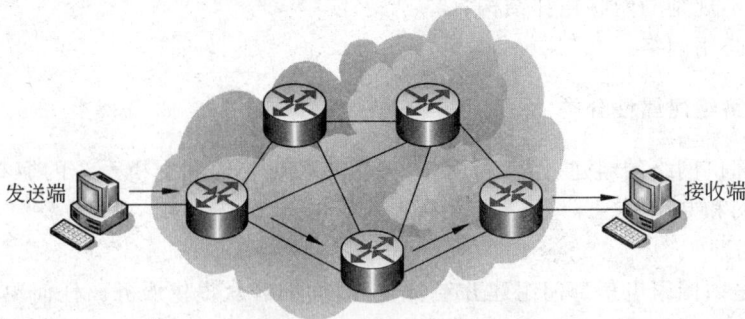

发送端

接收端

图 1-20 点到点式网络

【任务实施】

操作 1 参观计算机网络实验室或机房

参观所在学校的计算机网络实验室或机房,根据所学的知识,对该网络的基本功能和类型进行简单分析;了解不同岗位工作人员的岗位职责。

操作 2 参观校园网

参观所在学校的网络中心和校园网,根据所学的知识,对该网络的基本功能和类型进行简单分析;了解不同岗位工作人员的岗位职责。

操作 3 参观其他计算机网络

根据具体条件,找出一项计算机网络应用的具体实例,对该网络的基本功能和类型进行简单分析;了解不同岗位工作人员的岗位职责。

任务 1.3 认识常用的网络设备

【任务目的】

(1) 理解 OSI 参考模型;
(2) 了解计算机网络的软硬件组成;
(3) 认识计算机网络中常用的网络设备。

【工作环境与条件】

(1) 已经联网并能正常运行的机房和校园网；

(2) 已经联网并能正常运行的其他网络。

【相关知识】

1.3.1 网络体系结构

计算机网络是一个非常复杂的系统，需要解决的问题很多并且性质各不相同，所以人们在设计网络时，提出了"分层次"的思想。"分层次"是人们处理复杂问题的基本方法，对于一些难以处理的复杂问题，通常可以分解为若干个较容易处理的小一些的问题。在计算机网络设计中，可以将网络总体要实现的功能分配到不同的模块中，并对每个模块要完成的服务及服务实现过程进行明确的规定，每个模块就叫做一个层次。这种划分可以使不同的网络系统分成相同的层次，不同系统的同等层具有相同的功能，高层使用低层提供的服务时不需知道低层服务的具体实现方法，从而大大降低了网络的设计难度。因此，层次是计算机网络体系结构中的基本概念。

计算机网络采用层次结构，具有如下优点：

① 各层之间相互独立。高层并不需要知道低层是如何实现的，而仅需要知道该层通过层间的接口所提供的服务。

② 灵活性好。当任何一层发生变化时，只要接口保持不变，则其他各层均不受影响。另外，当某层提供的服务不再需要时，甚至可将其取消。

③ 各层都可以采用最合适的技术来实现，各层实现技术的改变不影响其他层。

④ 易于实现和维护。因为整个的系统已被分解为若干个易于处理的部分，这种结构使得一个庞大而又复杂系统的实现和维护变得容易控制。

⑤ 有利于促进标准化。因为每一层的功能和所提供的服务都有了精确的说明。

在计算机网络层次结构中，各层有各层的协议。网络协议对计算机网络是不可缺少的，一个功能完备的计算机网络需要制定一整套复杂的协议集。计算机网络是由多个互联的节点组成，要做到各节点之间有条不紊地交换数据，每个节点都必须遵守一些事先约定好的规则。这些规则明确地规定了所交换数据的格式和时序。这些为网络数据交换而制定的规则、约定与标准被称为网络协议。对于结构复杂的网络协议来说，最好的组织方式是层次结构模型，图 1-21 说明了一个 n 层协议的层次

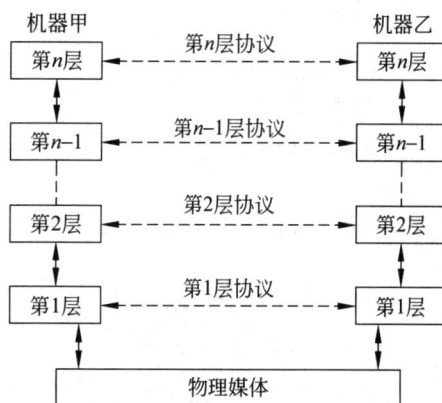

图 1-21 n 层协议层次结构

结构。由图可知,协议也是分层的,一台机器上的第 n 层与另一台机器上的第 n 层进行通话时,通话的规则就是第 n 层协议。我们将网络层次结构与各层协议的集合定义为计算机网络体系结构。

需要注意的是,在网络层次结构中数据并不是从一台机器的第 n 层直接传送到另一台机器的第 n 层,而是每一层都把数据和控制信息交给其下一层,由底层进行实际的通信。

1.3.2 OSI 参考模型

由于历史原因,计算机和通信工业界的组织机构和厂商,在网络产品方面,制定了不同的协议和标准。为了协调这些协议和标准,提高网络行业的标准化水平,以适应不同网络系统的相互通信,CCITT(国际电报电话咨询委员会)和 ISO(国际标准化组织)认识到有必要使网络体系结构标准化,并组织制订了 OSI(Open System Interconnection,开放系统互联)参考模型。它兼容于现有网络标准,为不同网络体系提供参照,将不同机制的计算机系统联合起来,使它们之间可以相互通信。

当今的网络大多是建立在 OSI 参考模型基础上的。在 OSI 参考模型中,网络的各个功能层分别执行特定的网络操作。理解 OSI 参考模型有助于更好地理解网络,选择合适的组网方案,改进网络的性能。

1. OSI 参考模型的层次结构

OSI 参考模型共分七层结构,从低到高的顺序为:物理层、数据链路层、网络层、传输层、会话层、表示层和应用层。图 1-22 所示为 OSI 参考模型层次示意图。

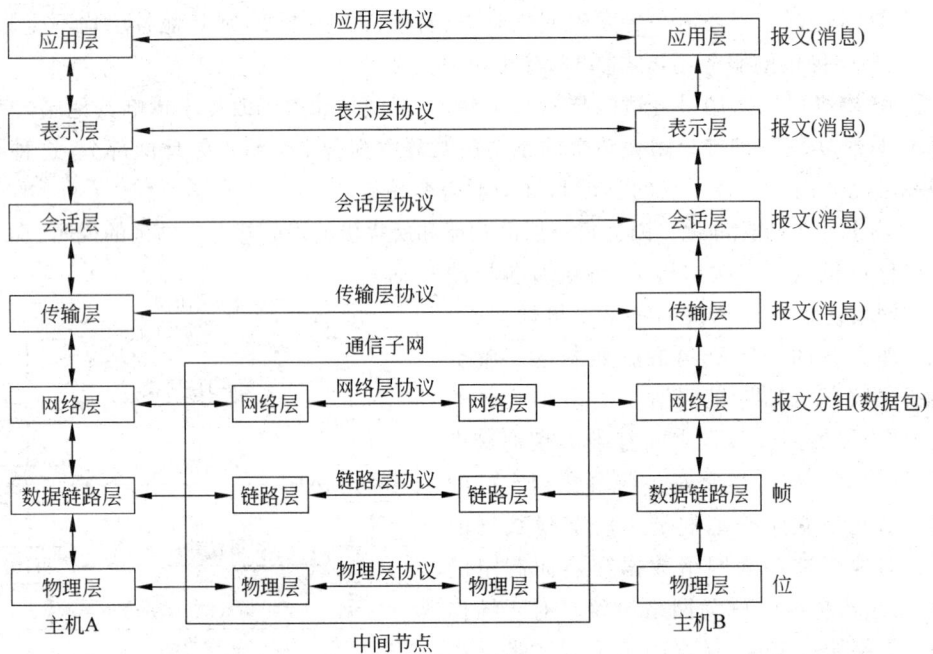

图 1-22　OSI 参考模型层次示意

20

OSI 参考模型各层的基本功能如图 1-23 所示。

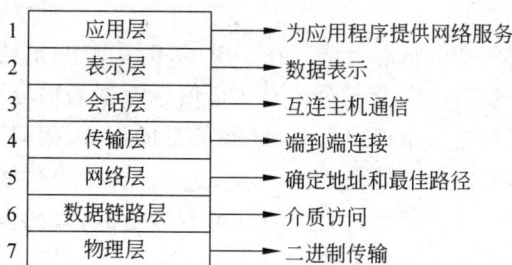

1	应用层	→	为应用程序提供网络服务
2	表示层	→	数据表示
3	会话层	→	互连主机通信
4	传输层	→	端到端连接
5	网络层	→	确定地址和最佳路径
6	数据链路层	→	介质访问
7	物理层	→	二进制传输

图 1-23　OSI 模型各层的功能

（1）物理层

物理层主要提供相邻设备间的二进制（bits）传输，即利用物理传输介质为上一层（数据链路层）提供一个物理连接，通过物理连接透明地传输比特流。所谓透明传输是指经实际物理链路后传送的比特流没有变化，任意组合的比特流都可以在该物理链路上传输，物理层并不知道比特流的含义。物理层要考虑的是如何发送"0"和"1"，以及接收端如何识别。

（2）数据链路层

数据链路层主要负责在两个相邻节点间的线路上无差错地传送以帧（Frame）为单位的数据，每一帧包括一定的数据和必要的控制信息，接收节点接收到的数据出错时要通知发送方重发，直到这一帧无误地到达接收节点。数据链路层就是把一条有可能出错的实际链路变成让网络层看来好像不出错的链路。

（3）网络层

网络层的主要功能是将网络地址翻译成对应的物理地址，并决定如何将数据从发送方路由到接收方。该层将数据转换成一种称为分组（Packet）的数据单元，每一个数据包中都含有目的地址和源地址，以满足路由的需要。网络层可对数据进行分段和重组。分段即是指当数据从一个能处理较大数据单元的网络段传送到仅能处理较小数据单元的网络段时，网络层减小数据单元的大小的过程。重组过程即为重构被分段的数据单元。

（4）传输层

传输层的任务是根据通信子网的特性最佳地利用网络资源，并以可靠和经济的方式为两个端系统的会话层之间建立一条传输连接，以透明地传输报文（Message）。传输层把从会话层接收的数据划分成网络层所要求的数据包，进行传输，并在接收端，再把经网络层传来的数据包运行重新装配，提供给会话层。传输层位于高层和低层的中间，起承上启下的作用，它的下面三层实现面向数据的通信，上面三层实现面向信息的处理，传输层是数据传送的最高一层，也是最重要和最复杂的一层。

（5）会话层

会话层虽然不参与具体的数据传输，但它负责对数据进行管理，负责为各网络节点应用程序或者进程之间提供一套会话设施，组织和同步它们的会话活动，并管理其数据交换过程。这里"会话"是指两个应用进程之间为交换面向进程的信息而按一定规则建立起来

21

的一个暂时联系。

（6）表示层

表示层主要提供端到端的信息传输。在 OSI 参考模型中,端用户(应用进程)之间传送的信息数据包含语义和语法两个方面。语义是信息数据的内容及其含义,它由应用层负责处理。语法与信息数据表示形式有关,例如信息的格式、编码、数据压缩等。表示层主要用于处理应用实体面向交换的信息的表示方法,包含用户数据的结构和在传输时的比特流或字节流的表示。这样即使每个应用系统有各自的信息表示法,但被交换的信息类型和数值仍能用一种共同的方法来表示。

（7）应用层

应用层是计算机网络与最终用户的界面,提供完成特定网络服务功能所需的各种应用程序协议。应用层主要负责用户信息的语义表示,确定进程之间通信的性质以满足用户的需要,并在两个通信者之间进行语义匹配。

需要注意的是,OSI 参考模型定义的标准框架,只是一种抽象的分层结构,具体的实现则有赖于各种网络体系的具体标准,它们通常是一组可操作的协议集合,对应于网络分层,不同层次有不同的通信协议。

2. OSI 参考模型中信息的流动过程

在 OSI 参考模型中,通信是在系统进程之间进行的。在实际传输过程中,除物理层外,在各对等层之间只有逻辑上的通信,并无直接的通信,较高层间的通信要使用较低层提供的服务。图 1-24 描述了信息在 OSI 参考模型中的流动过程。

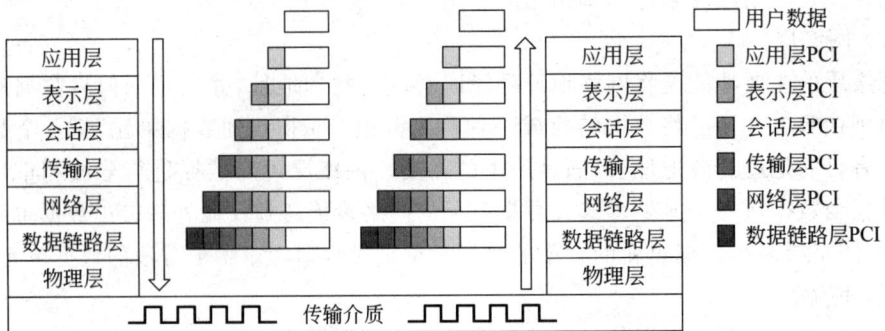

图 1-24　信息在 OSI 参考模型中的流动过程

下面以网络一端的用户 A 向另一端的用户 B 发送电子邮件为例来说明信息的流动过程。其中包括用户 A 向用户 B 的电子邮件服务器发送邮件和用户 B 通过服务器从自己的电子邮箱读取邮件两次通信过程。

用户 A 首先要把电子邮件的内容(用户数据)通过电子邮件应用程序发出,在应用层(电子邮件应用程序的一个进程)把一个报头(PCI,协议控制信息)附加于用户数据上,这个控制信息是第 7 层协议所要求的,组成第 7 层的协议数据单元(用户数据和控制信息作为一个单元整体)。然后将其传送给表示层的一个实体。表示层又把这个单元附加上自己的报头组成第 6 层的协议数据单元再向下层传送。重复这一过程直到数据链路层,数据链路层将网络层送来的协议数据单元封装成帧,然后通过物理层传送到传输介质。当这一帧数据被用户 B 所登录的电子邮件系统服务器接收后,逐层进行理解,并执行相应层次协议控制信息的内容,开始相反的过程。数据从较低层向较高层传输,每层都拆掉其最外层的报头,而把剩余的部分向上传输,一直到服务器电子邮件系统运行的某个进程(对等的应用层),把用户 A 的邮件存放到服务器上用户 B 的电子邮箱中。

当用户 B 在自己的机器上运行电子邮件应用程序,从电子邮箱中读取邮件时,执行的是从电子邮箱所在的服务器向用户 B 的计算机传送数据的通信过程。这个过程可能不止传送用户 A 的邮件,同时传送的还有其他用户发送给用户 B 的邮件。这个过程是两台计算机上运行的电子邮件应用系统进程实体相互理解并执行的过程,即应用层功能。但双方的高层都用到了其他各层的服务。

1.3.3 计算机网络的组成

整个计算机网络是一个完整的体系,就像一台独立的计算机,既包括硬件系统又包括软件系统。

1. 网络硬件

网络硬件包括网络服务器、网络工作站、传输介质和网络设备等。

① 网络服务器是网络的核心,是网络的资源所在,它为使用者提供了主要的网络资源。

② 网络工作站实际上就是一台入网的计算机,它是用户使用网络的窗口。

③ 传输介质是网络通信时信号的载体,包括双绞线、光缆、无线电波等。

④ 网络设备是在网络通信过程中完成特定功能的通信部件,常见的网络设备有集线器、交换机、路由器等。

2. 网络软件

网络软件是一种在网络环境下使用和运行或者控制和管理网络工作的计算机软件。根据软件的功能,计算机网络软件可分为网络系统软件和网络应用软件两大类型。网络系统软件是控制和管理网络运行、提供网络通信、分配和管理共享资源的网络软件,它包括网络操作系统、网络协议软件、通信控制软件和管理软件等。网络应用软件是指为某一个应用目的而开发的网络软件。

网络协议是通信双方关于通信如何进行所达成的协议,常见的网络协议有 TCP/IP 协议、NetBEUI 协议、IPX/SPX 协议等。

网络操作系统是网络软件的核心,用于管理、调度、控制计算机网络的多种资源,目前常用的计算机网络操作系统主要有 UNIX 系列、Windows 系列和 Linux 系列。

① UNIX 本是针对小型机主机环境开发的操作系统,是一种集中式分时多用户体系结构。这种网络操作系统历史悠久,其良好的网络管理功能已为广大网络用户所接受,稳定和安全性能非常好,但由于它多数是以命令方式来进行操作的,不容易掌握,主要用于

大型的网站或大型局域网中。

② Microsoft 的 Windows 系统不仅在个人操作系统中占有绝对优势,它在网络操作系统中也是具有非常强劲的力量。这类操作系统配置在整个局域网配置中是最常见的,但由于它稳定性能不是很高,所以一般只是用在中低档服务器中。在局域网中,Microsoft 的网络操作系统主要有:Windows NT 4.0 Server、Windows 2000 Server、Windows Server 2003 以及 Windows Server 2008 等。

③ Linux 是一个开放源代码的网络操作系统,可以免费得到许多应用程序。目前已经有很多中文版本的 Linux,如 REDHAT(红帽子),红旗 Linux 等,在国内得到了用户充分的肯定。Linux 与 UNIX 有许多类似之处,具有较高的安全性和稳定性。

1.3.4　常用的网络设备

网络设备是在网络通信过程中完成特定功能的通信部件,不同的网络设备在网络中扮演着不同的角色。网络设备和传输介质共同实现了网络的连接。

1. 集线器

集线器(Hub)的主要功能是对接收到的信号进行再生整形放大,以扩大网络的传输距离,同时可以把所有节点集中在以它为中心的节点上,构建物理星型拓扑结构的网络。集线器工作于 OSI 参考模型的物理层,不具备信号的定向传送能力,是标准的共享式设备。随着目前交换机价格的不断下降,集线器的市场已经越来越小,处于淘汰的边缘。

2. 交换机

交换机(Switch)是一种用于信号转发的网络设备,工作于 OSI 参考模型的数据链路层。网络中的各个节点可以直接连接到交换机的端口上,它可以为接入交换机的任意两个网络节点提供独享的信号通路。除了与计算机相连的端口之外,交换机还可以连接到其他的交换机以便形成更大的网络。随着计算机网络技术的发展,目前局域网组网主要采用以太网技术,而以太网的核心部件就是以太网交换机,图 1-25 所示为 Cisco 2960 以太网交换机。

注意:目前网络中使用的交换机除工作于数据链路层的二层交换机外,还有三层交换机(工作于网络层)、四层交换机(工作于传输层)和七层交换机(工作于应用层)。

3. 路由器

路由器(Router)是 Internet 的主要节点设备,具有判断网络地址和选择路径的功能,工作于 OSI 参考模型的网络层。路由器能在多网络互联环境中,建立灵活的连接,可用完全不同的数据分组和介质访问方法连接各种子网。路由器系统构成了基于 TCP/IP 的 Internet 的主体脉络,因此,在局域网、城域网乃至整个 Internet 研究领域中,路由器技术始终处于核心地位。对于局域网来说,路由器主要用来实现与城域网或 Internet 的连接。如图 1-26 所示为 Cisco 2811 路由器。

图 1-25　Cisco 2960 以太网交换机

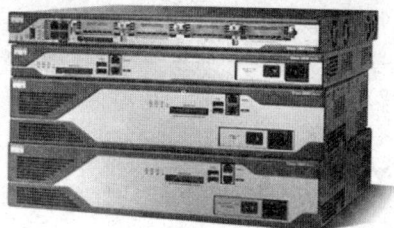

图 1-26　Cisco 2811 路由器

【任务实施】

操作 1　认识计算机网络实验室或机房网络中的网络设备

参观所在学校的计算机网络实验室或机房,根据所学的知识,了解并熟悉该网络使用的网络设备,列出该网络所使用网络设备的品牌、型号和主要性能指标。

操作 2　认识校园网中的网络设备

参观所在学校的网络中心和校园网,根据所学的知识,了解并熟悉该网络使用的网络设备,列出该网络所使用网络设备的品牌、型号和主要性能指标。

操作 3　认识其他计算机网络中的网络设备

根据具体的条件,找出一项计算机网络应用的具体实例,根据所学的知识,了解并熟悉该网络使用的网络设备,列出该网络所使用网络设备的品牌、型号和主要性能指标。

任务 1.4　认识常用的传输介质

【任务目的】

（1）了解计算机网络中常用的传输介质;
（2）熟悉双绞线的结构、分类与性能特点;
（3）熟悉光缆的结构、分类与性能特点。

25

【工作环境与条件】

（1）已经联网并能正常运行的机房和校园网；

（2）已经联网并能正常运行的其他网络。

【相关知识】

传输介质是网络中各节点之间的物理通路或信道，它是信息传递的载体。计算机网络中所采用的传输介质分为两类：一类是有线的；一类是无线的。有线传输介质主要有双绞线、同轴电缆和光缆；无线传输介质包括无线电波和红外线等。

1.4.1 双绞线

双绞线一般由两根遵循 AWG(American Wire Gauge，美国线规)标准的绝缘铜导线相互缠绕而成。把两根绝缘的铜导线按一定密度绞在一起，可以降低信号干扰的程度。实际使用时，通常会把多对双绞线包在一个绝缘套管里，用于网络传输的典型双绞线是 4 对的，也可将更多对双绞线放在一个电缆套管里，称之为双绞线电缆。

双绞线电缆分为非屏蔽双绞线电缆(UTP)和屏蔽双绞线电缆(STP)两大类，按照传输带宽又可以分为 3 类、4 类、5 类、超 5 类、6 类、超 6 类以及 7 类线。目前，局域网中常用的双绞线是非屏蔽的超 5 类和 6 类线，市场上出售的超 5 类和 6 类双绞线外层绝缘套管上会分别标注"Cat 5e"和"Cat 6"字样。

1. 屏蔽双绞线和非屏蔽双绞线

屏蔽双绞线和非屏蔽双绞线的结构如图 1-27 所示，由图可知屏蔽双绞线电缆最大的特点在于封装在其中的双绞线与外层绝缘套管之间有一层金属材料。该结构能减少辐射，防止信息被窃听，同时还具有较高的数据传输率。但也使屏蔽双绞线电缆的价格相对较高，安装时要比非屏蔽双绞线困难，必须使用特殊的连接器，技术要求也比非屏蔽双绞线电缆高。与屏蔽双绞线相比，非屏蔽双绞线电缆外面只有一层绝缘胶皮，因而重量轻、

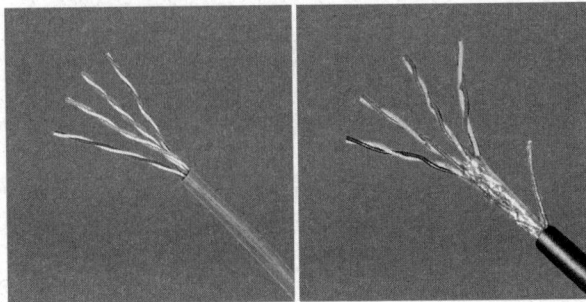

图 1-27　屏蔽双绞线和非屏蔽双绞线

易弯曲、易安装,组网灵活,非常适用于结构化布线。所以,在无特殊要求的计算机网络布线中,常使用非屏蔽双绞线电缆。

2. 双绞线的电缆等级

类(category)是用来区分双绞线电缆等级的术语,不同的等级对双绞线电缆中的导线数目、导线扭绞数量以及能够达到的数据传输速率等具有不同的要求。

(1) 3 类双绞线

3 类双绞线带宽为 16MHz,传输速率可达 10Mb/s。它被认为是 10Base-T 以太网安装可以接受的最低配置电缆,但现在已不再推荐使用。目前 3 类双绞线电缆仍在电话布线系统中有着一定程度的使用。

(2) 4 类双绞线

4 类双绞线电缆用来支持 16Mb/s 的令牌环网,测试通过带宽为 20MHz,传输速率达 16Mb/s。

(3) 5 类双绞线

5 类双绞线电缆是用于快速以太网的双绞线电缆,最初指定带宽为 100MHz,传输速率达 100Mb/s。在一定条件下,5 类双绞线电缆可以用于 1000Base-T 网络,但要达到此目的,必须在电缆中同时使用多对线对以分摊数据流。目前,5 类双绞线电缆仍广泛使用于电话、保安、自动控制等网络中,但在计算机网络布线中已失去市场。

(4) 超 5 类双绞线

超 5 类双绞线电缆的传输带宽为 100MHz,传输速率可达到 100Mb/s。与 5 类电缆相比,具有更多的扭绞数目,可以更好地抵抗来自外部和电缆内部其他导线的干扰,从而提升了性能,在近端串扰、相邻线对综合近端串扰、衰减和衰减串扰比 4 个主要指标上都有了较大的改进。因此超 5 类双绞线电缆具有更好的传输性能,更适合支持 1000Base-T 网络,是目前计算机网络布线常用的传输介质。

(5) 6 类双绞线电缆

6 类双绞线电缆主要应用于快速以太网和千兆位以太网中,传输带宽为 200～250MHz,是 5 类线和超 5 类电缆带宽的 2 倍,最大速度可达到 1000Mb/s。6 类双绞线电缆改善了串扰以及回波损耗方面的性能,更适合于全双工的高速千兆网络的传输需求。

(6) 超 6 类双绞线电缆

超 6 类双绞线电缆主要应用于千兆位以太网中,传输带宽是 500MHz,最大传输速度为 1000Mb/s,与 6 类电缆相比,其在串扰、衰减等方面有了较大改善。

(7) 7 类双绞线电缆

7 类双绞线电缆全部采用屏蔽结构,能有效抵御线对之间的串扰,使得在同一根电缆上实现多个应用成为可能,其传输带宽为 600MHz,是 6 类线的 2 倍以上,传输速率可达 10Gb/s,主要用来支持万兆位以太网的应用。

1.4.2　同轴电缆

同轴电缆是根据其构造命名的,铜导体位于核心,外面被一层绝缘体环绕,然后是一层屏蔽层,最外面是外护套,所有这些层都是围绕中心轴(铜导体)构造,因此这种电缆被称为同轴电缆,如图 1-28 所示。

同轴电缆主要有以下类型。

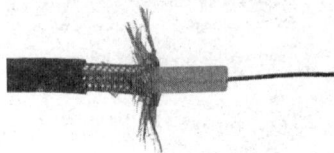

图 1-28 同轴电缆

- 50Ω 同轴电缆:也称作基带同轴电缆,特性阻抗为 50Ω,主要用于无线电和计算机局域网络。曾经广泛应用于传统以太网的粗缆和细缆就属于基带同轴电缆。

- 75Ω 同轴电缆:也称作宽带同轴电缆,特性阻抗为 75Ω,主要用于视频传输,其屏蔽层通常是用铝冲压而成的。

在一些应用中,同轴电缆仍然优于双绞线电缆。首先双绞线电缆的导线尺寸较小,没有包含在同轴电缆中的铜缆结实,因此同轴电缆可以应用于许多无线电传输领域。另外同轴电缆能传输很宽的频带,从低频到甚高频,因此特别适合传输宽带信号(如有线电视系统、模拟录像等)。同轴电缆也有固有的缺点,例如安装时屏蔽层必须正确接地,否则会造成更大的干扰。另外一些同轴电缆的直径较大,会占用很大的空间。更重要的是同轴电缆支持的数据传输速度只有 10Mb/s,无法满足目前局域网的传输速度要求,所以在计算机局域网布线中,已不再使用同轴电缆。

1.4.3 光纤

光纤即光导纤维是一种传输光束的细而柔韧的媒质。光导纤维线缆由一捆光导纤维组成,简称为光缆。与铜缆相比,光缆本身不需要电,虽然其在铺设初级阶段所需的连接器、工具和人工成本很高,但其不受电磁干扰和射频干扰的影响,具有更高的数据传输率和更远的传输距离,并且不用考虑接地问题,对各种环境因素具有更强的抵抗力。这些特点使得光缆在某些应用中更具吸引力,成为目前计算机网络中常用的传输介质之一。

1. 光纤的结构

计算机网络中的光纤主要是采用石英玻璃制成的,横截面积较小的双层同心圆柱体。

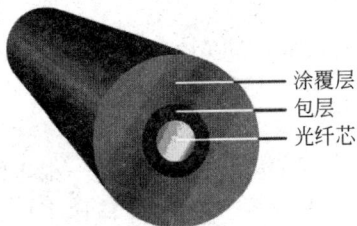

裸光纤由光纤芯、包层和涂覆层组成,如图 1-29 所示。折射率高的中心部分叫做光纤芯,折射率低的外围部分叫包层。光以不同的角度进入光纤芯,在包层和光纤芯的界面发生反射,进行远距离传输。

图 1-29 裸光纤的结构

2. 光纤通信系统

光纤通信系统是以光波为载体、以光纤为传输介质的通信方式。光纤通信系统的组成如图 1-30 所示。

在光纤发送端,主要采用两种光源:发光二极管 LED 与注入型激光二极管 ILD。在接收端将光信号转换成电信号时,要使用光电二极管 PIN 检波器。

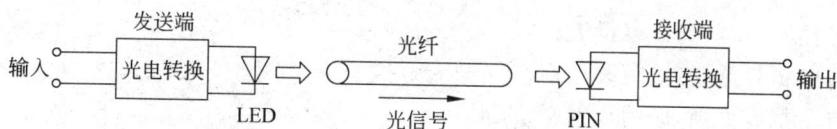

图 1-30　光纤通信系统的组成

3. 单模光纤和多模光纤

光纤有两种形式：单模光纤和多模光纤。单模光纤使用光的单一模式传送信号，而多模光纤使用光的多种模式传送信号。光传输中的模式是指一根以特定角度进入光纤芯的光线，因此可以认为模式是指以特定角度进入光纤的具有相同波长的光束。

单模光纤和多模光纤在结构以及布线方式上有很多不同，如图 1-31 所示。单模光纤只允许一束光传播，没有模分散的特性，光信号损耗很低，离散也很小，传播距离远，单模导入波长为 1310nm 和 1550nm。多模光纤是在给定的工作波长上，以多个模式同时传输的光纤，从而形成模分散，限制了带宽和距离，因此，多模光纤的芯径大，传输速度低、距离短，成本低，多模导入波长为 850nm 和 1300nm。

图 1-31　单模光纤和多模光纤的比较

多模光纤可以使用 LED 作为光源，而单模光纤必须使用激光光源，从而可以把数据传输到更远的距离。由于这些特性，单模光纤主要用于建筑物之间的互联或广域网连接，多模光纤主要用于建筑物内的局域网干线连接。

单模光纤和多模光纤的纤芯和包层具有多种不同的尺寸，尺寸的大小将决定光信号在光纤中的传输质量。目前常见的单模光纤主要有 $8.3\mu m/125\mu m$（纤芯直径/包层直径）、$9\mu m/125\mu m$ 和 $10\mu m/125\mu m$ 等规格；常见的多模光纤主要有 $50\mu m/125\mu m$、$62.5\mu m/125\mu m$、$100\mu m/140\mu m$ 等规格。局域网布线中主要使用 $62.5\mu m/125\mu m$ 的多模光纤；在传输性能要求更高的情况下也可以使用 $50\mu m/125\mu m$ 的多模光纤。

4. 光纤通信系统的特点

与铜缆相比，光纤通信系统的主要优点如下。

- 传输频带宽,通信容量大;

- 线路损耗低,传输距离远;

- 抗干扰能力强,应用范围广;

- 线径细,重量轻;

- 抗化学腐蚀能力强;

- 光纤制造资源丰富。

与铜缆相比,光纤通信系统的主要缺点如下。

- 初始投入成本比铜缆高;

- 更难接受错误地使用;

- 光纤连接器比铜连接器脆弱;

- 端接光纤需要更高级别的训练和技能;

- 相关的安装和测试工具价格高。

5. 光缆的种类

光缆有多种结构,它可以包含单一或多根光纤束、不同类型的绝缘材料、包层甚至铜导体,以适应各种不同环境、不同要求的应用。光缆有多种分类方法,目前在计算机网络中主要按照光缆的使用环境和敷设方式对光缆进行分类。

(1) 室内光缆

室内光缆的抗拉强度较小,保护层较差,但也更轻便、更经济。室内光缆主要适用于建筑物内的计算机网络布线。

(2) 室外光缆

室外光缆的抗拉强度比较大,保护层厚重,在计算机网络中主要用于建筑物外网络布线,根据敷设方式的不同,室外光缆可以分为架空光缆、管道管缆、直埋光缆、隧道光缆和水底光缆等。

(3) 室内/室外通用光缆

由于敷设方式的不同,室外光缆必须具有与室内光缆不同的结构特点。室外光缆要承受水蒸气扩散和潮气的侵入,必须具有足够的机械强度及对啮咬等的保护措施。室外光缆由于有 PE 护套及易燃填充物,不适合室内敷设,因此人们在建筑物的光缆入口处为室内光缆设置了一个移入点,这样室内光缆才能可靠地在建筑物内进行敷设。室内/室外通用光缆既可在室内也可在室外使用,不需要在室外向室内的过渡点进行熔接。

【任务实施】

操作 1 认识计算机网络实验室或机房网络中的传输介质

参观所在学校的计算机网络实验室或机房,根据所学的知识,了解并熟悉该网络使用的传输介质,列出该网络所使用传输介质的品牌、型号和主要性能指标。

操作 2　认识校园网中的传输介质

参观所在学校的网络中心和校园网,根据所学的知识,了解并熟悉该网络使用的传输介质,列出该网络所使用传输介质的品牌、型号和主要性能指标。

操作 3　认识其他计算机网络中的传输介质

根据具体的条件,找出一项计算机网络应用的具体实例,根据所学的知识,了解并熟悉该网络使用的传输介质,列出该网络所使用传输介质的品牌、型号和主要性能指标。

任务 1.5　绘制网络拓扑结构图

【任务目的】

(1) 熟悉常见的网络拓扑结构;
(2) 能够正确阅读网络拓扑结构图;
(3) 能够利用常用绘图软件绘制网络拓扑结构图。

【工作环境与条件】

(1) 已经联网并能正常运行的机房和校园网;
(2) 安装 Windows 7 或 Windows Server 2008 R2 操作系统的 PC;
(3) Microsoft Office Visio Professional 应用软件。

【相关知识】

计算机网络的拓扑(Topology)结构,是指网络中的通信线路和各节点之间的几何排列,它是解释一个网络物理布局的形式图,主要用来反映各个模块之间的结构关系。它影响着整个网络的设计、功能、可靠性和通信费用等方面,是研究计算机网络的主要环节之一。

计算机网络的拓扑结构主要有总线型、环形、星形、树形、不规则网状等类型。拓扑结构的选择通常与传输介质的选择和介质访问控制方法的确定紧密相关,并决定着对网络设备的选择。

31

1.5.1　总线型结构

总线型结构是用一条电缆作为公共总线,入网的节点通过相应接口连接到总线上,如图 1-32 所示。在这种结构中,网络中的所有节点处于平等的通信地位,都可以把自己要发送的信息送入总线,使信息在总线上传播,属于分布式传输控制关系。

① 优点:节点的插入或拆卸比较方便,易于网络的扩充。

② 缺点:可靠性不高,如果总线出了问题,整个网络都不能工作,并且查找故障点比较困难。

1.5.2　环形结构

在环形结构中,节点通过点到点通信线路连接成闭合环路,如图 1-33 所示。环中数据将沿一个方向逐站传送。

① 优点:拓扑结构简单,控制简便,结构对称性好。

② 缺点:环中每个节点与连接节点之间的通信线路都会转为网络可靠性的瓶颈,环中任何一个节点出现线路故障,都可能造成网络瘫痪,环中节点的加入和撤出过程都比较复杂。

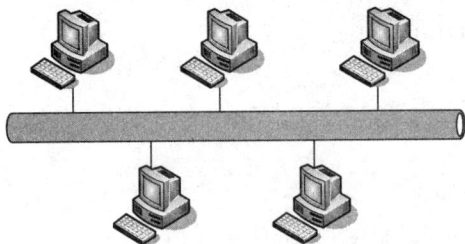

图 1-32　总线型结构　　　　　　　　图 1-33　环形结构

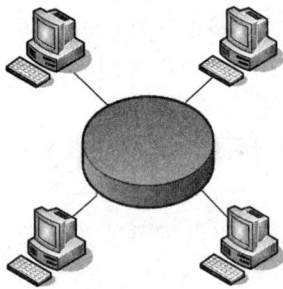

1.5.3　星形结构

在星形结构中,节点通过点到点通信线路与中心节点连接,如图 1-34 所示。目前在局域网中主要使用交换机充当星形结构的中心节点,控制全网的通信,任何两节点之间的通信都要通过中心节点。

① 优点:结构简单,易于实现,便于管理,是目前局域网中最基本的拓扑结构。

② 缺点:网络的中心节点是全网可靠性的瓶颈,中心节点的故障将造成全网瘫痪。

1.5.4　树形结构

在树形结构中,节点按层次进行连接,如图 1-35 所示,信息交换主要在上下节点之间进行。树形结构有多个中心节点(通常使用交换机),各个中心节点均能处理业务,但最上面的主节点有统管整个网络的能力。目前的大中型局域网几乎全部采用树形结构。

① 优点:通信线路连接简单,网络管理软件也不复杂,维护方便。

② 缺点:可靠性不高,如中心节点出现故障,则和该中心节点连接的节点均不能工作。

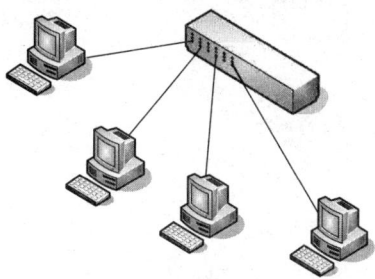

图 1-34　星形结构　　　　　　　　图 1-35　树形结构

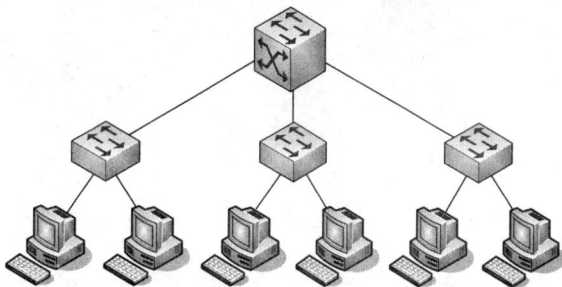

1.5.5　网状结构

在网状结构中,各节点通过冗余复杂的通信线路进行连接,并且每个节点至少与其他两个节点相连,如果有导线或节点发生故障,还有许多其他的通道可供进行两个节点间的通信,如图 1-36 所示。网状结构是广域网中的基本拓扑结构,不常用于局域网,其网络节点主要使用路由器。

① 优点:两个节点间存在多条传输通道,具有较高的可靠性。

② 缺点:结构复杂,实现起来费用较高,不易管理和维护。

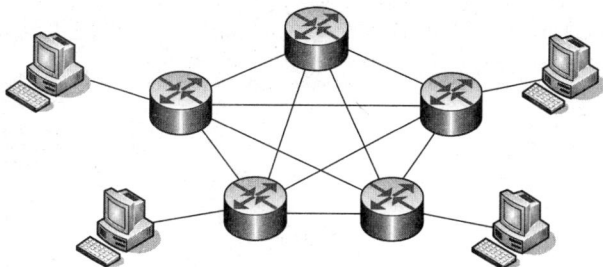

图 1-36　网状结构

【任务实施】

操作 1　分析局域网拓扑结构

(1) 认真阅读图 1-37 所示的某局域网拓扑结构图,思考该网络是由哪些硬件组成的,这些硬件采用了什么样的拓扑结构连接在一起。

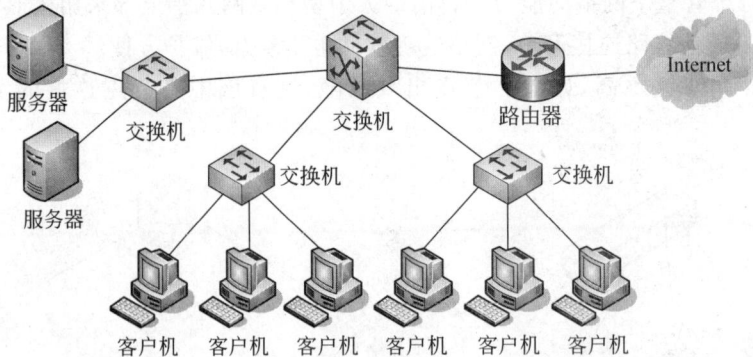

图 1-37　某局域网拓扑结构图

(2) 观察所在网络实验室或机房的网络拓扑结构,在纸上画出该网络的拓扑结构图,分析该网络为什么要采用这种拓扑结构。

操作 2　利用 Visio 软件绘制网络拓扑结构图

Visio 系列软件是微软公司开发的高级绘图软件,属于 Office 系列,可以绘制流程图、网络拓扑图、组织结构图、机械工程图、流程图等。下面是使用 Microsoft Office Visio Professional 2003 应用软件绘制网络拓扑结构的基本步骤。

① 运行 Microsoft Office Visio Professional 2003 应用软件,打开 Visio 2003 主界面,如图 1-38 所示。

图 1-38　Visio 2003 主界面

② 在 Visio 2003 主界面左边"类别"列表中选择"网络"选项,然后在中间窗格中选择

对应的模板,如"详细网络图",此时可打开"详细网络图"绘制界面,如图 1-39 所示。

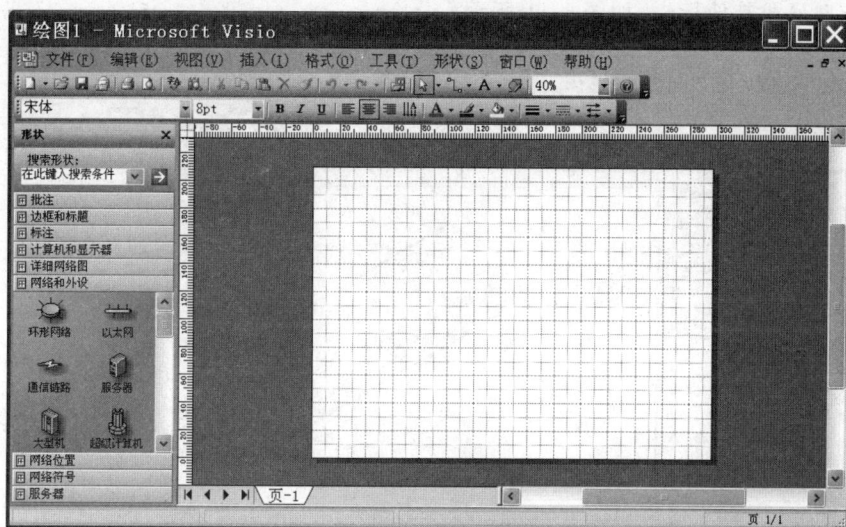

图 1-39 "详细网络图"绘制界面

③ 在"详细网络图"绘制界面左侧的形状列表中选择相应的形状,按住鼠标左键把相应形状拖到右侧窗格中的相应位置,然后松开鼠标左键,即可得到相应的图元。如图 1-40 所示,在"网络和外设"形状列表中分别选择"交换机"和"服务器",并将其拖至右侧窗格中的相应位置。

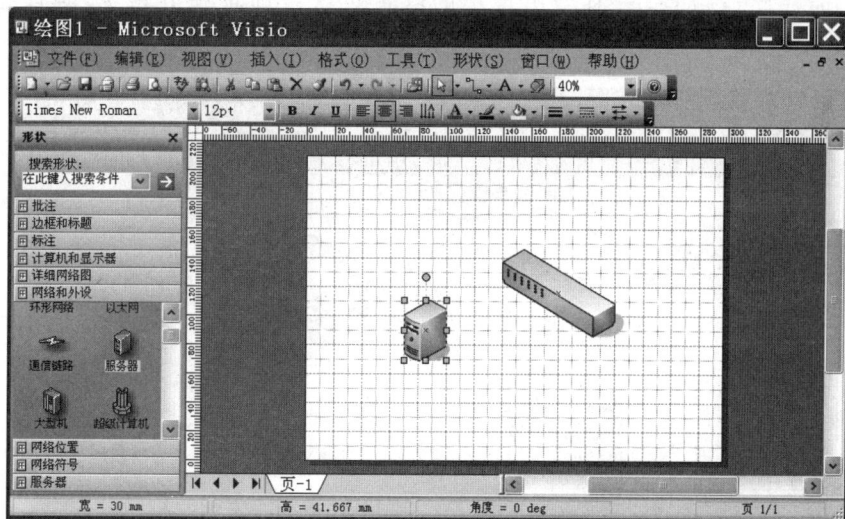

图 1-40 将图元拖放到绘制平台后的效果

④ 可以在按住鼠标左键的同时拖动四周的绿色方格来调整图元大小,可以通过按住鼠标左键的同时旋转图元顶部的绿色小圆圈来改变图元的摆放方向,也可以通过把鼠标放在图元上,在出现 4 个方向的箭头时按住鼠标左键以调整图元的位置。如要为某图元

标注型号可单击工具栏中的"文本工具"按钮,即可在图元下方显示一个小的文本框,此时可以输入型号或其他标注,如图 1-41 所示。

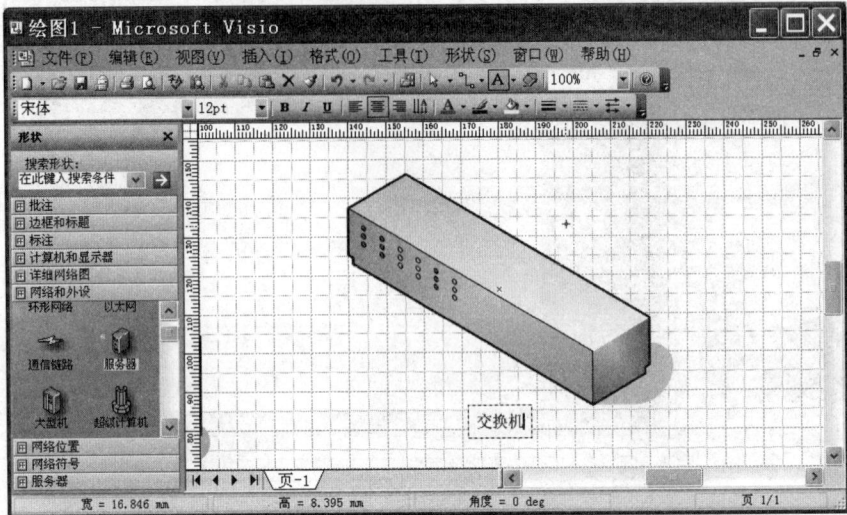

图 1-41　给图元输入标注

⑤ 可以使用工具栏中的"连接线工具"完成图元间的连接。在选择了该工具后,单击要连接的两个图元之一,此时会有一个红色的方框,移动鼠标选择相应的位置,当出现紫色星状点时按住鼠标左键,把连接线拖到另一图元,注意此时如果出现一个大的红方框则表示不宜选择此连接点,只有当出现小的红色星状点即可松开鼠标,则连接成功。图 1-42 所示为交换机与一台服务器的连接。

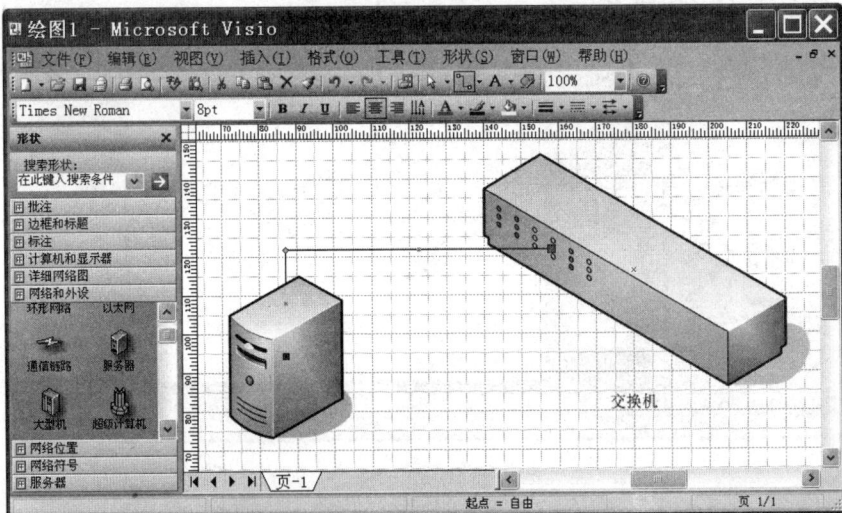

图 1-42　交换机与一台服务器的连接

⑥ 把其他网络设备图元一一添加并与网络中的相应设备图元连接起来,当然这些设备图元可能会在左侧窗格中的不同类别形状选项中。如果在已显示的类别中没有,则可

通过单击工具栏中的按钮,打开类别选择列表,从中可以添加其他类别的形状。

⑦ Microsoft Office Visio Professional 2003 应用软件的使用方法比较简单,操作方法与 Word 类似,这里不再赘述。请按照上述方法画出如图 1-37 所示的网络拓扑结构图,并将该图保存为"JPEG 文件交换格式"的图片文件。

⑧ 请使用 Microsoft Office Visio Professional 2003 应用软件画出所在网络实验室或机房的网络拓扑结构图,并将该图保存为"JPEG 文件交换格式"的图片文件。

操作 3 绘制校园网拓扑结构图

参观所在学校的网络中心和校园网,根据所学的知识,分析校园网的拓扑结构,利用 Microsoft Office Visio Professional 2003 应用软件绘制校园网的拓扑结构图,并将该图保存为"JPEG 文件交换格式"的图片文件。

任务 1.6 树立计算机网络从业者应具备的职业道德观念

【任务目的】

(1) 了解计算机网络出现的问题;

(2) 树立作为计算机网络从业者应具备的职业道德观念。

【工作环境与条件】

(1) 已经联网并能正常运行的机房和校园网;

(2) 能够连入 Internet 的 PC。

【相关知识】

1.6.1 计算机网络带来的问题

计算机网络的广泛应用已经对经济、文化、教育、科学的发展与人类生活质量的提高产生了重要影响,同时也不可避免地带来一些新的社会、道德、政治与法律问题。

随着社会信息化的发展,发达国家的银行正在经历着结构、职能和性质的转化,正在向金融服务的综合化、网络化方面发展,目前向客户提供的金融服务种类已达 150 种,其服务网络遍布全世界,直接面向客户的网络银行已经投入营业。人们已经不习惯随身携带大量现金的购物方式,信用卡、支票已成为人们最普遍的货币流通方式。大批的商业活动与大笔资金通过计算机网络在世界各地快速流通已经对世界经济的发展产生了重要和积极的影响,但同时也面临着严峻的挑战。

计算机犯罪正在引起社会的普遍关注,而计算机网络是攻击的重点。计算机犯罪是一种高技术型犯罪,由于其犯罪的隐蔽性,对计算机网络安全构成了巨大威胁。国际上计算机犯罪案件正在以 100% 的速率增长,在 Internet 上的"黑客"攻击事件则以每年 10 倍的速度在增长,计算机病毒从 1986 年发现首例以来,呈几何级数增长,对计算机网络带来了很大威胁。国防网络和金融网络则成了计算机犯罪案犯的主攻目标。美国国防部的计算机系统经常发现非法闯入者的攻击,美国金融界为此每年损失近百亿美元。因此,网络安全问题引起了人们普遍的重视。

Internet 可以为科学研究人员、学生、公司职员提供很多宝贵的信息,使得人们可以不受地理位置的限制与时间的限制,相互交换信息,合作研究,学习新的知识,了解各国科学、文化发展。同时人们对 Internet 上一些不健康的、违背道德规范的信息表示了极大担忧。一些不道德的 Internet 用户利用网络发表不负责或损坏他人利益的消息,窃取商业、研究机密,危及个人隐私,这类事件已是常常发生,其中有一些已诉诸法律。人们将分布在世界各地的 Internet 用户称为"Internet 公民",将网络用户的活动称为"Internet 社会"的活动,这说明了 Internet 的应用已经在人类生活中产生了前所未有的影响。我们必须意识到,对于大到整个世界的 Internet,小到各个公司的企业内部网与各个大学的校园网,都存在来自网络内部与外部的威胁。要使网络有序、安全地运行,必须加强网络使用方法、网络安全与道德教育,完善网络管理,研究和不断开发各种网络安全技术与产品,同时也要重视"网络社会"中的"道德"与"法律",这对人类是一新的课题。

1.6.2 职业道德的定义和特点

1. 职业道德的定义

职业道德是从事一定职业的公民在职业活动中所必须遵循的道德准则和行为规范的总和,它是一定社会中占主导地位的道德在职业活动中的具体体现,即适应各种职业活动的要求而必然产生的道德原则、规范及相应的道德意识、道德情操和道德品质。

职业道德是一种社会角色规范,是对从业者在赋予一定职能并许诺一定报酬的同时所提出的责任要求。职业道德是在为他人提供产品、服务或其他形式的社会劳动时才发生的。职业道德不仅影响社会风气,而且制约着社会经济的发展。

职业道德一方面调整职业内部人们之间的关系,要求每个从业人员遵守职业道德准则,做好本职工作;另一方面,职业道德调节本职业的人们同其他职业和社会上其他人们之间的关系,以维护职业的存在,并促进其职业及整个社会向前发展。

2. 职业道德的特点

(1) 明确的职业性

职业道德调节的范围只限于已经参加职业活动的人员的行为,未从事职业活动的人不受职业道德的调节。也就是说,职业道德是用于专属人群,范围对象明确。

从具体实施来看,职业道德具有明确的专业性,仅限于调节特定的职业或行业中的从业人员。各领域的职业道德准则相互之间不能随意代替,体现了道德的细分和专业化。

职业道德虽然都是适应职业特点形成和发展的,但职业道德的共同原则和基本精神具有普遍性。职业道德是社会所公认的、共同的道德观念和理想,各种职业行为都有公共性。

（2）连续性和稳定性

在经济社会中,各个职业的特殊要求及社会大众的要求被集中反映在该职业的职业道德上。这种体现通过多年的职业实践被提炼出来,而且并不因为社会经济关系的变更而轻易消失,成功的经验和优秀的传统都会被继承下来。这主要表现在某一职业所独有的、世代相袭的道德习惯和行为准则,一般还体现为从事不同职业的人员在精神风貌上的差异性。例如,"公平交易"作为商业的职业行为规范得到业界内外的认可。

（3）表现形式的多样性

职业道德规范根据各行各业的具体特点、具体条件以及从事该行业员工的素质和能力状况,采用简洁多样的形式(如明快、生动的口号,通俗易懂的大众语言,响亮上口的标语等)表现出来,从而使职业道德具体化。这些形式一般来说都言简意赅,易于从业者理解,并且便于记忆,不仅便于规范操作,也便于根据实际情况进行调整,达到内外监督的目的。

（4）实用性

职业道德对从业人员职业行为及其社会关系的规范,归根结底体现为对利益关系的调节。所以在操作过程中,职业道德总是与从业人员自身的利益密切相关的,当从业人员不能履行某一道德规范时,或存在明显差距时,往往会面临着各种类型的惩戒、舆论指责,乃至被淘汰出局。比如商业上的"缺一罚十",作为一种公开的对外承诺,直接体现了自律与他律的统一。

1.6.3　计算机网络从业者职业守则

同其他工作一样,作为计算机网络相关工作的从业人员在工作中也有各自的职业道德,基于计算机网络工作的特点,通常计算机网络从业者在工作中应遵守以下职业守则。

1. 遵纪守法,尊重知识产权

（1）知识产权的内容

根据我国《民法通则》的规定,知识产权属于民事权利,是基于创造性智力成果和工商业标记依法产生的权利的统称,包括著作权和工业产权。

在我国,著作权用在广义时,包括(狭义的)著作权、著作邻接权、计算机软件著作权等,属于著作权法规定的范围。这是著作权人对著作物(作品)独占利用的排他的权利。狭义的著作权又分为发表权、署名权、修改权、保护作品完整权、使用权和获得报酬权。著作权分为著作人身权和著作财产权。著作权与专利权、商标权有时有交叉情形,这是知识产权的一个特点。

工业产权包括专利、商标、服务标志、厂商名称、原产地名称、制止不正当竞争等。

① 商标权是指商标主管机关依法授予商标所有人对其注册商标受国家法律保护的专有权。商标是用以区别商品和服务不同来源的商业性标志,由文字、图形、字母、数字、三维标志、颜色组合或者上述要素的组合构成。我国商标权的获得必须履行商标注册程序,而且实行申请在先原则。

② 专利权与专利保护是指一项发明创造向国家专利局提出专利申请,经依法审查合格后,向专利申请人授予的在规定时间内对该项发明创造享有的专有权。发明创造被授予专利权后,专利权人对该项发明创造拥有独占权,任何单位和个人未经专利权人许可,都不得实施其专利,即不得为生产经营目的制造、使用、许诺销售、销售和进口其专利产品。未经专利权人许可,实施其专利即侵犯其专利权,引起纠纷的,由当事人协商解决;不愿协商或者协商不成的,专利权人或利害关系人可以向人民法院起诉,也可以请求管理专利工作的部门处理。

(2) 计算机网络与知识产权

由于计算机网络最主要的功能是实现资源共享,所以很多人认为计算机网络是一种完全开放型的状态,只要愿意,可以在网上发表任何言论,或从网上下载那些根本不知道属主是真名还是假名的文章、图片及各种作品。但实际上计算机网络只是信息资源的一种载体,其本质与报纸、电视等传统媒体没有任何区别。网络经济也同现实的一样,同样要遵守共同的规则,这其中就包括对网络资源的利用问题。

目前网上侵权引发的投诉时有发生,涉及抄袭、域名纠纷、商标侵权等多个方面,从发展趋势来看,这一领域的侵权行为正呈逐年上升的态势,但我国法律对于网上行为的界定还比较模糊,也造成了司法实践中的困难。另外网上侵权也不只是我国的问题,世界各国都在加紧完善现有的法律法规,以打击网络上的不法行为。

(3) 网上侵犯知识产权的形式和方法

目前网上侵犯知识产权的形式主要有以下几种。

① 著作权(版权)侵犯

著作权的无形性与网络的开放性导致了这种网上最常见的侵权方式。一方面,一些网站会在未经著作权人许可的情况下,把其作品在网上公开发表;另一方面,一些报纸、杂志等传统媒体会刊登从网上直接下载的作品。这都属于侵犯著作权的行为。

② 商标侵权

商标侵权的一种方式是把别人的驰名商标的图案或者文字冠之于网页的最显著位置,其目的或者是为了链接的方便,或者是为了提高自己网站的知名度,这就容易造成别人的误解和误认,构成对驰名商标所有人权利的直接侵犯。还有一种方式是隐形的商标侵权,现在很多网站都有搜索引擎,当把某个关键词输入后,就立刻找到相关内容的资源,有些人就利用了这一功能,把别人的驰名商标、企业名称埋植在自己网站的源码中。这被认为是网络广告的一种形式,但实际上已经造成了对别人商标和企业名称的侵犯。

③ 域名纠纷

域名注册引起的纠纷主要有两种情况,一是抢注域名,即将他人的知名的商标、商号或其他商业标志抢先注册为域名,自己并不使用,抢注者注册域名不是为了使用,而是借注册域名"敲诈"权利人,收取赎金。另一种情况是域名或其主要部分与他人的商标相同或相似。由于许多大公司都是以商标作为域名使用的,因此,在互联网上用商标名称进行检索更为快捷。如果有一定知名度的商标被他人用域名注册,商标的注册人、使用人与域名的注册人之间就可能发生冲突。

2. 爱岗敬业,严守保密制度

作为计算机网络从业人员应爱岗敬业,严守保密制度,保守相应的国家机密和商业机密,另外由于目前很多商业信息及其他信息都会在计算机系统保存并通过计算机网络传输,计算机网络从业者必须采取相关措施,防止泄密的发生。

(1) 计算机网络系统泄密的主要渠道

① 计算机电磁辐射泄密;

② 计算机网络传输电磁辐射泄密;

③ 用作传播、交流或存储资料的光盘、硬盘、U 盘等计算机媒体泄密;

④ 计算机网络工作人员在管理、操作、维修过程中造成的泄密;

⑤ 传真机、电话机、打印机等外围设备都存在电磁辐射泄密。

(2) 防范措施

① 注意机房选址,对机房、主机加以屏蔽或安装电子干扰器;

② 涉密计算机在使用前要进行安全检查;

③ 涉密计算机不连入网络,计算机网络应加装防火墙等安全设备;

④ 涉密计算机需要维修前,应彻底清除涉密信息;

⑤ 加强对用作传播、交流或存储资料的光盘、硬盘、U 盘等计算机媒体的审查和管理;

⑥ 对机密信息要进行加密存储和加密传播,建立各项保密管理制度;

⑦ 对工作人员进行教育,严守保密规章制度。

计算机网络信息系统的开发、安装和使用也必须符合保密要求,计算机网络信息系统应采取有效的保密措施,配置合格的保密专用设备,所采取的保密措施必须和所处理信息的密级要求相一致。计算机网络信息系统应采取系统访问控制、数据保护和系统安全保密监控管理技术措施,不得进行越权操作,为采取安全保密措施的数据不得进入网络。

3. 爱护设备

管理设备及维护网络的正常运转是每个计算机网络从业者日常工作的重要组成部分,因此计算机网络从业者必须遵守相关的操作规程和制度,爱护设备,定期对设备进行检查,确保计算机网络相关设备的正常运行。

4. 团结协作

计算机网络涉及软件、硬件等各个方面,是一个复杂的系统,因此计算机网络方面的工作是不能由一个人独立完成的,不管是网络组建、网络系统开发还是网络管理维护都需要一个或几个团队所有人员相互协作完成。因此计算机网络的从业人员必须具备良好的团队意识和协作精神,正确处理竞争和合作之间的关系。

【任务实施】

操作 1　讨论计算机网络存在的问题

通过 Internet 了解当前计算机网络带来的社会、道德、政治与法律等各方面的问题,并针对有代表性的事例进行讨论,思考作为计算机网络从业者应如何避免或解决这些问题。

操作 2　了解计算机网络的相关管理制度

参观学校或其他单位的机房和网络中心,学习学校机房和网络中心的相关规章制度,思考为什么要制定这些规章制度,作为计算机网络从业者应如何将其贯彻落实。

操作 3　了解计算机网络管理员的工作职责

参观学校其他单位的机房和网络中心,了解该网络相关管理人员的岗位和配置情况,了解不同岗位工作人员的岗位职责。根据自己的实际情况思考应如何具备计算机网络管理的职业能力,作为计算机网络管理者应树立什么样的职业道德观念。

操作 4　了解计算机网络其他相关工作的工作职责

参观从事网络组建或网络系统开发相关工作的专业公司,了解该公司相关工作人员的岗位和配置情况,了解不同岗位工作人员的岗位职责。根据自己的实际情况思考应如何具备相关的职业能力,应树立什么样的职业道德观念。

习　题　1

1. 判断题

(1) 数据在通信线路上传输时是有方向的。　　　　　　　　　　　　　　(　　)

(2) 同步传输中,每个字符在传输时前后都加上起始位和结束位,以表示字符的开始和结束。　　　　　　　　　　　　　　　　　　　　　　　　　　　(　　)

(3) 异步传输的传输速率高于同步传输。　　　　　　　　　　　　　　　(　　)

(4) 信道容量与信道带宽是正比的关系。　　　　　　　　　　　　　　　(　　)

(5) 曼彻斯特编码,电位从低变到高表示 1,从高变到低表示 0。　　　　　(　　)

（6）差分曼彻斯特编码,位时间开始时存在变换表示 0,位时间开始处于无变换表示 1。　　　　　　　　　　　　　　　　　　　　（　　）

（7）多路复用的目的是使多路可以共用一个信道,或者将多路信号组合在一条物理信道上传输,以充分利用信道容量。　　　　　　　　　　　　（　　）

（8）波分多路复用与频分多路复用采用了相同的复用原理。　　（　　）

（9）网络拓扑结构是指一个网络中各个节点之间互连的几何构形,即指各个节点之间的连接方式。　　　　　　　　　　　　　　　　　　　（　　）

（10）树形网中一个分支和节点故障将会影响其他分支和节点的工作。　（　　）

（11）职业道德是指与人们职业活动密切相关并根据不同的职业特点,对人们的行为、思想品质与道德情操提出要求和规范的总和。　　　　　　　　（　　）

（12）职业道德对于各个行业的从业人员的要求都是一样的。　　（　　）

（13）盗版行为会损害作者的合法权益,但不会影响社会生产力和经济的发展。　　　　　　　　　　　　　　　　　　　　　　　　　　　（　　）

（14）网络管理员对涉及侵犯他人知识产权、个人隐私或其他人身权利的信息应当予以删除。　　　　　　　　　　　　　　　　　　　　　　（　　）

（15）网络管理员不负责网络信息发布和网络资源的管理。　　　（　　）

（16）竞争和合作是辩证统一的,合作是为了更好地竞争。　　　（　　）

（17）网络管理员在企业中是网络资源的管理者与分配者,所以其在公司的地位高于其他员工。　　　　　　　　　　　　　　　　　　　　　　（　　）

（18）局域网覆盖范围较小,一般距离在几百米到几十千米。　　（　　）

（19）局域网比广域网的传输速率低。　　　　　　　　　　　　（　　）

（20）异步传输发送端可以在任意时刻发送字符,字符之间的间隔时间可以任意变化。　　　　　　　　　　　　　　　　　　　　　　　　　　（　　）

（21）只要遵循 OSI 标准,一个系统可以和位于世界上任何地方的、也遵循 OSI 标准的其他任何系统进行通信。　　　　　　　　　　　　　　　（　　）

（22）在 OSI 模型中,1～5 层完成了端到端的数据传送,并且是可靠、无差错的传送。　　　　　　　　　　　　　　　　　　　　　　　　　　（　　）

（23）多模光纤的传输距离远大于单模光纤的传输距离。　　　　（　　）

（24）屏蔽双绞线电缆带有附加的屏蔽层,它起到保护信号的作用。　（　　）

（25）同轴电缆是目前的计算机网络电缆中最常用的一种传输介质。　（　　）

2. 单项选择题

（1）（　　）传送的信息始终是按一个方向的通信。

　　A. 单工通信　　　B. 有线传输　　　C. 双工通信　　　D. 无线传输

（2）（　　）通信信道的每一端可以是接收端,信息可以从一端传到另一端,也可以从另一端传回该端,但在同一时刻,信息只能有一个传输方向。

　　A. 半双工通信　　B. 全双工通信　　C. 有线传输　　　D. 无线传输

（3）（　　）是指数据在一个信道上各位依次传输,传输线路数目与数据位数无关。

    A. 半双工通信　　　B. 串行传输　　　C. 有线传输　　　D. 并行传输

（4）计算机系统内部数据传输主要为并行传输，计算机与计算机之间的数据传输主要是（　　）。

    A. 半双工通信　　　B. 串行传输　　　C. 有线传输　　　D. 并行传输

（5）（　　）指接收端按照发送端的每个码元的起止时间及重复频率来接收数据，并且要校准自己的时钟，以便于发送端的发送取得一致，实现数据接收。

    A. 半双工通信　　B. 同步传输　　C. 有线传输　　D. 异步传输

（6）（　　）方式中每个字符都独立传输，接受设备每收到一个字符的开始位后进行同步。

    A. 半双工通信　　　B. 同步传输　　　C. 有线传输　　　D. 异步传输

（7）（　　）是指单位时间内传输的数据单元的数量。

    A. 数据传输距离　　　　　　　　B. 数据传输速率

    C. 数据传输质量　　　　　　　　D. 数据信道带宽与容量

（8）（　　）是指可以不失真地传输信号的频道范围，通常称为信道的通频带。

    A. 数据传输速率　　B. 数据传输质量　　C. 数据信道带宽　　D. 数据传输距离

（9）数据传输之前，先要对其进行（　　）。

    A. 编码　　　　　B. 解码　　　　　C. 压缩　　　　　D. 解压

（10）将信道的可用频带按频率分割成若干不同的频段，每路信号占用其中一个频段，在接收端用适当的滤波器将多路信号分开，这种技术称为（　　）。

    A. 频分多路复用　　　　　　　　B. 时分多路复用

    C. 波分多路复用　　　　　　　　D. 码分多址复用

（11）电视传输技术就是应用了（　　）原理。

    A. 频分多路复用　　　　　　　　B. 时分多路复用

    C. 波分多路复用　　　　　　　　D. 码分多址复用

（12）（　　）就是将提供给整个信道传输信息的时间划分为若干时间片（简称时隙），并将这些时隙分配给每一个信号源使用，每一路信号在自己的时隙内独占信道进行数据传输。

    A. 频分多路复用　　　　　　　　B. 时分多路复用

    C. 波分多路复用　　　　　　　　D. 码分多址复用

（13）联通 CDMA 就是（　　）的一种方式。

    A. 频分多路复用　　　　　　　　B. 时分多路复用

    C. 波分多路复用　　　　　　　　D. 码分多址复用

（14）（　　）主要应用于企事业单位内部，可作为办公自动化网络和专用网络。

    A. 公网　　　　　B. 局域网　　　　C. 城域网　　　　D. 广域网

（15）Internet 是最大最典型的（　　）。

    A. 公网　　　　　B. 局域网　　　　C. 城域网　　　　D. 广域网

（16）如果网络的服务区域在一个局部范围（一般几十千米之内），则称为（　　）。

    A. 公网　　　　　B. 局域网　　　　C. 城域网　　　　D. 广域网

（17）（　　）网络的缺点是：由于采用中央节点集中控制，一旦中央节点出现故障，将导致整个网络瘫痪。

　　　A．星形结构　　　　B．总线型结构　　　　C．环形结构　　　　D．树形结构

（18）下列有关广域网的叙述中，正确的是（　　）。

　　　A．广域网必须使用拨号接入

　　　B．广域网必须使用专用的物理通信线路

　　　C．广域网必须进行路由选择

　　　D．广域网都按广播方式进行数据通信

（19）在一个办公室内，将 6 台计算机用交换机连接成网络，该网页的物理拓扑结构为（　　）。

　　　A．星形结构　　　　B．总线型结构　　　　C．环形结构　　　　D．树形结构

（20）职业道德的基本职能是（　　）职能。

　　　A．约束　　　　　　B．调节　　　　　　C．教育　　　　　　D．引导

（21）OSI 参考模型分为（　　）层。

　　　A．5　　　　　　　B．6　　　　　　　C．7　　　　　　　D．8

（22）（　　）是 OSI 的第一层，它虽然处于最底层，却是整个开放系统的基础。

　　　A．物理层　　　　　B．数据链路层　　　C．网络层　　　　　D．传输层

（23）（　　）的任务是在两个相连节点之间的线路上无差错地传送以帧为单位的数据。

　　　A．物理层　　　　　B．数据链路层　　　C．网络层　　　　　D．传输层

（24）（　　）是 OSI 参考模型的第 3 层，介于数据链路层和传输层之间。

　　　A．物理层　　　　　B．数据链路层　　　C．网络层　　　　　D．传输层

（25）（　　）也称运输层，是两台计算机经过网络进行数据通信时，第一个端到端的层次，具有缓冲作用。

　　　A．物理层　　　　　B．数据链路层　　　C．网络层　　　　　D．传输层

（26）（　　）是 OSI 参考模型的第五层，由于利用传输层提供的服务，使其在两个会话实体之间进行透明的数据传输。

　　　A．网络层　　　　　B．传输层　　　　　C．会话层　　　　　D．表示层

（27）（　　）是为异种机通信提供一种公共语言，以便能进行互操作。

　　　A．网络层　　　　　B．传输层　　　　　C．会话层　　　　　D．表示层

（28）（　　）在 OSI 参考模型中处于最上层，由应用程序组成，它为最终用户提供服务。

　　　A．网络层　　　　　B．传输层　　　　　C．会话层　　　　　D．应用层

（29）下列几种传输介质中，传输速率最高的是（　　）。

　　　A．双绞线　　　　　B．红外线　　　　　C．同轴电缆　　　　D．光缆

（30）双绞线电缆、同轴电缆和光缆属于（　　）。

　　　A．网间互联设备　　　　　　　　　　B．网络连接设备

　　　C．传输介质　　　　　　　　　　　　D．服务器设备

(31) 多模光纤的最大工作距离为（　　　）以上。

  A. 100m   B. 200m   C. 400m   D. 500m

(32) 常被用于大中型局域网的主干线缆是（　　　）。

  A. 高压电线   B. 双绞线电缆 C. 同轴电缆 D. 光缆

3. 多项选择题

(1) 数据传输按照传输介质分类，可分为（　　　）两大类。

  A. 单工通信   B. 有线传输   C. 双工通信 D. 无线传输

(2) 双工通信方式中又可分为（　　　）。

  A. 半双工通信 B. 全双工通信 C. 有线传输 D. 无线传输

(3) 下列属于串行通信特点的有（　　　）。

  A. 通信线路数量少，线路利用率高，比较适合长距离的数据传输

  B. 发送和接收端都要有串/并转换设备

  C. 需要有同步措施来保证传输的可靠性

  D. 成本较高

(4) 下列属于并行通行特点的有（　　　）。

  A. 传输速率高   B. 传输线路多

  C. 适合长距离传输   D. 不需要对传输代码进行时序转换

(5) 下列属于数据传输系统技术指标的有（　　　）。

  A. 数据传输距离   B. 数据传输速率

  C. 数据传输质量   D. 数据信道带宽与容量

(6) 在传输线路上，传输的信号可以是（　　　）。

  A. 微波信号 B. 数字信号 C. 长波信号 D. 模拟信号

(7) 数据的编码模式通常有（　　　）。

  A. 将模拟数据转化为模拟信号 B. 将模拟数据转化为数字信号

  C. 将数字数据转化为模拟信号 D. 将数字数据转化为数字信号

(8) 下列属于 NRZ 编码特点的是（　　　）。

  A. 实现简单   B. 带宽利用率高

  C. 带宽利用率低   D. 存在直流分量且缺少同步能力

(9) 计算机网络按照网络覆盖区域范围可以分为（　　　）。

  A. 公网   B. 局域网   C. 城域网   D. 广域网

(10) 局域网的基本特点包括（　　　）。

  A. 地理范围有限   B. 节点数目有限

  C. 较高的数据传输速率   D. 低时延和低误码率

(11) 下列属于星形网拓扑的优点的是（　　　）。

  A. 利用中央节点可方便地提供服务和重新配置网络

  B. 各个连接点的故障只影响一个设备，不会影响全网

  C. 容易检测和隔离故障，便于维护

D. 任何一个连接只涉及中央节点和一个节点,因此控制介质访问的方法很简单

(12) 下列属于星形网拓扑的缺点的是(　　)。

A. 每个节点直接与中央节点相连,需要大量电缆

B. 成本费用较高

C. 如果中央节点发生故障,则全网不能工作

D. 对中央节点的可靠性和冗余度要求高

(13) 下列属于网状网特点的是(　　)。

A. 网络结构冗余度大　　　　　　　　　B. 稳定性好

C. 线路利用率不高　　　　　　　　　　D. 经济性较差

(14) 局域网拓扑结构有(　　)。

A. 总线型网络　　　　B. 星形网络　　　　C. 环形网络　　　　D. 球形网络

(15) 下列不受著作权法保护的作品有(　　)。

A. 依法禁止出版、传播的作品

B. 法律、法规

C. 国家机关的决议、决定、命令及官方正式译文

D. 时事新闻、历法、数表、通用表格和公式

(16) 下列属于软件著作权人享有的权利的是(　　)。

A. 发表权　　　　　　B. 出租权　　　　　C. 署名权　　　　　D. 翻译权

(17) 著作权人享有(　　)的权利。

A. 发表权

B. 署名权

C. 修改权

D. 保护作品完整权及使用权和获得报酬权

(18) 职业道德的社会作用包括(　　)。

A. 调节职业交往中的人际关系　　　　　B. 有助于提高本行业的信誉

C. 促进行业的发展　　　　　　　　　　D. 有助于提高全社会的道德水平

(19) 网络管理员的职责包括(　　)。

A. 尊重和维护法律　　　　　　　　　　B. 爱岗敬业

C. 积极进取　　　　　　　　　　　　　D. 团结协作

(20) 网络管理员对公司内的员工进行网络知识及使用方法的培训,以减少由于人为的误操作而导致的网络故障,培训的项目主要包括(　　)等方面。

A. 计算机及其他网络终端设备的正确使用和简单维护方法

B. 基本网络应用的操作方法,如申请账户、上传文件、下载文件等

C. 预防和清除计算机病毒的方法

D. 网络资源、设备等的使用规定,明确用户的权利和责任

(21) 物理层的主要功能有(　　)。

A. 为数据终端设备提供传送数据的通道

B. 传输数据

C. 完成物理层的一些管理工作

D. 路由选择和中继

(22) 数据链路层的基本功能有(　　　)。

A. 链路连接的建立、拆除、分离　　　　B. 帧定界和帧同步

C. 对帧的收发顺序进行控制　　　　　D. 差错检测和恢复

(23) 下列属于网络层主要功能的有(　　　)。

A. 路由选择和中继

B. 激活、终止网络连接

C. 在一条数据链路上复用多条网络连接,多采取分时复用技术

D. 差错检测与恢复

(24) 下列属于传输层主要功能的有(　　　)。

A. 调节各通信子网的差异,使会话层感受不到通信子层的差异

B. 差错恢复

C. 流量控制

D. 链路连接的建立、拆除、分离

(25) 会话层主要功能包括(　　　)。

A. 实现会话连接到运输连接的映射　　　B. 会话连接的释放

C. 会话层管理　　　　　　　　　　　D. 异常报告

(26) 表示层的主要功能有(　　　)。

A. 定义不同体系间的不同数据格式

B. 具体说明独立结构的数据传输格式

C. 编码和解码数据

D. 加密和解码数据

(27) 下列属于有线传输介质的有(　　　)。

A. 双绞线　　　　　B. 红外线　　　　C. 同轴电缆　　　　D. 光缆

(28) 一般来说,局域网的硬件系统包括(　　　)。

A. 服务器、网络工作站　　　　　　　B. 网络接口卡

C. 网络设备、传输介质　　　　　　　D. 介质连接器、适配器

(29) 光缆的优点有(　　　)。

A. 传输速度非常快,可达到每秒上万兆比特

B. 衰减小

C. 抗电磁干扰能力强

D. 需要成对出现,才能完成收、发信号的功能

4. 问答题

(1) 什么是单工、半双工和全双工通信? 试举例说明。

(2) 要在数字信道中传输二进制数据10010101,试写出该数字数据的不归零编码、曼彻斯特编码和差分曼彻斯特编码。

（3）计算机网络的发展可划分为几个阶段？每个阶段各有什么特点？

（4）简述计算机网络的常用分类方法。

（5）简述 OSI 参考模型各层的功能。

（6）简述计算机网络的组成。

（7）目前计算机网络中主要使用了哪些设备？这些设备分别工作于 OSI 参考模型的哪一层？

（8）简述屏蔽双绞线和非屏蔽双绞线的区别。

（9）简述单模光纤和多模光纤的区别。

（10）常见的网络拓扑结构有哪几种？各有什么特点？

工作单元 2　组建双机互联网络

如果仅仅是两台计算机之间组网,那么可以直接使用双绞线跳线将两台计算机的网卡连接在一起。本单元的主要目标是理解以太网和 TCP/IP 协议的相关知识,熟悉计算机连入网络所需的基本软硬件配置,掌握双绞线跳线的制作方法,能够独立完成双机互联网络的连接和连通性测试。

任务 2.1　安装操作系统

【任务目的】

(1) 了解局域网的标准和工作模式;
(2) 掌握 Windows 操作系统的安装方法。

【工作环境与条件】

(1) PC 及相关工具;
(2) Windows Server 2008 R2 及 Windows 7 操作系统安装光盘。

【相关知识】

2.1.1　局域网体系结构

局域网发展到 20 世纪 70 年代末,诞生了数十种标准。为了使各种局域网能够很好地互联,不同生产厂家的局域网产品之间具有更好的兼容性,并有利于产品成本的降低,IEEE(Institute of Electrical and Electronics Engineers,美国电气和电子工程师协会)专门成立了 IEEE 802 委员会,专门从事局域网标准化工作,经过不断地完善,制定了 IEEE 802 系列标准(见表 2-1),该标准包含了 CSMA/CD、令牌总线、令牌环等多种网络的标准。ISO 组织已将其采纳为 OSI 标准的一部分。目前常用的局域网,例如 Ethernet(以太网)、Token Ring(令牌环)等,都遵守 IEEE 802 系列标准。

表 2-1 IEEE 802 标准系列

名 称	内 容
802.1	局域网体系结构、网络互连,以及网络管理与性能测试
802.2	逻辑链路控制控制 LLC 子层功能与服务(停用)
802.3	CSMA/CD 总线介质访问控制子层与物理层规范 包括以下几个标准: IEEE 802.3:10Mb/s 以太网规范。 IEEE 802.3u:100Mb/s 以太网规范,已并入 IEEE 802.3。 IEEE 802.3z:光纤介质千兆以太网规范。 IEEE 802.3ab:基于 UTP 的千兆以太网规范。 IEEE 802.3ae:万兆以太网规范
802.4	令牌总线介质访问控制子层与物理层规范(停用)
802.5	令牌环介质访问控制子层与物理层规范
802.6	城域网 MAN 介质访问控制子层与物理层规范
802.7	宽带技术(停用)
802.8	光纤技术(停用)
802.9	综合语音与数据局域网 IVD LAN 技术(停用)
802.10	可互操作的局域网安全性规范 SILS(停用)
802.11	无线局域网技术
802.12	100Base-VG(传输速率为 100Mb/s 的局域网标准)(停用)
802.14	交互式电视网(包括 Cable Modem)(停用)
802.15	个人区域网络(蓝牙技术)
802.16	宽带无线

　　局域网作为计算机网络的一种,应该遵循 OSI 参考模型,但在 IEEE 802 标准中只描述了局域网物理层和数据链路层的功能,而局域网的高层功能是由具体的局域网操作系统来实现的。IEEE 802 标准所描述的局域网参考模型与 OSI 参考模型的关系如图 2-1 所示,该模型包括了 OSI 参考模型最低两层的功能。IEEE 802 标准将 OSI 参考模型中数据链路层的功能分为了 LLC(Logical Link Control,逻辑链路控制)和 MAC(Media Access Control,介质访问控制)两个子层。

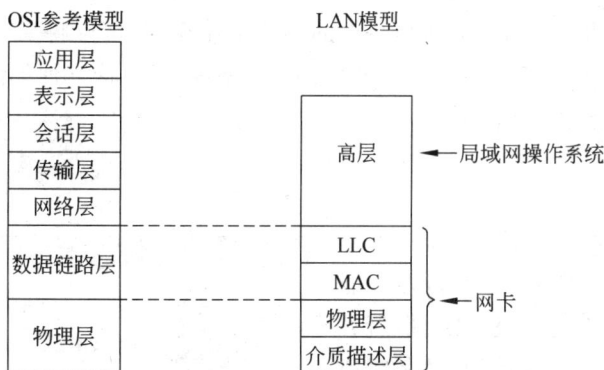

图 2-1 局域网参考模型与 OSI 模型的对应关系

1. 物理层

物理层的主要作用是确保二进制信号的正确传输,包括位流的正确传送与正确接收。局域网物理层的标准规范主要有以下内容:

① 局域网传输介质与传输距离。

② 物理接口的机械特性、电气特性、性能特性和规程特性。

③ 信号的编码方式,局域网常用的信号编码方式主要有曼彻斯特编码、差分曼彻斯特编码、不归零编码等。

④ 错误校验码以及同步信号的产生和删除。

⑤ 传输速率。

⑥ 网络拓扑结构。

2. MAC 子层

MAC 子层是数据链路层的一个功能子层,是数据链路层的下半部分,它直接与物理层相邻。MAC 子层为不同的物理介质定义了介质访问控制标准。其主要功能有:

① 传送数据时,将传送的数据组装成 MAC 帧,帧中包括地址和差错检测等字段。

② 接收数据时,将接收的数据分解成 MAC 帧,并进行地址识别和差错检测。

③ 管理和控制对局域网传输介质的访问。

3. LLC 子层

LLC 子层在数据链路层的上半部分,在 MAC 层的支持下向网络层提供服务。可运行于所有 802 局域网和城域网协议之上。LLC 子层与传输介质无关,它独立于介质访问控制方法。隐蔽了各种 802 网络之间的差别,并向网络层提供一个统一的格式和接口。

LLC 子层的功能包括差错控制、流量控制和顺序控制,并为网络层提供面向连接和无连接两类服务。

2.1.2 局域网的工作模式

按照建网后选用不同操作系统所提供的不同工作模式,可以将局域网分为对等式结构、客户机/服务器模式和浏览器/服务器模式三种基本类型,这三种工作模式涉及用户存取和共享信息的方式。

1. 对等式结构

在对等式网络中,相连的机器都处于同等地位。它们共享资源,每台机器都能以同样方式作用于对方。基本来说,所有计算机都可以既是服务器,同时又是客户机,如图 2-2 所示。

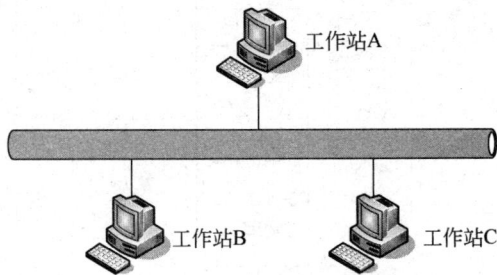

图 2-2 对等式结构

对等式网络是小型企业网络常用的工作模式。它不需要一个专用的服务器,每台工作站都有绝对的自主权,通过网络可以相互交换文件,也可以共享打印机等硬件资源。当然,对等式网络的缺点也非常明显,那就是只能提供很少的服务功能,资源分布分散,难以管理,安全性低等。

2. 客户机/服务器模式

客户机/服务器(Client/Server)模式是一种基于服务器的网络,如图 2-3 所示。与对等式网络相比,基于服务器的模式提供了更好的运行性能并且可靠性也有所提高。在基于服务器的网络中,不需要将工作站的硬盘与他人共享。共享数据全部集中存放在服务器上。

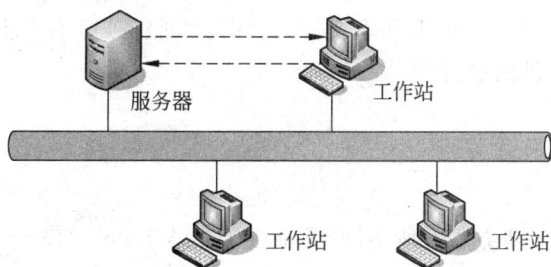

图 2-3　客户机/服务器模式

客户机/服务器模式的网络和对等式网络相比具有许多优点。首先,它有助于主机和小型计算机系统配置的规模缩小化;其次,由于在客户机/服务器网络中是由服务器完成主要的数据处理任务,这样在服务器和客户机之间的网络传输就减少了很多。另外,在客户机/服务器网络中把数据都集中起来,这种结构能提供更严密的安全保护功能,也有助于数据保护和恢复。它还可以通过分割处理任务由客户机和服务器双方来分担任务,充分地发挥高档服务器的作用。

3. 浏览器/服务器模式

浏览器/服务器(Browser/Server)模式又称为三层结构(BWS 结构),如图 2-4 所示。其中三层是相互独立的,任何一层的改变都不影响其他各层的功能,浏览器/服务器模式的客户端不需要安装专门的软件,只需要有浏览器即可,减轻了客户端的负担,避免了不断要求提高客户端的性能,同时也使软件维护人员的维护变得容易。浏览器通过 Web 服务器与数据库进行交互,可以方便地在不同平台下工作,服务器端可采用高性能计算机,并安装 Oracle、Sybase、Informix 等大型数据库。浏览器/服务器结构避免了客户直接访问数据库,提高了数据库的安全性。浏览器/服务器模式是随着 Internet 技术的兴起而产生的,是对客户机/服务器的改进,但该结构下服务器端的工作较重,对服务器的性能要求更高。

4. 综合使用

虽然客户机/服务器模式比对等式网络有更多的优点,但把两者结合起来使用则好处

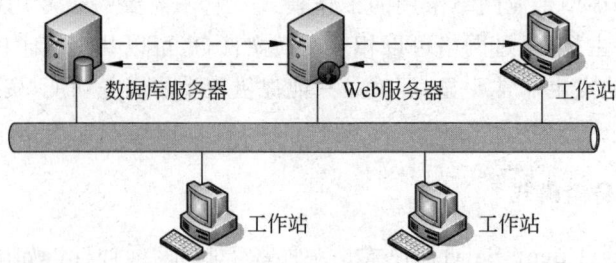

图 2-4　浏览器/服务器模式

更多。例如,一个由多个 Windows 客户机/服务器操作系统形成的网络就可以为一些 Windows XP 工作站提供集中存储的解决方法,这样可以动态地形成一些对等模式的工作组,在这些工作组中可以自由地共享文件、打印机等服务,但不会干扰那些由 Windows Server 2003 服务器提供的服务。

【任务实施】

不同的操作系统安装方法有所不同,下面我们以 Windows Server 2008 R2 为例完成操作系统的安装。

操作 1　准备安装

1. 确定硬件环境

如果要在计算机内安装并使用 Windows Server 2008 R2 操作系统,该计算机应满足表 2-2 所示的硬件配置要求。

表 2-2　安装 Windows Server 2008 R2 的硬件配置要求

硬　　件	配　置　要　求
处理器(CPU)	最低：1.4GHz(64 位处理器)
内存	最低：512MB 最高：Foundation-8GB；Standard、Web-32GB Enterprise、Datacenter、Itanium-2TB
硬盘	最低：32GB
显示设备	Super VGA(800×600)或更高分辨率显示设备
其他	DND 光驱、键盘、鼠标(或兼容的指针设备)、接入 Internet

2. 选择安装模式

Windows Server 2008 R2 提供两种安装模式。

(1) 完全安装模式

这是一般的安装模式,安装完成后的 Windows Server 2008 R2 系统内置窗口图形用户界面,可以充当各种服务器角色。

（2）Server Core 安装模式

采用该模式安装的 Windows Server 2008 R2 系统仅提供最小化的环境,它可以降低维护与管理需求、减少使用硬盘容量、减少被攻击次数。由于该安装模式没有窗口图形用户界面,因此只能在命令提示符或 Windows PowerShell 内通过命令来管理系统。利用该模式安装的系统只支持部分服务器角色,包括 DNS 服务器、域控制器、DHCP 服务器、文件服务器、打印服务器、Web 服务器、Windows 媒体服务、Hyper-V。

3. 选择磁盘分区和文件系统

安装 Windows Server 2008 R2 前,要进行磁盘空间的规划,对于安装 Windows Server 2008 R2 的磁盘分区应预留足够的磁盘空间(至少 10GB),以满足操作系统交换文件的需要,以及今后可能出现的其他安装需求,如安装活动目录、网络服务、日志等。

任何一个新的磁盘分区都必须被格式化为合适的文件系统后,才可以安装操作系统、存储数据,文件系统的选择将影响磁盘分区的操作。在 Windows 系统中,最常见的文件系统有 NTFS、FAT 和 FAT32,Windows Server 2008 R2 只支持用户将其安装到使用 NTFS 文件系统的磁盘分区内。

4. 选择是否安装多重引导系统

如果要在同一台计算机安装多套操作系统,通常应先安装较低版本的系统,再安装较高版本的系统。例如,若在计算机上同时安装 Windows Server 2003 和 Windows Server 2008 R2,则需先安装 Windows Server 2003,再从 Windows Server 2003 中安装 Windows Server 2008 R2。另外不同的操作系统应安装到不同的磁盘分区中,以避免相互覆盖对方的文件。

5. 选择安装方法

Windows Server 2008 R2 操作系统支持多种安装方法,应根据实际情况合理选择。

（1）利用 Windows Server 2008 R2 系统光盘直接安装

从 DVD 驱动器启动并安装操作系统的方法使用范围广,操作简单,是单个服务器在安装时最常用的方法。

（2）在现有的 Windows 系统中利用 DVD 安装

这种安装方法主要用来实现系统升级,也可以进行全新安装。

（3）硬盘克隆安装

当需要对大量同类型的计算机进行安装时,可以采用硬盘克隆的方法,即按照上述任一种方法安装好一台计算机,然后使用硬盘的克隆软件克隆该硬盘的映像文件,之后使用该映像文件安装其他所有计算机上的硬盘,从而实现快速安装和配置的目的。

（4）硬盘保护卡安装

在某些网络环境中(如实验室、网吧),通常会有大量同类型的计算机,其安装和日常管理工作较为复杂,此时可以购置硬盘保护卡,之后即可采用硬盘保护卡来安装和维护网络。采用硬盘保护卡安装操作系统的方法请参考相关的技术说明。

6. 安装前的其他准备工作

为了成功安装 Windows Server 2008 R2,还应做好以下准备工作。

- 拔掉 UPS 的连接线：由于安装程序会通过串行端口监测所连接的设备,因此如果 UPS(不间断电源)与计算机之间通过串行电缆连接,可能会使 UPS 收到自动关闭的错误命令,从而造成系统断电。
- 备份数据：安装过程可能会删除硬盘中的数据,所以应先对重要数据进行备份。
- 退出防病毒软件：防病毒软件可能会干扰系统的安装,导致安装速度变得很慢。
- 准备好大容量存储设备的驱动程序：应将大容量存储设备的驱动程序文件存放到 DVD、U 盘等设备的根目录,或将它们存储到"amd64"文件夹(针对 x64 计算机)、"ia4 文件夹"(针对 Itanium 计算机),并在安装过程中选择这些驱动程序。
- 注意 Windows 防火墙的干扰：Windows Server 2008 R2 的 Windows 防火墙默认是启用的。在系统安装完成后,可能需要暂时关闭防火墙或在防火墙进行设置以允许相关程序的正常运行。

操作 2　从 DVD 启动计算机并安装 Windows Server 2008 R2

这种安装方式只能够运行全新安装,无法实现系统升级。基本操作步骤如下。

(1) 将计算机的 BIOS 设置为从光驱启动,操作方法如下。

① 开启计算机,按 F2 键(有的是按 Del 键)进入"BIOS 设置"界面,如图 2-5 所示。

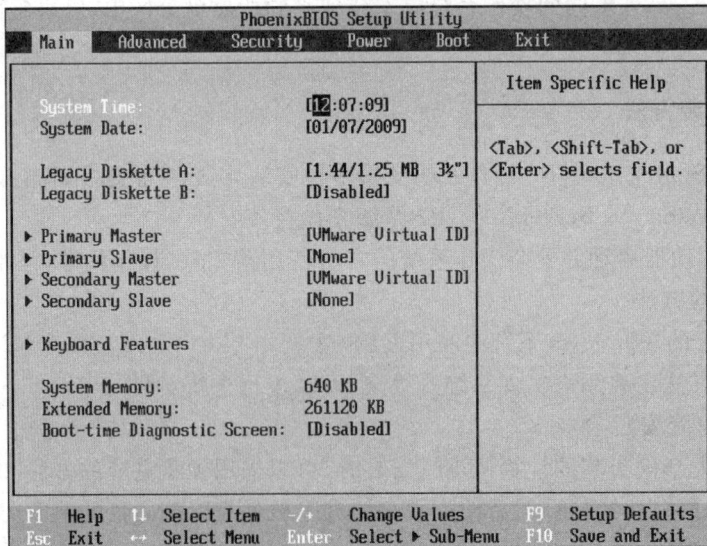

图 2-5　"BIOS 设置"界面

② 选择"Boot"选项卡,将"CD-ROM Drive"设为第一启动设备,如图 2-6 所示。

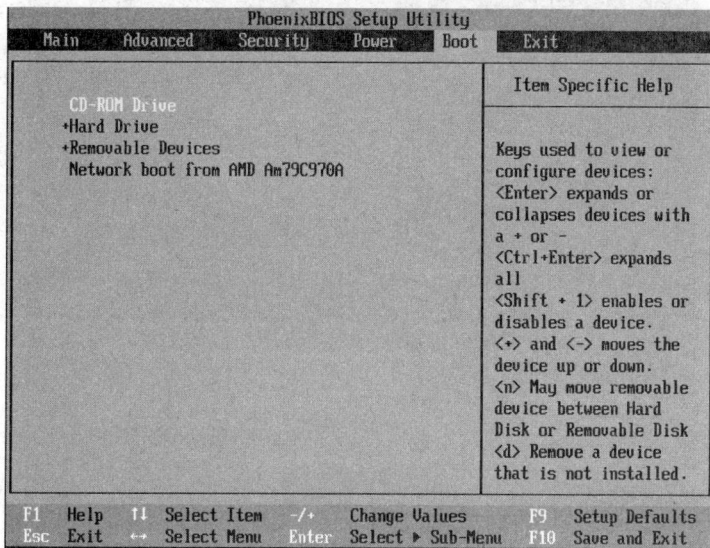

图 2-6　BIOS 中的"Boot"选项卡

③ 按 F10 键,保存设置并退出 BIOS 设置窗口,此时计算机将重新启动。

注意：不同的 BIOS 设置方法不同,设置时应查阅主板说明书。

（2）将 Windows Server 2008 R2 系统光盘放入光驱,重新启动计算机,当系统通过 Windows Server 2008 R2 系统光盘引导后,将出现系统加载界面。系统加载成功后,将出现"设置语言格式"界面,如图 2-7 所示。

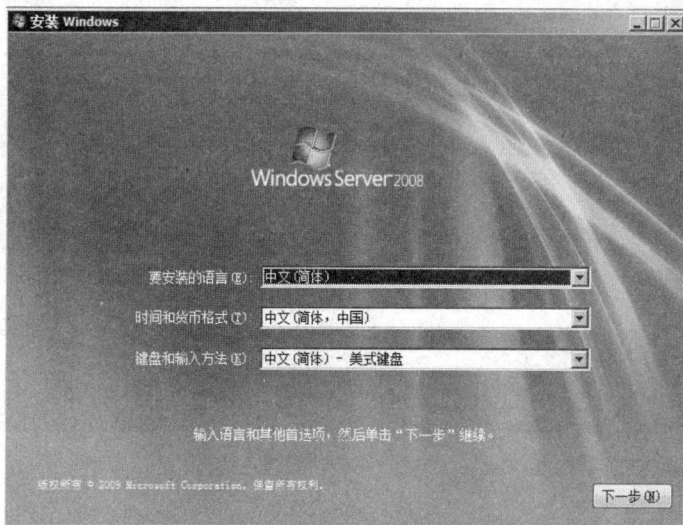

图 2-7　"设置语言格式"界面

（3）在"设置语言格式"界面中,选择安装的语言、时间格式和键盘类型等设置,通常直接采用系统默认的中文设置即可。单击"下一步"按钮,打开"现在安装"界面,如图 2-8 所示。

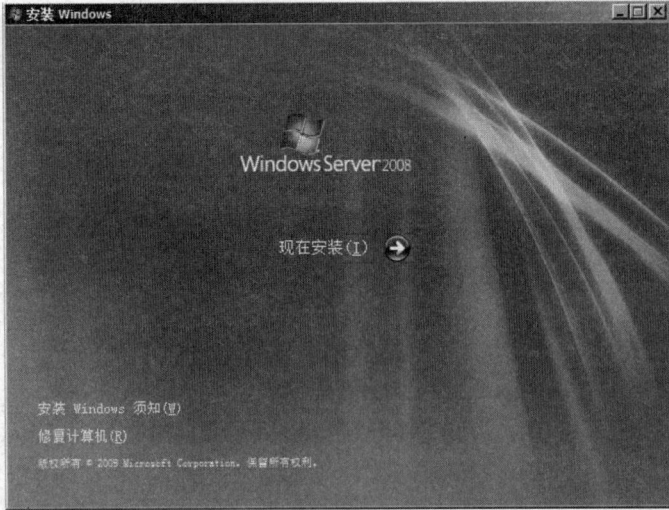

图 2-8　"现在安装"界面

（4）在"现在安装"界面中，单击"现在安装"按钮，打开"选择要安装的操作系统"界面，如图 2-9 所示。

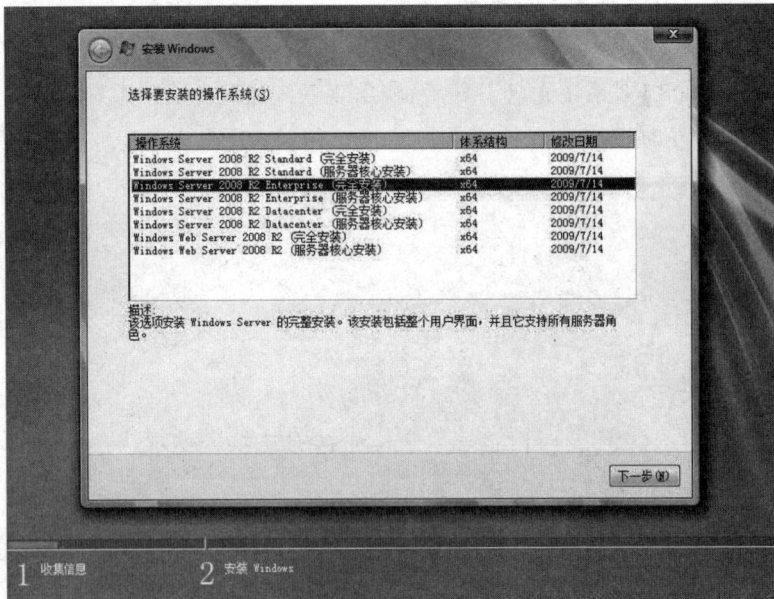

图 2-9　"选择要安装的操作系统"界面

（5）在"选择要安装的操作系统"界面中，选择要安装的 Windows Server 2008 R2 系统，这里选择"Windows Server 2008 R2 Enterprise（完全安装）"，单击"下一步"按钮，打开"请阅读许可条款"界面。

（6）在"请阅读许可条款"界面中，选中"我接受许可条款"复选框，单击"下一步"按钮，打开"您想进行何种类型的安装？"界面，如图 2-10 所示。

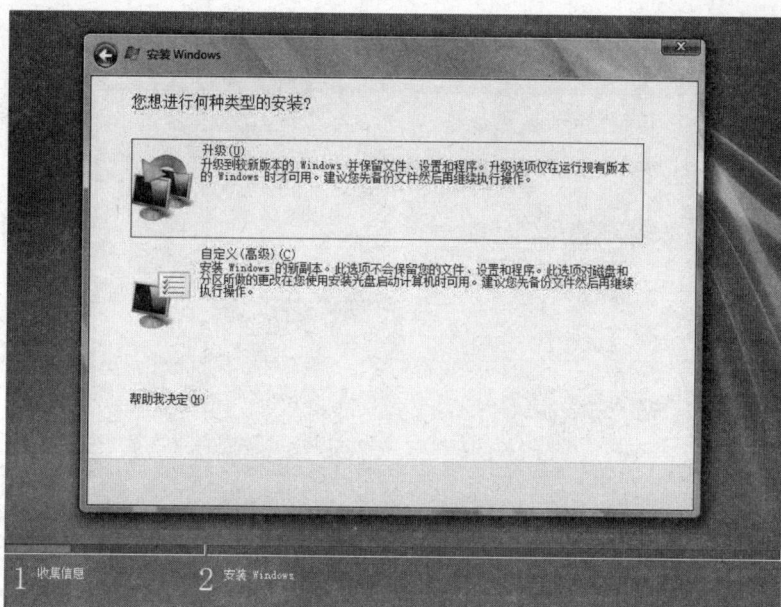

图 2-10 　"您想进行何种类型的安装?"界面

（7）在"您想进行何种类型的安装?"界面中选择"自定义（高级）"进行全新安装,此时会出现"您想将 Windows 安装在何处?"界面,如图 2-11 所示。

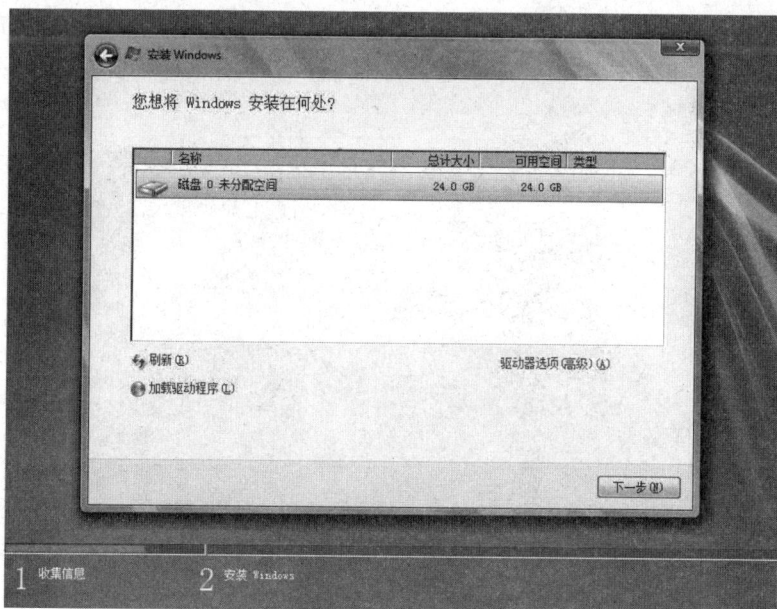

图 2-11 　"您想将 Windows 安装在何处?"界面

（8）在"您想将 Windows 安装在何处?"界面中选择安装 Windows 系统的磁盘分区,单击"下一步"按钮,打开"正在安装 Windows"界面,安装程序将自动完成系统的安装,如图 2-12 所示。

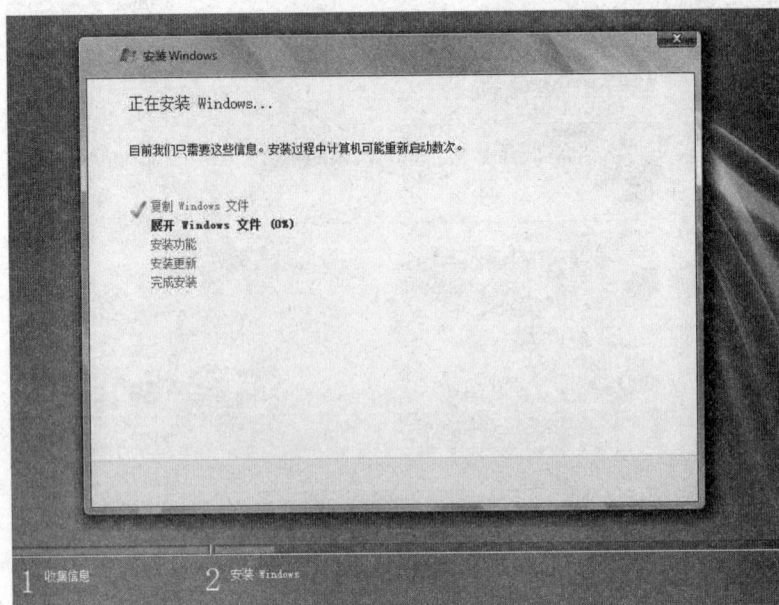

图 2-12　"正在安装 Windows"界面

注意：在"您想将 Windows 安装在何处"界面中，如果要对磁盘进行创建分区、删除分区、对分区进行格式化等操作，则应单击"驱动器选项(高级)"按钮。

(9) Windows Server 2008 R2 系统安装完成后，将自动重新启动，并以系统管理员用户"Administrator"登录系统，为了保证系统安全，会出现"用户首次登录之前必须更改密码"界面，如图 2-13 所示。

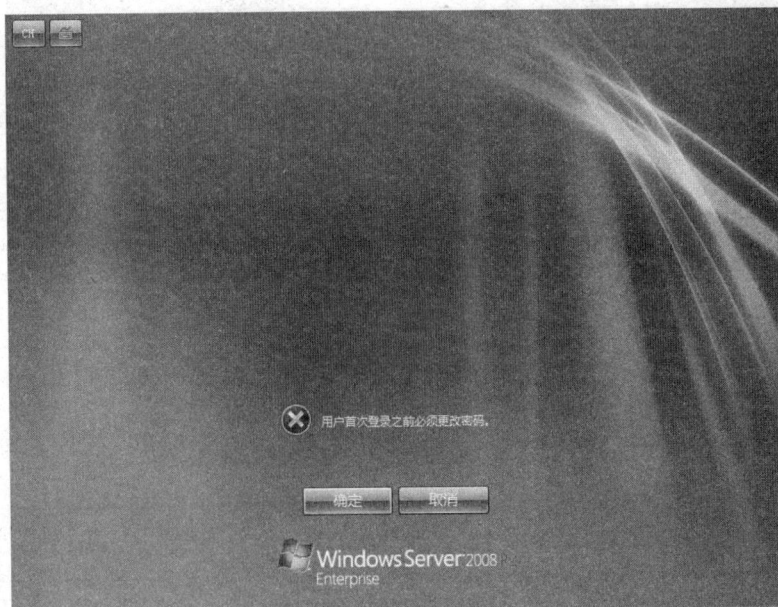

图 2-13　"用户首次登录之前必须更改密码"界面

（10）在"用户首次登录之前必须更改密码"界面中，单击"确定"按钮，打开"设置密码"界面，如图 2-14 所示。

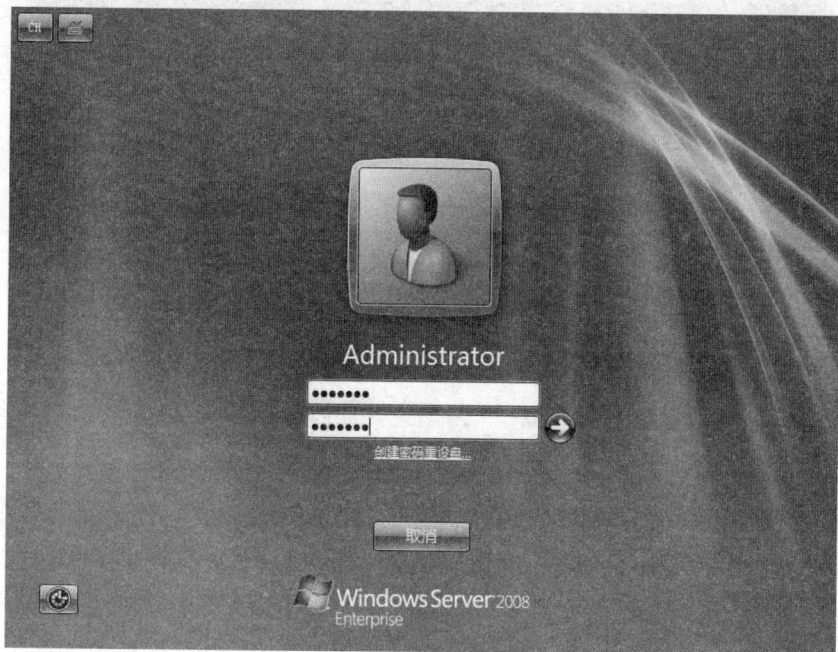

图 2-14　"设置密码"界面

（11）在设置密码界面中，为系统管理员用户 Administrator 输入密码并确认，单击向右的箭头图标，打开"您的密码已更改"界面。

注意：Windows Server 2008 R2 系统默认用户的密码必须至少 6 个字符，至少要包含 A～Z、a～z、0～9、特殊符号（如 $、＃、％）等 4 种字符中的 3 种，并且不能包含用户名中超过两个以上的连续字符。

（12）在"您的密码已更改"界面中，单击"确定"按钮登录系统。登录成功后，系统将自动打开"初始配置任务"窗口，可暂时不予理会并将该窗口关闭；接着会出现"服务器管理器"窗口，如图 2-15 所示，仍可暂时不予理会并将该窗口关闭。

（13）成功登录 Windows Server 2008 R2 系统后，应安装和设置各种硬件设备的驱动程序，确保各种硬件设备正常工作，各种驱动程序的安装方法这里不再赘述。

（14）Windows Server 2008 R2 系统安装完成后，必须在 30 天内（零售版与 OEM 版）运行激活程序。激活的方法为：依次选择"开始"→"管理工具"→"服务器管理器"命令，在"服务器管理器"窗口中单击"激活 Windows"链接，在打开的"激活 Windows"窗口中输入正确的产品密钥即可。

注意：运行激活程序前应确保已接入 Internet。另外，可通过在命令提示符窗口运行"slmgr-rearm"命令将试用期重新配置为 30 天，该方法可使用 3 次，即可试用 120 天。

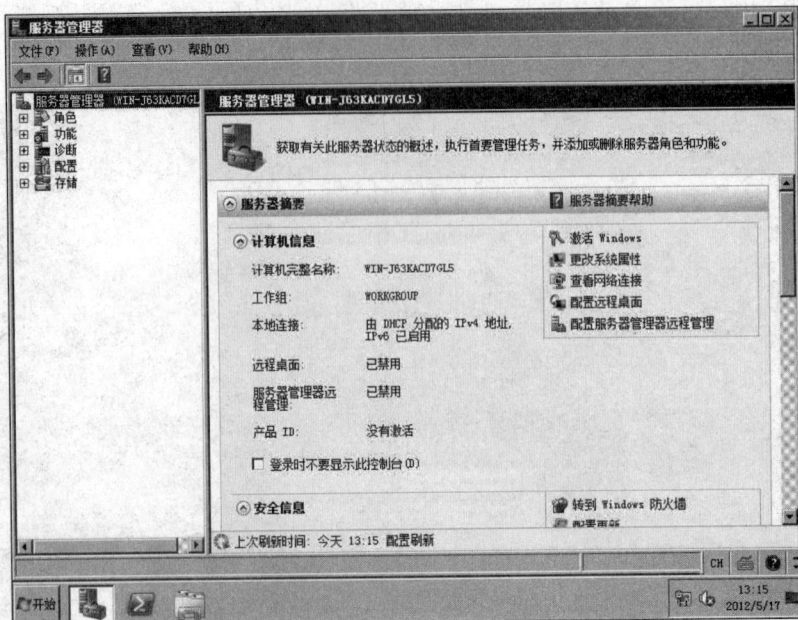

图 2-15　"服务器管理器"窗口

操作 3　安装 Windows 7

Windows 7 的安装方法与 Windows Server 2008 R2 基本相同,这里不再赘述。请利用 Windows 7 安装光盘直接从 CD-ROM 启动,完成该系统的安装。

任务 2.2　安 装 网 卡

【任务目的】

(1) 理解以太网的基本工作原理;
(2) 掌握以太网网卡的安装过程并熟悉网卡的设置;
(3) 理解 MAC 地址的概念和作用;
(4) 学会查看网卡的 MAC 地址。

【工作环境与条件】

(1) 网卡及相应驱动程序;
(2) PC 及相关工具;
(3) Windows Server 2008 R2 及 Windows 7 操作系统安装光盘。

【相关知识】

以太网(Ethernet)是目前应用最广泛的局域网组网技术,一般情况下可以认为以太网和 IEEE 802.3 是同义词,都是使用 CSMA/CD 协议的局域网标准。

2.2.1 介质访问控制

在总线型、环形和星形拓扑结构的网络中,都存在着在同一传输介质上连接多个节点的情况,而局域网中任何一个节点都要求与其他节点通信,这就需要有一种仲裁方式来控制各节点使用传输介质的方式,这就是所谓的介质访问控制。介质访问控制是确保对网络中各个节点进行有序访问的方法,局域网中主要采用两种介质访问控制方式:竞争方式和令牌传送方式。

1. 以太网的 CSMA/CD 工作机制

在竞争方式中,允许多个节点对单个通信信道进行访问,每个节点之间互相竞争信道的控制使用权,获得使用权者便可传送数据。两种主要的竞争方式是 CSMA/CD(Carrier Sense Multiple Access/Collision Detect,载波监听多路访问/冲突检测方法)和 CSMA/CA(Carrier Sense Multiple Access/Collision Avoidance,载波监听多路访问/避免冲突方法),CSMA/CD 是以太网的基本工作机制,而 CSMA/CD 主要用于 Apple 公司的 Apple Talk 和 IEEE 802.11 无线局域网中。

在以太网中,如果一个节点要发送数据,它将以"广播"方式把数据通过作为公共传输介质的总线发送出去,连在总线上的所有节点都能"收听"到发送节点发送的数据信号。由于网中所有节点都可以利用总线传输介质发送数据,并且网中没有控制中心,因此冲突的发生将是不可避免的。为了有效地实现分布式多节点访问公共传输介质的控制策略,CSMA/CD 具有自身的管理机制。

实际上 CSMA/CD 与人际间通话非常相似,可以用以下 7 步来说明,图 2-16 展示了 CAMA/CD 介质访问控制的流程。

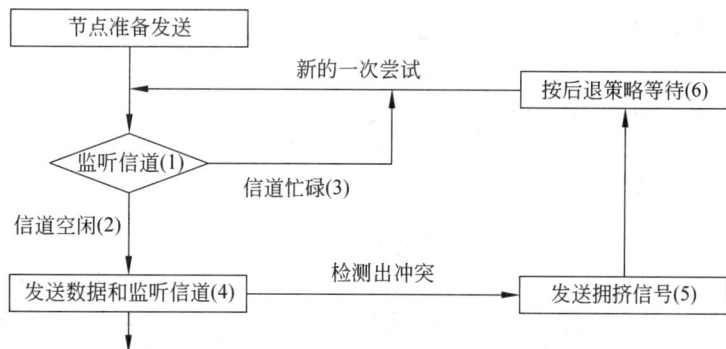

图 2-16 CAMA/CD 介质访问控制的流程

① 载波监听：想发送信息包的节点要确保现在没有其他节点在使用共享介质，所以该节点首先要监听信道上的动静(即先听后说)。

② 如果信道在一定时段内寂静无声(称为帧间缝隙 IFG)，则该节点就开始传输(即无声则讲)。

③ 如果信道一直很忙碌，就一直监视信道，直到出现最小的 IFG 时段时，该节点才开始发送它的数据(即有空就说)。

④ 冲突检测：如果两个节点或更多的节点都在监听和等待发送，然后在信道空时同时决定立即(几乎同时)开始发送数据，此时就发生碰撞。这一事件会导致冲突，并使双方信息包都受到损坏。以太网在传输过程中不断地监听信道，以检测碰撞冲突(即边听边说)。

⑤ 如果一个节点在传输期间检测出碰撞冲突，则立即停止该次传输，并向信道发出一个"拥挤"信号，以确保其他所有节点也发现该冲突，从而摒弃可能一直在接收的受损的信息包(冲突停止，即一次只能一人讲)。

⑥ 多路存取：在等待一段时间(称为后退)后，想发送的节点试图进行新的发送。采用一种叫二进制指数退避策略的算法来决定不同的节点在试图再次发送数据前要等待一段时间(即随机延迟)。

⑦ 返回到第一步。

CAMA/CD 的优势在于节点不需要依靠中心控制就能进行数据发送，当网络通信量较小，冲突很少发生时，CSNA/CD 是快速而有效的方式。但当网络负载较重时，就容易出现冲突，网络性能也将相应降低。

2. 令牌传送方式

在令牌传送方式中，令牌在网络中沿各节点依次传递。所谓令牌是一个有特殊目的的数据帧，它的作用是允许节点进行数据发送。一个节点只在持有令牌时才能发送数据。采用令牌传送方式的有 IEEE 802.4(令牌总线)、IEEE 802.5(令牌环)、FDDI(光纤分布式数据接口)等。

令牌传送方式能提供优先权服务，有很强的实时性，效率较高，网络上站点的增加，不会对网络性能产生大的影响。但在令牌传送方式中控制电路较复杂，令牌容易丢失，网络的价格较贵，可靠性不高。

2.2.2　以太网的冲突域

在以太网中，如果一个 CSMA/CD 网络上的两台计算机在同时通信时会发生冲突，那么这个 CSMA/CD 网络就是一个冲突域。连接在一条总线上的计算机构成的以太网属于同一个冲突域，如果以太网中的各个网段以中继器或者集线器连接，因为中继器或者集线器不具有路由选择功能，只是将接收到的数据以广播的形式发出，所以仍然是一个冲突域。

冲突域也是一个确保严格遵守 CSMA/CD 机制而不能超越的时间概念，在 CSMA/

CD 的机制中要求节点边发送数据边监听信道,所以要求发送端必须在数据发送完毕之前收到冲突信号,如图 2-17 所示。

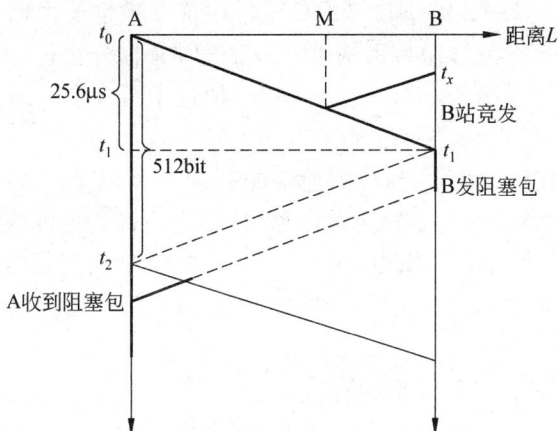

图 2-17　CSMA/CD 机制中的冲突域

图中 A、B 为任意两个节点,距离为 L,垂直坐标为延迟时间 t。设 A 节点从 t_0 时开始发送,t_1 时第 1 位到达 B 节点而 A 节点已发完 256 位,延时为 $25.6\mu s$。在此之前 B 节点不知 A 节点已发送,可在任意 t_x 时间竞发,但在电缆 M 点发生冲突。B 节点在 t_1 检测到了冲突而发出拥塞包,A 节点在刚发完一个最小包后即收到拥塞包知道最小包已受损,双方都退回重新竞发。若 A 节点发出的是一个大于 512byte 的长包,则更能在发完之前侦听到冲突而退回重发,避免了资源浪费。若不按最小包长限制的 $25.6\mu s$,则 A 节点发完较小包之后,根本不知道该包已受损而使错包在网上广播。所以,以太网的冲突域是保证在规定的时间范围内发现冲突,使得局域网内的任何节点,都能正确执行 CSMA/CD 协议,而不会发生错误。

因此组建以太网的一个关键就是网内任何两节点间所有设备的延时的总和应小于冲突域,以太网中规定最小的数据帧为 64 个字节,若传输速度为 10Mb/s,则以太网的冲突域的大小为 $25.6\mu s$,即网络中最远的两个点的传输延迟时间小于 $25.6\mu s$;若传输速度为 100Mb/s,则以太网的冲突域的大小为 $2.56\mu s$,即网络中最远的两个点的传输延迟时间小于 $2.56\mu s$。

2.2.3　以太网的 MAC 地址

在 CSMA/CD 的工作机制中,接收数据的计算机必须通过数据帧中的地址来判断此数据帧是否发给自己,因此为了保证网络正常运行,每台计算机必须有一个与其他计算机不同的硬件地址,即网络中不能有重复地址。MAC 地址也称为物理地址,是 IEEE 802 标准为局域网规定的一种 48bit 的全球唯一地址,用在 MAC 帧中。MAC 地址被嵌入到以太网网卡中,网卡在生产时,MAC 地址被固化在网卡的 ROM 中,计算机在安装网卡后,就可以利用该网卡固化的 MAC 地址进行数据通信。对于计算机来说,只要其网卡不换,则它的 MAC 地址就不会改变。

IEEE 802 规定网卡地址为 6 字节,即 48bit,计算机和网络设备中一般以 12 个十六进制数表示,如 00-05-5D-6B-29-F5。MAC 地址中前 3 个字节由网卡生产厂商向 IEEE 的注册管理委员会申请购买,称为机构唯一标志号,又称公司标志符。例如 D-Link 网卡的 MAC 地址前 3 个字节为 00-05-5D。MAC 地址中后 3 个字节由厂商指定,不能有重复。

在 MAC 数据帧传输过程中,当目的地址的最高位为"0"代表单播地址,即接收端为单一站点,所以网卡的 MAC 地址的最高位总为"0"。当目的地址的最高为"1"代表组播地址,组播地址允许多个站点使用同一地址,当把一帧送给组地址时,组内所有的站点都会收到该帧。目的地址全为"1"代表广播地址,此时数据将传送到网上的所有站点。

2.2.4　以太网的 MAC 帧格式

实际上以太网有两种帧格式,目前普遍采用的是 DIX Ethernet V2 格式,DIX Ethernet V2 的 MAC 帧结构,如图 2-18 所示。

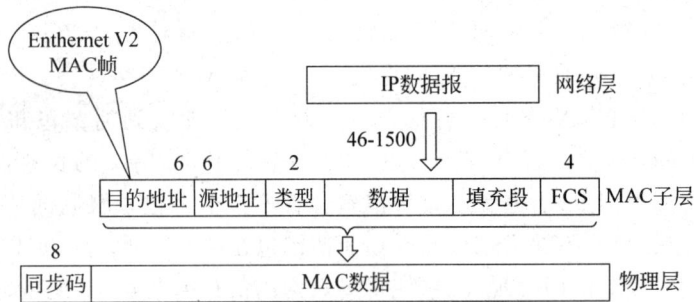

图 2-18　DIX Ethernet V2 MAC 帧结构

CSMA/CD 规定 MAC 帧的最短长度为 64 字节,具体如下。

- 目的地址:6 字节,为目的计算机的 MAC 地址。
- 源地址:6 字节,本计算机的 MAC 地址。
- 类型:2 字节,高层协议标识,说明上层使用何种协议。例如,若类型值为 0x0800 时,则上层使用 IP,如果类型值为 0x8137,则上层使用 IPX 协议。上层协议不同,以太网的帧的长度范围会有所变化。
- 数据:长度在 0~1500 字节之间,是上层协议传下来的数据,由于 DIX Ethernet V2 没有单独定义 LLC 子层。如果上层使用 TCP/IP 协议,Data 就是 IP 数据报的数据。
- 填充字段:保证帧长不少于 64 字节,即数据和填充字段的长度和应在 46~1500 之间,当上层数据小于 46 字节时,会自动添加字节。46 字节是用帧最小长度 64 字节减去前后的固定字段的字节数 18 得到的。当某个对方收到 MAC 数据帧时,会丢掉填充数据,还原为 IP 数据报,传递给上层协议。

- FCS：帧校验序列，是一个 32 位的循环容余码。
- 前同步码：MAC 数据帧传给物理层时，还会加上同步码，10101010 序列，保证接收方与发送方同步。

MAC 子层还规定了帧间的最小间隔为 $9.6\mu s$，这是为了保证刚收到数据帧的站点网卡上的缓存能有时间清理，做好接收下一帧的准备，避免因缓存占满而造成数据帧的丢失。

2.2.5 以太网网卡

网络接口卡（Network Interface Card，NIC）又称网络适配器，简称为网卡，它是计算机网络中最基本和最重要的连接设备之一，计算机主要通过网卡接入局域网。网卡在网络中的工作是双重的：一方面负责接收网络上传过来的数据包，解包后，将数据通过主板上的总线传输给本地计算机；另一方面它将本地计算机上的数据经过打包后送入网络。如果要使用以太网技术组建网络，那么该网络中的计算机必须安装以太网网卡。以太网网卡有以下几种分类方法。

1. 按速度分类

根据以太网网卡的工作速度不同可分为 10M 网卡、100M 网卡、10/100M 自适应网卡、1000M 网卡等，分别支持不同类型的以太网组网技术。

2. 按总线类型分类

总线类型主要指网卡与计算机主板的连接方式，总线类型不同则网卡与计算机主板间的数据传输速度不同，目前 PC 中使用的网卡都采用 PCI 或 PCI-E 总线类型，图 2-19 所示为使用 PCI 总线接口的独立网卡。

3. 按接口类型分类

网卡如果按接口类型划分，可以分为 RJ-45 双绞线接口、BNC 细缆接口、AUI 粗缆接口以及光纤接口网卡等。另外还有综合几种接口类型于一身的二合一、三合一网卡。目前市场上绝大部分网卡采用 RJ-45 接口，与双绞线相连。BNC 接口是采用 10Base-2 同轴电缆的接口类型，AUI 接口用于连接 10Base-5 中收发器电缆，目前这两种接口的网卡都已不再使用。除了以上几种类型的网卡之外，现在还有无线网卡、USB 网卡等类型的网卡。

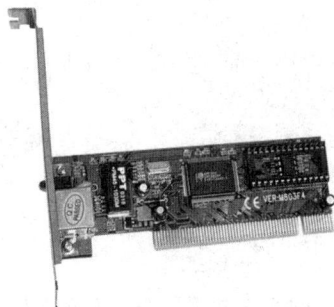

图 2-19 使用 PCI 总线接口的独立网卡

图 2-20 所示的是网卡的 RJ-45 接口和光纤接口。

图 2-20　网卡的 RJ-45 接口和光纤接口

【任务实施】

操作 1　网卡的硬件安装

计算机使用的网卡有多种类型,不同类型网卡的安装方法有所不同,对于目前常见 PCI 总线接口的以太网网卡,其基本安装步骤如下:

(1) 关闭主机电源,拔下电源插头。

(2) 打开机箱后盖,在主板上找一个空闲 PCI 插槽,卸下相应的防尘片,保留好螺钉。

(3) 将网卡对准插槽向下压入插槽中,如图 2-21 所示。

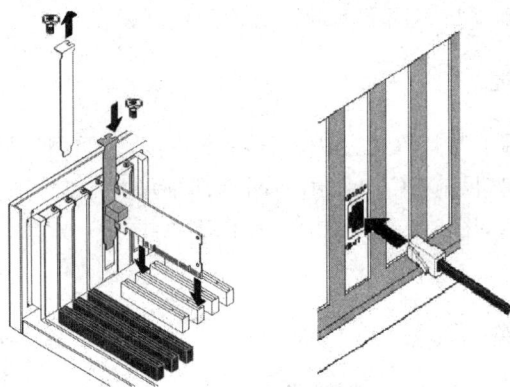

图 2-21　网卡硬件安装示意图

(4) 用卸下的螺钉固定网卡的金属挡板,安装机箱后盖。

(5) 将双绞线跳线上的 RJ-45 接头插入网卡背板上的 RJ-45 端口,如果通电且正常 安装,网卡上的相应指示灯会亮。

操作 2　安装网卡驱动程序

在机箱中安好网卡后,重新启动计算机,系统自动检测新增加的硬件(对即插即用的 网卡),插入网卡驱动程序光盘(如果是从网络下载到硬盘的安装文件应指明其路径),通 过添加新硬件向导引导用户安装驱动程序。也可以通过"控制面板"→"添加硬件"选项,系统将自动搜索即插即用新硬件并安装其驱动程序。

操作 3　检测网卡的工作状态

在 Windows 系统中检测网卡工作状态的基本操作步骤为：

（1）右击"开始"菜单中的"计算机"，在弹出的菜单中选择"属性"命令，打开"系统"窗口。

（2）在"系统"窗口中单击"设备管理器"链接，在打开的"设备管理器"窗口中点击"网络适配器"，可以看到已经安装的网卡，如图 2-22 所示。

（3）右击已经安装的网卡，选择"属性"命令，可以查看该设备的工作状态，如图 2-23 所示。

图 2-22　"设备管理器"窗口　　　　　　图 2-23　"网卡属性"对话框

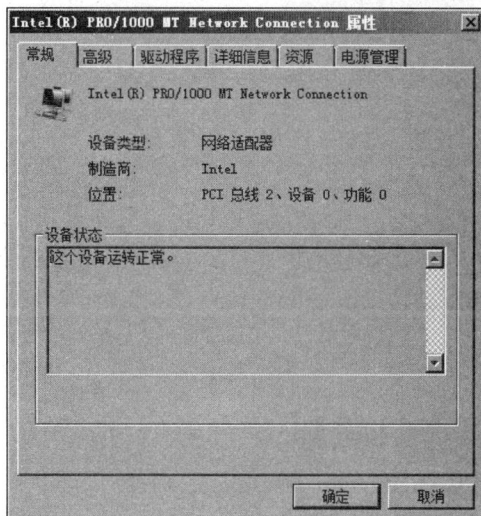

操作 4　查看网卡 MAC 地址

在 Windows 系统中可以通过以下两种方法查看网卡的 MAC 地址。

（1）右击"开始"菜单中的"网络"，在弹出的菜单中选择"属性"命令，打开"网络和共享中心"窗口。在"网络和共享中心"窗口中，单击"更改适配器设置"链接，打开"网络连接"窗口。在"网络连接"窗口，右击要配置的网络连接，在弹出的菜单中选择"属性"命令，打开"本地连接属性"对话框。用鼠标指向的"连接时使用"对话框中的网卡型号，此时将会显示该网卡的 MAC 地址，如图 2-24 所示。

（2）在"网络连接"窗口，右击要配置的网络连接，在弹出的菜单中选择"状态"命令，打开"本地连接状态"对话框。在"本地连接状态"对话框中单击"详细信息"按钮，在打开的"网络连接详细信息"对话框中可以看到该网卡的 MAC 地址，如图 2-25 所示。

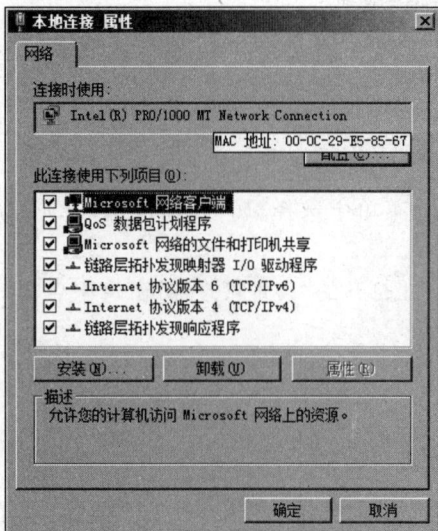

图 2-24 查看网卡 MAC 地址

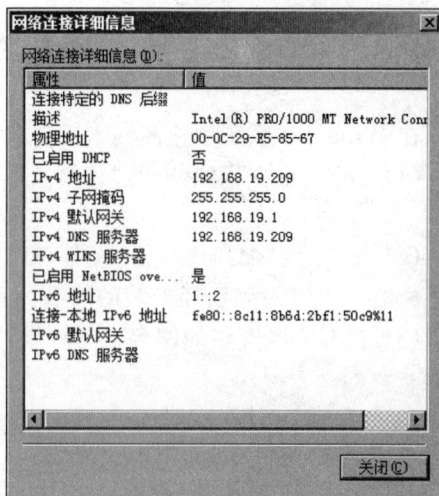

图 2-25 "网络连接详细信息"对话框

注意："本地连接"是与网卡对应的,如果在计算机中安装了两块以上的网卡,那么在操作系统中会出现两个以上的"本地连接",系统会自动以"本地连接"、"本地连接1"、"本地连接2"进行命名,用户可以进行重命名。

任务 2.3 制作双绞线跳线

【任务目的】

(1) 理解局域网通信线路的连接与实现;

(2) 掌握非屏蔽双绞线与 RJ-45 连接器的连接方法;

(3) 掌握非屏蔽双绞线直通线和交叉线的制作以及它们的区别和适用场合;

(4) 掌握简易线缆测试仪的使用方法。

【工作环境与条件】

非屏蔽双绞线、RJ-45 连接器、RJ-45 压线钳、简易线缆测试仪。

【相关知识】

2.3.1 局域网通信线路

以太网应用经过不断的发展,传输速度从最初的 10Mb/s 逐步扩展到 100Mb/s、

1Gb/s、10Gb/s,以太网的价格也跟随摩尔定律以及规模经济而迅速下降。在最初的设计中以太网只使用公共的、共享的传输介质(同轴电缆)。100Mb/s快速以太网和千兆位以太网开启了一个新概念,每个网络设备到中心设备之间都使用专用传输介质(双绞线、光缆)。局域网的带宽无论是被所有站点共享,还是被某一个站点专用,都要为每个设备分配一根电缆。

以太网有多种标准,每一种标准所采用的传输介质、传输方式和组网方法都有所不同,所以组建局域网时应根据所选择的以太网标准,选择相应的传输介质。表 2-3 列出了各种以太网标准对传输介质的要求。

表 2-3　各种以太网标准对传输介质的要求

标　准	MAC 子层规范	电缆最大长度	电 缆 类 型	所需线对	拓扑结构
10Base-5	802.3	500m	50Ω 粗缆	—	总线型
10Base-2	802.3	185m	50Ω 细缆	—	总线型
10Base-T	802.3	100m	3、4 或 5 类双绞线	2	星形
10Base-FL	802.3	2000m	光纤	1	星形
100Base-TX	802.3u	100m	5 类双绞线	2	星形
100Base-T4	802.3u	100m	3 类双绞线	4	星形
100Base-T2	802.3u	100m	3、4 或 5 类双绞线	2	星形
100Base-FX	802.3u	400/2000m	多模光纤	1	星形
10Base-FX	802.3u	10 000m	单模光纤	1	星形
1000Base-SX	802.3z	220～550m	多模光纤	1	星形
1000Base-LX	802.3z	550～3000m	单模或多模光纤	1	星形
1000Base-CX	802.3z	25m	屏蔽铜线	2	星形
1000Base-T4	802.3ab	100m	5 类双绞线	4	星形
1000Base-TX	802.3ab	100m	6 类双绞线	4	星形

另外需要说明的是,目前在大中型的局域网中,广泛采用了结构化综合布线技术。综合布线系统是一种开放结构的布线系统,它利用单一的布线方式,完成话音、数据、图形、图像的传输。综合布线系统由不同系列和规格的部件组成,其中包括传输介质、相关连接硬件(如配线架、插座、插头和适配器)以及电气保护设备。

综合布线一般采用分层星形拓扑结构。该结构下的每个分支子系统都是相对独立的单元。对每个分支子系统的改动都不影响其他子系统,只要改变节点连接方式就可使综合布线在星形、总线型、环形、树形等结构之间进行转换。根据美国国家标准化委员会电气工业协会(TIA)/电子工业协会(EIA)制定的商用建筑布线标准,综合布线系统由以下6 个子系统组成:工作区子系统、水平干线子系统、管理间子系统、垂直干线子系统、设备间子系统、建筑群子系统。各个子系统相互独立,单独设计,单独施工,构成了一个有机的整体,其结构如图 2-26 所示。

在采用综合布线系统的局域网中,计算机和网络设备(如交换机或集线器)并不是通

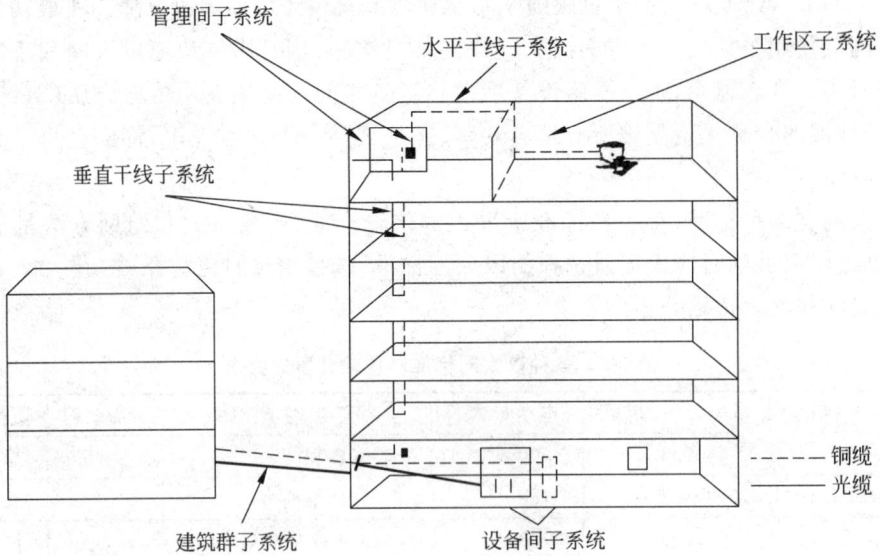

图 2-26　综合布线系统结构

过跳线直接连接的,图 2-27 说明了采用综合布线系统的局域网中计算机和交换机的连接方式。

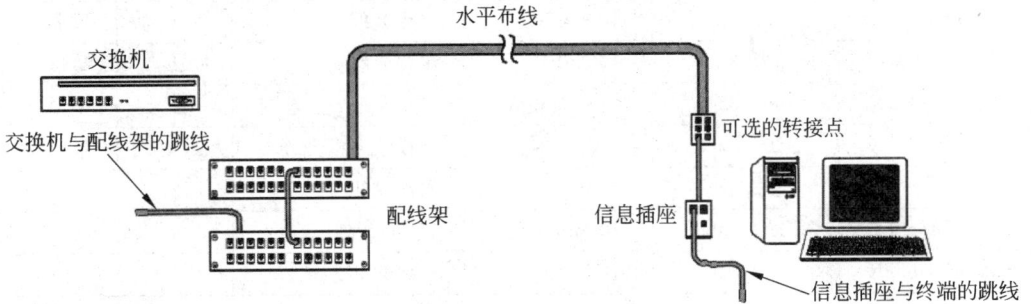

图 2-27　采用综合布线系统的局域网中计算机和交换机的连接方式

　　其中信息插座的外形类似于电源插座,和电源插座一样也是固定于墙壁或地面,其作用是为计算机等终端设备提供一个网络接口,通过双绞线跳线即可将计算机通过信息插座连接到综合布线系统,从而接入主网络。配线架用于终结线缆,为双绞线电缆或光缆与其他设备(如交换机、集线器等)的连接提供接口,在配线架上可进行互连或交接操作,使局域网变得更加易于管理。

2.3.2　双绞线跳线

　　在使用双绞线线缆布线时,通常要使用双绞线跳线来完成布线系统与相应设备的连接,所谓双绞线跳线是两端带有 RJ-45 连接器(如图 2-28 所示)的一段线缆,可以很方便地使用和进行管理。双绞线跳线如图 2-29 所示。

图 2-28 RJ-45 连接器

图 2-29 双绞线跳线

双绞线由 8 根不同颜色的线分成 4 对绞合在一起,RJ-45 连接器前端有 8 个凹槽,凹槽内有 8 个金属触点,在连接双绞线和 RJ-45 连接器时需要重点注意的是要将双绞线的 8 根不同颜色的线按照规定的线序插入 RJ-45 连接器的 8 个凹槽。在 EIA/TIA 布线标准中规定了两种线序 T568A 和 T568B,如图 2-30 所示。

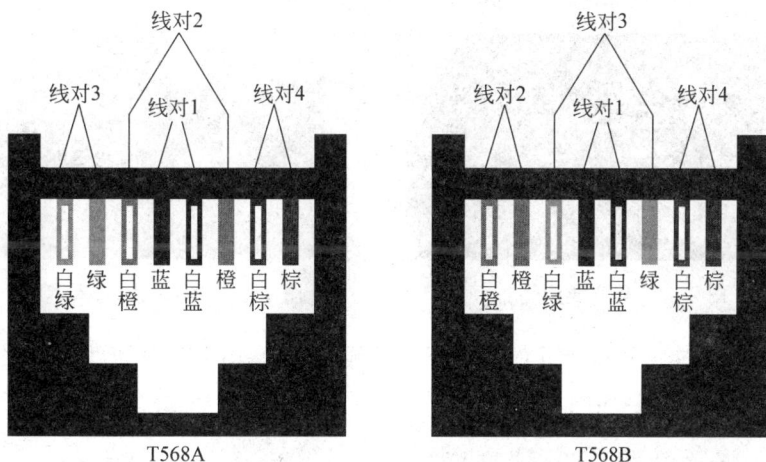

图 2-30 T568A 和 T568B 标准接线模式

【任务实施】

操作 1 制作直通线

计算机网络中常用的双绞线跳线有直通线和交叉线。双绞线两边都按照 EIA/TIA 568B 标准连接 RJ-45 连接器,这样的跳线叫做直通线。直通线主要用于将计算机连入交换机,也可用于交换机和交换机不同类型接口的连接。其主要制作步骤如下:

(1) 剪下所需的双绞线长度,至少 0.6m,最多不超过 5m。

(2) 利用剥线钳将双绞线的外皮去除约 3cm,如图 2-31 所示。

(3) 将裸露的双绞线中的橙色对线拨向自己的左方,棕色对线拨向右方,绿色对线拨向前方,蓝色对线拨向后方,小心地剥开每一对线,按 EIA/TIA 568B 标准(白橙—橙—白绿—蓝—白蓝—绿—白棕—棕)排列好,如图 2-32 所示。

图 2-31　利用剥线钳除去双绞线外皮

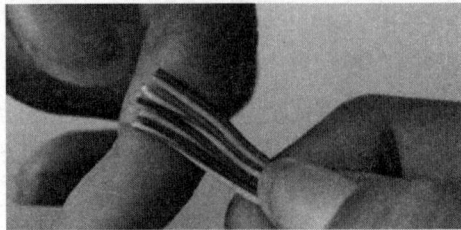

图 2-32　剥开每一对线并排好线序

(4) 把线排整齐,将裸露出的双绞线用专用钳剪下,只剩约 14mm 的长度,并剪齐线头,如图 2-33 所示。

(5) 将双绞线的每一根线依序放入 RJ-45 连接器的引脚内,第一只引脚内应该放白橙色的线,其余类推,如图 2-34 所示,注意插到底,直到另一端可以看到铜线芯为止,如图 2-35 所示。

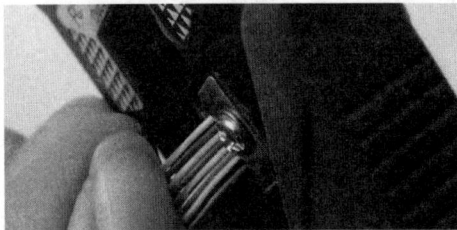

图 2-33　剪齐线头

图 2-34　将双绞线放入 RJ-45 连接器

(6) 将 RJ-45 连接器从无牙的一侧推入压线钳夹槽,用力握紧压线钳,将突出在外的针脚全部压入水晶头内,如图 2-36 所示。

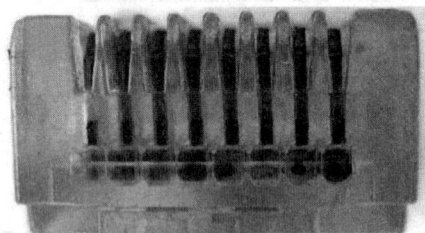

图 2-35　插好的双绞线

图 2-36　压线

(7) 用同样的方法完成另一端的制作。

操作 2　制作交叉线

双绞线一边是按照 EIA/TIA 568A 标准连接,另一边按照 EIT/TIA 568B 标准连接 RJ-45 连接器,这样的跳线叫做交叉线。交叉线主要用于将计算机与计算机直接相连、交换机与交换机相同类型端口的直接相连,也被用于计算机直接接入路由器的以太网口。

交叉线的制作步骤与直通线基本相同,这里不再赘述。

操作 3 跳线的测试

制作完双绞线后,下一步需要检测它的连通性,以确定是否有连接故障。可以使用专业的电缆测试工具进行测试,在要求不高的场合也可以使用廉价的简易线缆测试仪,如图 2-37 所示。测试时将双绞线跳线两端的水晶头分别插入主测试仪和远程测试端的RJ-45 接口,将开关拨至"ON",主指示灯从 1 至 8 逐个顺序闪亮,如图 2-38 所示。

图 2-37 简易线缆测试仪

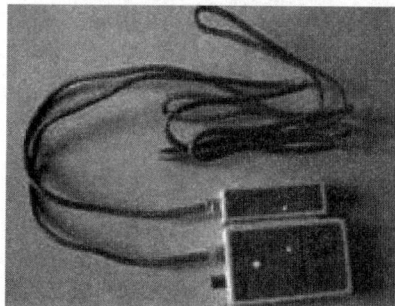

图 2-38 测试双绞线跳线

如果测试的线缆为直通线,主测试仪的指示灯从 1~8 逐个顺序闪亮时,远程测试端的指示灯也应从 1~8 逐个顺序闪亮。如果测试的线缆为交叉线,主测试仪的指示灯从 1~8 逐个顺序闪亮时,远程测试端指示灯会按照 3、6、1、4、5、2、7、8 这样的顺序依次闪亮。

若连接不正常,电缆测试仪一般会按下列情况显示。

(1) 当有一根导线断路,则主测试仪和远程测试端对应线号的灯都不亮。

(2) 当有几条导线断路,则相对应的几条线都不亮,当导线少于两条线连通时,灯都不亮。

(3) 当两边导线乱序,则与主测试仪端连通的远程测试端的相应线号灯亮。

(4) 当导线有两根短路时,则主测试仪显示不变,而远程测试端显示短路的两根线灯都亮;若有三根或三根以上的导线短路时,则短路的几条线对应的灯都不亮。

(5) 若测试仪上出现红灯或黄灯,说明跳线存在接触不良等现象,此时最好先用压线钳压制两端水晶头一次再测,如故障依然存在,则应重新进行制作。

任务 2.4 实现双机互联

【任务目的】

(1) 理解 TCP/IP 模型;

(2) 理解网络协议在计算机网络中的作用;

（3）掌握直接使用双绞线跳线实现双机互联的方法；

（4）掌握 Windows 环境下网络协议的安装方法；

（5）掌握 Windows 环境下 TCP/IP 协议的基本配置。

【工作环境与条件】

（1）2 台安装有 Windows Server 2008 R2 或 Windows 7 系统的 PC；

（2）Windows Server 2008 R2 或 Windows 7 操作系统安装光盘；

（3）非屏蔽双绞线、RJ-45 水晶头、RJ-45 压线钳、简易线缆测试仪。

【相关知识】

2.4.1 TCP/IP 模型

OSI 参考模型试图达到一种理想境界，即全世界的计算机网络都遵循这一统一标准，但实际上完全遵从 OSI 参考模型的协议几乎没有。尽管如此，OSI 参考模型为人们考察其他协议各部分间的工作方式提供了框架和评估基础。

TCP/IP 是指一整套数据通信协议，它是 20 世纪 70 年代中期，美国国防部为其 ARPANET 广域网开发的网络体系结构和协议标准，其名字是由这些协议中的主要两个协议组成，即传输控制协议（Transmission Control Protocol，TCP）和网际协议（Internet Protocol，IP）。实际上，TCP/IP 框架包含了大量的协议和应用，TCP/IP 是多个独立定义的协议的集合，简称为 TCP/IP 协议集。虽然 TCP/IP 不是 ISO 标准，但它作为 Internet/Intranet 中的标准协议，其使用已经越来越广泛，可以说，TCP/IP 是一种"事实上的标准"。

1. TCP/IP 模型的层次结构

TCP/IP 模型由四个层次组成，TCP/IP 模型与 OSI 参考模型之间的关系如图 2-39 所示。

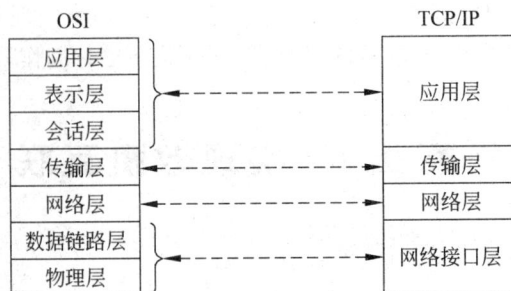

图 2-39 TCP/IP 模型与 OSI 参考模型之间的关系

（1）应用层

应用层为用户提供网络应用，并为这些应用提供网络支撑服务，把用户的数据发送到底层，为应用程序提供网络接口。由于 TCP/IP 将所有与应用相关的内容都归为一层，所以在应用层要处理高层协议、数据表达和对话控制等任务。

（2）传输层

传输层的作用是提供可靠的点到点的数据传输，能够确保源节点传送的数据报正确到达目标节点。为保证数据传输的可靠性，传输层协议也提供了确认、差错控制和流量控制等机制。传输层从应用层接收数据，并且在必要的时候把它分成较小的单元，传递给网络层，并确保到达对方的各段信息正确无误。

（3）网络层

网络层的主要功能是负责通过网络接口层发送 IP 数据报，或接收来自网络接口层的帧并将其转为 IP 数据报，然后把 IP 数据报发往网络中的目的节点。为正确地发送数据，网络层还具有路由选择、拥塞控制的功能。这些数据报达到的顺序和发送顺序可能不同，因此如果需要按顺序发送及接收时，传输层必须对数据报排序。

（4）网络接口层

在 TCP/IP 模型中没有真正描述这一部分内容，网络接口层是指各种计算机网络，包括 Ethernet 802.3、Token Ring 802.5、X.25、HDLC、PPP 等。相当于 OSI 中的最底两层，也可看作 TCP/IP 利用 OSI 的下两层。它指任何一个能传输数据报的通信系统，这些系统大到广域网、小到局域网甚至点到点连接。正是这一点使得 TCP/IP 具有更好的灵活性。

2. TCP/IP 的基本工作原理

从以上体系结构分析，TCP/IP 是 OSI 模型的简化，与 OSI 参考模型一样，TCP/IP 网络上源主机的协议层与目的主机的同层协议层之间，通过下层提供的服务实现对话。源主机和目的主机的同层实体称为对等实体或对等进程，它们之间的对话实际上是在源主机协议层上从上到下，然后穿越网络到达目的主机后再在协议层从下到上到达相应层。图 2-40 给出了 TCP/IP 的基本工作原理。

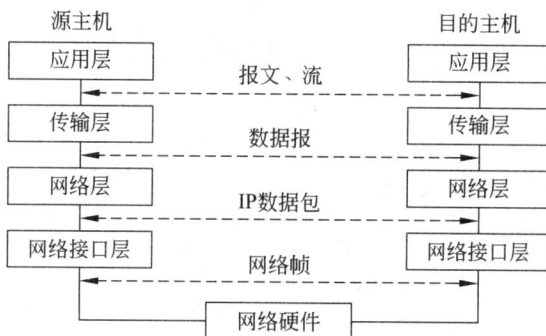

图 2-40　TCP/IP 的基本工作原理

TCP/IP 是一个协议系列或协议族,目前包含了 100 多个协议,用来将计算机和数据通信设备组成实际的 TCP/IP 计算机网络。TCP/IP 模型各层的一些主要协议如图 2-41 所示,其主要特点是在应用层有很多协议,而网络层和传输层协议少而确定,这恰好表明 TCP/IP 协议可以应用到各式各样的网络上,同时也能为各式各样的应用提供服务。正因为如此,Internet 才发展到今天的这种规模。表 2-4 给出了 TCP/IP 协议集的主要协议及其所提供的服务。

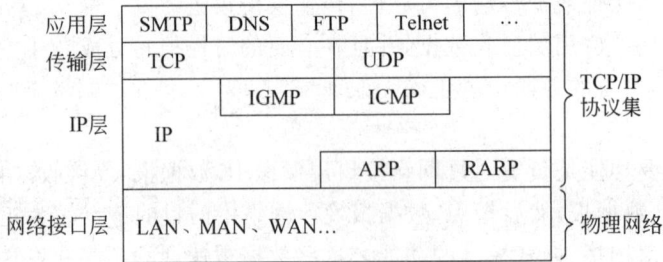

图 2-41　TCP/IP 协议集

表 2-4　TCP/IP 协议集的主要协议及其所提供的服务

协议	提供服务	相应层次	协议	提供服务	相应层次
IP	数据包服务	网络层	TCP	可靠性服务	传输层
ICMP	差错和控制	网络层	FTP	文件传送	应用层
ARP	IP 地址→物理地址	网络层	Telnet	终端仿真	应用层
RARP	物理地址→IP 地址	网络层	DNS	域名→IP 地址	应用层

下面以使用 TCP 协议传送文件(如 FTP 应用程序)为例,说明 TCP/IP 的工作原理。
- 在源主机上,应用层将一串字节流传给传输层。
- 传输层将字节流分成 TCP 段,加上 TCP 自己的报头信息交给网络层。
- 网络层生成数据包,将 TCP 段放入其数据域中,并加上源和目的主机的 IP 包头交给网络接口层。
- 网络接口层将 IP 数据包装入帧的数据部分,并加上相应的帧头及校验位,发往目的主机或 IP 路由器。
- 在目的主机,网络接口层将相应帧头去掉,得到 IP 数据包,送给网络层。
- 网络层检查 IP 包头,如果 IP 包头中的校验和与计算机出来的不一致,则丢弃该包。
- 如果检验和一致,网络层去掉 IP 包头,将 TCP 段交给传输层,传输层检查顺序号来判断是否为正确的 TCP 段。
- 传输层计算 TCP 段的头信息和数据,如果不对,传输层丢弃该 TCP 段,否则向源主机发送确认信息。
- 传输层去掉 TCP 头,将字节传送给应用程序。
- 最终,应用程序收到了源主机发来的字节流,和源主机应用程序发送的相同。

实际上每往下一层,便多加了一个报头,而这个报头对上层来说是透明的,上层根本感觉不到下层报头的存在。如图 2-42 所示,假设物理网络是以太网,上述基于 TCP/IP

的文件传输(FTP)应用加入报头的过程便是一个逐层封装的过程,当到达目的主机时,则是从下而上去掉报头的一个解封装的过程。

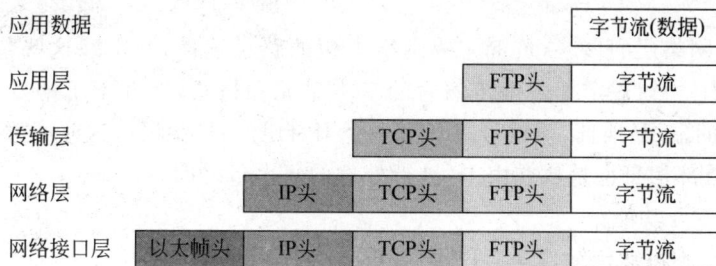

应用数据					字节流(数据)
应用层				FTP头	字节流
传输层			TCP头	FTP头	字节流
网络层		IP头	TCP头	FTP头	字节流
网络接口层	以太帧头	IP头	TCP头	FTP头	字节流

图 2-42　基于 TCP/IP 的逐层封装过程

从用户角度看,TCP/IP 协议提供一组应用程序,包括电子邮件、文件传送、远程登录等,用户使用其可以很方便地获取相应网络服务;从程序员的角度看,TCP/IP 提供两种主要服务,包括无连接报文分组递送服务和面向连接的可靠数据流传输服务,程序员可以用它们来开发适合相应应用环境的应用程序;从设计的角度看,TCP/IP 主要涉及寻址、路由选择和协议的具体实现。

3. TCP/IP 与 OSI 的比较

首先,TCP/IP 模型未能区分服务、接口、协议这些概念,因此 TCP/IP 模型对于利用新技术设计新网络而言并没有太大的指导意义。

其次,TCP/IP 模型不通用,除了 TCP/IP 之外不适合其他协议栈,试图用 TCP/IP 模型去描述其他模型(如 SNA)是不可能的。

再次,就常规意义而言,TCP/IP 网络接口层并不是分层协议中的层,它实际上是网络层和数据链路层的接口。

最后,TCP/IP 模型未提及物理层和数据链路层,也未对这两层加以区分,而这两层的功能是根本不同的,物理层处理各种介质的传输特性,而数据链路层则负责帧的起止界定,按所期望的可靠程度传送帧。

2.4.2　网络层协议

TCP/IP 的网络层相当于 OSI 参考模型的网络层,它将所有底层的物理实现隐藏起来,网络层的协议包括:Internet 协议(IP)、Internet 控制报文协议(ICMP)、Internet 组管理协议(IGMP)、地址解析协议(ARP)和反向地址解析协议(RARP)。网络层的作用是将数据包从源主机发送出去,并且使这些数据包独立地到达目的主机。在数据包传送过程中,即使是连续的数据包也可能走不同的路径,到达目的主机的顺序也会不同于发送时的顺序。这是因为网络的情况复杂,随时可能有一些路径发生故障,或是网络的某处发生数据包的拥塞。因此在网络层定义了一个标准的包格式和协议,该格式的数据包能被网上所有的主机理解和正确处理,格式的定义是由 IP 协议规定的,因此 IP 协议是网络层中最为重要的协议。

1. IP

IP 协议是网络层的核心,负责完成网络中包的路径选择,并跟踪这些包到达不同目的端的路径。IP 协议规定了数据传输时的基本单元和格式,但并不了解发送包的内容,只处理源和目的端 IP 地址、协议号以及另一个 IP 自身的校验码。这些项形成了 IP 的首部信息,IP 的首部信息也是放在由 IP 进行处理的每个包之前。

(1) IP 的主要功能

① 无连接、不可靠传输服务:IP 协议被认为提供的是无连接、不可靠的传输服务。由于从整体上 TCP/IP 协议设计为以分层方式运行在不同的层上,因此 IP 的无连接和不可靠,是指 IP 协议仅提供最好的传输服务,但不保证数据包能成功到达目的端,并且在传输过程中 IP 协议不维护任何关于后续数据包的状态信息,每个数据包的处理是相互独立的。可靠的传输是在传输层由 TCP 实现的,面向连接的传输也是在传输层由 TCP 处理。IP 的功能是提供一种机制,以向传输层协议发送数据包和从传输层协议接收数据包。

② 数据包分片和重组:IP 协议的进一步功能是在最大传输单元的基础上,限制数据包的大小以提高传输效率。IP 通常会在数据包源和目的点之间某处的路由器上,选择适当的数据包大小,然后将较大的数据包分片,使得分片的大小正好适合在网络上传递的帧的大小。当分段到达目的地后,IP 会将其重组为原来的数据包。

③ 路由功能:IP 负责完成网络中数据包传输的路径选择。

(2) IP 数据包格式

IP 数据包格式如图 2-43 所示。由于 IP 首部选项不经常使用,因此普通的 IP 数据包首部长度为 20 字节,其主要字段含义如下。

图 2-43　IP 数据包格式

① 版本:4 位,指 IP 协议的版本。通信双方使用的 IP 协议版本必须一致。目前广

泛使用的 IP 协议版本号为 4，下一代 IP 协议版本号为 6。

②　首部长度：4 位，表示 IP 首部信息的长度，IP 首部长度应为 4 字节的整数倍，最大为 60 字节，当首部长度不是 4 字节的整数倍时，必须利用填充字段加以填充。

③　服务类型：8 位，用于标识 IP 数据包期望获得的服务等级，常用于 QoS 中。

④　总长度：16 位，指首部及数据之和的长度，单位为字节。IP 数据包的最大长度为 65 535 字节。利用首部长度字段和总长度字段就可以知道 IP 数据包中数据内容的起始位置和长度。

⑤　标识：16 位，唯一地址标识主机会在存储器中维持一个计数器，每产生一个 IP 数据包，计数器就会加 1，并将此值赋予标识字段。

⑥　标志：3 位，目前只有 2 位有意义。标志字段中的最低位记为 MF，MF＝1 即表示后面还有分片。MF＝0 表示这已是若干分片中的最后一个。标志字段的中间位记为 DF，只有当 DF＝0 时才允许分片。

⑦　片偏移：13 位，较长的分组在分片后，某片在原分组中的相对位置。

⑧　生存时间：8 位，常用的英文缩写为 TTL(Time To Live)，该字段设置了数据包可以经过的路由器的数目。数据包每经过一个路由器，其 TTL 值会减 1，当 TTL 值为 0 时，该数据包将被丢弃。

⑨　协议：8 位，用于标识数据包内传送的数据所属的上层协议，6 为 TCP 协议，17 为 UDP 协议。

⑩　首部校验和：16 位，该字段只检验 IP 数据包首部，不包括数据部分。

⑪　源 IP 地址：32 位，数据包源节点的 IP 地址。

⑫　目的 IP 地址：32 位，数据包目的节点的 IP 地址。

2. ICMP

ICMP(Internet Control Message Protocol，Internet 控制报文协议)是 TCP/IP 协议族的子协议，用于在 IP 主机、路由器之间传递控制消息。控制消息是指网络通不通、主机是否可达、路由是否可用等网络本身的消息。这些控制消息虽然并不传输用户数据，但是对于用户数据的传递起着重要的作用。ICMP 消息包含在 IP 数据包中，可以找到到达子网内正确主机的方法。常用的 ICMP 消息包括以下方面。

(1) ICMP 回送应答

最经常使用的 ICMP 消息是在用于检查网络连通性的 ping 命令(Linux 和 Windows 中均有)中实现的。它向发送者提供了关于 IP 连接的反馈信息，通常作为调试工具使用。

(2) ICMP 重定向

当路由器检测到其路由比相同网段上的另一个路由器上的路由差时，路由器会向主机发出 ICMP 重定向信息，并且命令主机使用最优的路由器作为网关。

(3) ICMP 源抑制

IP 用 ICMP 源抑制信息提供了流量控制的基本形式，ICMP 源抑制信息通知起始主机或网关，接收主机过载或不能接收通信。然后起始主机将降低其向接收主机发送数据包的速度，直至停止收到源抑制信息为止。

3. ARP

在局域网中,网络中实际传输的是帧,帧里面是有目标主机的 MAC 地址的。在以太网中,一个主机和另一个主机进行直接通信,必须要知道目标主机的 MAC 地址。所谓地址解析就是主机在发送帧前将目标 IP 地址转换成目标 MAC 地址的过程。ARP(Address Resolution Protocol,地址解析协议)的基本功能就是通过目标设备的 IP 地址,查询目标设备的 MAC 地址,以保证通信的顺利进行。

4. RARP

RARP(Reverse Address Resolution Protocol,反向地址解析协议)允许局域网的物理机器从网关服务器的 ARP 表或者缓存上请求其 IP 地址。网络管理员在局域网网关路由器里创建一个表以映射物理地址(MAC)和与其对应的 IP 地址。当设置一台新的机器时,其 RARP 客户机程序需要向路由器上的 RARP 服务器请求相应的 IP 地址。假设在路由表中已经设置了一个记录,RARP 服务器将会返回 IP 地址给机器,此机器就会存储起来以便日后使用。

2.4.3　传输层协议

传输层的目的是在网络层或互联网层提供主机数据通信服务的基础上,在主机之间提供可靠的进程通信。在本质上,传输层的功能一方面是加强或弥补网络层或互联网层提供的服务;另一方面是提供进程通信机制。传输层协议包括 TCP(Transmission Control Protocol,传输控制协议)和 UDP(User Datagram Protocol,用户数据报协议)。

1. 传输层端口

传输层的主要功能是提供进程通信能力,因此网络通信的最终地址不仅包括主机地址,还包括可描述进程的某种标识,所以 TCP/IP 协议提出了端口(port)的概念,用于标识通信的进程。

端口是操作系统的一种可分配资源,应用程序(调入内存运行后称为进程)通过系统调用与某端口建立连接(绑定)后,传输层传给该端口的数据都被相应的进程所接收,相应进程发给传输层的数据都从该端口输出。在 TCP/IP 协议的实现中,端口操作类似于一般的 I/O 操作,进程获取一个端口,相当于获取本地唯一的 I/O 文件,可以用一般的读写方式访问类似于文件描述符,每个端口都拥有一个叫端口号的整数描述符(端口号为16 位二进制数,0~65535),用来区别不同的端口。由于 TCP/IP 传输层的 TCP 和 UDP两个协议是两个完全独立的软件模块,因此各自的端口号也相互独立。如 TCP 有一个255 号端口,UDP 也可以有一个 255 号端口,两者并不冲突。

端口有两种基本分配方式:一种是全局分配,由一个公认权威的中央机构根据用户需要进行统一分配,并将结果公布于众;另一种是本地分配,又称动态连接,即进程需要访问传输层服务时,向本地操作系统提出申请,操作系统返回本地唯一的端口号,进程再通过合适的系统调用,将自己和该端口连接起来。TCP/IP 端口的分配综合了以上两种方式,将端口号分为两部分,少量的作为保留端口,以全局方式分配给服务进程。每一个标准服务器都拥有一个全局公认的端口,即使在不同的机器上,其端口号也相同。剩余的为自由端口,以本地方式进行分配。TCP 和 UDP 规定小于 256 的端口才能作为保留端口,图 2-44 给出了 TCP 和 UDP 规定的部分保留端口。

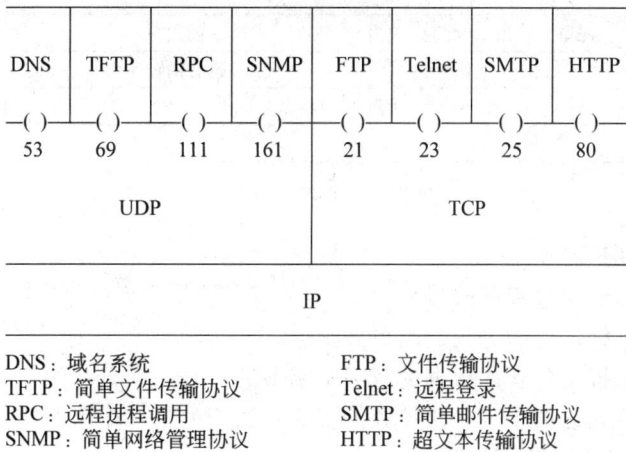

DNS:域名系统   FTP:文件传输协议
TFTP:简单文件传输协议   Telnet:远程登录
RPC:远程进程调用   SMTP:简单邮件传输协议
SNMP:简单网络管理协议   HTTP:超文本传输协议

图 2-44 TCP 和 UDP 规定的部分保留端口

2. UDP

UDP 是面向无连接的通信协议。按照 UDP 协议处理的报文包括 UDP 报头和高层用户数据两部分,其格式如图 2-45 所示。UDP 报头只包含 4 个字段:源端口、目的端口、长度和 UDP 校验和。源端口用于标识源进程的端口号;目的端口用于标识目的进程的端口号;长度字段规定了 UDP 报头和数据的长度;校验和字段用来防止 UDP 报文在传输中出错。

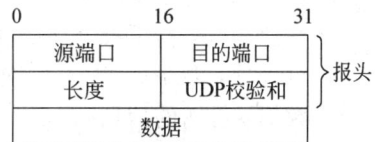

图 2-45 UDP 报文格式

UDP 协议只用来提供协议端口,实现进程通信。由于 UDP 通信不需要连接,所以可以实现广播发送。UDP 无复杂流量控制和差错控制,简单高效,但其不需要接收方确认,属于不可靠的传输,可能会出现丢包现象,实际应用中要求程序员编程验证。UDP 协议主要面向交互型应用。

3. TCP

TCP 协议是为了在主机间实现高可靠性的数据交换的传输协议。TCP 协议主要在网络不可靠的时候完成通信,它是面向连接的端到端的可靠协议,支持多种网络应用程序。TCP 对下层服务没有多少要求,它假定下层只能提供不可靠的数据报服务,可以在多种硬件构成的网络上运行。TCP 的下层是 IP 协议,TCP 可以根据 IP 协议提供的服务传送大小不定的数据,IP 协议负责对数据进行分段、重组,在多种网络中传送。

（1）TCP 报文格式

TCP 报文包括 TCP 报头和高层用户数据两部分，其格式如图 2-46 所示。

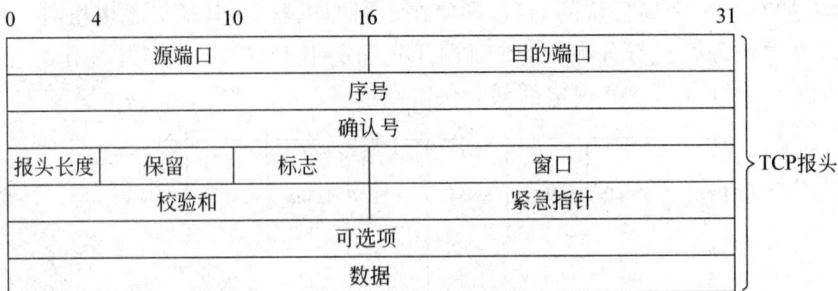

图 2-46　TCP 报文格式

各字段含义如下。

① 源端口：标识源进程的端口号。

② 目的端口：标识目的进程的端口号。

③ 序号：发送报文包含的数据的第一个字节的序号。

④ 确认号：接收方期望下一次接收的报文中数据的第一个字节的序号。

⑤ 报头长度：TCP 报头的长度。

⑥ 保留：保留为今后使用，目前置 0；

⑦ 标志：用来在 TCP 双方间转发控制信息，包含有 URG、ACK、PSH、RST、SYN 和 FIN 位。

⑧ 窗口：用来控制发方发送的数据量，单位为字节。

⑨ 校验和：TCP 计算报头、报文数据和伪头部（同 UDP）的校验和。

⑩ 紧急指针：指出报文中的紧急数据的最后一个字节的序号。

⑪ 可选项：TCP 只规定了一种选项，即最大报文长度。

⑫ 数据：传输的信息。

（2）TCP 的可靠传输

TCP 提供面向连接的、可靠的字节流传输。TCP 连接是全双工和点到点的。全双工意味着可以同时进行双向传输，点到点的意思是每个连接只有两个端点，TCP 不支持组播或广播。为保证数据传输的可靠性，TCP 使用三次握手的方法来建立和释放传输的连接，并使用确认和重传机制来实现传输差错的控制，另外 TCP 采用窗口机制以实现流量控制和拥塞控制。

① TCP 连接的建立和释放

TCP 是面向连接的协议，因此在数据传送之前，它需要先建立连接。为确保连接建立和释放的可靠性，TCP 使用了三次握手的方法。所谓三次握手就是在连接建立和释放过程中，通信的双方需要交换三个报文。

在创建一个新的连接过程中，三次握手要求每一端产生一个随机的 32 位初始序列号。由于每次请求新连接使用的初始序列号不同，TCP 可以将过时的连接区分开来，避免重复连接的产生。

图 2-47 显示了 TCP 利用三次握手建立连接的正常过程。

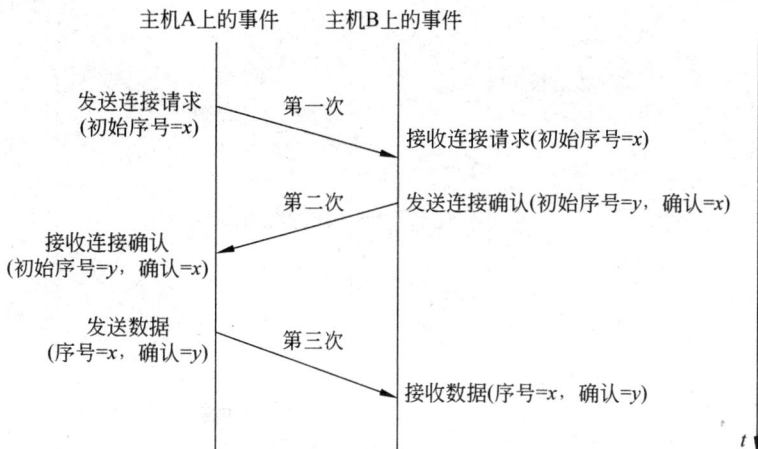

图 2-47　TCP 利用三次握手建立连接的正常过程

在三次握手的第一次握手中,主机 A 向主机 B 发出连接请求,其中包含主机 A 选择的初始序列号 x;第二次握手中,主机 B 收到请求,发回连接确认,其中包含主机 B 选择的初始序列号 y,以及主机 B 对主机 A 初始序列号 x 的确认;第三次握手中,主机 A 向主机 B 发送数据,其中包含对主机 B 初始序列号 y 的确认。

在 TCP 协议中,连接的双方都可以发起释放连接的操作。为了保证在释放连接之前所有的数据都可靠地到达了目的地,TCP 再次使用了三次握手。一方发出释放请求后并不立即释放连接,而是等待对方确认。只有收到对方的确认信息,才能释放连接。

② TCP 差错控制

TCP 建立在 IP 协议之上,IP 协议提供不可靠的数据传输服务,因此,数据出错甚至丢失可能是经常发生的。TCP 使用确认和重传机制实现数据传输的差错控制。

在差错控制中,如果接收方的 TCP 正确地收到一个数据报文,它要回发一个确认信息给发送方;若检测到错误,则丢弃该数据。而发送方在发送数据时,TCP 需要启动一个定时器,在定时器到时之前,如果没有收到确认信息(可能因为数据出错或丢失),则发送方重传数据。图 2-48 说明了 TCP 的差错控制机制。

③ TCP 流量控制

TCP 使用窗口机制进行流量控制。当一个连接建立时,连接的每一端分配一块缓冲区来存储接收到的数据,并将缓冲区的大小发送给另一端。当数据到达时,接收方发送确认,其中包含了它剩余的缓冲区大小。这里将剩余缓冲区空间的数量叫做窗口,接收方在发送的每一次确认中都含有一个窗口通告。

如果接收方应用程序读取数据的速度与数据到达的速度一样快,接收方将在每一次确认中发送一个非零的窗口通告。但是,如果发送方操作的速度快于接收方,接收到的数据最终将充满接收方的缓冲区,导致接收方通告一个零窗口。发送方收到一个零窗口通告时,必须停止发送,直到接收方重新通告一个非零窗口。图 2-49 说明了 TCP 利用窗口进行流量控制的过程。

在图 2-49 中,假设发送方每次最多可以发送 1000 字节,并且接收方通告了一个

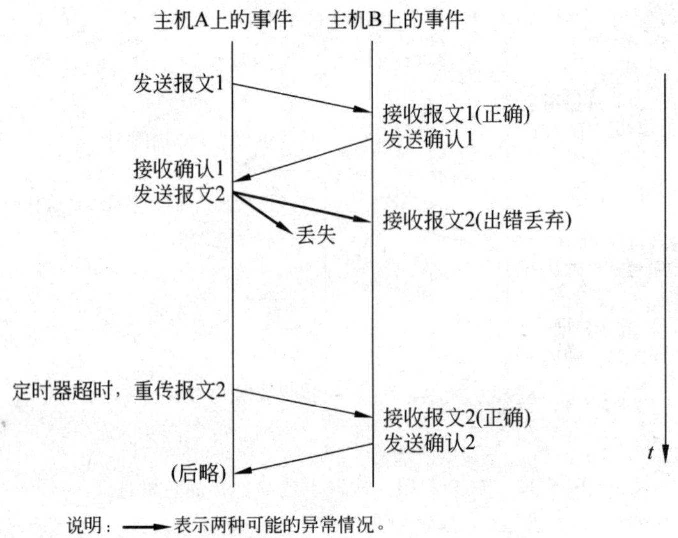

主机A上的事件　　主机B上的事件

发送报文1

接收报文1(正确)
发送确认1

接收确认1
发送报文2

丢失

接收报文2(出错丢弃)

定时器超时,重传报文2

接收报文2(正确)
发送确认2

(后略)

说明:——→ 表示两种可能的异常情况。

图 2-48　TCP 的差错控制机制

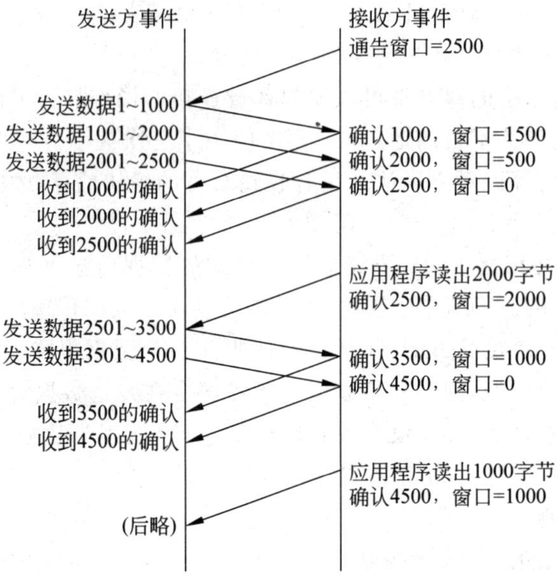

发送方事件　　　　接收方事件

通告窗口=2500

发送数据1~1000
发送数据1001~2000
发送数据2001~2500
收到1000的确认
收到2000的确认
收到2500的确认

确认1000,窗口=1500
确认2000,窗口=500
确认2500,窗口=0

应用程序读出2000字节
确认2500,窗口=2000

发送数据2501~3500
发送数据3501~4500

确认3500,窗口=1000
确认4500,窗口=0

收到3500的确认
收到4500的确认

应用程序读出1000字节
确认4500,窗口=1000

(后略)

图 2-49　TCP 利用窗口进行流量控制的过程

2500 字节的初始窗口。由于 2500 字节的窗口说明接收方具有 2500 字节的空闲缓冲区,因此发送方传输了三个报文,其中两个报文包含了 1000 字节,一个包含了 500 字节。在每个报文到达时,接收方就产生一个确认,其中窗口减去了到达的数据尺寸。

　　由于前三个报文在接收方应用程序使用数据之前就充满了缓冲区,因此通告的窗口达到 0,发送方不能再传送数据。在接收方应用程序用掉了 2000 字节后,接收方 TCP 发生了一个额外的确认,其中的窗口通告为 2000 字节,用于通知发送方可以再发送 2000 字节。于是发送方又发送两个报文,致使接收方的窗口再一次变为 0。

窗口和窗口通告可以有效地控制 TCP 的数据传输流量,使发送方发送的数据永远不会溢出接收方的缓冲空间。

④ TCP 拥塞控制

最初的 TCP 协议只有基于窗口的流量控制机制而没有拥塞控制机制。流量控制作为接收方管理发送方发送数据的方式,用来防止接收方可用的数据缓存空间的溢出。流量控制是一种局部控制机制,其参与者仅仅是发送方和接收方,它只考虑了接收端的接收能力,而没有考虑到网络的传输能力;而拥塞控制则注重于整体,其考虑的是整个网络的传输能力,是一种全局控制机制。正因为流量控制的这种局限性,从而导致了拥塞崩溃现象的发生。

1986 年年初,Jacobson 开发了 TCP 应用中的拥塞控制机制。运行在端节点主机中的这些机制使得 TCP 连接在网络发生拥塞时回退,也就是说 TCP 源端会对网络发出的拥塞指示(例如丢包、重复的 ACK 等)做出响应。1988 年 Jacobson 针对 TCP 在控制网络拥塞方面的不足,提出了"慢启动"(Slow Start)和"拥塞避免"算法。1990 年出现的 TCP Reno 版本增加了"快速重传"、"快速恢复"算法,避免了网络拥塞不严重时采用"慢启动"算法而造成过大地减小发送窗口尺寸的现象,这样 TCP 的拥塞控制就由这 4 个核心部分组成。近几年又出现 TCP 的改进版本,如 NewReno、选择性应答等。正是这些拥塞控制机制防止了今天网络的拥塞崩溃。

2.4.4　应用层协议

应用层协议直接面向用户,包括了众多应用和应用支撑协议,常见的应用协议有文件传输协议(FTP)、超文本传输协议(HTTP)、简单邮件传输协议(SMTP)、虚拟终端(Telnet)等,常见的应用支撑协议包括域名服务(DNS)、简单网络管理协议(SNMP)等。

2.4.5　其他网络协议

目前在计算机网络中除了使用 TCP/IP 协议外,有时还会用到其他的网络协议,如 NetBEUI 协议、IPX/SPX 协议等。

1. NetBEUI 协议

NetBEUI(NetBIOS Enhanced User Interface,NetBIOS 用户扩展接口协议)是 NetBIOS 协议的增强版本,几乎所有的局域网都是在 NetBIOS 协议的基础上工作的。NetBEUI 帧中唯一的地址是数据链路层媒体访问控制(MAC)地址,该地址标识了网卡但没有标识网络。由于 NetBEUI 不需要附加网络地址和网络层头尾,所以速度很快,然而由于其不支持路由,所以只适用于只有单个网络或整个环境都桥接起来的小工作组环境。

NetBEUI 曾被许多操作系统采用,例如 Windows for Workgroup、Windows 9x 系列、Windows NT 等。NETBEUI 协议在许多情形下很有用,是 Windows 98 之前的操作

系统的缺省协议。TCP/IP 尽管是目前最流行的网络协议,但 TCP/IP 协议在局域网中的通信效率并不高,使用它在浏览"网上邻居"中的计算机时,经常会出现不能正常浏览的现象,此时安装 NetBEUI 协议就会解决这个问题。在 Windows 操作系统中,默认情况下在安装 TCP/IP 协议后会自动安装 NetBIOS。比如在 Windows 2000/XP 中,当选择"自动获得 IP 地址"后会启用 DHCP 服务器,从该服务器使用 NetBIOS 设置;如果使用静态 IP 地址或 DHCP 服务器不提供 NetBIOS 设置,则启用本机 TCP/IP 上的 NetBIOS。

2. IPX/SPX 协议

IPX/SPX(Internet work Packet Exchange/Sequences Packet Exchange,Internet 分组交换/顺序分组交换)是 Novell 公司的通信协议集,具有强大的路由功能,适合于大型网络使用。在 Windows 操作系统中,一般使用 NWLink IPX/SPX/NetBIOS 兼容协议。NWLink 协议继承了 IPX/SPX 协议的优点,更适应 Windows 的网络环境。IPX/SPX 协议一般可以应用于大型网络(当用户端接入 NetWare 服务器)和局域网游戏环境中(如反恐精英、星际争霸)。

【任务实施】

操作 1　使用双绞线跳线连接两台计算机

如果仅仅是两台计算机之间组网,在传输介质方面既可以采用双绞线,还可采用串、并行电缆。如果采用串、并行电缆还可省去网卡的投资,显然这是一种最廉价的组网方式。但这种方式传输速率非常低,并且串、并行电缆制作比较麻烦,目前很少使用。目前双机互联的主要方式是直接使用双绞线跳线将两台计算机的网卡连接在一起,如图 2-50 所示。

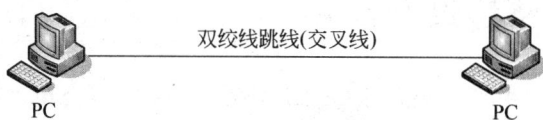

双绞线跳线(交叉线)

PC　　　　　　　　　　　　　　　　　　　PC

图 2-50　两台计算机直连构成的网络

在使用网卡将两台计算机直连时,双绞线跳线要用交叉线,并且两台计算机最好选用相同品牌和相同传输速度的网卡,以避免可能的连接故障。

操作 2　安装网络协议

网络中的计算机必须添加相同的网络协议才能互相通信,Windows 操作系统一般会自动安装 TCP/IP 协议,若要在 Windows 操作系统中安装其他协议,操作步骤如下。

(1)右击"开始"菜单中的"网络",在弹出的菜单中选择"属性"命令,打开"网络和共享中心"窗口。

（2）在"网络和共享中心"窗口中，单击"更改适配器设置"链接，打开"网络连接"窗口。

（3）在"网络连接"窗口，右击要配置的网络连接，在弹出的菜单中选择"属性"命令，打开"本地连接属性"对话框。

（4）单击"本地连接属性"对话框的"安装"按钮，打开"选择网络功能类型"对话框，如图 2-51 所示。

（5）在"选择网络功能类型"对话框中选择"协议"组件，单击"添加"按钮，打开"选择网络协议"对话框，如图 2-52 所示。

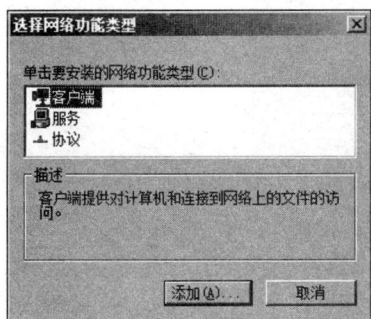

图 2-51　"选择网络功能类型"对话框　　　　图 2-52　"选择网络协议"对话框

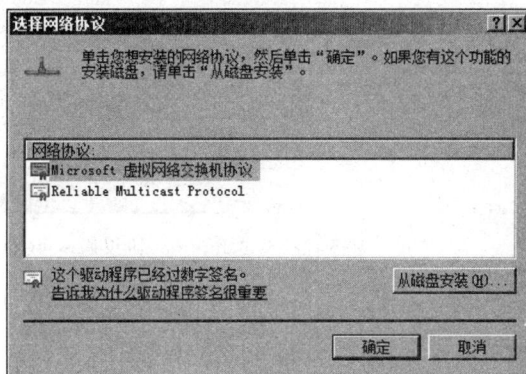

（6）在"选择网络协议"对话框中选择想要安装的网络协议，单击"从磁盘安装"按钮，系统会自动安装相应的网络协议。

操作 3　设置 IP 地址信息

一台计算机要使用 TCP/IP 协议连入 Internet，必须具有合法的 IP 地址、子网掩码、默认网关和 DNS 服务器 IP 地址，设置 IP 地址信息的步骤为：

（1）在"本地连接属性"对话框的"此连接使用下列项目"列表框中选择"Internet 协议版本 4(TCP/IPv4)"，单击"属性"按钮，在打开的"Internet 协议版本 4(TCP/IPv4)属性"对话框中，选择"使用下面的 IP 地址"单选框，将该计算机的 IP 地址设置为 192.168.1.1，子网掩码为 255.255.255.0，默认网关为空；选中"使用下面的 DNS 服务器地址"单选框，设置首选 DNS 服务器和备用 DNS 服务器为空，如图 2-53 所示。

（2）用相同的方法设置另一台计算机 IP 地址为 192.168.1.2，子网掩码为 255.255.255.0，默认网关和 DNS 服务器为空。

操作 4　利用 ping 命令测试两台计算机的连通性

ping 是使用频率极高的实用程序，用于确定本地主机是否能与另一台主机交换（发送与接收）数据报，从而判断网络的连通性。利用 ping 命令判断网络连通性的基本步骤如下。

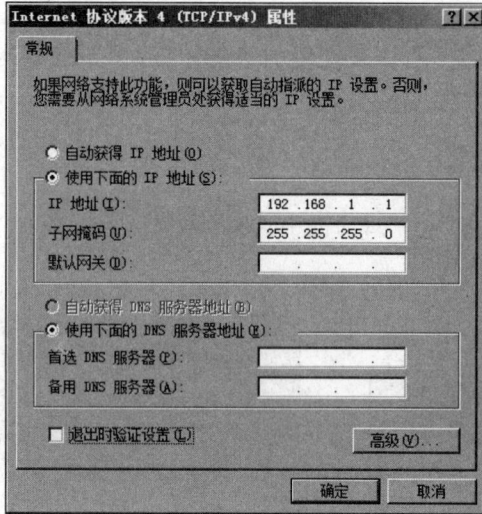

图 2-53 "Internet 协议版本 4(TCP/IPv4)属性"对话框

(1) 在 IP 地址为 192.168.1.1 的计算机上,依次选择"开始"→"命令提示符"命令 (或单击桌面下方的 Windows PowerShell 图标),进入"命令提示符"环境。

(2) 在命令行模式中输入"ping 127.0.0.1"测试本机 TCP/IP 的安装或运行是否正 常。如果正常则运行结果如图 2-54 所示。

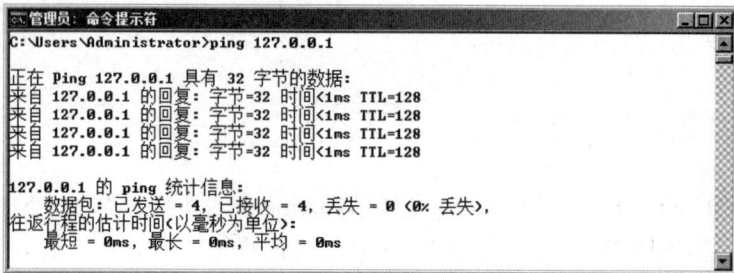

图 2-54 用 ping 命令测试本机

(3) 在命令行模式中输入"ping 192.168.1.2"测试本机与另一台计算机的连接是否 正常。如果运行结果如图 2-55 所示则表明连接正常,如果运行结果如图 2-56 所示则表 明连接可能有问题。

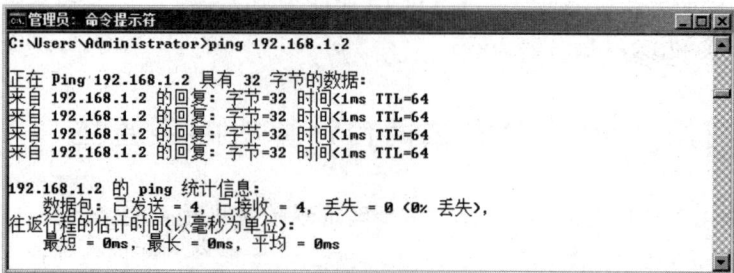

图 2-55 用 ping 命令测试连接正常

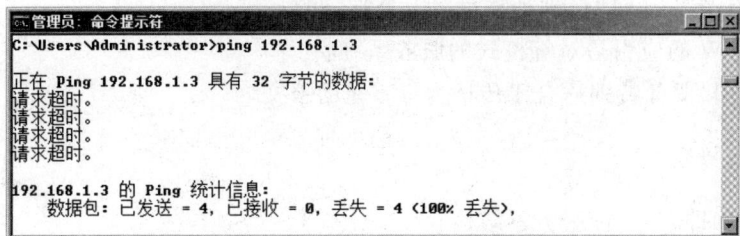

图 2-56 用 ping 命令测试超时错误

注意：ping 命令测试出现错误有多种可能，并不能确定是网络的连通性故障。当前很多的防病毒软件包括操作系统自带的防火墙都有可能屏蔽 ping 命令，因此在利用 ping 命令进行连通性测试时需要关闭防病毒软件和防火墙，并对测试结果进行综合考虑。

习 题 2

1. 判断题

(1) 采用 CSMA/CD 介质访问方式，每个站在发送数据帧之前，首先要进行载波监听，只有介质空闲时，才允许发送帧。（ ）

(2) 采用 CSMA/CD 介质访问方式，不是网中的每个站(节点)都能独立地决定数据帧的发送与接收。（ ）

(3) IEEE 802.3 标准最大的特点就是采用 CSMA/CD 的介质访问控制方式。

（ ）

(4) C/S 环境中至少要有三台服务器。（ ）

(5) B/S 结构的用户工作界面是通过 WWW 浏览器来实现的。（ ）

(6) 在对等网中，一台联网的计算机既是服务器，又是客户机。（ ）

(7) TCP 协议是可靠的、面向连接的协议，而 UDP 是一种不可靠的无连接协议。

（ ）

(8) 对于需要可靠传输保证的应用应选择 UDP 协议；对数据精确度要求不高但是对于传输速度和效率要求很高的应用，如音频、视频的传输一般选择 TCP 协议。（ ）

(9) IP 不保障服务的可靠性，在主机资源不足的情况下，它可能丢弃某些数据包，同时 IP 也不检查被数据链路丢弃的报文。（ ）

(10) 面向连接服务是在数据交换之前必须先建立连接。当数据交换结束后，则应终止这个连接。（ ）

(11) 在 TCP/IP 体系结构中没有 OSI 的会话层和表示层，TCP/IP 把它都归结到应用层。（ ）

(12) MAC 地址与 IP 地址之间有一定的逻辑联系。（ ）

(13) MAC 地址 08：00：20：0A：8C：6D，其中前 6 位十六进制数 08：00：20 代表该制造商所制造的某个网络产品(如网卡)的系列号。（ ）

91

(14) 所有产品的 MAC 地址在世界上是唯一的。 （   ）

(15) WWW 的应用是对等模式的服务系统。 （   ）

(16) 无连接服务特别适合于传送少量零星的报文。 （   ）

2. 单项选择题

(1) （   ）即客户机/服务器结构。

    A. C/S 结构　　　　B. B/S 结构　　　　C. 对等网　　　　D. 不对等网

(2) 一台联网的计算机,用户使用它访问网上资源,同时本地的资源也可以通过网络由其他的计算机使用,此时这计算机扮演的是(   )角色。

    A. 客户机　　　　B. 路由器　　　　C. 对等机　　　　D. 服务器

(3) （   ）是应用最广泛的协议,已经被公认为事实上的标准,它也是现在的国际互联网的标准协议。

    A. OSI　　　　B. TCP/IP　　　　C. UDP　　　　D. ATM

(4) （   ）是 TCP/IP 参考模型中最底层,也被称为主机网络层。

    A. 网络接口层　　　B. 网络层　　　　C. 传输层　　　　D. 应用层

(5) （   ）是 TCP/IP 协议集的最高层,与 OSI 参考模型相比较,它包含了会话层、表示层和应用层的功能。

    A. 网络接口层　　　B. 网络层　　　　C. 传输层　　　　D. 应用层

(6) （   ）提供 WWW 服务。

    A. SMTP　　　　B. HTTP　　　　C. Telnet　　　　D. FTP

(7) （   ）实现远程登录功能,通常电子公告牌系统 BBS 可以使用这个协议登录。

    A. SMTP　　　　B. HTTP　　　　C. Telnet　　　　D. FTP

(8) （   ）用于交互式的文件传输。

    A. SMTP　　　　B. HTTP　　　　C. Telnet　　　　D. FTP

(9) （   ）负责计算机名字到 IP 地址的转换。

    A. DNS　　　　B. SNMP　　　　C. RIP/OSPF　　D. Telnet

(10) 将 IP 地址转换为相应物理网络地址的组协议是(   )。

    A. ARP　　　　B. LCP　　　　C. NCP　　　　D. ICMP

(11) 如果节点初始化之后,只有物理地址而没有 IP 地址,则它可以通过(   )协议,发出广播请求,请求自己的 IP 地址。

    A. IP　　　　B. ICMP　　　　C. ARP　　　　D. RARP

(12) FTP 采用(   )。

    A. 浏览器和服务器结构　　　　　　B. 对等网

    C. 客户/服务器模式　　　　　　　　D. 无服务器结构

(13) MAC 地址是以以太网 NIC(网卡)上带的地址,为(   )位长。

    A. 8　　　　B. 16　　　　C. 24　　　　D. 48

(14) 在局域网模型中,数据链路层分为(   )。

A. 逻辑链路控制子层和网络子层

B. 逻辑链路控制子层和媒体访问控制子层

C. 网络接口访问控制子层和媒体访问控制子层

D. 逻辑链路控制子层和网络接口访问控制子层

(15) Web 站点默认的 TCP 端口号是(　　)。

　　A. 21　　　　　B. 80　　　　　C. 2583　　　　D. 8080

(16) FTP 站点默认的 TCP 端口号是(　　)。

　　A. 21　　　　　B. 80　　　　　C. 2583　　　　D. 8080

(17) Internet 中用于文件传输的是(　　)。

　　A. DHCP 服务器　　　　　　　B. DNS 服务器

　　C. FTP 服务器　　　　　　　　D. 路由器

(18) SMTP 使用的传输层协议为(　　)。

　　A. HTTP　　　　B. IP　　　　　C. TCP　　　　D. UDP

(19) 在 WWW 服务器与客户机之间发送和接收 HTML 文档时,使用的协议是(　　)。

　　A. FTP　　　　　B. Gopher　　　C. HTTP　　　D. NNTP

(20) 采用 CSMA/CD 介质访问方式,当发生冲突时(　　)。

　　A. 继续发送　　　　　　　　　B. 停止发送

　　C. 停止发送并立刻开始监听　　D. 停止发送并随机延时后再开始监听

(21) 网卡用来实现计算机和(　　)之间的物理连接。

　　A. 其他计算机　　B. Internet　　C. 传输介质　　D. 打印机

3. 多项选择题

(1) 在 C/S 结构中,服务器主要负责(　　)

　　A. 提供数据　　　B. 文件管理　　C. 打印　　　　D. 通信

(2) 在 C/S 结构中,主要涉及(　　)三种技术。

　　A. 远程过程调用　　　　　　　B. 分布式数据库

　　C. 电力分配　　　　　　　　　D. 文件传输

(3) 下列属于 B/S 结构特点的是(　　)。

　　A. 更加开放、与软硬件平台无关　　B. 应用开放速度快

　　C. 生命周期长　　　　　　　　　　D. 扩充和维护方便

(4) 在网络中,计算机可扮演(　　)三种角色。

　　A. 客户机　　　　B. 路由器　　　C. 对等机　　　D. 服务器

(5) 下列属于对等网特点的是(　　)。

　　A. 建立成本较低

　　B. 不用专门的管理人员

　　C. 对等网络中的权限控制是用户自己定义的,比较灵活

　　D. 安全性较高

(6) TCP/IP 包括(　　)。

93

    A. 网络接口层   B. 网络层   C. 传输层   D. 应用层

(7) TCP/IP 模型中,网络层的主要功能有(　　　)。

    A. 路由选择和拥塞控制   B. 定义地址解析协议

    C. 定义反向地址解析协议   D. 定义 ICMP 协议

(8) TCP/IP 协议在传输层定义了(　　)两个协议。

    A. 传输控制协议   B. 互连协议

    C. 中断协议   D. 用户数据报协议

(9) 下列属于互联网上 TCP/IP 应用层协议的有(　　　)。

    A. SMTP   B. HTTP   C. Telnet   D. FTP

(10) 网络层的主要协议有(　　　)。

    A. 网际协议 IP   B. Internet 控制报文协议 ICMP

    C. 地址解析协议 ARP   D. 逆向地址解析协议 RARP

(11) 面向连接服务的三个阶段是(　　　)。

    A. 连接建立   B. 数据传输   C. 连接中断   D. 连接释放

(12) 网卡完成(　　　)。

    A. 物理层功能   B. 应用层功能

    C. 数据链路层的大部分功能   D. 会话层功能

(13) 下列属于网络工作站功能的有(　　　)。

    A. 网上传输文件   B. 使用共享打印机

    C. 访问 Internet 各种服务   D. 共享网上各种软硬件资源

4. 问答题

(1) 局域网的参考模型的数据链路层分为哪几个子层? 各子层的功能是什么?

(2) 目前局域网有哪几种工作模式? 各有什么特点?

(3) 什么是介质访问控制? 简述以太网的 CSMA/CD 的工作机制。

(4) TCP/IP 协议分为哪几层? 各层有哪些主要协议?

(5) 简述 TCP/IP 网络模型中数据封装的过程。

(6) 简述 TCP/IP 传输层协议 TCP 和 UDP 的特点,这两个协议分别适合于何种数据的传输?

(7) 常见的双绞线跳线有哪两种类型? 在制作和应用上有什么区别?

5. 技能题

(1) 制作双绞线跳线。

【内容及操作要求】

制作一定长度的双绞线,两端安装有 RJ-45 水晶头,可连接计算机的网卡、集线器或交换机等网络设备。按标准线序分别制作一条直通线和一条交叉线,并使用简易线缆测试仪测试其连通性。

【准备工作】

3～5m 长的双绞线，RJ-45 水晶头 4～6 个，RJ-45 压线钳、尖嘴钳、简易线缆测试仪。

【考核时限】

30min。

（2）实现双机互联。

【内容及操作要求】

在两台计算机上分别安装 Windows 7 操作系统，将操作系统安装在 C 盘根目录下，使两台计算机都工作在工作组"Student"中。使用双绞线跳线实现这两台计算机的连接互通，并使用 ping 命令测试两台计算机之间的连通性。

【准备工作】

2 台未安装操作系统的计算机；1 张 Windows 7 操作系统的安装光盘；3～5m 长的双绞线，RJ-45 水晶头 2～4 个，RJ-45 压线钳、尖嘴钳、简易线缆测试仪。

【考核时限】

45min。

工作单元 3　组建小型办公网络

在当今的计算机网络技术中,局域网技术已经占据了十分重要的地位。局域网的标准繁多,在目前办公网络的组建中,以太网技术已经占据了主流,淘汰了其他的技术。本单元的主要目标是熟悉常见的局域网组网技术;认识小型办公网络使用的基本设备和器件;实现小型办公网络的连接和连通性测试;了解二层交换机的基本配置和在二层交换机上划分 VLAN 的基本方法;熟悉为小型办公网络规划与分配 IP 地址的方法。

任务 3.1　选择局域网组网技术

【任务目的】

(1) 熟悉传统以太网组网技术及应用;
(2) 熟悉快速以太网组网技术及应用;
(3) 熟悉千兆位以太网组网技术及应用;
(4) 了解万兆位以太网组网技术;
(5) 理解选择局域网组网技术的一般方法。

【工作环境与条件】

(1) 已经联网并能正常运行的机房和校园网;
(2) 已经联网并能正常运行的其他网络;
(3) 典型办公网络、校园网或企业网的组网案例。

【相关知识】

以太网(Ethernet)是目前使用最为广泛的局域网组网技术,从 20 世纪 70 年代末就有了正式的网络产品,其传输速率自 20 世纪 80 年代初的 10Mb/s 发展到 90 年代达到 100Mb/s,目前已经出现了 10Gb/s 的以太网产品。

3.1.1　传统以太网组网技术

传统以太网技术是早期局域网广泛采用的组网技术,采用总线型拓扑结构和广播式的传输方式,可以提供 10Mb/s 的传输速度。传统以太网存在多种组网方式,曾经广泛使用的有 10Base-5、10Base-2、10Base-T 和 10Base-F 四种,它们的 MAC 子层和物理层中的编码/译码模块均是相同的,而不同的是物理层中的收发器及媒体连接方式。表 3-1 比较了传统以太网组网技术的物理性能。

表 3-1　传统以太网组网技术物理性能的比较

性　能	10Base-5	10Base-2	10Base-T	10Base-F
收发器	外置设备	内置芯片	内置芯片	内置芯片
传输介质	粗缆	细缆	3、4、5 类 UTP	单模或多模光缆
最长媒体段	500m	185m	100m	500m、1km 或 2km
拓扑结构	总线型	总线型	星形	星形
中继器/集线器	中继器	中继器	集线器	集线器
最大跨距/媒体段数	2.5km/5	925m/5	500m/5	4km/2
连接器	AUI	BNC	RJ-45	ST

在传统以太网中,10Base-T 以太网是现代以太网技术发展的里程碑,它完全取代了 10Base-2 及 10Base-5 使用同轴电缆的总线型以太网,是快速以太网、千兆位以太网等组网技术的基础。

1. 组建 10Base-T 的基本网络设备

10Base-T 以太网的拓扑结构如图 3-1 所示,由图可知组成一个 10Base-T 以太网需要以下网络设备。

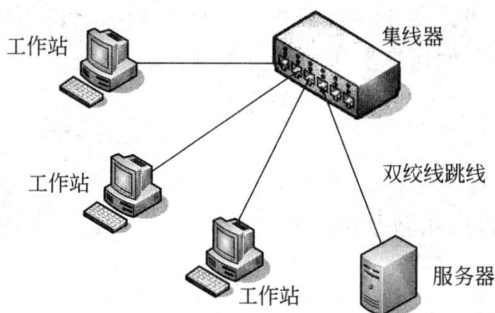

图 3-1　10Base-T 以太网的拓扑结构

- 网卡:10Base-T 以太网中的计算机应安装带有 RJ-45 插座的以太网网卡。
- 集线器(Hub):是以太网的中心连接设备,各节点通过非屏蔽双绞线(UTP)与集线器实现星形连接,集线器将接收到的数据转发到每一个端口,每个端口的速率为 10Mb/s。用在 10Base-T 中的集线器主要有普通集线器、堆叠式集线器等类型。

- 双绞线：非屏蔽双绞线价格低廉,安装方便,根据网络性能要求可选用 3 类或 5 类双绞线。
- RJ-45 连接器：双绞线两端必须安装 RJ-45 连接器,以便插在网卡和集线器中的 RJ-45 插座上。

2. 10Base-T 的主要性能指标

在组建 10Base-T 以太网时应主要注意以下性能指标：

- 集线器与网卡之间和集线器之间的最长距离均为 100m。
- 集线器数量最多为 4 个,即任意两节点之间的距离不会超过 500m。
- 集线器可级联以便扩充,Hub 之间可用同轴电缆相连,最大间距为 100m。
- 集线器可通过同轴电缆或光纤与其他 LAN 相连以形成大型以太网。
- 若不使用网桥,最多可连接 1023 个节点。

3.1.2 快速以太网组网技术

快速以太网(Fast Ethernet)的数据传输率为 100Mb/s。快速以太网保留着传统的 10Mb/s 以太网的所有特征,即相同的帧格式,相同的介质访问控制方法 CSMA/CD,相同的组网方法,而只是把每个比特发送时间由 100ns 降低到 10ns。

快速以太网可支持多种传输介质,制订了四种有关传输介质的标准,即 100Base-TX、100Base-T4、100Base-T2 与 100Base-FX。

1. 100Base-TX

100Base-TX 支持 2 对 5 类非屏蔽双绞线 UTP 或 2 对屏蔽双绞线 STP。其中一对双绞线用于发送,另一对双绞线用于接收数据。因此 100Base-TX 是一个全双工系统,每个节点可以同时以 100Mb/s 的速率发送与接收数据。

2. 100Base-T4

100Base-T4 支持 4 对 3 类非屏蔽双绞线 UTP,其中有 3 对线用于数据传输,1 对线用于冲突检测。因为它没有单独专用的发送和接收线,所以不可能进行全双工操作。

3. 100Base-T2

100Base-T2 支持 2 对 3 类非屏蔽双绞线 UTP。其中 1 对线用于发送数据,另 1 对用于接收数据,因而可以进行全双工操作。

4. 100Base-FX

100Base-FX 支持 2 芯的多模($62.5\mu m$ 或 $125\mu m$)或单模光纤,其中一根光纤用于发送数据,另一根用于接收数据,因而可以进行全双工操作。

表 3-2 对快速以太网的各种标准进行了比较。

表 3-2　快速以太网的各种标准的比较

性　　能	100Base-TX	100Base-T2	100Base-T4	100Base-FX
使用电缆	5 类 UTP 或 STP	3/4/5 类 UTP	3/4/5 类 UTP	单模或多模光缆
要求的线对数	2	2	4	2
发送线对数	1	1	3	1
距离	100m	100m	100m	150/412/2000m
全双工能力	有	有	无	有

在快速以太网中,100Base-TX 继承了 10Base-T 的 5 类非屏蔽双绞线的环境,在布线不变的情况下,只要将 10Base-T 设备更换成 100Base-TX 的设备即可形成一个 100Mb/s 的以太网系统;同样 100Base-FX 继承了 10Base-F 的布线环境,使其可直接升级成 100Mb/s 的光纤以太网系统;对于较旧的一些只采用 3 类非屏蔽双绞线的布线环境,可采用 100Base-T4 和 100Base-T2 来实现升级。由于目前的局域网布线系统几乎都选用超 5 类、6 类双绞线或光缆,因此 100Base-TX 与 100Base-FX 是使用最为普遍的快速以太网组网技术。

3.1.3　千兆位以太网组网技术

尽管快速以太网具有高可靠性、易扩展性、成本低等优点,但随着多媒体通信技术在网络中的应用,如会议电视、视频点播(VOD)、高清晰度电视(HDTV)等,人们对网络带宽提出了更高的要求,因此人们开始寻求更高带宽的局域网。千兆位以太网就是在这种背景下产生的,已经发展成为建设企业局域网时首选的高速网络技术。

千兆位以太网最大的优点在于它对原有以太网的兼容性,同 100Mb/s 快速以太网一样,千兆位以太网使用与 10Mb/s 传统以太网相同的帧格式,以及相同的 CSMA/CD 协议,这意味着可以对原有以太网进行平滑的、无须中断的升级。同时,千兆位以太网还继承了以太网的其他优点,如可靠性较高、易于管理等。千兆位以太网也可支持多种传输介质,目前已经制订的标准主要如下。

1. 1000Base-CX

1000Base-CX 的传输介质是一种短距离屏蔽铜缆,最长距离可达 25m,这种屏蔽双绞线不是标准的 STP,而是一种特殊规格、高质量的、带屏蔽的双绞线。它的特性阻抗为 150 欧姆,传输速率最高达 1.25Gb/s,传输效率为 80%。

1000Base-CX 的短距离屏蔽铜缆适用于交换机之间的短距离连接,特别适用于千兆主干交换机与主服务器的短距离连接,这种连接往往就在机房的配线架柜上以跨线方式连接即可,不必使用长距离的铜缆或光缆。

2. 1000Base-LX

1000Base-LX 是一种收发器上使用长波激光(LWL)作为信号源的媒体技术,这种收发器上配置了激光波长为 1270～1355nm(一般为 1300nm)的光纤激光传输器,它可以驱动多模光纤,也可驱动单模光纤,使用的光纤规格有 62.5μm 和 50μm 的多模光纤,以及 9μm 的单模光纤。

对于多模光缆,在全双工模式下,最长距离可达 550m;对于单模光缆,全双工模式下最长距离达 5km。连接光缆所使用的 SC 型光纤连接器,与 100Mb/s 快速以太网中 100Base-FX 使用的型号相同。

3. 1000Base-SX

1000Base-SX 是一种在收发器上使用短波激光(SWL)作为信号源的媒体技术,这种收发器上配置了激光波长为 770～860nm(一般为 800nm)的光纤激光传输器,不支持单模光纤,仅支持多模光纤,包括 62.5μm 和 50μm 两种。

对于 62.5μm 的多模光纤,全双工模式下最长距离为 275m;对于 50μm 多模光缆,全双工模式下最长距离为 550m。连接光缆所使用的连接器也为 SC 型光纤连接器。

4. 1000Base-T4

1000Base-T4 是一种使用 5 类 UTP 的千兆位以太网技术,最远传输距离与 100Base-TX 一样为 100m。与 1000Base-LX、1000Base-SX 和 1000Base-CX 不同,1000Base-T4 不支持 8B/10B 编码/译码方案,需要采用专门的更加先进的编码/译码机制。1000Base-T4 采用 4 对 5 类双绞线完成 1000Mb/s 的数据传送,每一对双绞线传送 250Mb/s 的数据流。

5. 1000Base-TX

1000Base-TX 基于 6 类双绞线电缆,以 2 对线发送数据,2 对线接收数据(类似于 100Base-TX)。由于每对线缆本身不进行双向的传输,线缆之间的串扰就大大降低,同时其编码方式也相对简单。这种技术对网络的接口要求比较低,不需要非常复杂的电路设计,降低了网络接口的成本。

3.1.4　万兆位以太网组网技术

以太网主要是在局域网中占绝对优势,在很长的一段时间中,由于带宽以及传输距离等原因,人们普遍认为以太网不能用于城域网,特别是在汇聚层以及骨干层。1999 年年底成立了 IEEE 802.3ae 工作组,进行万兆位以太网技术(10Gb/s)的研究,并于 2002 年正式发布 IEEE 802.3ae 标准。万兆位以太网不仅再度扩展了以太网的带宽和传输距离,更重要的是使得以太网从局域网领域向城域网领域渗透。

1. 万兆位以太网技术的特点

万兆位以太网技术同以前的以太网标准相比,有了很多不同之处,主要表现在以下方面。

(1) 万兆位以太网可以提供广域网接口,可以直接在 SDH 网络上传送,这也意味着以太网技术将可以提供端到端的全程连接。之前的以太网设备与传输设备相连的时候都需要协议转换和速率适配,降低了传输的效率。万兆位以太网则提供了可以与 SDH STM-64 相接的接口,不再需要额外的转换设备,保证了以太网在通过 SDH 链路传送的时候效率不降低。

(2) 万兆位以太网的 MAC 层只能以全双工方式工作,不再使用 CSMA/CD 的机制,只支持点对点全双工的数据传送。

(3) 采用 64/66B 的线路编码,不再使用以前的 8/10B 编码。因为 8/10B 的编码开销达到 25%,如果 10Gb/s 传送仍采用这种编码,编码后传送速率要达到 12.5Gb/s,改为 64/66B 后,编码后数据速率只需 10.3125b/s。

(4) 主要采用光纤作为传输介质,传送距离从千兆位以太网的 5km 延伸到 10~40km。

注意:在各种宽带光纤接入网技术中,采用了 SDH(Synchronous Digital Hierarchy,同步数字系列)技术的接入网系统是应用最普遍的。

2. 万兆位以太网的标准

目前已经制订的万兆位以太网标准如表 3-3 所示。其中 10GBase-LX4 由 4 种低成本的激光源构成且支持多模和单模光纤。10GBASE-S 是使用 850nm 光源的多模光纤标准,最远传输距离为 300m,是一种低成本近距离的标准(分为 SR 和 SW 两种)。10GBASE-L 是使用 1310nm 光源的单模光纤标准,最远传输距离为 10km(分为 LR、LW 两种)。10GBASE-E 是使用 1550nm 光源的单模光纤标准,最远传输距离为 40km(分为 ER、EW 两种)。

表 3-3 万兆位以太网的标准

标　　准	应用范围	传 输 距 离	光 源 波 长	传 输 介 质
10GBase-LX4	局域网	300m	1310nm	多模光纤
10GBase-LX4	局域网	10km	1310nm(WWDM)	单模光纤
10GBase-SR	局域网	300m	850nm	多模光纤
10GBase-LR	局域网	10km	1310nm	单模光纤
10GBase-ER	局域网	40km	1550nm	单模光纤
10GBase-SW	广域网	300m	850nm	多模光纤
10GBase-LW	广域网	10km	1310nm	单模光纤
10GBase-EW	广域网	40km	1550nm	单模光纤
10GBase-CX4	局域网	15m	—	4 根 Twinax 线缆
10GBase-T	局域网	25~100m	—	双绞线

3.1.5 局域网组网技术的选择

无论是局域网还是其他的网络,其组网技术的选择都要根据用户的具体需求,充分考虑到开放性、先进性、可扩充性、可靠性、实用性和安全性的设计原则,应当采用当前比较先进同时又比较成熟和工业标准化程度较高的组网技术。

对于覆盖分布范围不大,信息业务种类单一的小型局域网来说,可以根据用户的实际需求选择单一的组网技术。而大、中型局域网的覆盖范围较大,所处客观环境较为复杂,信息需求多种多样和网络技术性能要求也高,因此在大、中型局域网设计时,需要从整个网络系统的技术性能、网络互联形式、网络系统管理和工程建设造价以及维护管理费用等各方面综合考虑来确定设计方案。

目前在大中型局域网设计中,通常采用由星形结构中心点通过级联扩展形成的树形拓扑结构,如图 3-2 所示。一般可以把这种树形结构分成三个层次,即核心层、汇聚层和接入层,在不同的层次可以选用不同的组网技术、网络连接设备和传输介质。例如在核心层可以使用 1000Base-SX 吉比特以太网技术,采用多模光纤光缆作为传输介质;在汇聚层可以使用 100Base-TX 快速以太网技术,采用双绞线电缆作为传输介质;在接入层可以使用 10Base-T 传统以太网技术,采用双绞线电缆作为传输介质。这样既保证了网络的整体性能,又将网络的成本控制在一定的范围内,而且还可以根据用户的不同需求进行灵活的扩展和升级。

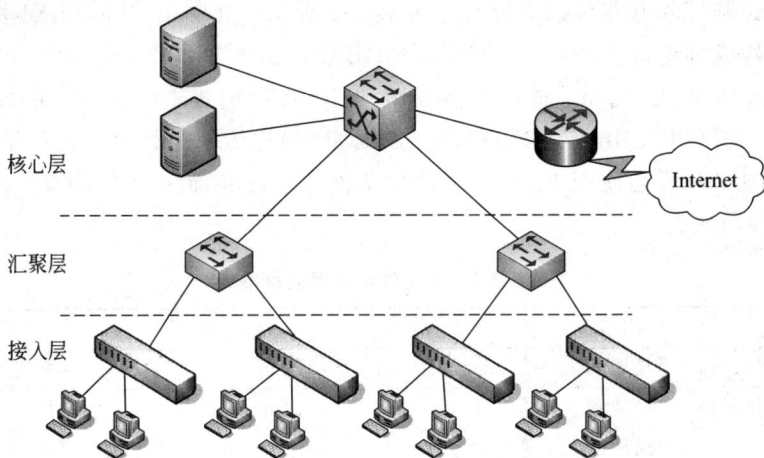

图 3-2　大中型局域网的一般结构

【任务实施】

操作 1　分析计算机网络实验室或机房的组网技术

观察所在学校的计算机网络实验室或机房,分析该网络采用的组网技术。

操作 2　分析校园网的组网技术

(1) 图 3-3 给出了某学校局域网的拓扑结构图,试分析该网络采用了什么样的组网技术,列出该网络所使用的硬件清单。

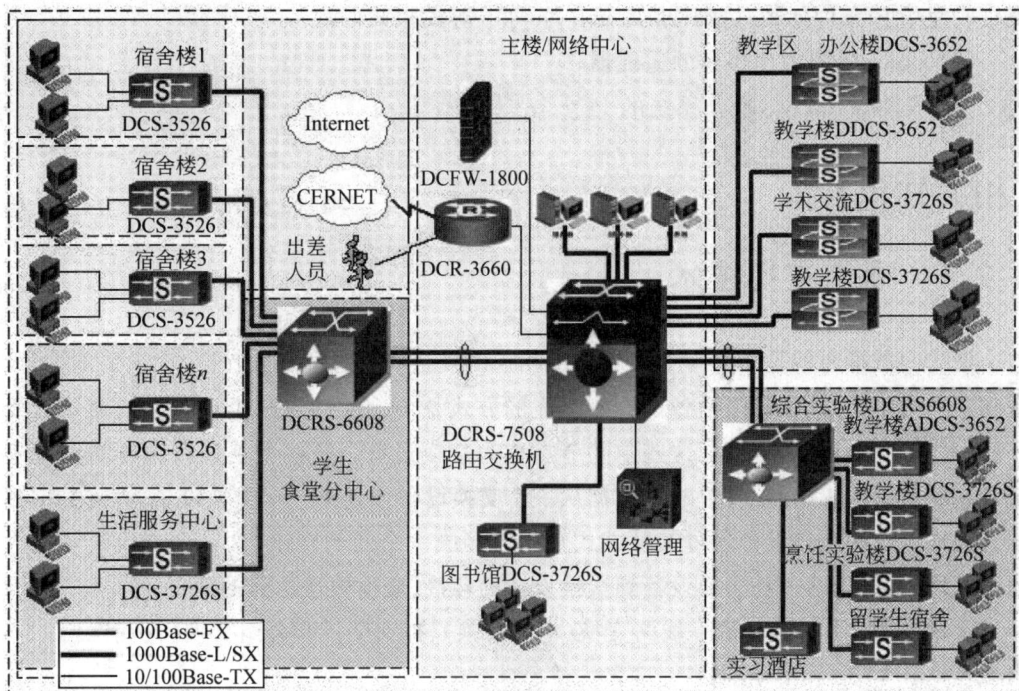

图 3-3　某校园网拓扑结构图

（2）观察所在学校的网络中心和校园网，分析该网络采用的组网技术。

操作 3　分析其他网络组网技术

根据具体的条件，找出一项计算机网络应用的具体实例，根据所学的知识，分析该网络采用的组网技术。

任务 3.2　选择与配置交换机

【任务目的】

（1）了解交换机的类型；
（2）理解二层交换机的功能和工作原理；
（3）了解以太网交换机外观和启动过程；
（4）了解以太网交换机的命令行工作模式。

【工作环境与条件】

（1）二层交换机（本部分以 Cisco 2960 系列交换机为例，也可选用其他品牌型号的交

换机或使用 Cisco Packet Tracer、Boson Netsim 等模拟软件);

(2) Console 线缆和相应的适配器;

(3) 安装 Windows 操作系统的 PC。

【相关知识】

3.2.1　通信交换技术

最初的数据通信是在物理上两端直接相连的设备间进行的,随着通信设备的增多、设备间距离的扩大,这种每个设备都直接相连的方式是不现实的。两个设备间的通信需要一些中间节点来过渡,可以把这些中间节点称为交换设备。这些交换设备并不需要处理经过它的数据内容,只是简单地把数据从一个交换设备传到下一个交换设备,直到数据到达目的地。这些交换设备通过某种方式互相连接成一个通信网络,从某个交换设备进入通信网络的数据,通过从交换设备到交换设备的转接、交换被送达目的地。

常见的交换技术有三种:线路交换(电路交换)、报文交换和分组交换(包交换)。

1. 线路交换

线路交换是一种直接的交换方式,它为一对需要进行通信的装置之间提供一条临时的专用通道,一般由交换机负责建立。即提供一条专用的传输通道,即可是物理通道又可是逻辑通道。

这条通道是由节点内部电路对节点间传输路径经过适当选择、连接而完成的,由多个节点和多条节点间传输路径组成的链路。

目前公用电话网广泛使用的交换方式就是线路交换,经由线路交换的通信包括三个阶段:线路建立阶段、数据传输阶段、线路释放阶段。

线路交换具有以下特点。

① 呼叫建立时间长且存在呼损。在线路建立阶段,在两站间建立一条专用通路需要花费一段时间,这段时间称为呼叫建立时间。在线路建立过程中由于交换网繁忙等原因而使建立失败,对于交换网则要拆除已建立的部分线路,用户需要挂断重拨,这称为呼损。

② 线路连通后提供给用户的是"透明通路",即交换网对用户信息的编码方法、信息格式以及传输控制程序等都不加以限制,但对通信双方而言,必须做到双方的收发速度、编码方法、信息格式、传输控制等一致才能完成通信。

③ 一旦线路建立后,数据以固定的数据率传输,除通过传输链路的传播延迟以外,没有别的延迟,在每个节点的延迟是可以忽略的,适用于实时大批量连续的数据传输。

④ 线路(信道)利用率低。线路建立,进行数据传输,直至通信链路拆除为止,信息是专用的,再加上通信建立时间、拆除时间和呼损,其利用率较低。

2. 报文交换

报文交换是一种存储转发技术,在存储转发交换方式中,网络节点通常为一台专用计算机,带有足够的外存,以便在数据进入时,进行缓冲存储。节点接收到数据之后,数据暂放在节点的存储设备之中,等输出线路空闲时,再根据数据中所附的目的地址转发到下一个合适的节点,如此往复,直到数据到达目标地址。

存储转发交换方式与电路交换方式的主要区别表现在以下两个方面:

① 发送的数据与目的地址、源地址、控制信息按照一定格式组成一个数据单元(报文或报文分组)进入通信子网。

② 通信子网中的节点负责完成数据单元的接收、差错校验、存储、路径选择和转发功能。

报文交换方式就是用户把需要传输的数据,分割成一定大小的报文。每一个报文由传输的数据和报头组成,报头中有源地址和目标地址。报文由发送端发送,在节点处被暂时存储,节点根据报头中的目标地址为报文进行路径选择,当报文要发送的目的地址线路空闲时,节点立即将报文发送到目的地。

报文交换具有的优点:

① 发送端和接收端在通信时不需建立一条专用的通路,临时动态选择路径;

② 与电路交换相比,报文交换没有建立线路和拆除线路所需的等待和时延;

③ 线路利用率高,多个报文可以分时共享一条线路;

④ 报文交换可以根据线路情况选择不同的速度高效地传输数据,这是电路交换所不能的;

⑤ 数据传输的可靠性高,每个节点在存储转发中,都进行差错控制,即检错、纠错。

报文交换存在的缺点主要有:由于采用了对完整报文的存储/转发,节点存储/转发的时延较大,不适用于交互式通信,如电话通信。由于每个节点都要把报文完整地接收、存储、检错、纠错、转发,从而产生了节点延迟,并且报文交换对报文长度没有限制,报文可以很长,这样就有可能使报文长时间占用某两节点之间的链路,不利于实时交互通信。分组交换即所谓的包交换正是针对报文交换的缺点而提出的一种改进方式。

报文交换的主要应用领域是电子邮件、电报、非紧急的业务查询和应答。

3. 分组交换

分组交换方式也称包交换方式,该方式是把长的报文分成若干较短的报文分组,以报文分组为单位进行发送、暂存和转发。每个报文分组,除要传送数据地址信息外,还有数据分组编号。报文在发送端被分组后,各组报文可按不同的传输路径进行传输,经过节点时,同样要存储、转发,最后在接收端将各报文分组按编号再重新组成报文。

分组交换方式有以下特点:

① 分组交换方式具有电路交换方式和报文交换方式的共同优点;

② 由于报文分组长度较短,在传输出错时,检错容易并且重发花费的时间较少,这就利于提高存储转发节点的存储空间利用率与传输效率;

③ 报文分组在各节点间的传送比较灵活,且各分组路径可自行选择,每个节点收到一个报文后,即可向下一个节点转发,不必等到其他分组到齐。

分组交换方式已经成为当今公用数据交换网中主要的交换技术,它的主要应用领域是快速查询和应答的任何场合,例如,电子转账、股票牌价等。

分组交换技术在实际应用中,又可以分为数据报方式和虚电路方式。

(1) 数据报方式

数据报交换方式把任一个分组都当作单独的"小报文"来处理,而不管它属于哪个报文的分组。例如,要将报文从 A 站发送到 C 站(如图 3-4 所示),首先在 A 站将报文分成 3 个分组(P1,P2,P3),按次序连续地发送给节点 4,节点 4 每接收一个分组都先存储下来,分别对它们进行单独的路径选择和其他处理过程。例如它可能将 P1 发送给节点 5,P2 发送给节点 1,P3 发往节点 7,这种选择主要取决于节点 4 在处理每一个分组时各链路的负荷情况以及路径选择的原则和策略。由于每个分组都带有地址和分组序列,虽然它们不一定经过同一条路径,但最终都要通过节点 2 到达目的站 C。这些分组到达节点 2 的顺序可能被打乱,但节点 2 可以对分组进行排序和重装,当然目的站 C 也可以完成这些排序和重装工作。

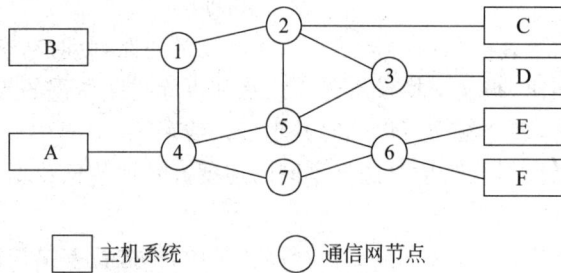

图 3-4 数据报传输方式

上述这种分组交换方式简称为数据报传输方式,作为基本传输单位的"小报文"被称为数据报(datagram)。

从以上讨论可以看出,数据报工作方式具有以下特点:

① 同一报文的不同分组可以由不同的传输路径通过通信子网;

② 同一报文的不同分组到达目的节点时可能出现乱序、重复与丢失现象;

③ 每一个分组在传输过程中都必须带有目的地址与源地址;

④ 数据报方式报文传输延迟较大,适用于突发性通信,不适用于长报文、会话式通信。

在研究数据报交换方式的优点与缺点的基础上,人们进一步提出了虚电路交换方式。

(2) 虚电路方式

所谓虚电路就是两个用户的终端设备在开始互相发送和接收数据之前需要通过通信网络建立逻辑上的连接,一旦这种连接建立,直至用户不需要发送和接收数据时清除这种连接。

虚电路方式的主要特点是:所有分组都必须沿着事先建立的虚电路传输,存在一个虚呼叫建立阶段和拆除阶段(清除阶段)。与电路交换相比,并不意味着实体间存在像电路交换方式那样的专用线路,而是选定了特定路径进行传输,分组所途经的所有节点都对这些分组进行存储/转发,这是与电路交换的实质上的区别。

虚电路方式的特点是:

① 在每次报文分组发送之前,必须在发送方与接收方之间建立一条逻辑连接;

② 一次通信的所有报文分组都从这条逻辑连接的虚电路上通过,因此报文分组不必带目的地址、源地址等辅助信息,报文分组到达目的节点不会出现丢失、重复与乱序的现象;

③ 报文分组通过每个虚电路上的节点时,节点只需要做差错检测,而不需要做路径选择;

④ 通信子网中每个节点可以和任何节点建立多条虚电路连接。

由于虚电路方式具有分组交换与线路交换两种方式的优点,因此在计算机网络中得到了广泛的应用。

3.2.2　交换机的分类

交换机是目前计算机网络中最主要的网络设备。计算机网络使用的交换机包括广域网交换机和局域网交换机。广域网交换机主要在电信领域用于提供数据通信的基础平台。局域网交换机用于将个人计算机、共享设备和服务器等网络应用设备连接成用户计算机局域网。目前局域网交换机有多种分类方法,包括按照交换机支持的网络通信介质和数据传输速率分类、按照应用规模分类、按照设备结构分类及按照网络体系结构层次分类等。

1. 按照网络通信介质和数据传输速率分类

按照支持的网络和数据传输速率,局域网交换机可以分为以太网交换机、快速以太网交换机、千兆位以太网交换机、FDDI 交换机和 ATM 交换机等多种。局域网目前主要使用快速以太网交换机和千兆位以太网交换机。

2. 按照应用规模分类

按照应用规模,可将局域网交换机分为桌面交换机、工作组级交换机、部门级交换机和企业级交换机。

(1)桌面交换机

桌面交换机价格便宜,被广泛用于一般办公室、小型机房和网站管理中心等部门,甚至进入了家庭应用。在传输速度上,桌面型交换机通常提供多个具有 10/100Mb/s 自适应能力的端口。

(2)工作组级交换机

工作组级交换机主要用于大中型局域网时接入层,当使用桌面交换机不能满足应用需求时,大多采用工作组级交换机。工作组级交换机通常具有良好的扩充能力,主要提供

100Mb/s端口或10/100Mb/s自适应能力端口。

(3) 部门级交换机

部门级交换机比工作组级交换机支持更多的用户,提供更强的数据交换能力,通常用作小型局域网的核心交换机或中型局域网的汇聚交换机。低端的部门级交换机通常提供8~16个端口,高端的部门级交换机可以提供多至48个端口。

(4) 企业级交换机

企业级交换机是交换机家族中的高端产品,是功能最强的交换机,在局域网中作为骨干设备使用,提供高速、高效、稳定和可靠的中心交换服务。企业级交换机除了支持冗余电源供电外,还支持许多不同类型的硬件选件模块,并提供强大的数据交换能力。用户选择企业级交换机时,可以根据需要选择千兆位以太网光纤通信模块、千兆位以太网双绞线通信模块、快速以太网模块、ATM网模块和路由模块等。企业级交换机通常还有非常强大的管理功能,但是价格比较昂贵。

3. 按照设备结构分类

按照设备结构特点,局域网交换机可分为机架式交换机、带扩展槽固定配置式交换机、不带扩展槽固定配置式交换机和可堆叠交换机这几种类型。

(1) 机架式交换机

机架式交换机是一种插槽式的交换机,用户可以根据需求,选购不同的模块插入到插槽中。这种交换机功能强大,扩展性较好,可支持不同的网络类型。像企业级交换机这样的高端产品大多采用机架式结构。机架式交换机使用灵活,但价格都比较昂贵。

(2) 带扩展槽固定配置式交换机

带扩展槽固定配置式交换机是一种配置固定端口数并带有少量扩展槽的交换机。这种交换机可以通过在扩展槽插入相应模块来扩展网络功能,为用户提供了一定的灵活性。这类交换机的产品价格适中。

(3) 不带扩展槽固定配置式交换机

不带扩展槽固定配置式交换机仅支持单一的网络功能,产品价格便宜,在小型企业或办公室环境下的局域网中被广泛使用。

(4) 可堆叠交换机

可堆叠交换机通常是在固定配置式交换机上扩展了堆叠功能的设备。具备可堆叠功能的交换机可以类似普通交换机那样按常规使用,当需要扩展端口接入能力时,可通过各自专门的堆叠端口,将若干台同样的物理设备“串联”起来作为一台逻辑设备使用。

4. 按照网络体系结构层次分类

按照网络体系的分层结构,交换机可以分为第2层交换机、第3层交换机和第4层交换机,甚至提出了第7层交换机。

(1) 第2层交换机

第2层交换机是指工作在OSI参考模型数据链路层上的传统的交换机,主要功能包括物理编址、错误校验、数据帧序列重新整理和流控,所接入的各网络节点之间可独享带宽。第 2 层交换机的弱点是不能有效的解决广播风暴、异种网络互连和安全性控制等问题。

（2）第 3 层交换机

第 3 层交换机是带有 OSI 参考模型网络层路由功能的交换机，在保留第 2 层交换机所有功能的基础上，增加了对路由功能和 VLAN 的支持，增加了对链路聚合功能的支持，甚至可以提供防火墙等许多功能。第 3 层交换机在网络分段、安全性、可管理性和抑制广播风暴等方面具有很大的优势。

（3）第 4 层交换机

第 4 层交换机是指工作在 OSI 参考模型传输层的交换机，可以支持安全过滤，支持对网络应用数据流的服务质量管理策略 QoS 和应用层记账功能，优化了数据传输，被用于实现多台服务器负载均衡。

（4）第 7 层交换机

随着多层交换技术的发展，人们还提出了第 7 层交换机的概念。第 7 层交换机可以提供基于内容的智能交换，能够根据实际的应用类型做出决策。

3.2.3　二层交换机的功能和工作原理

在计算机网络系统中，交换概念的提出是对于共享工作模式的改进。集线器（Hub）就是一种共享设备，本身不能识别目的地址，当同一局域网内的 A 主机给 B 主机传输数据时，数据帧在以集线器为中心节点的网络上是以广播方式传输的，由每一台终端通过验证数据帧的地址信息来确定是否接收。也就是说，在这种工作方式下，同一时刻网络上只能传输一组数据帧，如果发生冲突还要重试。因此用集线器连接的网络属于同一个冲突域，所有的节点共享网络带宽。

二层交换机工作于 OSI 参考模型的数据链路层，它可以识别数据帧中的 MAC 地址信息，并将 MAC 地址与其对应的端口记录在自己内部的 MAC 地址表中。二层交换机拥有一条很高带宽的背部总线和内部交换矩阵，所有端口都挂接在背部总线上。控制电路在收到数据帧后，会查找内存中的 MAC 地址表，并通过内部交换矩阵迅速将数据帧传送到目的端口。其具体的工作流程为：

① 当二层交换机从某个端口收到一个数据帧，将先读取数据帧头中的源 MAC 地址，这样就可知道源 MAC 地址的计算机连接在哪个端口。

② 二层交换机读取数据帧头中的目的 MAC 地址，并在 MAC 地址表中查找该 MAC 地址对应的端口。

若 MAC 地址表中有对应的端口，则交换机将把数据帧转发到该端口。

③ 若 MAC 地址表中找不到相应的端口，则交换机将把数据帧广播到所有端口，当目的计算机对源计算机回应时，交换机就可以知道其对应的端口，在下次传送数据时就不需要对所有端口进行广播了。

通过不断地循环上述过程，交换机就可以建立和维护自己的 MAC 地址表，并将其作为数据交换的依据，如图 3-5 所示。

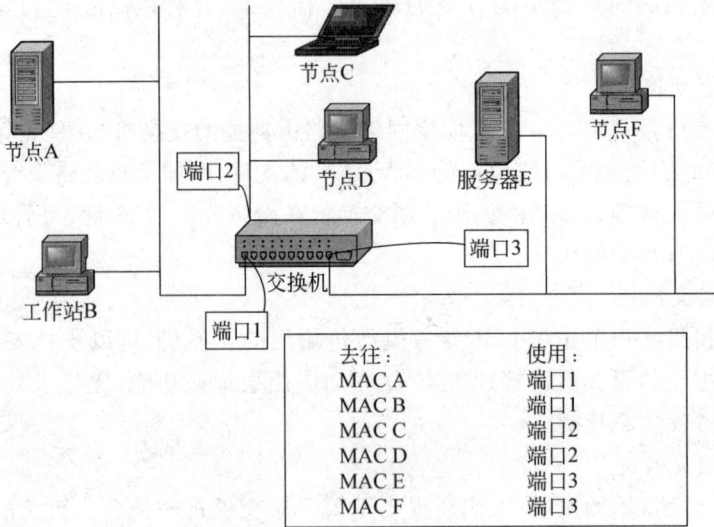

图 3-5　交换机的工作原理

　　通过对二层交换机工作流程的分析不难看出,二层交换机的每一个端口是一个冲突域,不同的端口属于不同的冲突域。因此二层交换机在同一时刻可进行多个端口对之间的数据传输,连接在每一端口上的设备独自享有全部的带宽,无须同其他设备竞争使用,同时由交换机连接的每个冲突域的数据信息不会在其他端口上广播,也提高了数据的安全性。二层交换机采用全硬件结构,提供了足够的缓冲器并通过流量控制来消除拥塞,具有转发延迟小的特点。当然由于二层交换机只提供最基本的二层数据转发功能,目前一般应用于小型企业网或中型以上企业网的接入层。

3.2.4　交换机的组成结构

　　交换机是一台特殊的计算机,也由硬件和软件两部分组成,其软件部分主要包括操作系统(如 Cisco IOS)和配置文件,硬件部分主要包含 CPU、端口和存储介质。

　　局域网交换机的端口主要有以太网端口(Ethernet)、快速以太网端口(Fast Ethernet)、吉比特以太网端口(Gigabit Ethernet)和控制台端口(Console)等。

　　交换机的存储介质主要有 ROM(Read-Only Memory,只读储存设备)、FLASH(闪存)、NVRAM(非易失性随机存储器)和 DRAM(动态随机存储器)。其中,ROM 相当于PC 中的 BIOS,交换机加电启动时,将首先运行 ROM 中的程序,以实现对交换机硬件的自检并引导启动交换机的操作系统,该存储器中的内容在系统掉电时不会丢失。FLASH是一种可擦写、可编程的 ROM,相当于 PC 中的硬盘,但速度要快得多,可通过写入新版本的操作系统来实现交换机操作系统的升级,FLASH 中的程序,在掉电时不会丢失。NVRAM 用于存储交换机的配置文件,该存储器中的内容在系统掉电时也不会丢失。DRAM 是一种可读写存储器,相当于 PC 的内存,其内容在系统掉电时将完全丢失。

【任务实施】

操作 1　认识二层交换机

（1）现场考察所在网络实验室或机房，记录该网络中使用的二层交换机的品牌、型号、价格以及相关技术参数，查看各交换机的端口连接与使用情况。

（2）现场考察所在学校的校园网，记录该网络中使用的二层交换机的品牌、型号、价格以及相关技术参数，查看各交换机的端口连接与使用情况。

（3）访问交换机主流厂商的网站（如 Cisco、H3C），查看该厂商生产的二层交换机和其他交换机产品，记录其型号、价格以及相关技术参数。

操作 2　使用本地控制台登录二层交换机

交换机分为可网管的和不可网管的，可网管的交换机是可以由用户进行配置的，如果不配置会按照厂家的默认配置工作。由于交换机没有自己的输入/输出设备，所以其配置主要通过外部连接的计算机进行。要通过计算机登录到交换机并对其进行配置可以有多种方式，如通过 Console 端口、Telnet、Web 方式等，其中使用终端控制台通过 Console 端口登录和配置交换机是最基本、最常用的方法，其他方式必须在通过 Console 端口进行基本配置后才可以实现。通过 Console 端口登录交换机的基本步骤如下。

（1）制作反接线。反接线是双绞线跳线的一种，用于将计算机连到交换机或路由器的 Console 端口。反接线的制作方法与直通线、交叉线的制作方法基本相同，唯一差别是两端的线序完全相反。通常购买交换机时会带一根反接线，不需自己制作。

（2）用反接线通过 RJ-45 到 DB-9 连接器（如图 3-6 所示）与计算机串行口（COM1）相连，另一端与交换机的 Console 端口相连，如图 3-7 所示。

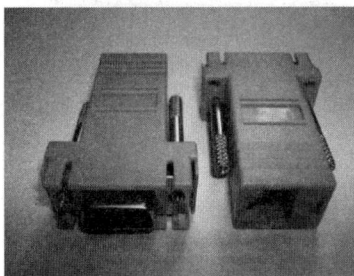

图 3-6　RJ-45 到 DB-9 连接器　　　　图 3-7　交换机 Console 端口与计算机的连接

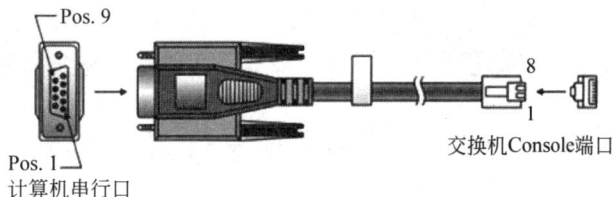

（3）依次选择"开始"→"程序"→"附件"→"通讯"→"超级终端"命令，打开"连接描述"对话框，如图 3-8 所示。

（4）在"连接描述"对话框中，输入名称，单击"确定"按钮，打开"连接到"对话框，如图 3-9 所示。

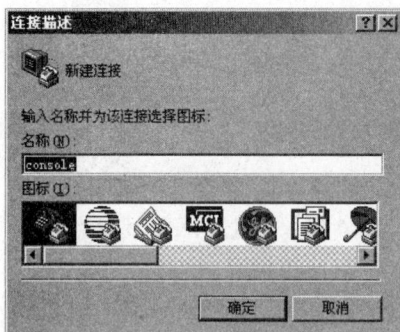

图 3-8 "连接描述"对话框

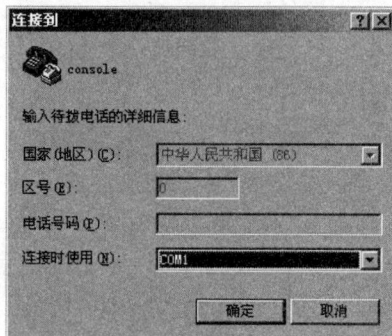

图 3-9 "连接到"对话框

（5）在"连接到"对话框中，选择与 Console 线缆连接的 COM 端口，单击"确定"按钮，打开"COM1 属性"对话框，如图 3-10 所示。

（6）在"COM1 属性"对话框中，对 COM 端口进行设置，单击"确定"按钮，打开"超级终端"窗口，如图 3-11 所示。

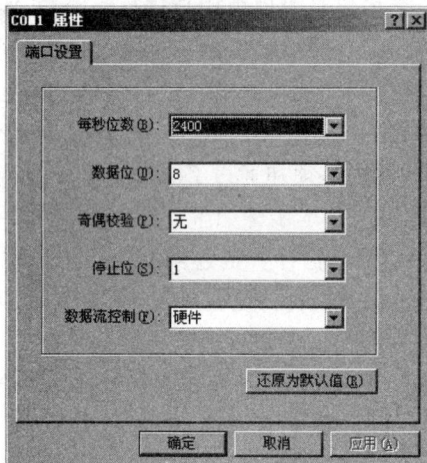

图 3-10 "COM1 属性"对话框

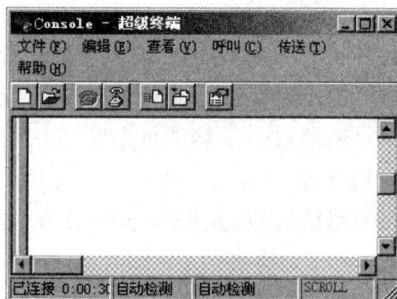

图 3-11 "超级终端"窗口

（7）打开交换机电源，连续按 Enter 键，可显示初始界面。交换机启动后，就会进入命令行模式，用户可以通过在超级终端中键入各种命令，对交换机进行配置。

操作 3　切换交换机命令行工作模式

Cisco IOS 提供了用户模式和特权模式两种基本的命令执行级别，同时还提供了全局配置和特殊配置等配置模式。其中特殊配置模式又分为接口配置、Line 配置、VLAN（虚拟局域网）配置等多种类型，以允许用户对交换机进行全面的配置和管理。

1. 用户模式

当用户通过交换机的 Console 端口或 Telnet 会话连接并登录到交换机时，此时所处的命令执行模式就是用户模式。在用户模式下,用户只能使用很少的命令,且不能对交换机进行配置。用户模式的提示符为"Switch>"。

注意:不同模式的提示符不同,提示符的第一部分是交换机的名字,如果没有对交换机的名字进行配置,系统默认的交换机名字为"Switch"。在每一种模式下,可直接输入"?"并按 Enter 键,获得在该模式下允许执行的命令帮助。

2. 特权模式

在用户模式下,执行 enable 命令,将进入到特权模式。特权模式的提示符为"Switch#"。在该模式下,用户能够执行 IOS 提供的所有命令。由用户模式进入特权模式的过程如下:

```
Switch>enable                 //进入特权模式
Switch #                      //特权模式提示符
```

3. 全局配置模式

在特权模式下,执行 configure terminal 命令,可进入全局配置模式。全局配置模式的提示符为"Switch(config)#"。该模式下的配置命令的作用域是全局性的,是对整个交换机起作用。由特权模式进入全局配置模式的过程如下:

```
Switch#configure terminal      //进入全局配置模式
Enter configuration commands,one per line. End with CNTL/Z.
Switch(config)#                //全局配置模式提示符
```

4. 全局配置模式下的配置子模式

在全局配置模式,还可进入接口配置、Line 配置等子模式。例如在全局配置模式下,可以通过 interface 命令,进入接口配置模式,在该模式下,可对选定的接口进行配置。由全局配置模式进入接口配置模式的过程如下:

```
Switch(config)#interface FastEthernet 0/3
                               //对交换机的 0/3 号快速以太网接口进行配置
Switch(config-if)#             //接口配置模式提示符
```

5. 模式的退出

从子模式返回全局配置模式,执行 exit 命令;从全局配置模式返回特权模式,执行 exit 命令;若要退出任何配置模式,直接返回特权模式,可执行 end 命令或按 Ctrl+Z 组合键。以下是模式退出的过程。

```
Switch(config-if)#exit         //退出接口配置模式,返回全局配置模式
Switch(config)#exit            //退出全局配置模式,返回特权模式
Switch #configure terminal     //进入全局配置模式
```

```
Enter configuration commands,one per line. End with CNTL/Z.
Switch(config)#interface FastEthernet 0/3
Switch(config-if)#end                        //退出接口配置模式,返回特权模式
Switch#disable                               //退出特权模式
Switch>                                       //用户模式提示符
```

操作 4　二层交换机的基本配置

1. 配置交换机主机名

默认情况下,交换机的主机名默认为 Switch。当网络中使用了多个交换机时,为了以示区别,通常应根据交换机的应用场地,为其设置一个具体的主机名。

例如,若要将交换机的主机名设置为 S2960,则设置命令为:

```
Switch>enable                               //进入特权模式
Switch#configure terminal                   //进入全局配置模式
Enter configuration commands,one per line. End with CNTL/Z.
Switch(config)#hostname S2960               //设置主机名为 S2960
S2960(config)#
```

2. 设置特权模式口令

设置进入特权模式口令,可以使用以下两种配置命令:

```
S2960(config)#enable password abcdef4567    //设置特权模式口令为 abcdef4567
S2960(config)#enable secret abcdef4567
```

两者的区别为:第一种方式所设置的密码是以明文的方式存储的,在 show running-config 命令中可见;第二种方式所设置的密码是以密文的方式存储的,在 show running-config 命令中不可见。

3. 保存交换机配置信息

在交换机上配置的文件(即当前配置文件 running-config)会被保存在 DRAM 中,当交换机断电后,该配置文件将丢失。因此配置好交换机后,必须把配置文件保存在 NVRAM 中,即保存在配置文件 startup-config 中。保存配置信息的命令为:

```
S2960#write memory                          //保存配置信息
S2960#copy running-config startup-config
```

4. 查看当前配置信息

要查看交换机的当前配置信息,可以在特权模式运行 show running-config 命令,此时将显示当前正在运行的配置,如图 3-12 所示。

```
Switch2960#show running-config
Building configuration...

Current configuration : 987 bytes
!
version 12.2
no service password-encryption
!
hostname Switch2960
!
!
interface FastEthernet0/1
!
interface FastEthernet0/2
!
interface FastEthernet0/3
!
interface FastEthernet0/4
!
interface FastEthernet0/5
```

图 3-12　show running-config 命令

如果在特权模式运行 show startup-config 命令,则可以显示保存在 NVRAM 中的交换机启动配置信息。

5. 了解交换机的其他配置

了解交换机的其他配置,如恢复交换机的默认配置、设定交换机的 IP 地址和默认网关、配置启动交换机的 HTTP 服务、查看交换机 MAC 地址表、配置静态 MAC 地址等。具体操作请参照交换机的说明书或帮助文件,这里不再赘述。

任务 3.3　实现网络连接

【任务目的】

(1) 掌握使用单一交换机组建局域网的方法;
(2) 了解使用多交换机组建局域网的方法;
(3) 掌握判断局域网连接状况的方法。

【工作环境与条件】

(1) 二层交换机(本部分以 Cisco 2960 系列交换机为例,也可选用其他设备);
(2) 双绞线、RJ-45 压线钳及 RJ-45 水晶头若干;
(3) 安装 Windows 操作系统的 PC。

【相关知识】

3.3.1　对等网络的连接

对等网络的连接比较简单,目前主要使用的传输介质是超 5 类或 6 类非屏蔽双绞线,连接设备则主要是网卡和交换机等。三台或三台以上计算机组成的对等网络目前主要有以下几种连接方式。

1. 三台计算机的对等网络

这种对等网络的连接必须采用双绞线作为传输介质,而且网卡是不能少的。根据网络结构的不同可有两种方式:

① 采用双网卡网桥方式,就是在其中一台计算机上安装两块网卡,另外两台计算机各安装一块网卡,然后用双绞线连接起来,再进行有关的系统配置即可。

② 添加一台桌面交换机,组建星形对等网,所有计算机都直接与交换机相连。虽然这种方式的网络成本会较前一种高些,但性能要好许多,实现起来也更简单。

2. 三台以上计算机的对等网络

目前这种对等网络的连接必须使用桌面交换机或工作组交换机组成星形拓扑结构的网络。如果当需要联网的计算机超过单一交换机所能提供的端口数量时,应通过级联、堆叠等方式实现交换机间的连接。

3.3.2 客户机/服务器网络的连接

客户机/服务器网络的连接主要采用星形结构或由星形结构中心点通过级联扩展形成的树形拓扑结构,其使用的传输介质除双绞线外还可能使用光缆,连接设备则可能会用到部门级交换机和企业级交换机。在连接客户机/服务器网络时应主要注意服务器的连接,通常服务器应连接至性能最高的交换机上(核心层),以满足客户机的访问需要,图 3-13 给出了服务器在网络中的典型连接方式。

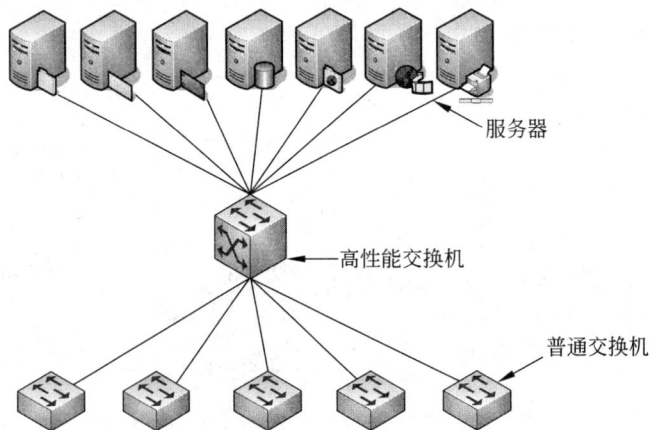

图 3-13　服务器在网络中的典型连接方式

【任务实施】

操作 1 单一交换机连接局域网

把所有计算机通过双绞线跳线连接到单一交换机上,可以组成一个小型的局域网,如图 3-14 所示。

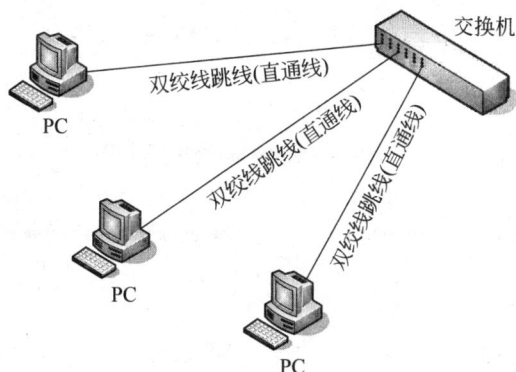

图 3-14 单一交换机结构的局域网

(1)交换机上的 RJ-45 端口可以分为普通端口(MDI-X 端口)和 Uplink 端口(MDI-II 端口),一般来说计算机应该连接到交换机的普通端口上,而 Uplink 端口主要用于交换机与交换机间的级联。

(2)在将计算机网卡上的 RJ-45 接口连接到交换机的普通端口时,双绞线跳线应该使用直通线,网卡的速度应与交换机的端口速度相匹配。

操作 2 多交换机连接局域网

交换机之间的连接有三种:级联、堆叠和冗余连接,其中级联扩展方式是最常规、最直接的一种扩展方式。

1. 通过 Uplink 端口进行交换机的级联

如果交换机有 Uplink 端口,则可直接采用这个端口进行级联,在级联时下层交换机使用专门的 Uplink 端口,通过双绞线跳线连入上一级交换机的普通端口,如图 3-15 所示。在这种级联方式中使用的级联跳线必须是直通线。

2. 通过普通端口进行交换机的级联

如果交换机没有 Uplink 端口,可以采用交换机的普通端口进行交换机的级联,这种级联方式的性能稍差,级联方式如图 3-16 所示。

在这种连接方式中所使用的交换机的端口都是普通端口,此时交换机和交换机之间

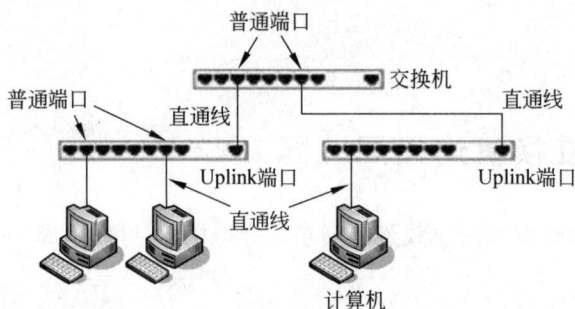

图 3-15　交换机通过 Uplink 端口级联

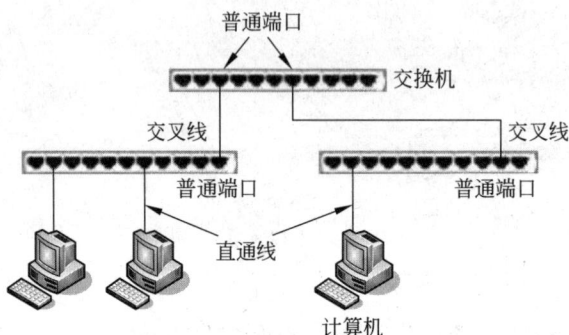

图 3-16　交换机通过普通端口级联

的级联跳线必须是交叉线,不能使用直通线。由于计算机在连接交换机时仍然接入交换机的普通端口,因此计算机和交换机之间的跳线仍然使用直通线。

注意：目前大多数交换机的端口都具有自适用功能,能够根据实际连接情况自动决定其为普通端口还是 Uplink 端口,因此在很多交换机间进行级联时既可使用直通线也可使用交叉线。另外,交换机间的级联更多会采用光缆进行连接,交换机光纤模块及接口的类型较多,连接时应认真阅读产品手册。

操作 3　设置 IP 地址信息

与双机互联网络相同,要实现网络中各计算机之间的通信,必须在每台计算机上安装 TCP/IP 协议并设置 IP 地址信息,具体的操作方法这里不再赘述。

注意：如果网络中有三台或三台以上的的计算机,则计算机的 IP 地址可分别设为 192.168.1.1、192.168.1.2、192.168.1.3,以此类推。子网掩码均为 255.255.255.0;默认网关和 DNS 服务器为空。

操作 4　判断网络的连通性

1. 利用设备指示灯判断网络的连通性

无论是网卡还是交换机都提供 LED 指示灯,通过对这些指示灯的观察可以得到一些非常有帮助的信息,并解决一些简单的连通性故障。

(1) 观察网卡指示灯

在使用网卡指示灯判断网络是否连通时,一定要先打开交换机的电源,保证交换机处于正常工作状态。网卡有多种类型,不同类型网卡的指示灯数量及其含义并不相同,需注意查看网卡说明书。目前很多计算机的网卡集成在主板上,通常集成网卡只有两个指示灯,黄色指示灯用于表明连接是否正常,绿色指示灯用于表明计算机主板是否已经为网卡供电,使其处于待机状态。如果绿色指示灯亮而黄色指示灯没有亮,则表明发生了连通性故障。

(2) 观察交换机指示灯

交换机的每个端口都会有一个 LED 指示灯用于指示该端口是否处于工作状态。只有该端口所连接的设备处于开机状态,并且链路连通性完好的情况下,指示灯才会被点亮。

注意:交换机有多种类型,不同类型交换机的指示灯的作用并不相同,在使用时应认真阅读产品手册。

2. 利用 ping 命令测试网络的连通性

与双机互联网络相同,也可以使用 ping 命令测试利用交换机组建的网络的连通性,具体操作方法这里不再赘述。

任务 3.4 划分 VLAN

【任务目的】

(1) 理解 VLAN 的作用;

(2) 了解在二层交换机上划分 VLAN 的方法。

【工作环境与条件】

(1) 二层交换机(本部分以 Cisco 2960 系列交换机为例,也可选用其他品牌型号的交换机或使用 Cisco Packet Tracer、Boson Netsim 等模拟软件);

(2) Console 线缆和相应的适配器;

(3) 安装 Windows 操作系统的 PC;

(4) 组建网络所需的其他设备。

【相关知识】

3.4.1 广播域

为了让网络中的每一台主机都收到某个数据帧,主机必须采用广播的方式发送该数据帧,这个数据帧被称为广播帧。网络中能接收广播帧的所有设备的集合称为广播域。由于广播域内的所有设备都必须监听所有广播帧,因此如果广播域太大,包含的设备过多,就需要处理太多的广播帧,从而延长网络响应时间。当网络中充斥着大量广播帧时,网络带宽将被耗尽,会导致网络正常业务不能运行,甚至彻底瘫痪,这就发生了广播风暴。

二层交换机可以通过自己的 MAC 地址表转发数据帧,但每台二层交换机的端口都只支持一定数目的 MAC 地址,也就是说二层交换机的 MAC 地址表的容量是有限的。当二层交换机接收到一个数据帧,只要其目的站的 MAC 地址不存在于该交换机的 MAC 地址表中,那么该数据帧会以广播方式发向交换机的每个端口。另外当二层交换机收到的数据帧其目的 MAC 地址为全"1"时,这种数据帧的接收端为广播域内所有的设备,此时二层交换机也会把该数据帧以广播方式发向每个端口。

从上述分析可知,虽然二层交换机的每一个端口是一个冲突域,但在默认情况下,其所有的端口都在同一个广播域,不具有隔离广播帧的能力。因此使用二层交换机连接的网络规模不能太大,否则会大大降低二层交换机的效率,甚至导致广播风暴。为了克服这种广播域的限制,目前很多二层交换机都支持 VLAN 功能,以实现广播帧的隔离。

3.4.2　VLAN 的作用

VLAN(Virtual Local Area Network,虚拟局域网)是将局域网从逻辑上划分为一个个的网段(广播域),从而实现虚拟工作组的一种交换技术。通过在局域网中划分VLAN,可起到以下方面的作用:

① 控制网络的广播,增加广播域的数量,减小广播域的大小。

② 便于对网络进行管理和控制。VLAN 是对端口的逻辑分组,不受任何物理连接的限制,同一 VLAN 中的用户,可以连接在不同的交换机,并且可以位于不同的物理位置,增加了网络连接、组网和管理的灵活性。

③ 增加网络的安全性。默认情况下,VLAN 间是相互隔离的,不能直接通信。管理员可以通过应用 VLAN 的访问控制列表,来实现 VLAN 间的安全通信。

3.4.3　VLAN 的实现

从实现方式上看,所有 VLAN 都是通过交换机软件实现的。从实现的机制或策略来划分,VLAN 可以分为静态 VLAN 和动态 VLAN。

1. 静态 VLAN

静态 VLAN 就是明确指定各端口所属 VLAN 的设定方法,通常也称为基于端口的VLAN,其特点是将交换机按端口进行分组,每一组定义为一个 VLAN,属于同一个

VLAN 的端口,可来自一台交换机,也可来自多台交换机,即可以跨越多台交换机设置 VLAN,如图 3-17 所示。

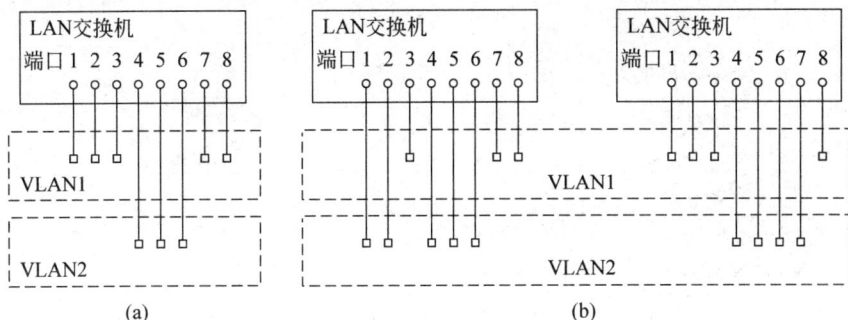

图 3-17　基于端口的 VLAN

静态 VLAN 是目前最常用的一种 VLAN 端口划分方式,配置简单,网络的可监控性较强。但该种方式需要逐个端口进行设置,当要设定的端口数目较多时,工作量会比较大。另外当用户在网络中的位置发生变化时,必须由管理员重新配置交换机的端口。因此静态 VLAN 通常适合于用户或设备位置相对稳定的网络环境。

2. 动态 VLAN

动态 VLAN 是根据每个端口所连的计算机的情况,动态设置端口所属 VLAN 的设定方法。动态 VLAN 通常可分为基于 MAC 地址的 VLAN、基于子网的 VLAN 和基于用户的 VLAN。

① 基于 MAC 地址的 VLAN:根据端口所连计算机的网卡 MAC 地址,来决定该端口所属的 VLAN。

② 基于子网的 VLAN,是根据端口所连计算机的 IP 地址,来决定端口所属的 VLAN。

③ 基于用户的 VLAN,是根据端口所连计算机的当前登录用户,来决定该端口所属的 VLAN。

动态 VLAN 的最大优点在于只要用户的应用性质不变,并且其所使用的主机不变(如网卡不变或 IP 地址不变),则用户在网络中移动时,并不需要对网络进行额外配置或管理。但该种方式需要使用 VLAN 管理软件建立和维护 VLAN 管理数据库,工作量会比较大。

【任务实施】

操作 1　单交换机划分 VLAN

在如图 3-18 所示的由一台 Cisco 2960 交换机组建的局域网中,如要将所有的计算机

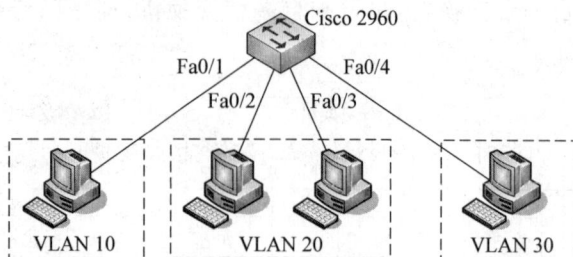

图 3-18　单一交换机上划分 VLAN 示例

划分为 4 个 VLAN,该交换机的 1 号快速以太网端口属于一个 VLAN;2 号和 3 号快速以太网端口属于一个 VLAN;4 号快速以太网端口属于一个 VLAN;其他端口属于另一个 VLAN,则配置步骤为:

```
S2960 >enable
S2960 #vlan database                        //进入 VLAN 配置模式
S2960 (vlan)#vlan 10 name stu1              //创建 ID 号为 10,名称为 stu1 的 VLAN
S2960 (vlan)#vlan 20 name stu2              //创建 ID 号为 20,名称为 stu2 的 VLAN
S2960 (vlan)#vlan 30 name stu3              //创建 ID 号为 30,名称为 stu3 的 VLAN
S2960 (vlan)#exit
S2960 #configure terminal
S2960 (config)#interface fa 0/1
S2960 (config-if)#switchport access vlan 10    //将 Fa0/1 端口加入 VLAN 10
S2960 (config-if)#interface fa 0/2
S2960 (config-if)#switchport access vlan 20    //将 Fa0/2 端口加入 VLAN 20
S2960 (config-if)#interface fa 0/3
S2960 (config-if)#switchport access vlan 20    //将 Fa0/3 端口加入 VLAN 20
S2960 (config-if)#interface fa 0/4
S2960 (config-if)#switchport access vlan 30    //将 Fa0/4 端口加入 VLAN 30
S2960 (config-if)#end
S2960 #show vlan                            //查看所有 VLAN 信息
S2960 #show vlan id 10                      //查看 VLAN10 信息
S2960 #show vlan id 20                      //查看 VLAN20 信息
S2960 #show vlan id 30                      //查看 VLAN30 信息
```

注意:默认情况下,交换机会自动创建和管理 VLAN1,所有交换机端口默认属于 VLAN1,用户不能创建和删除 VLAN1。用户能够创建的 VLAN 数量要受到交换机硬件条件的限制,不同型号交换机允许用户创建的 VLAN 数量有所不同。

操作 2　测试 VLAN 的连通性

在每台计算机上运行 ping 命令测试该计算机与网络其他计算机的连通性,此时处在不同 VLAN 中的计算机是不能通信的。

任务 3.5   规划与分配 IP 地址

【任务目的】

（1）理解 IP 地址的概念和分类；
（2）理解子网掩码的作用；
（3）理解 IP 地址的分配原则；
（4）掌握在局域网中规划 IP 地址的方法。

【工作环境与条件】

（1）由路由器连接的包含多个网段的网络（也可使用实例）；
（2）划分了 VLAN 的局域网（也可使用实例）。

【相关知识】

3.5.1   IP 地址的概念和分类

1. IP 地址的概念

连在某个网络上的两台计算机之间在相互通信时，在它们所传送的数据包里都会含有某些附加信息，这些附加信息中会包含发送数据的计算机的地址和接收数据的计算机的地址，从而对网络当中的计算机进行识别，以方便通信。计算机网络中使用的地址包含 MAC 地址和 IP 地址。我们知道 MAC 地址是数据链路层使用的地址，是固化在网卡上无法改变的；而且在实际使用过程中，某一个地域的网络中可能会有来自很多厂家的网卡，这些网卡的 MAC 地址没有任何的规律。因此如果在大型网络中，把 MAC 地址作为网络的单一寻址依据，则需要建立庞大的 MAC 地址与计算机所在位置的映射表，这势必影响网络的传输速度。所以，在某一个局域网内，只使用 MAC 地址进行寻址是可行的，而在大规模网络的寻址中必须使用网络层的 IP 地址。

IP 地址在网络层提供了一种统一的地址格式，在统一管理下进行分配，保证每一个地址对应于网络上的一台主机，屏蔽了 MAC 地址之间的差异，保证网络的互联互通。根据 TCP/IP 协议规定，IP 地址是由 32 位二进制数组成，而且在网络上是唯一的。例如，某台计算机的 IP 地址为：11001010 01100110 10000110 01000100。很明显，这些数字对于人来说不太好记忆。人们为了方便记忆，就将组成 IP 地址的 32 位二进制数分成四段，每段 8 位，中间用小数点隔开，然后将每八位二进制转换成十进制数，这样上述计算机的 IP 地址就变成了：202.102.134.68。显然这里每一个十进制数不会超过 255。

2. IP 地址的分类

IP 地址与日常生活中的电话号码很相像,例如有一个电话号码为 0532-83643624,该号码中的前四位表示该电话是属于哪个地区的,后面的数字表示该地区的某个电话号码。与之类似,IP 地址也可以分成两部分,一部分用以标明具体的网络段,即网络标识(net-id);另一部分用以标明具体的节点,即主机标识(host-id)。同一个物理网段上的所有主机都使用相同的网络标识,网络上的每个主机(包括工作站、服务器和路由器等)都有一个主机标识与其对应。由于网络中包含的主机数量不同,于是人们根据网络规模的大小,把 IP 地址的 32 位地址信息设成五种定位的划分方式,分别对应为 A 类、B 类、C 类、D 类、E 类 IP 地址,如图 3-19 所示。

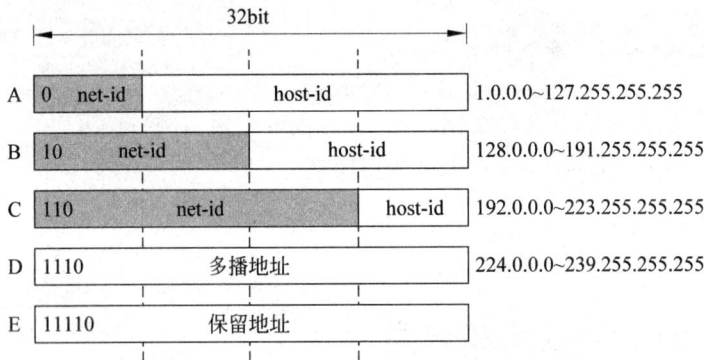

图 3-19　IP 地址的分类

（1）A 类 IP 地址

A 类 IP 地址由 1 个字节的网络标识和 3 个字节的主机标识组成,IP 地址的最高位必须是 0。A 类 IP 地址中的网络标识长度为 7 位,主机标识的长度为 24 位。A 类网络地址数量较少,可以用于主机数达 1600 多万台的大型网络。

（2）B 类 IP 地址

B 类 IP 地址由 2 个字节的网络标识和 2 个字节的主机标识组成,IP 地址的最高位必须是 10。B 类 IP 地址中的网络标识长度为 14 位,主机标识的长度为 16 位。B 类网络地址适用于中等规模的网络,每个网络所能容纳的计算机数为 6 万多台。

（3）C 类 IP 地址

C 类 IP 地址由 3 个字节的网络标识和 1 个字节的主机标识组成,IP 地址的最高位必须是 110。C 类 IP 地址中的网络标识长度为 21 位,主机标识的长度为 8 位。C 类网络地址数量较多,适用于小规模的网络,每个网络最多只能包含 254 台计算机。

（4）D 类 IP 地址

D 类 IP 地址第 1 个字节以 1110 开始,它是一个专门保留的地址,并不指向特定的网络,目前这一类地址被用于组播。组播地址用来一次寻址一组计算机,它标识共享同一协议的一组计算机。

（5）E 类 IP 地址

E 类 IP 地址以 11110 开始，为保留地址，以备将来使用。

在这 5 类 IP 地址中我们常用的是 A 类、B 类和 C 类，A 类、B 类和 C 类 IP 地址空间的情况可参见表 3-4。

表 3-4　IP 地址空间容量

类　别	第一个字节（十进制）	网络地址数	网络主机数	主机总数
A 类网络	1～127	126	16 777 214	2 113 928 964
B 类网络	128～191	16 382	65 534	1 073 577 988
C 类网络	192～223	2 097 152	254	532 676 608
总计		2 113 660	16 843 002	3 720 183 560

3.5.2　特殊的 IP 地址

1. 特殊用途的 IP 地址

有一些 IP 地址是具有特殊用途的，通常不能分配给具体的设备，在使用时需要特别注意，表 3-5 列出了常见的一些具有特殊用途的 IP 地址。

表 3-5　特殊用途的 IP 地址

net-id	host-id	源地址	目的地址	代表的意思
0	0	可以	不可	本网络的本主机
0	host-id	可以	不可	本网络的某个主机
net-id	0	不可	不可	某网络
全 1	全 1	不可	可以	本网络内广播（路由器不转发）
net-id	全 1	不可	可以	对 net-id 内的所有主机广播
127	任何数	可以	可以	用作本地软件环回测试

2. 私有 IP 地址

私有 IP 地址是和公有 IP 地址相对的，是只能在局域网中使用的 IP 地址，当局域网通过路由设备与广域网连接时，路由设备会自动将该地址段的信号隔离在局域网内部，而不会将其路由到公有网络中，所以即使在两个局域网中使用相同的私有 IP 地址段，彼此之间也不会发生冲突。当然，使用私有 IP 地址的计算机也可以通过局域网访问 Internet，不过需要借助地址映射或代理服务器才能完成。私有 IP 地址包括以下地址段。

（1）10.0.0.0/8

10.0.0.0/8 私有网络是 A 类网络，允许有效 IP 地址范围从 10.0.0.1～10.255.255.254。10.0.0.0/8 私有网络有 24 位主机标识。

（2）172.16.0.0/12

172.16.0.0/12 私有网络可以被认为是 B 类网络，20 位可分配的地址空间（20 位主机标识),能够应用于私人组织里的任一子网方案。172.16.0.0/12 私有网络允许下列有效的 IP 地址范围为 172.16.0.1~172.31.255.254。

(3) 192.168.0.0/16

192.168.0.0/16 私有网络可以被认为是 C 类网络 ID,16 位可分配的地址空间(16 位主机标识),可用于私人组织里的任一子网方案。192.168.0.0/16 私有网络允许使用下述有效 IP 地址范围为 192.168.0.1~192.168.255.254。

3.5.3　子网掩码

1. 子网掩码的作用

通常在设置 IP 地址的时候,必须同时设置子网掩码,子网掩码不能单独存在,它必须结合 IP 地址一起使用。子网掩码只有一个作用,就是将某个 IP 地址划分成网络标识和主机标识两部分。这对于采用 TCP/IP 协议的网络来说非常重要,只有通过子网掩码,才能表明一台主机所在的子网(广播域)与其他子网的关系,使网络正常工作。

与 IP 地址相同,子网掩码的长度也是 32 位,左边是网络位,用二进制数字"1"表示;右边是主机位,用二进制数字"0"表示,图 3-20 所示为 IP 地址"168.10.20.160"与其子网掩码"255.255.255.0"的二进制对应关系。其中,子网掩码中的"1"有 24 个,代表与其对应的 IP 地址左边 24 位是网络标识;子网掩码中的"0"有 8 个,代表与其对应的 IP 地址右边 8 位是主机标识。默认情况下 A 类网络的子网掩码为 255.0.0.0;B 类网络为255.255.0.0;C 类网络地址为:255.255.255.0。

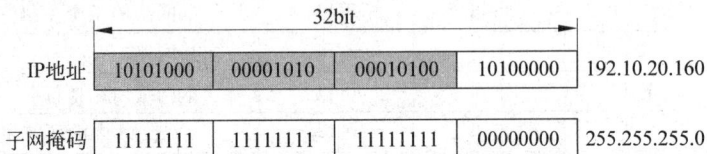

图 3-20　IP 地址与子网掩码二进制比较

子网掩码是用来判断任意两台计算机的 IP 地址是否属于同一广播域的根据。最为简单的理解就是两台计算机各自的 IP 地址与子网掩码进行 AND 运算后,如果得出的结果是相同的,则说明这两台计算机是处于同一个广播域的,可以进行直接的通信。例如某网络中有两台主机,"主机 1"要把数据包发送给"主机 2":

主机 1:IP 地址 192.168.0.1,子网掩码 255.255.255.0。转化为二进制进行运算:

```
IP 地址    11000000.10101000.00000000.00000001
子网掩码   11111111.11111111.11111111.00000000
AND 运算   11000000.10101000.00000000.00000000
```

转化为十进制后为:192.168.0.0。

主机 2:IP 地址 192.168.0.254,子网掩码 255.255.255.0。转化为二进制进行运算:

```
IP 地址    11000000.10101000.00000000.11111110
子网掩码   11111111.11111111.11111111.00000000
AND 运算   11000000.10101000.00000000.00000000
```

转化为十进制后为：192.168.0.0。

"主机 1"通过运算后,得到的运算结果相同,标明"主机 2"与其在同一广播域,可以通过相关协议把数据包直接发送;如果运算结果不同,表明"主机 2"在远程网络上,那么数据包将会发送给本网络上的路由器,由路由器将数据包发送到其他网络,直至到达目的地。

2. 划分子网

标准的 IP 地址分为两极结构,即每个 IP 地址都分为网络标识和主机标识两部分,但这种结构在实际网络应用中存在着以下不足:

① IP 地址空间的利用率有时很低,如某广播域有 10 台主机,要分配 IP 地址,必须选择 C 类的 IP 地址,而一个 C 类的 IP 地址段一共有 254 个可以分配的 IP 地址,这样有 244 个 IP 地址就被浪费掉了。

② 给每一个物理网络分配一个网络标识会使路由表变得太大,影响网络性能。

③ 两级的 IP 地址不够灵活,很难针对不同的网络需求进行规划和管理。

④ 解决这些问题的办法是,在 IP 地址中就增加了一个"子网标识字段",使两级的 IP 地址变成三级的 IP 地址。这种做法叫做划分子网,或子网寻址或子网路由选择。

也可以使用下面的等式来表示三级 IP 地址:

IP 地址::={<网络标识>,<子网标识>,<主机标识>}

下面通过一个 B 类地址子网划分的实例来说明划分子网的方法。例如某区域网络申请到了 B 类地址如 169.12.0.0/16,该 32 位 IP 地址中的前 16 位是固定的,后 16 位可供用户自己支配。网络管理员可以将这 16 位分成两部分,一部分作为子网标识,另一部分作为主机标识,作为子网标识的比特数可以为 $2\sim14$,如果子网标识的位数为 m,则该网络一共可以划分为 2^m-2 个子网(注意子网标识不能全为"1",也不能全为"0"),与之对应主机标识的位数为 $16-m$,每个子网中可以容纳 $2^{16-m}-2$ 个主机(注意主机标识不能全为"1",也不能全为"0")。表 3-6 列出了 B 类地址的子网划分选择。

表 3-6　B 类地址的子网划分选择

子网标识的比特数	子网掩码	子网数	主机数/子网
2	255.255.192.0	2	16 382
3	255.255.224.0	6	8190
4	255.255.240.0	14	4094
5	255.255.248.0	30	2046
6	255.255.252.0	62	1022
7	255.255.254.0	126	510
8	255.255.255.0	254	254

子网标识的比特数	子网掩码	子网数	主机数/子网
9	255.255.255.128	510	126
10	255.255.255.192	1022	62
11	255.255.255.224	2046	30
12	255.255.255.240	4094	14
13	255.255.255.248	8190	6
14	255.255.255.252	16 382	2

由上表可以看出,当用子网掩码进行了子网划分之后,整个 B 类网络中可以容纳的主机数量即可以分配给主机的 IP 地址数量减少了,因此划分子网是以牺牲可用 IP 地址的数量为代价的。

用子网掩码划分子网的一般步骤如下:

① 确定子网的数量 m,并将 m 加 1 后其转换为二进制数,并确定位数 n。

② 按照 IP 地址的类型写出其默认子网掩码。

③ 将默认子网掩码中主机标识的前 n 位对应的位置置 1,其余位置置 0。

④ 写出各子网的子网标识和相应的 IP 地址。

3.5.4 IP 地址的分配原则

在局域网中分配 IP 地址一般应遵循以下原则:

① 通常局域网计算机和路由器的端口需要分配 IP 地址。

② 处于同一个广播域(网段)的主机或路由器的 IP 地址的网络标识必须相同。

③ 用交换机互联的网络是同一个广播域,如果在交换机上使用了虚拟局域网(VLAN)技术,那么不同的 VLAN 是不同的广播域。

④ 路由器不同的端口连接的是不同的广播域,路由器依靠路由表,连接不同广播域。

⑤ 路由器总是拥有两个或两个以上的 IP 地址,并且 IP 地址的网络标识不同。

⑥ 两个路由器直接相连的端口,可以指明也可不指明 IP 地址。

3.5.5 IP 地址的分配方法

在规划好 IP 地址之后,需要将 IP 地址分配给网络中的计算机和相关设备,目前 IP 地址的分配方法主要有以下几种。

1. 静态分配 IP 地址

静态分配 IP 地址就是将 IP 地址及相关信息设置到每台计算机和相关设备中,计算机及相关设备在每次启动时从自己的存储设备获得的 IP 地址及相关信息始终不变。

2. 使用 DHCP 分配 IP 地址

DHCP(动态主机配置协议)专门设计用于使客户机可以从网络服务器接收 IP 地址和其他相关信息。与静态分配 IP 地址相比,使用 DHCP 自动分配 IP 地址主要有以下优点:

① 可以减轻网络管理的工作,避免 IP 地址冲突带来的麻烦。

② TCP/IP 的设置可以在服务器端集中设置更改,不需要修改客户端。

③ 客户端计算机有较大的调整空间,用户更换网络时不需重新设置 TCP/IP。

④ 如果路由器支持 DHCP 中继代理,则可以有效地降低成本。

DHCP 采用客户机/服务器模式,网络中有一台 DHCP 服务器,每个客户机可以选择"自动获得 IP 地址",这样就可以得到 DHCP 提供的 IP 地址。通常客户机与服务器要在同一个广播域中。要实现 DHCP 服务,必须分别完成 DHCP 服务器和客户机的设置。

3. 自动专用 IP 寻址

在 Windows 操作系统中,如果网络中没有 DHCP 服务器,但是客户机还选择了"自动获得 IP 地址"那么操作系统会代替 DHCP 服务器为客户机分配一个 IP 地址,这个地址是 IP 地址段 169.254.0.0~169.254.255.255 中的一个地址。

注意:如果 DHCP 客户机使用自动专用 IP 寻址配置了它的网络接口,客户机会在后台每隔 5 分钟查找一次 DHCP 服务器。如果后来找到了 DHCP 服务器,客户端会放弃它的自动配置信息,然后使用 DHCP 服务器提供的地址来更新 IP 配置。

【任务实施】

操作 1　为路由器连接的局域网规划 IP 地址

如图 3-21 所示,共有 3 个局域网(LAN1、LAN2 和 LAN3),这是通过 3 个路由器(R1,R2 和 R3)互连起来所构成的一个网络。图中给出了对该网络 IP 地址的规划,请思考该规划是否符合 IP 地址的分配原则,应如何对路由器连接的网络进行 IP 地址规划。

注意:192.168.1.1/24 为 CIDR(无类型域间选路)地址,CIDR 地址中包含标准的 32 位 IP 地址和有关网络标识部分位数的信息,表示方法为 A. B. C. D/n(A. B. C. D 为 IP 地址,n 表示网络标识的位数)。

操作 2　为划分了 VLAN 的局域网规划 IP 地址

如图 3-22 所示,6 台计算机连接在一台交换机上,在该交换机上划分了 3 个 VLAN,试根据局域网中分配 IP 地址所遵循的原则,为该网络中的计算机规划 IP 地址,思考应如何对划分了 VLAN 的局域网进行 IP 地址规划。

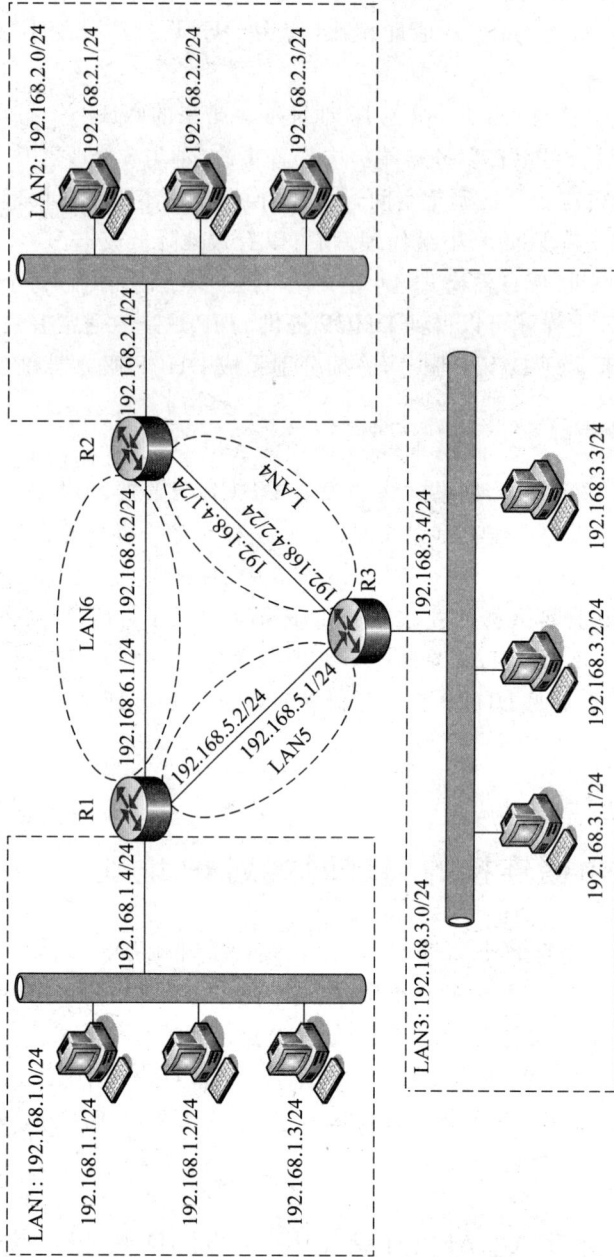

图 3-21 为路由器连接的局域网规划 IP 地址

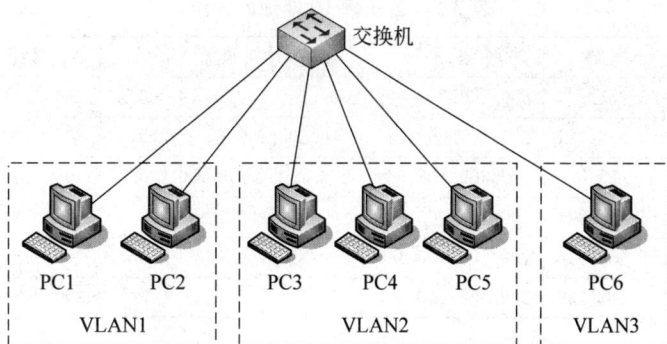

图 3-22　为划分了 VLAN 的局域网规划 IP 地址

操作 3　用子网掩码划分子网

例　假设某区域网络取得的 IP 地址为 200.200.200.0,子网掩码为 255.255.255.0。现要求在该网络中划分 6 个子网,每个子网有 30 台主机。试写出每个子网的子网掩码、网络地址、第一个可分配给主机的 IP 地址、最后一个可分配给主机的 IP 地址以及广播地址。

解

(1) 本题目中要划分 6 个子网,6+1=7,7 转换为二进制数为 111,位数 $n=3$。

(2) 网络地址 200.200.200.0,是 C 类 IP 地址,默认子网掩码为 255.255.255.0,二进制形式为: 11111111 11111111 11111111 00000000。

(3) 将默认子网掩码中主机标识的前 n 位对应位置置 1,其余位置置 0,得到划分子网后的子网掩码为 11111111 11111111 11111111 11100000,转换为十进制为 255.255.255.224。每个 IP 地址中后 5 位为主机标识,每个子网中有 $2^5-2=30$ 个主机,符合题目要求。

(4) 由子网掩码的确定可以看出,在本网络中原 C 类 IP 地址主机标识的前三位被当作子网标识,子网标识不能全为 0,也不能全为 1,而主机标识全为 0 时,代表一个网络,所以我们得到的第一个子网是: 11001000 11001000 11001000 00100000。其中 11001000 11001000 11001000 是网络标识;001 是子网标识;00000 为主机标识,转换为十进制为: 200.200.200.32。

子网中主机标识全为 1 为该子网的广播地址,所以得到第一个子网的广播地址为: 11001000 11001000 11001000 00111111,转换为十进制为:200.200.200.63。

子网中第一个可分配给主机的 IP 地址为: 11001000 11001000 11001000 00100001,转换为十进制为:200.200.200.33;最后一个可分配给主机的 IP 地址为 11001000 11001000 11001000 00111110,转换为十进制为:200.200.200.62。

表 3-7 列出了本例中各子网的子网掩码、网络地址、第一个可分配给主机的 IP 地址、最后一个可分配给主机的 IP 地址、广播地址。

表 3-7　各子网 IP 地址的分配

子　　网	子网掩码	网络地址	第一个主机地址	最后一个主机地址	广播地址
第 1 个子网	255.255.255.224	200.200.200.32	200.200.200.33	200.200.200.62	200.200.200.63
第 2 个子网	255.255.255.224	200.200.200.64	200.200.200.65	200.200.200.94	200.200.200.95
第 3 个子网	255.255.255.224	200.200.200.96	200.200.200.97	200.200.200.126	200.200.200.127
第 4 个子网	255.255.255.224	200.200.200.128	200.200.200.129	200.200.200.158	200.200.200.159
第 5 个子网	255.255.255.224	200.200.200.160	200.200.200.161	200.200.200.190	200.200.200.191
第 6 个子网	255.255.255.224	200.200.200.192	200.200.200.193	200.200.200.222	200.200.200.223

操作 4　用子网掩码构建超网

例　某公司网络中共有 400 台主机,这 400 台主机间需要直接通信,应如何为该公司网络分配 IP 地址。

解

该公司网络中共有 400 台主机,需要 400 个 IP 地址,而一个 C 类的网络最多有 254 个可以使用的 IP 地址,因此要为该公司网络分配 IP 地址一种方法是可以考虑申请 B 类的 IP 地址,另外也可以考虑申请 2 个 C 类的 IP 地址,通过子网掩码构建成一个超网的方法。

如我们可以申请 2 个 C 类的 IP 地址,200.200.14.0 和 200.200.15.0,每个网络中有 254 个可用的 IP 地址,将这两个 IP 转换为二进制为:

11001000 11001000 00001110 00000000

11001000 11001000 00001111 00000000

C 类网络的默认子网掩码为 255.255.255.0,前 24 位为网络标识,后 8 位为主机标识,而在上面两个 C 类网络中,其网络标识只有最后一位是不同的,前 23 位是相同的,如果我们将子网掩码改为:11111111 11111111 11111110 00000000,即 255.255.254.0,此时上面两个 C 类网络中,IP 地址中前 23 位就成为网络标识。

11001000 11001000 0000111 0 00000000

11001000 11001000 0000111 1 00000000

此时这两个 C 类网络就构成了一个超网,其网络标识为前 23 位,网络地址为 200.200.14.0,第一个可用的 IP 地址为 200.200.14.1,最后一个可用的 IP 地址为 200.200.15.254,共有 510 个可用的 IP 地址,广播地址为 200.200.15.255。

习　题　3

1. 判断题

(1) 电路交换方式适合用在多突发信息的计算机数据传输中。　　　　　　　　(　　)

(2) 分组交换网中采用数据报方式进行传输时,各个数据报所走的路径不一定相同,

但各数据报的到达顺序与出发时一致。　　　　　　　　　　　　　　　　　　　　（　　）

（3）分组交换网中，虚电路是由各段实电路经过若干中间节点交换机或通信处理机而连接起来的逻辑通路。　　　　　　　　　　　　　　　　　　　　　　　　　（　　）

（4）分组交换网中，采用虚电路方式进行传输，每个分组均带有完整的目的站的地址信息。　　　　　　　　　　　　　　　　　　　　　　　　　　　　　　　　　（　　）

（5）早期的以太网采用共享总线方式，采用同轴电缆作为传输媒介，传输速率为10Mb/s。　　　　　　　　　　　　　　　　　　　　　　　　　　　　　　　　　（　　）

（6）在传统以太网中，任何一台计算机发送的数据包都可以被其他计算机接收。

　　　　　　　　　　　　　　　　　　　　　　　　　　　　　　　　　　　　（　　）

（7）快速以太网采用的协议与以太网的协议完全相同。　　　　　　　　　　　（　　）

（8）快速以太网与以太网不相兼容。　　　　　　　　　　　　　　　　　　　（　　）

（9）1000Base-T 采用的协议与 100Base-FX 完全相同。　　　　　　　　　　　（　　）

（10）信号在网络线路上传输时，不会因为线路的增长而衰减。　　　　　　　（　　）

（11）在网络中使用中继器后，通信线路可以无限长。　　　　　　　　　　　（　　）

（12）用中继器连接的局域网应具有相同的协议和速率。　　　　　　　　　　（　　）

（13）集线器从一个端口接收到数据信号后将其转发到其他所有处于工作状态的端口，每台计算机都可收到这些数据。　　　　　　　　　　　　　　　　　　　　　（　　）

（14）与集线器某个端口相连的计算机，可以随时发送信息给另一个与集线器端口相连接的计算机。　　　　　　　　　　　　　　　　　　　　　　　　　　　　　（　　）

（15）网桥接收一个数据帧，如果目的节点和发送节点在同一个局域网内，网桥则将帧删除，不进行转发。　　　　　　　　　　　　　　　　　　　　　　　　　　　（　　）

（16）基于 MAC 地址划分 VLAN 的方法的最大优点就是当用户物理位置转移时，VLAN 不用重新配置。　　　　　　　　　　　　　　　　　　　　　　　　　　　（　　）

（17）网桥有隔离广播信息的能力。　　　　　　　　　　　　　　　　　　　（　　）

（18）3 类非屏蔽双绞线电缆适用于 100Base-T4 以太网。　　　　　　　　　　（　　）

（19）由于 6 类双绞线电缆适用于千兆以太网，所以连接器已不再是 RJ-45 了。

　　　　　　　　　　　　　　　　　　　　　　　　　　　　　　　　　　　　（　　）

（20）如果把"最好"的网络产品组合起来进行布线，就一定会使网络信号衰减幅度达到最小，达到最佳通信效果。　　　　　　　　　　　　　　　　　　　　　　　（　　）

（21）从双绞线中分出一对线来连接电话，或同时把两对线连接到两个网络接口模块中，这样做就能提高线缆的利用率。　　　　　　　　　　　　　　　　　　　　　（　　）

（22）集线器是一个共享设备，网络中所有用户共享一个带宽。　　　　　　　（　　）

（23）连接在交换机上的网络设备独自享有全部的带宽。　　　　　　　　　　（　　）

（24）如果网络的利用率超过 40%，并且碰撞率大于 10%，网络就可以选用集线器。

　　　　　　　　　　　　　　　　　　　　　　　　　　　　　　　　　　　　（　　）

（25）5 类非屏蔽双绞线电缆的传输信道带宽达到 100MHz，能提供 100Mb/s 的传输速率。　　　　　　　　　　　　　　　　　　　　　　　　　　　　　　　　　（　　）

（26）IP 地址 A、B、C 三类地址的任意一个地址都可以分配给一个主机。　　（　　）

(27) 一台计算机只能分配给一个 IP 地址。 （ ）

(28) 子网掩码的作用是将某个 IP 地址划分为网络地址和主机地址两部分。（ ）

(29) 属于同一网络上的 IP 地址的掩码是一样的。 （ ）

(30) 使用直接广播地址，一台主机可以向任何指定的网络直接广播它的数据包。

（ ）

(31) 组播地址主要用于电视会议、视频点播等应用。 （ ）

(32) 使用组播地址，服务器在发送数据时，只需要发送一个数据包，该数据包的目的地址为相应的组播地址。 （ ）

(33) 特殊 IP 地址"0.0.0.0"代表本主机地址，网络上任何主机都可以用它来表示自己。 （ ）

(34) 当任何程序用回送地址(127.0.0.1)作为目的地址时，计算机上的协议软件会把该数据包向网络上发送。 （ ）

(35) DHCP 是基于对等模式的服务系统。 （ ）

2. 单项选择题

(1) （ ）就是指通信之前，在通信的双方之间先分配一个固定的电路，一定时间内，通信双方占用这条信道并利用这条电路进行通信。

    A. 电路交换   B. 报文交换   C. 数据交换   D. 分组交换

(2) （ ）的基本思路是将数据分成一定长度的若干段落，每个分组的前面加上一个标题用来指明该分组发往的地址，然后由交换机将他们转发到目的地址。

    A. 电路交换   B. 报文交换   C. 数据交换   D. 分组交换

(3) 10Base-T 以太网是（ ）网络。

    A. 网状   B. 星形   C. 复合   D. 电话

(4) 快速以太网组网的传输速率为（ ）。

    A. 10Mb/s   B. 50Mb/s   C. 100Mb/s   D. 200Mb/s

(5) （ ）是连接计算机网络线路的设备，负责两个网络节点间物理信号的双向转发工作。

    A. 中继器   B. 网桥   C. 路由器   D. 集线器

(6) （ ）是数据链路层的设备，它能够读取数据包的 MAC 地址信息并根据 MAC 地址来进行交换。

    A. 单层交换机   B. 二层交换机   C. 三层交换机   D. 四层交换机

(7) （ ）是实现路由功能的基于硬件的设备。它能够根据网络层信息，对包含有网络目的地址和信息类型的数据进行更好地转发。

    A. 单层交换机   B. 二层交换机   C. 三层交换机   D. 四层交换机

(8) 应用于局域网的双绞线有 8 芯，但大多数情况下使用（ ）芯。

    A. 3   B. 4   C. 5   D. 6

(9) EIA/TIA 568A 与 EIA/TIA 568B 相比，只有"橙/白橙"与（ ）这两对线交换了一下位置。

　　A. "绿/绿白"　　　B. "蓝/蓝白"　　　C. "棕/棕白"　　　D. "白/橙"

(10) 1000Base-LX 使用的传输介质是(　　　)。

　　A. UTP　　　　　B. STP　　　　　C. 同轴电缆　　　　D. 多模光纤

(11) 10BASE-T 使用标准的 RJ-45 接插件与 3 类或 5 类非屏蔽双绞线连接网卡与集线器,网卡与集线器之间的双绞线长度最大为(　　　)。

　　A. 15m　　　　　B. 50m　　　　　C. 100m　　　　　D. 500m

(12) 下列说法正确的是(　　　)。

　　A. 双绞线电缆连接器最常用的是 RJ-11 连接器和 RJ-45 连接器

　　B. RJ-11 连接器应用于计算机网络连接中

　　C. RJ-45 连接器应用于电话线连接中

　　D. RJ-11 连接器是 11 根线,RJ-45 连接器是 45 根线

(13) 双绞线电缆连接器是(　　　)。

　　A. T 型连接器　　B. RJ-45 连接器　　C. BNC 连接器　　D. ST 连接器

(14) 常用来测试网络是否连通的命令是(　　　)。

　　A. ping　　　　　B. ipconfig　　　　C. usernet　　　　D. edit

(15) 组建局域网可以用集线器,也可以用交换机。用集线器连接的一组工作站(　　　)。

　　A. 同属一个冲突域,但不属一个广播网

　　B. 同属一个冲突域,也同属一个广播网

　　C. 不属一个冲突域,但同属一个广播网

　　D. 不属一个冲突域,也不属一个广播网

(16) 组建局域网可以用集线器,也可以用交换机。用交换机连接的一组工作站(　　　)。

　　A. 同属一个冲突域,但不属一个广播网

　　B. 同属一个冲突域,也同属一个广播网

　　C. 不属一个冲突域,但同属一个广播网

　　D. 不属一个冲突域,也不属一个广播网

(17) 两个以太网交换机之间的距离为 600m,应选择(　　　)连接两台交换机。

　　A. 双绞线　　　　B. 同轴电缆　　　C. 光纤　　　　　D. 电话线

(18) 一端采用 EIA/TIA 568A 标准连接、另一端采用 EIA/TIA 568B 标准连接的双绞线叫(　　　)。

　　A. 直通线　　　　B. 交叉线　　　　C. 同等线　　　　D. 异同线

(19) 二层交换技术利用(　　　)进行交换。

　　A. IP 地址　　　　B. MAC 地址　　　C. 端口号　　　　D. 应用协议

(20) (　　　)是光纤介质快速以太网。

　　A. 100Base-TX　　　　　　　　B. 100Base-T4

　　C. 100Base-FX　　　　　　　　D. 100Base-AnyLAN

(21) IP 地址的长度为(　　　)。

　　A. 8 位　　　　　B. 16 位　　　　　C. 24 位　　　　　D. 32 位

(22) IP 地址的第一个字节的最高位是 0,则表示其为(　　　)。

A. A 类地址　　　B. B 类地址　　　C. C 类地址　　　D. D 类地址

(23) 如果 IP 地址的前三位是 110,则表示其为(　　　)。

A. A 类地址　　　B. B 类地址　　　C. C 类地址　　　D. D 类地址

(24) IP 地址在 192.0.0.0～223.255.255.255 范围内的是(　　　)。

A. A 类地址　　　B. B 类地址　　　C. C 类地址　　　D. D 类地址

(25) IP 地址为"192.168.1.1"对应的子网掩码为(　　　)。

A. 255.255.255.1　　　　　　B. 255.255.255.0

C. 255.255.255.2　　　　　　D. 255.255.255.255

(26) 一个主机号部分的所有位都为"0"的地址是代表该网络本身的,叫做(　　　)

A. MAC 地址　　B. IP 地址　　　C. 网络地址　　　D. 服务器地址

(27) 将 B 类 IP 地址 168.195.0.0 划分为 27 个子网,则子网掩码为(　　　)。

A. 255.255.246.0　　　　　　B. 255.255.247.0

C. 255.255.248.0　　　　　　D. 255.255.249.0

(28) 将 B 类 IP 地址 168.195.0.0 划分为若干子网,每个子网内有主机 700 台,则子网掩码为(　　　)。

A. 255.255.251.0　　　　　　B. 255.255.252.0

C. 255.255.253.0　　　　　　D. 255.255.254.0

(29) IP 地址中,所有主机号部分为"1"的地址是(　　　)。

A. 单播传送地址　　　　　　B. 双播传送地址

C. 组播地址　　　　　　　　D. 广播地址

(30) 子网地址为 162.105.130.0,子网掩码为 255.255.255.0 的网络上,该网络的广播地址为(　　　)。

A. 162.105.131.255　　　　　B. 162.105.130.254

C. 162.105.130.253　　　　　D. 162.105.130.255

(31) 以下网络地址中属于私网地址的是(　　　)。

A. 192.178.32.0　　　　　　B. 128.168.32.0

C. 172.15.32.0　　　　　　D. 192.168.32.0

(32) D 类 IP 地址是(　　　)。

A. 单播传送地址　　　　　　B. 双播传送地址

C. 组播地址　　　　　　　　D. 广播地址

(33) 下列说法中不正确的是(　　　)。

A. 在同一台 PC 上可以安装多个操作系统

B. 在同一台 PC 上可以安装多个网卡

C. 在 PC 的一个网卡上可以同时绑定多个 IP 地址

D. 在同一个局域网中,一个 IP 地址可以同时绑定到多个网卡上

(34) IP 地址中的网络号部分用来识别(　　　)。

A. 路由器　　　B. 主机　　　C. 网卡　　　D. 网段

(35) 下面选项中不属于 IP 地址范围的是(　　　)。

A. 10.0.0.0～10.100.100.100

B. 172.110.0.0~172.200.0.0

C. 192.168.0.0~192.168.255.255

D. 255.0.0.0~255.0.0.256

（36）在 Windows 的网络属性配置中，"默认网关"应该设置为（   ）的地址。

    A. DNS 服务器   B. Web 服务器

    C. 路由器   D. 交换机

（37）某客户机被设置为自动获取 TCP/IP 配置，并且当前正使用 169.254.0.0 作为 IP 地址，子网掩码为 255.255.0.0，默认网关的 IP 地址没有提供。客户机是在缺少 DHCP 服务器的情况下生成这个 IP 地址的。当网络上的 DHCP 服务器可用时（   ）。

    A. 该客户将会从 DHCP 服务器处取得 TCP/IP 配置

    B. 该客户将会从 DHCP 服务器处取得默认网关的 IP

    C. 当前地址将会被添加到该网段的 DHCP 作用域

    D. 当前 IP 地址将被作为客户机保留添加到 DHCP 作用域

（38）一台主机的 IP 地址为 202.113.224.68，子网掩码为 255.255.255.240，那么这台主机的主机号为（   ）。

    A. 4   B. 6   C. 8   D. 68

（39）全球共有 A 类 IP 地址段（   ）个。

    A. 32   B. 126   C. 128   D. 256

（40）任何一个以数字 127 开头的 IP 地址都叫做（   ）。

    A. 单播传送地址   B. 回送地址

    C. 组播地址   D. 广播地址

3. 多项选择题

（1）数据传据按交换方式可以分为（   ）三种方式。

    A. 电路交换   B. 报文交换   C. 数据交换   D. 分组交换

（2）电路交换方式的通信过程的三阶段包括（   ）。

    A. 电路建立   B. 数据传输   C. 电路拆除   D. 电路中断

（3）下列属于报文交换传输方式特点的有（   ）。

    A. 线路利用率高

    B. 可将一个报文发送到多个目的地

    C. 不需要同时使用发送器和接收器来传输数据

    D. 能够建立报文的优先级

（4）分组交换网中，处理报文的方法有（   ）两种方式。

    A. 数据报方式   B. 电路交换   C. 报文交换   D. 虚电路方式

（5）下列属于分组交换传输特点的是（   ）。

    A. 减少了时间延迟

    B. 每个节点上所需要缓冲容量小

    C. 传输出现错误时，只要重新传输一个分组

    D. 易于重新开始新的传输

(6) 10Mbps 以太网主要包括(　　)标准。

    A. 10Base-5   B. 10Base-2   C. 10Base-T   D. 10Base-F

(7) 10Base-T 以太网的硬件包括(　　)。

    A. 集线器   B. 双绞线电缆

    C. RJ-45 标准连接器   D. 具有标准连接器的网卡

(8) 快速以太网标准主要包括(　　)。

    A. 100Base-TX   B. 100Base-T4   C. 100Base-FX   D. 100Base-T2

(9) 100Base-TX 的硬件包括(　　)。

    A. 100Base-TX 以太网网卡

    B. 5 类或以上非屏蔽双绞线电缆,或匹配电阻为 150Ω 的屏蔽双绞线电缆

    C. 8 针 RJ-45 连接器

    D. 100Base-TX 集线器

(10) 100Base-TX 的组网原则包括(　　)。

    A. 各节点通过集线器连入网络

    B. 传输介质采用 5 类或 5 类以上非屏蔽双绞线,或 150Ω 屏蔽双绞线

    C. 双绞线与网卡或与集线器之间的连接,采用 RJ-45 连接器

    D. 节点与集线器之间最大距离为 100m,在一个冲突域只能连接一个 I 类集线器

(11) 千兆以太网物理层标准规定的传输介质标准有(　　)。

    A. 短波长激光光纤介质系统标准 1000Base-SX

    B. 长波长激光光纤介质系统标准 1000Base-LX

    C. 短铜线介质系统标准 1000Base-CX

    D. 长铜线介质系统标准 1000Base-T

(12) 下列属于物理层的互联设备的有(　　)。

    A. 中继器   B. 网桥   C. 路由器   D. 集线器

(13) 交换机的主要功能有(　　)。

    A. 物理编址   B. 网络拓扑结构分析

    C. 错误校验   D. 帧序列以及流控

(14) 从广义上分,交换机可以分成(　　)两种。

    A. 局域网交换机   B. 广域网交换机

    C. 二层交换机   D. 三层交换机

(15) 局域网交换机最主要的指标是(　　)。

    A. 端口的配置   B. 数据交换能力   C. 体积大小   D. 包交换速度

(16) 通常 VLAN 在交换机上的实现方法可以大致划分为(　　)3 类。

    A. 基于网卡型号划分 VLAN   B. 基于端口划分 VLAN

    C. 基于 MAC 地址划分 VLAN   D. 基于网络层划分 VLAN

(17) 使用光缆的有(　　)。

    A. 快速以太网   B. 千兆以太网

    C. 光纤分布式数据接口(FDDI)   D. 异步传输模式(ATM)

(18) 使用直通双绞线的情况有(　　)。

    A. 两台计算机直接连接　　　　　B. 计算机与交换机连接

    C. 两台交换机级连　　　　　　　D. 三台计算机串联

(19) 下列关于 RJ-45 连接器的描述中,正确的是(　　)。

    A. 使现代局域网的标准双绞线接头

    B. 3 类、5 类双绞线均与它连接

    C. 同轴电缆与它连接

    D. 它要与 8 芯的双绞线相连

(20) 交换机的特性是(　　)。

    A. 在同一时刻可进行多个端口对之间的数据传输

    B. 每一个端口都可视为独立的网段

    C. 具有判断网络地址和选择路径的功能

    D. 连接其上的网络设备独自享有全部的带宽

(21) 下面选项中属于有效 IP 地址范围的是(　　)。

    A. 18.0.0.0～18.100.100.100

    B. 178.110.0.0～178.200.0.0

    C. 195.168.0.0～195.168.255.255

    D. 256.0.0.0～256.0.0.256

(22) 在 Windows 的网络属性配置中,可以设置(　　)的地址。

    A. DNS 服务器　　B. 默认网关　　　C. 路由器　　　　D. 交换机

(23) 下列设置中,DHCP 服务器可以自动分配给客户机的是(　　)。

    A. IP 地址　　　B. 子网掩码　　　C. 默认网关　　　D. DNS 的 IP 地址

(24) 根据 TCP/IP 协议规定,IP 地址由 32 位组成,它由(　　)等部分组成。

    A. 网址名字　　B. 地址长度　　　C. 网络号　　　　D. 主机号

(25) 某 B 类 IP 地址 168.195.0.0 划分为若干子网,子网掩码为 255.255.224.0,以下 IP 地址属于同一个子网的是(　　)。

    A. 168.195.161.160　　　　　　B. 168.195.160.161

    C. 168.195.159.162　　　　　　D. 168.195.162.159

4. 问答题

(1) 快速以太网有哪几种组网方式? 各有什么特点?

(2) 千兆位以太网有哪几种组网方式? 分别使用何种传输介质?

(3) 目前组建大中型局域网通常应如何选择组网技术? 一般需要哪些设备?

(4) 简述三层交换机和二层交换机在功能上的区别。

(5) 交换机和交换机之间有哪些连接方式? 在局域网中最常见的是哪一种?

(6) 简述虚拟局域网的功能和实现方法。

(7) IP 协议中规定的特殊 IP 地址有哪些? 各有什么用途?

(8) 网络中为什么会使用私有 IP 地址? 私有 IP 地址主要包括哪些地址段?

(9) 简述子网掩码的作用。

5. 技能题

(1) 小型办公局域网的组建。

【内容及操作要求】

使用交换机组建小型办公局域网,网络节点数在 10～24 左右,采用 100Base-TX 组网技术,网络结构如图 3-23 所示。各计算机安装 Windows 7 或以上操作系统,使用 TCP/IP 协议,IP 地址分别设为 192.168.1.1～192.168.1.10;子网掩码均为 255.255. 255.0;默认网关和 DNS 服务器为空。要求各计算机之间能够 ping 通,能够相互访问。

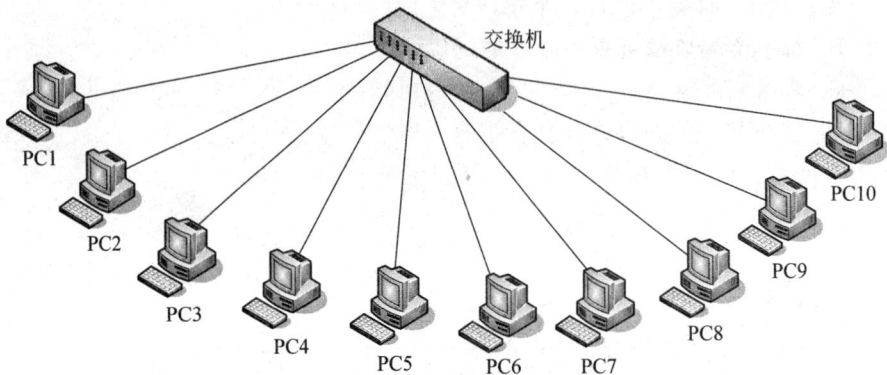

图 3-23 小型办公局域网结构图

【准备工作】

安装 Windows 7 或以上操作系统的计算机 10 台;交换机一台及说明书;一定长度的双绞线;RJ-45 水晶头若干;RJ-45 压线钳;简易线缆测试仪。

【考核时限】

60min。

(2) Cisco 交换机 VLAN 配置。

【内容及操作要求】

按照如图 3-24 所示的拓扑图连接网络,按要求划分 3 个 VLAN。

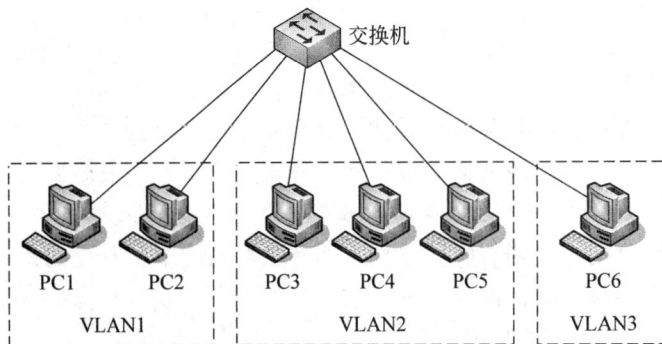

图 3-24 Cisco 交换机 VLAN 配置

140

【准备工作】

1 台 Cisco 2960 系列交换机;6 台安装 Windows 7 或以上操作系统的计算机;Console 线缆及其适配器若干;制作好的双绞线跳线若干。

【考核时限】

30min。

(3) 阅读说明后回答问题。

说明: 某一网络地址块 192.168.75.0 中有 5 台主机 A、B、C、D 和 E,它们的 IP 地址和子网掩码如表 3-8 所示。

表 3-8   主机的 IP 地址和子网掩码

主　　机	IP 地　　址	子　网　掩　码
A	192.168.75.18	255.255.255.240
B	192.168.75.146	255.255.255.240
C	192.168.75.158	255.255.255.240
D	192.168.75.161	255.255.255.240
E	192.168.75.173	255.255.255.240

问题 1:5 台主机 A、B、C、D、E 分别属于几个网段? 哪些主机位于同一网段?

问题 2:主机 D 的网络地址是什么?

问题 3:若要加入第 6 台主机 F,使它能与主机 A 属于同一网段,其 IP 地址范围是什么?

问题 4:若在网络中另加入一台主机,其 IP 地址设为 192.168.75.164,它的广播地址是什么? 哪些主机能够收到?

问题 5:若在该网络地址块中采用 VLAN 技术划分子网,何种设备能实现 VLAN 之间的数据转发?

(4) 阅读说明后回答问题。

说明: 设有 A、B、C、D 共 4 台主机都处于同一个物理网络中,A 主机的 IP 地址是 192.155.12.112,B 主机的 IP 地址是 192.155.12.120,C 主机的 IP 地址是 192.155.12.176,D 主机的 IP 地址是 192.155.12.222,子网掩码均为 255.255.255.224。

问题 1:4 台主机 A、B、C、D 之间哪些可以直接通信? 哪些需要通过设置网关(或路由器)才能通信? 请画出网络连接示意图,并注明各个主机的子网地址和主机地址。

问题 2:若要加入第 5 台主机 E,使它能与主机 D 直接通信,其 IP 地址的设定范围是什么?

问题 3:不改变 A 主机的物理位置,将其 IP 地址改为 192.155.12.168,试问它的直接广播地址和本地广播地址个是什么? 若使用本地广播地址发送信息,请问哪些主机能够收到?

问题 4:若要使主机 A、B、C、D 在这个网络上都能直接相互通信,可采取什么办法?

工作单元4　组建小型无线网络

目前很多计算机上都带有无线网卡,利用无线网卡可以很方便地实现网络连接,而不需要购买任何其他网络设备。本单元的主要目标是了解常用的无线局域网技术和设备;熟悉无线局域网的组网方法;能够利用相关设备组建小型无线网络。

任务4.1　认识无线局域网

【任务目的】

(1) 了解常用的无线局域网技术;
(2) 了解常用的无线局域网的设备。

【工作环境与条件】

(1) 能够接入 Internet 的 PC;
(2) 典型的无线局域网组网案例。

【相关知识】

无线局域网(Wireless Local Area Network,WLAN)是计算机网络与无线通信技术相结合的产物。简单地说,无线局域网就是在不采用传统电缆线的同时,提供传统有线局域网的所有功能,即无线局域网采用的传输介质不是双绞线或者光纤,而是以红外线或者无线电波作为载波,大气作为传输介质。无线网络是有线网络的补充,适用于不便于架设线缆的网络环境。

4.1.1　无线局域网的技术标准

最早的无线局域网产品运行在 900MHz 的频段上,速度大约只有 1～2Mb/s。1992 年,工作在 2.4GHz 频段上的产品问世,之后的大多数无线局域网产品也都在此频段上运行。无线局域网常用的技术标准有 IEEE 802.11 系列标准、家用射频工作组提出的 HomeRF、欧洲的 HiperLAN2 协议以及 Bluetooth(蓝牙)等,其中 IEEE 802.11 系列标准应用最为广泛,已经成为目前事实上占主导地位的无线局域网标准。

注意：通常说的 WLAN 指的就是符合 IEEE 802.11 系列标准的无线局域网技术。除 WLAN 外,GPRS/CDMA/3G 也是流行的无线接入技术。从技术定位看,WLAN 主要是在有限的覆盖区域内提供高带宽的无线访问,满足小型用户群的使用需求;而 GPRS/CDMA/3G 网络的数据吞吐速度明显低于 WLAN,但支持跨广域范围的网络覆盖。WLAN 和 GPRS/CDMA/3G 网络形成了一种相互补充的关系,可满足不同用户需求。

1997 年 6 月,IEEE 推出了第一代无线局域网标准——IEEE 802.11。该标准定义了物理层和介质访问控制子层(MAC)的协议规范,速度大约有 1～2Mb/s。任何 LAN 应用、网络操作系统或协议在遵守 IEEE 802.11 标准的 WLAN 上运行时,就像它们运行在以太网上一样。为了支持更高的数据传输速度,IEEE 802.11 系列标准定义了多样的物理层标准,主要包括 IEEE 802.11b、IEEE 802.11a、IEEE 802.11g 和 IEEE 802.11n。

1. IEEE 802.11b

IEEE 802.11b 标准对 IEEE 802.11 标准进行了修改和补充,规定无线局域网的工作频段为 2.4～2.4835GHz,一般采用直接系列扩频(DSSS)和补偿编码键控(CCK)调制技术,在数据传输速率方面可以根据实际情况在 11Mb/s、5.5Mb/s、2Mb/s、1Mb/s 的不同速率间自动切换。

注意：通常符合 IEEE 802.11 标准的产品都可以在移动时根据其与无线接入点的距离自动进行速率切换,而且在进行速率切换时不会丢失连接,也无须用户干预。

2. IEEE 802.11a

IEEE 802.11a 标准规定无线局域网的工作频段为 5.15～5.825GHz,采用正交频分复用(OFDM)的独特扩频技术,数据传输速率可达到 54Mb/s。IEEE 802.11a 与工作在 2.4GHz 频率上的 IEEE 802.11b 标准互不兼容。

注意：符合 IEEE 802.11a 标准的产品在移动时能够根据距离自动将 54Mb/s 的速率切换到 48Mb/s、36Mb/s、24Mb/s、18Mb/s、12Mb/s、9Mb/s、6Mb/s。

3. IEEE 802.11g

IEEE 802.11g 标准可以视作对 IEEE 802.11b 标准的升级,该标准仍然采用 2.4GHz 频段,数据传输速率可达到 54Mb/s。IEEE 802.11g 支持 2 种调制方式,包括 IEEE 802.11a 中采用的 OFDM 与 IEEE 802.11b 中采用的 CCK。IEEE 802.11g 标准与 IEEE 802.11b 标准完全兼容,遵循这两种标准的无线设备之间可相互访问。

4. IEEE 802.11n

IEEE 802.11n 标准可以工作在 2.4GHz 和 5GHz 两个频段,实现与 IEEE 802.11b/g 以及 IEEE 802.11a 标准的向下兼容。IEEE 802.11n 标准使用 MIMO(multiple-input multiple-output,多输入多输出)天线技术和 OFDM 技术,其数据传输速率可达 300Mb/s 以上,理论速率最高可达 600Mb/s。

注意:Wi-Fi 联盟是一个非营利性且独立于厂商之外的组织,它将基于 IEEE 802.11 协议标准的技术品牌化。一台基于 IEEE 802.11 协议标准的设备,需要经历严格的测试才能获得 Wi-Fi 认证,所有获得 Wi-Fi 认证的设备之间可进行交互,不管其是否为同一厂商生产。

4.1.2 无线局域网的硬件设备

组建无线局域网的硬件设备主要包括:无线网卡、无线访问接入点、无线路由器和天线等,几乎所有的无线网络产品中都含有无线发射/接收功能。

1. 无线网卡

无线网卡在无线局域网中的作用相当于有线网卡在有线局域网中的作用。无线网卡主要包括 NIC(网卡)单元、扩频通信机和天线三个功能模块。NIC 单元属于数据链路层,由它负责建立主机与物理层之间的连接;扩频通信机与物理层建立了对应关系,它通过天线实现无线电信号的接收与发射。按无线网卡的接口类型可分为适用于台式机的 PCI 接口的无线网卡和适用于笔记本电脑的 PCMCIA 接口的无线网卡,另外还有在台式机和笔记本电脑均可采用的 USB 接口的无线网卡。

注意:目前很多计算机的主板都集成了无线网卡,无须单独购买。

2. 无线访问接入点

无线访问接入点(Access Point,AP)是在无线局域网环境中进行数据发送和接收的集中设备,相当于有线网络中的集线器,如图 4-1 所示。通常,一个 AP 能够在几十至几百米的范围内连接多个无线用户。AP 可以通过标准的以太网电缆与传统的有线网络相连,从而可以作为无线网络和有线网络的连接点。AP 还可以执行一些安全功能,可以为无线客户端及通过无线网络传输的数据进行认证和加密。由于无线电波在传播过程中会不断衰减,导致 AP 的通信范围被限定在一定的范围内,这个范围被称作蜂窝。如果采用多个 AP,并使它们的蜂窝互相有一定范围的重合,当用户在整个无线局域网覆盖区域内移动时,无线网卡能够自动发现附近信号强度最大的 AP,并通过这个 AP 收发数据,保持不间断的网络连接,这种方式称为无线漫游。

3. 无线路由器

无线路由器实际上是无线 AP 与宽带路由器的结合,借助于无线路由器,可实现无线网络中的 Internet 连接共享,实现 ADSL、Cable Modem 和小区宽带的无线共享接入。

4. 天线

天线(Antenna)的功能是将信号源发送的信号传送至远处。天线一般有定向性和全向性之分,前者较适合于长距离使用,而后者则较适合区域性的使用。例如若要将第一栋建筑物内的无线网络的范围扩展到 1km 甚至更远距离以外的第二栋建筑物,可选用的一种方法是在每栋建筑物上安装一个定向天线,天线的方向互相对准,第一栋建筑物的天线经过 AP 连到有线网络上,第二栋建筑物的天线接到第二栋建筑物的 AP 上,如此无线网络就可以接通相距较远的两个或多个建筑物。图 4-2 所示为一款可用于室外的壁挂定向天线。

图 4-1　无线访问接入点

图 4-2　壁挂定向天线

【任务实施】

操作 1　分析无线局域网使用的技术标准

根据具体的条件,找出一项无线局域网应用的具体实例,根据所学的知识,分析该网络所采用的技术标准。

操作 2　认识常用的无线网络设备

(1) 根据具体的条件,找出一项无线局域网应用的具体实例,根据所学的知识,了解并熟悉该网络使用的无线网络设备,列出该网络所使用的无线网络设备的品牌、型号和主要性能指标。

(2) 访问主流无线网络设备厂商的网站,查看该厂商生产的无线网络设备产品,记录其型号、价格以及相关技术参数。

任务 4.2　组建 BSS 无线局域网

【任务目的】

(1) 了解无线局域网的组网模式;

(2) 熟悉单一 BSS 结构无线局域网的组网方法。

【工作环境与条件】

(1) AP 或无线路由器(本任务以 Cisco 系列无线产品为例,也可选用其他产品,部分内容也可使用 Cisco Packet Tracer、Boson Netsim 等模拟软件完成);

(2) 安装 Windows 操作系统的 PC(带有无线网卡);

(3) 组建无线局域网的其他相关设备和部件。

【相关知识】

4.2.1 无线局域网的组网模式

将各种无线局域网设备结合在一起使用,就可以组建出多层次、无线与有线并存的计算机网络。在 IEEE 802.11 标准中,一组无线设备被称为服务集(Service Set),这些设备的服务集标识(SSID)必须相同。服务集标识是一个文本字符串,包含在发送的数据帧中,如果发送方和接收方的 SSID 相同,这两台设备将能够通信。

1. BSS 组网模式

基本服务集(Basic Service Set,BSS)包含一个接入点(AP),负责集中控制一组无线设备的接入。要使用无线网络的无线客户端都必须向 AP 申请成员资格,客户端必须具备匹配的 SSID、兼容的 WLAN 标准、相应的身份验证凭证等才被允许加入。若 AP 没有连接有线网络,则可将该 BSS 称为独立基本服务集(Independent Basic Service Set,IBSS);若 AP 连接到有线网络,则可将其称为基础结构 BSS,如图 4-3 所示。若不使用 AP,安装无线网卡的计算机之间直接进行无线通信,则被称作临时性网络(Ad-hoc Network)。

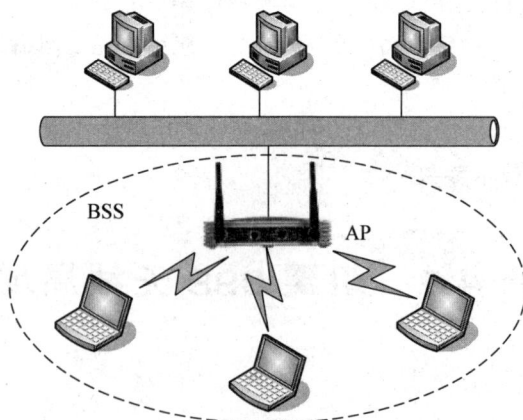

图 4-3 基础结构 BSS 组网模式

注意：在无线客户端与 AP 关联后，所有来自和去往该客户端的数据都必须经过 AP，而在 Ad-hoc Network 中，所有客户端相互之间可以直接通信。

2. ESS 组网模式

基础结构 BSS 虽然可以实现有线和无线网络的连接，但无线客户端的移动性将被限制在其对应 AP 的信号覆盖范围内。扩展服务集（Extended Service Set，ESS）通过有线网络将多个 AP 连接起来，不同 AP 可以使用不同的信道，如图 4-4 所示。无线客户端使用同一个 SSID 在 ESS 所覆盖的区域内进行实体移动时，将自动切换到干扰最小、连接效果最好的 AP。

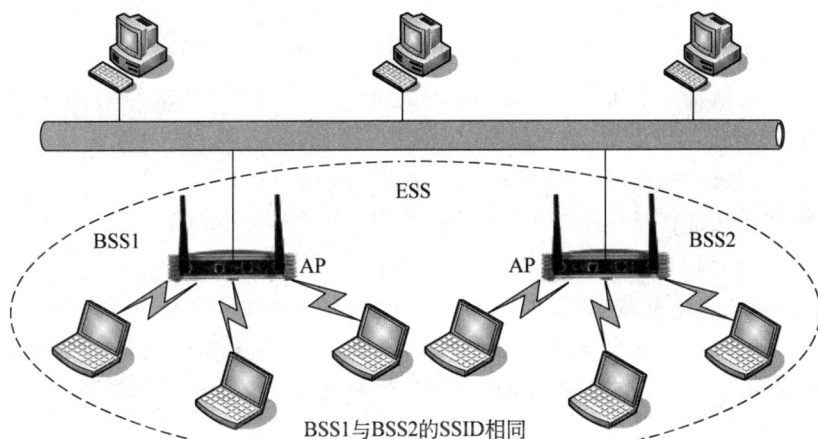

图 4-4　ESS 组网模式

4.2.2　无线局域网的用户接入

基于 IEEE 802.11 协议的 WLAN 设备的大部分无线功能都是建立在 MAC 子层上的。无线客户端接入到 IEEE 802.11 无线网络主要包括以下过程。

（1）无线客户端扫描（Scanning）发现附近存在的 BSS。

（2）无线客户端选择 BSS 后，向其 AP 发起认证（Authentication）过程。

（3）无线客户端通过认证后，发起关联（Association）过程。

（4）通过关联后，无线客户端和 AP 之间的链路已建立，可相互收发数据。

1. 扫描（Scanning）

无线客户端扫描发现 BSS 有被动扫描和主动扫描两种方式。

（1）被动扫描

在 AP 上设置 SSID 信息后，AP 会定期发送 Beacon 帧。Beacon 帧中会包含该 AP 所属的 BSS 的基本信息以及 AP 的基本能力级，包括 BSSID（AP 的 MAC 地址）、SSID、支持的速率、支持的认证方式，加密算法、Beacons 帧发送间隔、使用的信道等。在被动扫描模式中,无线客户端会在各个信道间不断切换,侦听所收到的 Beacon 帧并记录其信息,以此来发现周围存在的无线网络服务。

(2) 主动扫描

在主动扫描模式中,无线客户端会在每个信道上发送 Probe Request 帧以请求需要连接的无线接入服务,AP 在收到 Probe Request 帧后会回应 Probe Response 帧,其包含的信息和 Beacon 帧类似,无线客户端可从该帧中获取 BSS 的基本信息。

注意:如果 AP 发送的 Beacon 帧中隐藏了 SSID 信息,则应使用主动扫描方式。

2. 认证(Authentication)

(1) 认证方式

IEEE 802.11 的 MAC 子层主要支持两种认证方式。

① 开放系统认证:无线客户端以 MAC 地址为身份证明,要求网络 MAC 地址必须是唯一的,这几乎等同于不需要认证,没有任何安全防护能力。在这种认证方式下,通常应采用 MAC 地址过滤、RADIUS 等其他方法来保证用户接入的安全性。

② 共享密钥认证:该方式可在使用 WEP(Wired Equivalent Privacy,有线等效保密)加密时使用,在认证时需校验无线客户端采用的 WEP 密钥。

注意:开放式认证虽然理论上安全性不高,但由于实际使用过程中可以与其他认证方法相结合,所以实际安全性比共享密钥认证要高,另外其兼容性更好,不会出现某些产品无法连接的问题。另外在采用 WEP 加密算法时也可使用开放系统认证。

(2) WEP

WEP 是 IEEE 802.11b 标准定义的一个用于无线局域网的安全性协议,主要用于无线局域网业务流的加密和节点的认证,提供和有线局域网同级的安全性。WEP 在数据链路层采用 RC4 对称加密技术,提供了 40 位(有时也称为 64 位)和 128 位长度的密钥机制。使用了该技术的无线局域网,所有无线客户端与 AP 之间的数据都会以一个共享的密钥进行加密。WEP 的问题在于其加密密钥为静态密钥,加密方式存在缺陷,而且需要为每台无线设备分别设置密钥,部署起来比较麻烦,因此不适合用于安全等级要求较高的无线网络。

注意:在使用 WEP 时应尽量采用 128 位长度的密钥,同时也要定期更新密钥。如果设备支持动态 WEP 功能,最好应用动态 WEP。

(3) IEEE 802.11i、WPA 和 WPA2

IEEE 802.11i 定义了无线局域网核心安全标准,该标准提供了强大的加密、认证和密钥管理措施。该标准包括了两个增强型加密协议,用以对 WEP 中的已知问题进行弥补。

WPA(Wi-Fi Protected Access,Wi-Fi 网络安全存取)是 Wi-Fi 联盟制订的安全解决方案,它能够解决已知的 WEP 脆弱性问题,并且能够对已知的无线局域网攻击提供防护。WPA 使用基于 RC4 算法的 TKIP 来进行加密,并且使用预共享密钥(PSK)和 IEEE 802.1x/EAP 来进行认证。PSK 认证是通过检查无线客户端和 AP 是否拥有同一个密码或密码短语来实现的,如果客户端的密码和 AP 的密码相匹配,客户端就会得到认证。

WPA2 是获得 IEEE 802.11 标准批准的 Wi-Fi 联盟交互实施方案。WPA2 使用 AES-CCMP 实现了强大的加密功能,也支持 PSK 和 IEEE 802.1x/EAP 的认证方式。

WPA 和 WPA 2 有两种工作模式,以满足不同类型的市场需求。

① 个人模式:个人模式可以通过 PSK 认证无线产品。需要手动将预共享密钥配置在 AP 和无线客户端上,无须使用认证服务器。该模式适用于 SOHO 环境。

② 企业模式:企业模式可以通过 PSK 和 IEEE 802.1x/EAP 认证无线产品。在使用 IEEE 802.1x 模式进行认证、密钥管理和集中管理用户证书时,需要添加使用 RADIUS 协议的 AAA 服务器。该模式适用于企业环境。

3. 关联(Association)

无线客户端在通过认证后会发送 Association Request 帧,AP 收到该帧后将对客户端的关联请求进行处理,关联成功后会向客户端发送回应的 Association Response 帧,该帧中将含有关联标识符(Association ID,AID)。无线客户端与 AP 建立关联后,其数据的收发就只能和该 AP 进行。

【任务实施】

操作 1　利用无线路由器组建 WLAN

在如图 4-5 所示的网络中,若要通过一台 Cisco Linksys 无线路由器实现所有计算机之间的连通和 Internet 接入,并保证无线接入的安全,则基本配置方法如下。

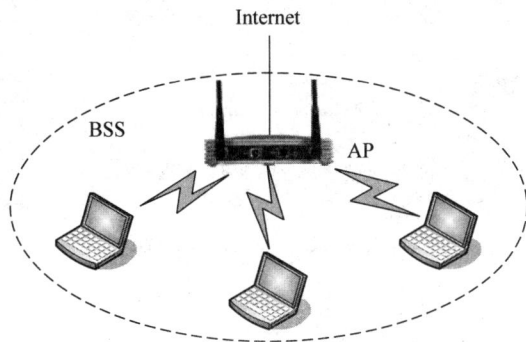

图 4-5　利用无线路由器组建 WLAN 示例

1. 配置 Cisco Linksys 无线路由器

Cisco Linksys 无线路由器在默认情况下将广播其 SSID 并具有 DHCP 功能,无线客户端可直接接入网络。可在 Cisco Linksys 无线路由器上完成以下设置。

(1)连接并登录无线路由器

连接并登录无线路由器的操作方法如下。

① 利用双绞线跳线将一台计算机与无线路由器的 Enthernet 端口相连。

② 为该计算机设置 IP 地址相关信息,在本例中可将其 IP 地址设置为 192.168.0.254,子网掩码为 255.255.255.0,默认网关为 192.168.0.1。

③ 在计算机上启动浏览器,在浏览器的地址栏输入无线路由器的默认 IP 地址,输入相应的用户名和密码后,即可打开无线路由器 Web 配置主页面。

注意:默认情况下,Linksys 无线路由器的 IP 地址为 192.168.0.1/24,DHCP 地址范围为 192.168.0.100~192.168.0.149,不同厂家的产品其默认 IP 地址、用户名及密码并不相同,配置前请认真阅读其技术手册。

(2) 设置 IP 地址及相关信息

在无线路由器配置主页面中,单击 Setup 链接,打开基本设置页面,如图 4-6 所示。在该页面的 Internet Setup 中,选择 Internet Connection type 为 PPPoE,输入相应的用户名和密码。

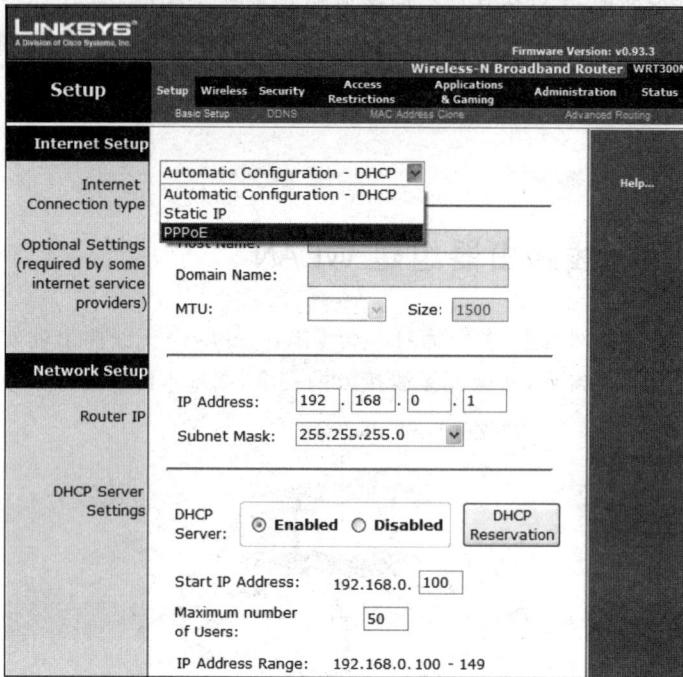

图 4-6　无线路由器基本配置页面

(3) 无线连接基本配置

在无线路由器配置主页面中,单击 Wireless 链接,打开无线连接基本配置页面,如图 4-7 所示。在该页面中可以对无线连接的网络模式、SSID、带宽、信道等进行设置。为了实现无线接入的安全,应选择不使用默认的 SSID 并禁用 SSID 广播。具体设置方法非常简单,只需在无线连接基本配置页面的 Network Name(SSID)文本框中输入新的 SSID,并将 SSID Broadcast 设置为 Disabled,单击 Save Setting 按钮即可。

(4) 设置 WEP

在 Linksys 无线路由器上设置 WEP 的方法为:在无线连接基本配置页面单击

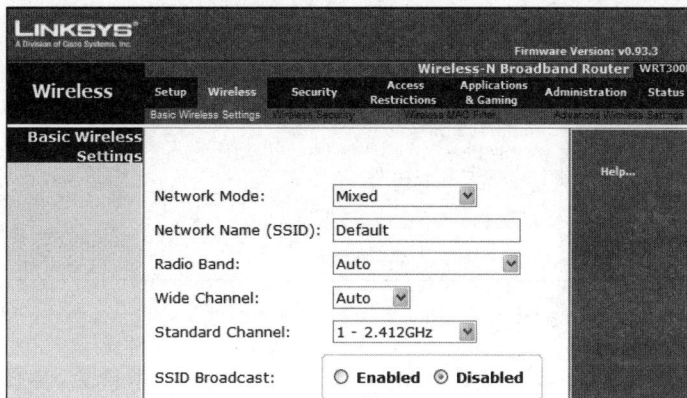

图 4-7 无线连接基本配置页面

Wireless Security 链接，打开无线网络安全设置页面。在 Security Mode 中选择 WEP，在 Encryption 中选择 104/128-Bit(26 Hex digits)，在 Key1 文本框中输入 WEP 密钥，单击 Save Setting 按钮完成设置，如图 4-8 所示。

图 4-8 设置 WEP

注意：如果选择了 128 位长度的密钥，则在输入密钥时应输入 26 个 0～9 和 A～F 之间的字符，如果选择了 64 位长度的密钥，则应输入 10 个 0～9 和 A～F 之间的字符。

（5）设置 WPA

在 Linksys 无线路由器上设置 WPA 的操作方法为：在无线网络安全设置页面的 Security Mode 中选择 WPA Personal，在 Encryption 中选择 TKIP，在 Passphrase 文本框中输入密码短语，单击 Save Setting 按钮完成设置，如图 4-9 所示。

注意：在功能上，密码短语同密码是一样的，为了加强安全性，密码短语通常比密码要长，一般应使用 4～5 个单词，长度在 8～63 个字符之间。

（6）设置 WPA2

在 Linksys 无线路由器上设置 WPA2 的操作方法与设置 WPA 基本相同，这里不再赘述。

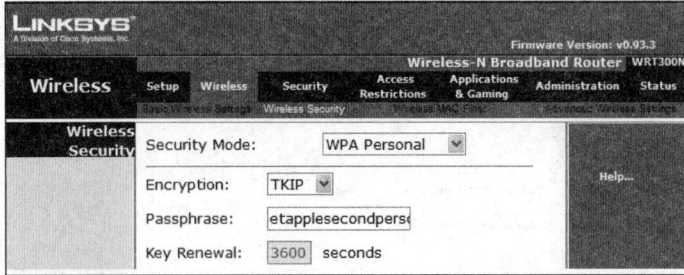

图 4-9　设置 WPA

注意：限于篇幅，以上只完成了 Linksys 无线路由器的基本设置，其他设置请参考相关技术手册。

2. 设置无线客户端

在无线路由器进行了基本安全设置后，无线客户端要连入网络应完成以下操作：在"网络连接"窗口中直接右击"无线网络连接"图标，选择"属性"命令。在打开的"无线网络连接属性"对话框中，选择"无线网络配置"选项卡，如图 4-10 所示。在"无线网络配置"选项卡中，单击"添加"按钮，打开"无线网络属性"对话框，如图 4-11 所示。在该对话框中，输入要连接的无线网络的 SSID 以及 WEP 或 WPA、WPA2 密钥，单击"确定"按钮即可完成设置。

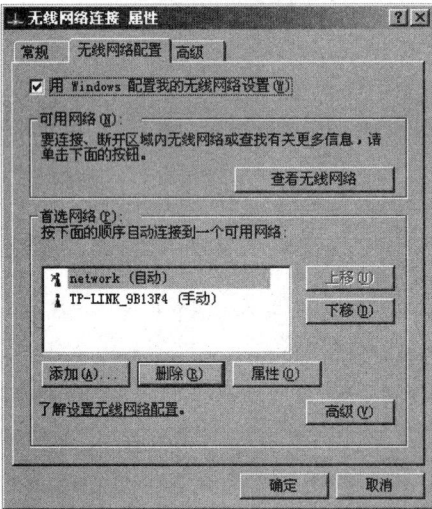

图 4-10　"无线网络配置"选项卡

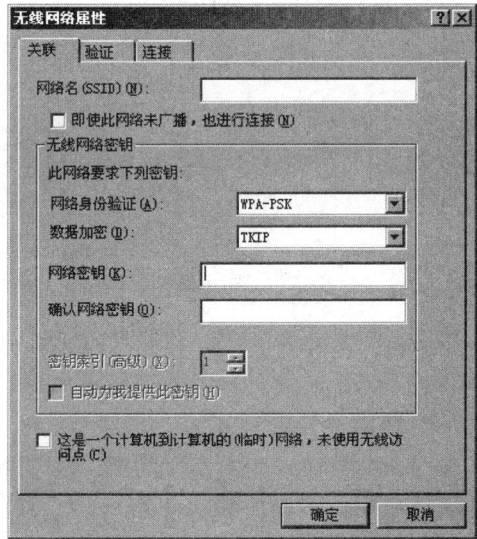

图 4-11　"无线网络属性"对话框

注意：由于无线路由器具有 DHCP 功能，所以在无线客户端上无需手动设置 IP 地址信息。

操作 2　组建 Ad-hoc Network

对于家庭和很多应用场合,有时需要构建无 AP 的 Ad-hoc Network。Ad-hoc Network 的组建方法非常简单,限于篇幅这里不再赘述。请查阅 Windows 系统帮助文件和相关资料,在几台安装无线网卡的 PC 之间组建 Ad-hoc Network,并完成基本安全设置。

习　题　4

1. 判断题

(1) 常说的 WLAN 指的就是符合 IEEE 802.11 系列标准的无线局域网技术。

(　　)

(2) 3G 网络主要是在有限的覆盖区域内提供高带宽的无线访问,满足小型用户群的使用需求。(　　)

(3) IEEE 802.11a 与 IEEE 802.11b 标准互不兼容。(　　)

(4) WPA 是 IEEE 802.11b 标准定义的一个用于无线局域网的安全性协议,主要用于无线局域网业务流的加密和节点的认证,提供和有线局域网同级的安全性。(　　)

(5) 天线一般有定向性和全向性之分,前者较适合于长距离使用,而后者则较适合区域性的使用。(　　)

2. 单项选择题

(1) 目前的 WLAN 产品主要工作在(　　)频段。
　　A. 2.2GHz　　　　B. 2.4GHz　　　　C. 2.6GHz　　　　D. 2.8GHz

(2) (　　)是一种利用红外线进行点对点通信的技术。
　　A. 802.11　　　　B. HomeRF　　　　C. 蓝牙　　　　D. IrDA

(3) (　　)是在无线局域网环境中进行数据发送和接收的集中设备,相当于有线网络中的集线器。
　　A. 无线网卡　　　B. AP　　　　　　C. 天线　　　　D. 蓝牙

(4) 借助于(　　)可实现无线网络中的 Internet 连接共享,实现 ADSL、Cable Modem 和小区宽带的无线共享接入。
　　A. 无线网卡　　　B. AP　　　　　　C. 天线　　　　D. 无线路由器

(5) 下列关于无线局域网说法错误的是(　　)。
　　A. 少量计算机临时组建无线网络时,适合采用无固定基站的组网模式
　　B. 当需要建立一个稳定的无线网络平台时,适合采用有固定基站的组网模式
　　C. 无固定基站的无线局域网组网模式只能连接两台计算机
　　D. 有固定基站的无线局域网组网模式一般应采用 AP 充当中心站

3. 多项选择题

(1) 目前的 WLAN 产品所采用的技术标准主要包括(　　)。

A. 802.11　　　　　　B. HomeRF　　　　　C. 蓝牙　　　　　　D. IrDA

(2) 组建无线局域网的硬件设备主要包括(　　)。

A. 无线网卡　　　　　B. AP　　　　　　　C. 天线　　　　　　D. 无线路由器

(3) 通过(　　)等无线设备还可以把无线局域网和有线网络连接起来,并允许用户有效的共享网络资源。

A. 无线网卡　　　　　B. AP　　　　　　　C. 天线　　　　　　D. 无线路由器

(4) 无线网卡主要包括(　　)三个功能模块。

A. NIC 单元　　　　　B. 扩频通信机　　　　C. 天线　　　　　　D. AP

(5) 按无线网卡的总线类型可分为(　　)。

A. PCI 接口的网卡　　　　　　　　　　B. USB 接口的网卡

C. PCI-E 16X 接口的网卡　　　　　　　D. PCMCIA 接口的网卡

4. 问答题

(1) 目前常见的无线局域网技术标准有哪些? 各有什么特点?

(2) 无线局域网常用的组网设备有哪些?

(3) 目前无线局域网有哪两种组网模式? 各有什么特点?

(4) 通常应如何实现无线局域网与有线网络的连接?

5. 技能题

(1) 利用无线路由器实现 Internet 共享。

【内容及操作要求】

请利用无线路由器将安装无线网卡的计算机组网并完成以下配置:

• 将 SSID 设置为 Student,并禁用 SSID 广播。

• 在网络中设置 WPA 验证。

• 使所有计算机能够通过一个网络连接访问 Internet。

【准备工作】

1 台无线路由器;3 台安装无线网卡的计算机;能将 1 台计算机接入 Internet 的设备及账号;组建网络所需的其他设备。

【考核时限】

30min。

(2) 利用 Ad-hoc Network 实现 Internet 共享。

【内容及操作要求】

现有两台安装无线网卡的计算机,其中一台计算机已通过有线网络接入 Internet,请利用无线网络实现这两台计算机之间的互联,并使另一台计算机也可以访问 Internet。

【准备工作】

2 台安装无线网卡的计算机;能将 1 台计算机接入 Internet 的设备及账号;组建网络所需的其他设备。

【考核时限】

30min。

工作单元 5　实现网际互联

在默认情况下,使用二层交换机连接的所有计算机属于一个广播域,网络规模不能太大。虽然通过 VLAN 技术可以实现广播域的隔离,但不同 VLAN 的主机之间并不能进行通信。随着计算机网络规模的不断扩大,在组建网络时必须实现不同广播域之间的互联。而网际互联必须在 OSI 参考模型的网络层,借助 IP 协议实现。目前常用的可用于实现网际互联的设备主要有路由器和三层交换机。本单元的主要目标是理解 IP 路由的概念,学会查看和阅读路由表,理解路由器的功能和作用,熟悉路由器及其基本配置。

任务 5.1　查看计算机路由表

【任务目的】

(1) 理解路由的基本原理;
(2) 理解路由表的结构和作用;
(3) 学会查看和设置计算机路由表。

【工作环境与条件】

(1) 已经联网并能正常运行的机房和校园网;
(2) 安装 Windows 7 或 Windows Server 2008 R2 操作系统的 PC。

【相关知识】

在通常的术语中,路由就是在不同广播域(网段)之间转发数据包的过程。对于基于 TCP/IP 的网络,路由是网际协议(IP)与其他网络协议结合使用提供的在不同网段主机之间转发数据包的能力。TCP/IP 网段由 IP 路由器互相连接,这个基于 IP 协议传送数据包的过程叫做 IP 路由。路由选择是 TCP/IP 协议中非常重要的功能,它确定了到达目标主机的最佳路径,是 TCP/IP 协议得到广泛使用的主要原因。

5.1.1 路由的基本原理

当一个网段中的主机发送 IP 数据包给同一网段的另一台主机时,它直接把 IP 数据包送到网络上,对方就能收到。但当要送给不同网段的主机时,发送方要选择一个能够到达目的网段的路由器,把 IP 数据包发送给该路由器,由路由器负责完成数据包的转发。如果没有找到这样的路由器,主机就要把 IP 数据包送给一个被称为默认网关(default gateway)的路由上。默认网关是每台主机上的一个配置参数,它是与主机连接在同一网段上的某路由器端口的 IP 地址。

路由器转发 IP 数据包时,只根据 IP 数据包的目的 IP 地址的网络标识部分,选择合适的转发端口,将 IP 数据包送出去。同主机一样,路由器也要判断该转发端口所接的是否是目的网络,如果是,就直接把数据包通过端口送到网络上,否则,也要选择下一个路由器来转发数据包。路由器也有自己的默认网关,用来传送不知道该由哪个端口转发的 IP 数据包。通过这样不断的转发传送,IP 数据包最终将送到目的主机,送不到目的地的 IP 数据包将被网络丢弃。

在图 5-1 中,主机 A 和主机 B 连接在相同的网段中,它们之间可以直接通信。而如果主机 A 要与主机 C 通信,那么主机 A 就必须将 IP 数据包传送到最近的路由器或者主机 A 的默认网关上,然后由路由器将 IP 数据包转发给另一台路由器,直到到达与主机 C 连接在同一个网络的路由器,最后由该路由器将 IP 数据包交给主机 C。

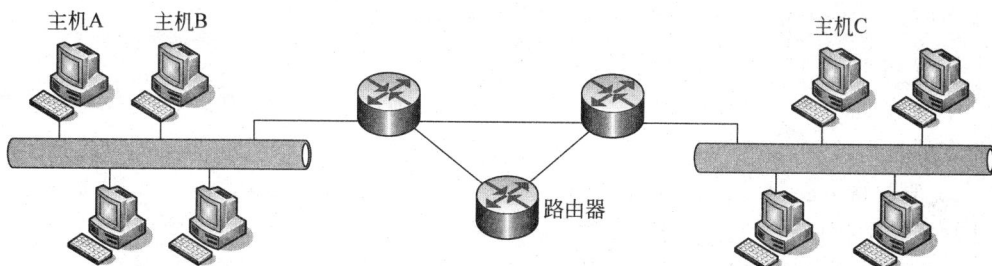

图 5-1 路由器连接的网络

需要注意的是,在路由设置时只需要为一个网段指定一个路由器,而不必为每个主机都指定一个路由器,这是 IP 路由选择机制的另一个基本属性,这样做可以极大地缩小路由表的规模。

5.1.2 路由表

在网络中通过 IP 路由传送数据的过程中,路由表(Routing Table)扮演着极其重要的作用。所谓路由表,指的是路由器或者其他互联网网络设备上存储的表,该表中存有到达特定网络终端的路径,在某些情况下,还有一些与这些路径相关的度量。

路由器的主要工作就是为经过路由器的每个数据包寻找一条最佳传输路径,并将该数据有效地传送到目的站点。由此可见,选择最佳路径的策略即路由算法是路由器的关键所在。为了完成这项工作,在路由器中保存着载有各种传输路径相关数据的路由表,供路由选择时使用,表中包含的信息决定了数据转发的策略。路由表可以是由管理员固定设置好的,也可以由系统动态修改,可以由路由器自动调整,也可以由主机控制。

路由表由多个路由表项组成,路由表中的每一项都被看作是一条路由,路由表项可以分为以下几种类型。

① 网络路由:提供到 IP 网络中特定网络(特定网络标识)的路由。

② 主路由:主路由提供到特定 IP 地址(包括网络标识和主机标识)的路由,通常用于将自定义路由创建到特定主机以控制或优化网络通信。

③ 默认路由:如果在路由表中没有找到其他路由,则使用默认路由。从而简化了主机的配置。

路由表中的每个路由表项通常由以下信息字段组成。

① 目的地址:目标网络的网络标识或目的主机的 IP 地址。

② 网络掩码:与目的地址相对应的网络掩码。

③ 转发地址:数据包转发的地址,也称为下一跳 IP 地址,即数据包应传送的下一个路由器的 IP 地址。对于主机或路由器直接连接的网络,转发地址字段可能是本主机或路由器连接到该网络的端口地址。

④ 接口:将数据包转发到目的地址时所使用的路由器端口,该字段可以是一个端口号或其他类型的逻辑标识符。

⑤ 跃点数:路由首选项的度量。如果对于目的地址存在多个路由,路由器使用跃点数来决定存储在路由表中的路由,最小的跃点数是首选路由。

IP 路由选择主要完成以下功能。

① 搜索路由表,寻找能与目的 IP 完全匹配的表项,如果找到,则把 IP 数据包由该表项指定的接口转发,发送给指定的下一站路由器或直接连接的网络接口。

② 搜索路由表,寻找能与目的 IP 网络标识匹配的表项,如果找到,则把 IP 数据包由该表项指定的接口转发,发送给指定的下一站路由器或直接连接的网络接口。

③ 按照路由表的默认路由转发数据。

如图 5-2 所示,路由器 R1、R2、R3 连接了三个不同的网段。路由器 R1 的端口 1(IP 地址为 192.168.1.1)与网段 1 直接相连;端口 2(IP 地址为 192.168.4.1)与路由器 R2 的端口(IP 地址为 192.168.4.2)相连;端口 3(IP 地址为 192.168.5.1)与路由器 R3 的端口(IP 地址为 192.168.5.2)相连。由路由器 R1 的路由表可知,当 IP 数据包的接收地址在网络标识为 192.168.1.0/24 的网段时,路由器 R1 将把该数据包从端口 1(IP 地址为 192.168.1.1)转发,而且该网段与路由器直接相连;当 IP 数据包的接收地址在网络标识为 192.168.2.0/24 的网段时,路由器 R1 将把该数据包从端口 2(IP 地址为 192.168.4.1)转发,发送给路由器 R2 的端口(IP 地址为 192.168.4.2),由路由器 R2 负责下一步的转发;当 IP 数据包的接收地址在网络标识为 192.168.3.0/24 的网段时,路由器 R1 将把该数据包从端口 3(IP 地址为 192.168.5.1)转发,发送给路由器 R3 的端口(IP 地址为 192.168.5.2),由路由器 R3 负责下一步的转发。路由表中的最后一项为默认路由,当接收地址不在上述三个网段时,路由器 R1 将按该表项转发 IP 数据包。

网段2: 192.168.2.0/24   路由器R2   路由器R3   网段3: 192.168.3.0/24

192.168.4.2   192.168.5.2

网段1: 192.168.1.0/24

192.168.4.1   192.168.5.1

192.168.1.1   路由器R1

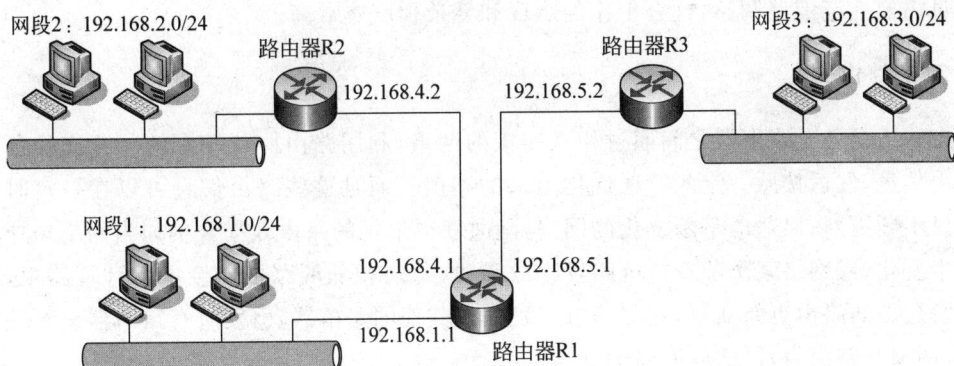

路由器R1的路由表

目的网络	网络掩码	转发地址	接口
192.168.1.0	255.255.255.0	192.168.1.1	192.168.1.1
192.168.2.0	255.255.255.0	192.168.4.2	192.168.4.1
192.168.3.0	255.255.255.0	192.168.5.2	192.168.5.1
0.0.0.0	0.0.0.0	192.168.1.1	192.168.1.1

图 5-2 IP 路由选择示例

5.1.3 路由的生成方式

根据路由表中路由的生成方式,可以分为直连路由、静态路由和动态路由。

1. 直连路由

直连路由是路由器自动添加的直连网络的路由。由于直连路反映的是路由器各端口直接连接的网络,因此具有较高的可信度。

2. 静态路由

静态路由是由管理员手工配置的路由信息。当网络的拓扑结构或链路的状态发生变化时,管理员需要手工去修改路由表中相关的静态路由。静态路由在默认情况下是私有的,不会传递给其他的路由器。当然,管理员也可以通过对路由器进行设置使之共享。静态路由一般适用于比较简单的网络环境,在这样的环境中,管理员可以清楚地了解网络的拓扑结构,便于设置正确的路由信息。

使用静态路由的另一个好处是网络安全保密性高。动态路由因为需要路由器之间频繁地交换各自的路由表,而对路由表的分析可以揭示网络的拓扑结构和网络地址等信息。因此,网络出于安全方面的考虑也可以采用静态路由。

大型和复杂的网络环境通常不宜采用静态路由。一方面,管理员很难全面了解整个网络的拓扑结构;另一方面,当网络的拓扑结构和链路状态发生变化时,路由器中的静态路由信息需要大范围地调整,这一工作的难度和复杂程度非常高。

3. 动态路由

动态路由是各个路由器之间通过相互连接的网络,利用路由协议动态的相互交换各自的路由信息,然后按照一定的算法优化出来的路由。而且这些路由信息可以在一定时间间隙里不断更新,以适应不断变化的网络,随时获得最优的路由效果。例如当网络拓扑结构发生变化,或网络某个节点或链路发生故障时,与之相邻的路由器会重新计算路由,并向外发送新的路由更新新息,这些信息会发送至其他的路由器,引发所有路由器重新计算路由,调整其路由表,以适应网络的变化。

动态路由可以大大减轻大型网络的管理负担,但其对路由器的性能要求较高,会占用网络的带宽,可能产生路由循环,也存在一定的安全隐患。

在一个路由器中,可同时配置静态路由和一种或多种动态路由。它们各自维护的路由表都提供给转发程序,但这些路由表之间可能会发生冲突,这种冲突可以通过配置各路由表的优先级来解决。通常静态路由具有默认的最高优先级,也就是说当其他路由表与其矛盾时,路由器将按照静态路由转发数据。

5.1.4 路由协议

为了实现高效动态路由,人们制订了多种路由协议,如路由信息协议(RIP,Routing Information Protocol)、内部网关路由协议(IGRP,Interior Gateway Routing Protocol)、开放最短路径优先协议(OSPF,Open Shortest Path First)等。

1. RIP

RIP 是一种分布式的基于距离矢量的路由选择协议,是 Internet 的标准内部网关协议,最大优点是简单。RIP 要求网络中的每个路由器都要维护从它自己到每个目的网络的距离记录。对于距离,RIP 有如下定义:路由器到与其直接连接的网络距离定义为 1;路由器到与其非直接连接的网络距离定义为所经过的路由器数加 1。RIP 认为好的路由就是距离最短的路由。RIP 允许一条路由最多包含 15 个路由器,即距离最大值为 16,由此可见 RIP 只适合于小型互联网络。

图 5-3~图 5-5 展示了在一个使用 RIP 的自治系统内,各路由器是如何完善和更新各自路由表的。

① 路由表的初始状况,如图 5-3 所示。

② 各路由器收到了相邻路由器的路由表,进行了路由表的更新,如图 5-4 所示。

③ 通过相互连接的路由器之间交换信息,形成各路由器的最终路由表,如图 5-5 所示。

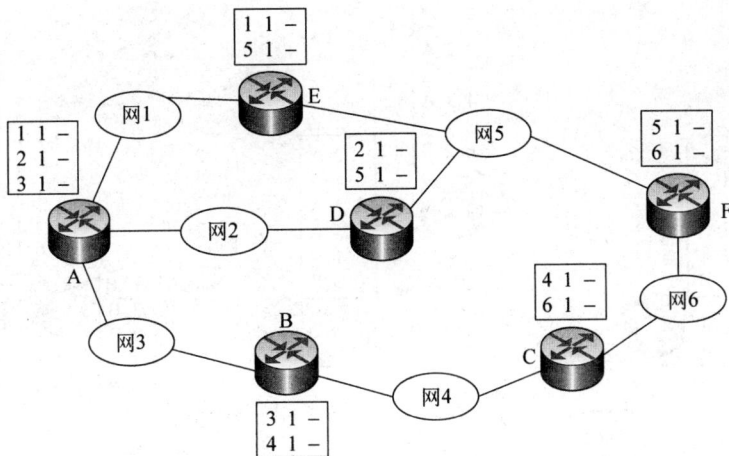

图 5-3　RIP 示例（1）

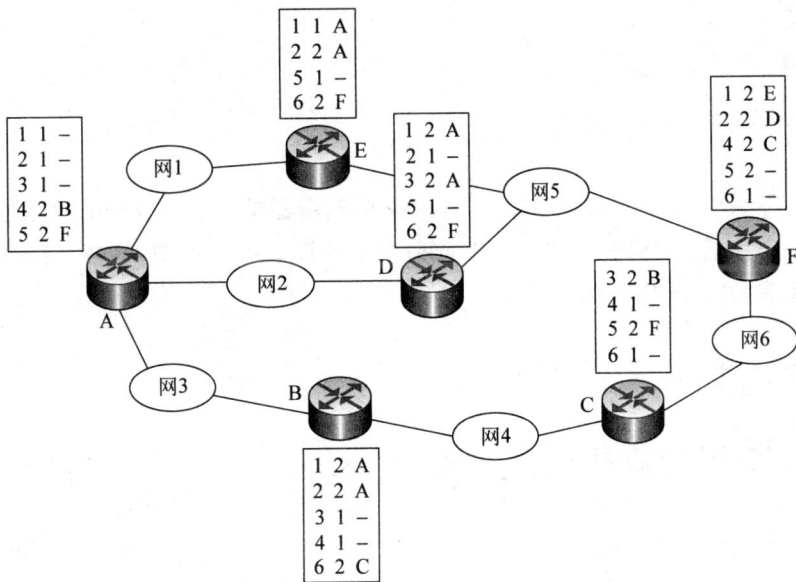

图 5-4　RIP 示例（2）

2. OSPF

OSPF 路由协议是一种典型的链路状态路由协议，一般用于一个自治系统内。自治系统是指一组通过统一的路由政策或路由协议互相交换路由信息的网络。在自治系统内，所有的 OSPF 路由器都维护一个相同的描述自治系统结构的数据库，该数据库中存放的是自治系统相应链路的状态信息，OSPF 路由器正是通过这个数据库计算出其 OSPF 路由表的。

作为一种链路状态的路由协议，OSPF 将链路状态广播数据包传送给在某一区域内

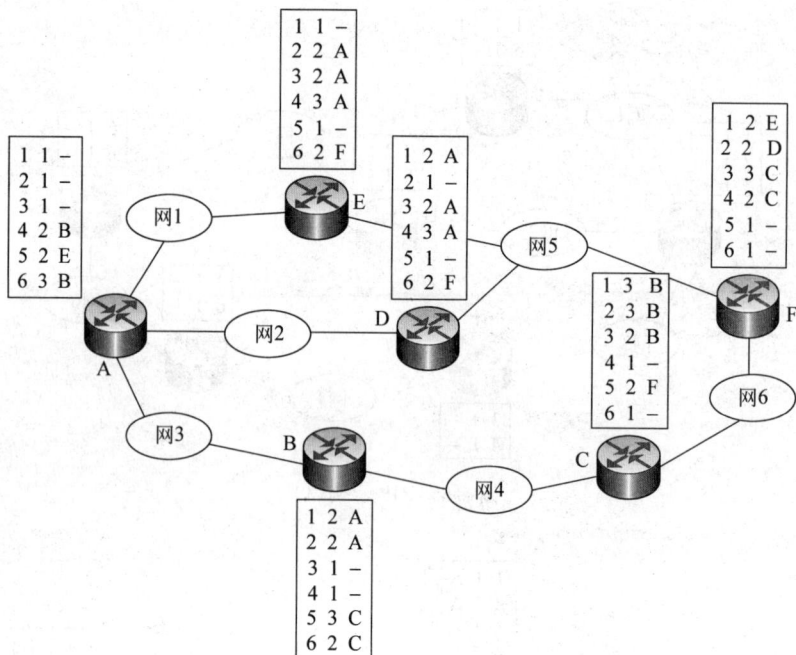

图 5-5 RIP 示例(3)

的所有路由器,这一点与 RIP 不同。运行 RIP 的路由器是将部分或全部的路由表传递给与其相邻的路由器。OSPF 的链路状态数据库能较快地进行更新,使各个路由器能及时更新其路由表,这是 OSPF 的主要优点。

【任务实施】

操作 1 查看计算机的路由表

计算机本身也存在着路由表,根据路由表进行 IP 数据包的传输。在 Windows 系统中可以使用 route 命令查看计算机的路由表。操作步骤为:依次选择"开始"→"程序"→"附件"→"命令提示符"命令,进入"命令提示符"环境。在打开的"命令提示符"窗口中,输入 route print 命令,此时将显示本地计算机的路由表,根据这些信息可知本机的网关、子网类型、广播地址、环回测试地址等,如图 5-6 所示。

请尝试根据路由表的内容,写出计算机的 IP 地址、子网掩码和默认网关,思考一下计算机是如何根据路由表进行 IP 数据报传输的。

操作 2 在计算机路由表中添加和删除路由

可以用"route add"命令在计算机的路由表中添加路由。例如,要添加默认网关地址

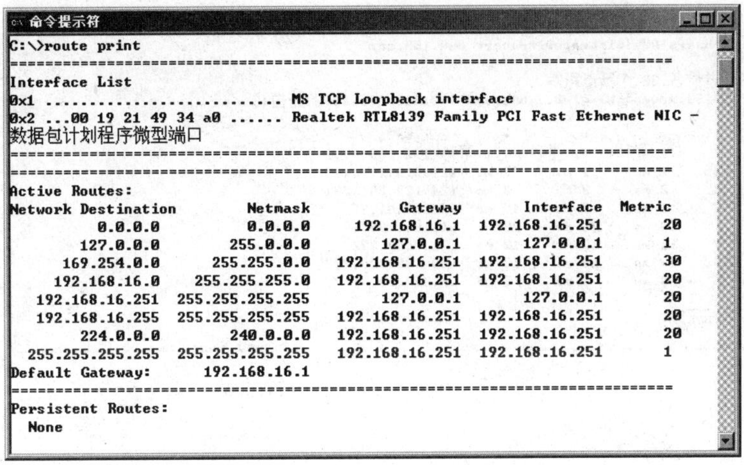

```
C:\>route print

Interface List
0x1 .......................... MS TCP Loopback interface
0x2 ...00 19 21 49 34 a0 ...... Realtek RTL8139 Family PCI Fast Ethernet NIC -
数据包计划程序微型端口
===========================================================================
===========================================================================
Active Routes:
Network Destination        Netmask          Gateway       Interface  Metric
          0.0.0.0          0.0.0.0     192.168.16.1  192.168.16.251     20
        127.0.0.0        255.0.0.0        127.0.0.1       127.0.0.1      1
      169.254.0.0      255.255.0.0   192.168.16.251  192.168.16.251     30
     192.168.16.0    255.255.255.0   192.168.16.251  192.168.16.251     20
   192.168.16.251  255.255.255.255        127.0.0.1       127.0.0.1     20
   192.168.16.255  255.255.255.255   192.168.16.251  192.168.16.251     20
        224.0.0.0        240.0.0.0   192.168.16.251  192.168.16.251     20
  255.255.255.255  255.255.255.255   192.168.16.251  192.168.16.251      1
Default Gateway:       192.168.16.1
===========================================================================
Persistent Routes:
  None
```

图 5-6　使用 Route 命令查看计算机的路由表

为 192.168.12.1 的默认路由,可在"命令提示符"窗口中,输入命令"route add 0.0.0.0 mask 0.0.0.0 192.168.12.1";要添加目标地址为 10.41.0.0,网络掩码为 255.255.0.0,下一个跃点地址为 10.27.0.1 的路由,可输入命令"route add 10.41.0.0 mask 255.255.0.0 10.27.0.1";要添加目标地址为 192.168.1.0,网络掩码为 255.255.255.0,下一个跃点地址为 192.168.1.1 的永久路由,可输入命令"route-p add 192.168.1.0 mask 255.255.255.0 192.168.1.1"。

可以用"route delete"命令在计算机的路由表中删除路由。例如,要删除目标地址为 10.41.0.0,网络掩码为 255.255.0.0 的路由,可在"命令提示符"窗口中输入命令"route delete 10.41.0.0 mask 255.255.0.0";要删除 IP 路由表中以 10. 开始的所有路由,可输入命令"route delete 10.*"。

　　注意:以上只列出了 route 命令的部分使用方法,更具体的应用请查阅系统帮助文件或其他相关资料。

操作 3　测试计算机之间的路由

在 Windows 系统中可以使用 tracert 命令测试计算机之间的路由。tracert 是路由跟踪实用程序,可以探测显示数据包从计算机传递到目标位置经过了哪些中转路由器,以及经过每个路由器所需的时间。如果数据包不能传递到目标,tracert 命令将显示成功转发数据包的最后一个路由器。

使用 tracert 命令测试计算机之间路由的操作步骤为:依次选择"开始"→"程序"→"附件"→"命令提示符"命令,进入"命令提示符"环境。在打开的"命令提示符"窗口中,输入"tracert 目标 IP 地址或域名"命令。图 5-7 显示了 tracert 命令的运行过程。

请查看从你的本地计算机到局域网某计算机、学校主页所在主机以及外网某主机之间的路由,结合本地计算机路由表,思考数据的传输过程。

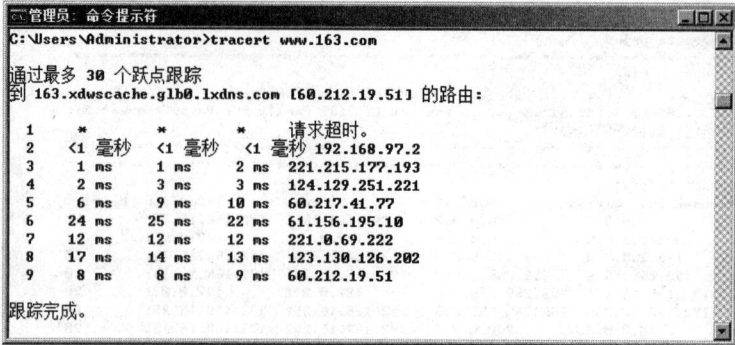

图 5-7　tracert 命令的运行过程

任务 5.2　认识与配置路由器

【任务目的】

（1）理解路由器的作用；
（2）熟悉路由器的类型和用途；
（3）认识路由器的端口和端口模块；
（4）了解路由器的基本配置操作与相关的配置命令；
（5）了解使用路由器连接 VLAN 的方法。

【工作环境与条件】

（1）路由器（本部分以 Cisco 2800 系列路由器为例，也可选用其他品牌型号的路由器或使用 Cisco Packet Tracer、Boson Netsim 等模拟软件）；
（2）Console 线缆和相应的适配器；
（3）安装 Windows 操作系统的 PC；
（4）组建网络所需的其他设备。

【相关知识】

5.2.1　路由器的作用

路由器（Router）工作于网络层，是互联网的主要节点设备，具有判断网络地址和选择路径的功能，它能在多网络互联环境中，建立灵活的连接，可用完全不同的数据分组和介质访问方法连接各种子网。路由器的主要作用有以下几个方面。

1. 网络的互联

路由器可以真正实现网络(广播域)互联,它不仅可以实现不同类型局域网的互联,而且可以实现局域网与广域网的互联以及广域网间的互联。一般异种网络互联与多个子网互联都应采用路由器来完成。

在多网络互联环境中,路由器只接受源站或其他路由器的信息,不关心各网段使用的硬件设备,但要求运行与网络层协议相一致的软件。

2. 路径选择

路由器的主要工作就是为经过路由器的每个数据包寻找一条最佳传输路径,并将该数据有效地传送到目的站点。由此可见,选择最佳路径的策略即路由算法是路由器的关键所在。为了完成这项工作,在路由器中保存着载有各种传输路径相关数据的路由表,供路由选择时使用。路由表可以是由管理员固定设置好的,也可以由系统动态修改,可以由路由器自动调整,也可以由主机控制。

3. 转发验证

路由器在转发数据包之前,路由器可以有选择地进行一些验证工作:当检测到不合法的 IP 源地址或目的地址时,这个数据包将被丢弃;非法的广播和组播数据包也将被丢弃;通过设置包过滤和访问列表功能,限制在某些方向上数据包的转发,就可以提供一种安全措施,使得外部系统不能与内部系统在某种特定协议上进行通信,也可以限制只能是某些系统之间进行通信。这有助于防止一些安全隐患,如防止外部的主机伪装作内部主机通过路由器建立对话。

4. 拆包/打包

路由器在转发数据包的过程中,为了便于在网络间传送数据包,可按照预定的规则把大的数据包分解成适当大小的数据包,到达目的地后再把分解的数据包封装成原有形式。

5. 网络的隔离

路由器不仅可以根据局域网的地址和协议类型,而且可以根据网络标识、主机的网络地址、数据类型等来监控、拦截和过滤信息,因此路由器具有更强的网络隔离能力。这种隔离能力不仅可以避免广播风暴,提高整个网络的性能,更主要的是有利于提高网络的安全和保密性,克服了交换机作为互联设备的最大缺点。因此目前许多网络安全和管理工作是在路由器上实现的,如在路由器上实现的防火墙技术。

6. 流量控制

路由器有很强的流量控制能力,可以采用优化的路由算法来均衡网络负载,从而有效地控制拥塞,避免因拥塞而使网络性能下降。

5.2.2 路由器的分类

1. 按功能分类

路由器从功能上可以分为通用路由器和专用路由器。通用路由器在网络系统中最为常见，以实现一般的路由和转发功能为主，通过选配相应的模块和软件，也可以实现专用路由器的功能。专用路由器是为了实现某些特定的功能而对其软件、硬件、接口等作了专门设计。其中较常用的如 VPN 路由器，它通过强化加密、隧道等特性，实现虚拟专用的功能；访问路由器是另一种专用路由器，用于通过 PSTN 或 ISDN 实现拨号接入，此类路由器会在 ISP 中使用；另外还有语音网关路由器，是专为 VoIP 而设计的。

2. 按结构分类

从结构上，路由器可以分为模块化和固定配置两类。模块化路由器的特点是功能强大、支持的模块多样、配置灵活，可以通过配置不同的模块满足不同规模的要求，此类产品价格较贵。模块化路由器又分为三种，一种是处理器和网络接口均设计为模块化；第二种是处理器是固定配置(随机箱一起提供)，网络接口为模块设计；第三种是处理器和部分常用接口为固定配置，其他接口为模块化。固定配置的路由器常见于低端产品，其特点是体积小、性能一般、价格低、易于安装调试。

3. 按在网络中所处的位置分类

从路由器在网络中所处的位置上，可以把它分为接入路由器、企业级路由器和电信骨干路由器三种。

① 接入路由器也称宽带路由器，是指处于分支机构处的路由器，用于连接家庭或 ISP 内的小型企业客户。接入路由器目前已不只是提供 SLIP 或 PPP 连接，还支持诸如 PPTP 和 IPSec 等虚拟专用网络协议。

② 企业级路由器处于用户的网络中心位置，对外接入电信网络，对下连接各分支机构。企业级路由器能够提供大量的端口且配置容易，支持 QoS。另外企业级路由器能有效地支持广播和组播，支持 IP、IPX 等多种协议，还支持防火墙、包过滤、VLAN 以及大量的管理和安全策略。

③ 电信骨干路由器一般常见于城域网中，承担大吞吐量的网络服务。骨干路由器必须保证其速度和可靠性，都支持热备份、双电源、双数据通路等技术。

5.2.3 路由器的结构

路由器的结构与交换机类似，由硬件和软件两部分组成。其软件部分主要包括操作系统(如 IOS)和配置文件，硬件部分主要包含 CPU、存储介质和端口。

1. CPU

负责执行处理数据包所需的工作，比如维护路由和桥接所需的各种表格以及做出路由决定等。路由器处理数据包的速度很大程度上取决于处理器的类型。

2. 存储介质

路由器的存储介质主要有 ROM(只读存储器)、FLASH(闪存)、NVROM(非易失性随机存储器)和 DRAM(动态随机存储器)。

① ROM：主要保存路由器的引导软件,相当于 PC 中的 BIOS,其内容在系统掉电时不丢失。

② FLASH：主要保存路由器的操作系统和路由器管理程序,维持路由器的正常工作,相当于 PC 中的硬盘,其内容在系统掉电时不丢失。

③ NVROM：主要用于保存路由器的启动配置文件,即操作系统在路由器启动时读入的配置数据,其内容在系统掉电时不丢失。

④ DRAM：主要用于在系统运行期间暂时保存操作系统、存储运行过程中产生的中间数据以及正在运行的配置或活动配置文件,相当于 PC 中的内存,其内容在系统掉电时完全丢失。

3. 端口

路由器的端口类型较多,除控制台端口和辅助端口外,其余物理端口可分为局域网端口和广域网端口两种类型。常见的局域网端口包括以太网端口、快速以太网端口、千兆位以太网端口等;常见的广域网端口包括异步串口、ISDN、BRI(Basic Rate Interface,基本速率接口)、xDSL 等。

【任务实施】

操作 1　认识路由器

(1)现场考察所在学校的校园网,记录校园网中使用的路由器的品牌、型号、价格以及相关技术参数,查看路由器的端口连接与使用情况。

(2)现场考察某企业网,记录该网络中使用的路由器的品牌、型号、价格以及相关技术参数,查看路由器的端口连接与使用情况。

(3)访问路由器主流厂商的网站(如 Cisco、H3C),查看该厂商生产的接入路由器与企业级路由器产品,记录其型号、价格以及相关技术参数。

操作 2　通过 Setup 模式进行路由器最小配置

在初始状态下,路由器还没有配置管理地址,所以只有采用本地控制台登录方式来实现路由器的配置。通过 Console 端口登录路由器的基本步骤与交换机相同,这里不再赘述。

注意：与交换机不同,通常刚刚出厂的路由器必须通过配置后才能正常使用。

Cisco 路由器开机后,首先执行一个加电自检过程,在确认 CPU、内存及各个端口工作正常后,路由器将进入软件初始化过程,其基本过程为:

(1) 从 ROM 中加载 BootStrap 引导程序。

(2) 查找并加载 IOS 映像。

(3) IOS 运行后,将查找硬件和软件部分,并通过控制台终端显示查找的结果。

(4) 在 NVRAM 中查找启动配置文件,并将其所有配置加载到 DRAM 中。

如果在 NVRAM 中没有找到启动配置文件(如刚刚出厂的路由器),而且没有配置为在网络上进行查找,此时系统会提示用户选择进入 Setup 模式,也称为系统配置对话(System Configuration Dialog)模式,如图 5-8 所示。

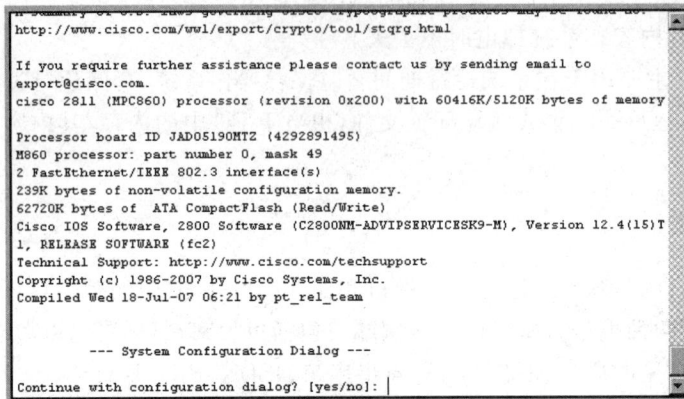

```
http://www.cisco.com/wwl/export/crypto/tool/stqrg.html

If you require further assistance please contact us by sending email to
export@cisco.com.
cisco 2811 (MPC860) processor (revision 0x200) with 60416K/5120K bytes of memory

Processor board ID JAD05190MTZ (4292891495)
M860 processor: part number 0, mask 49
2 FastEthernet/IEEE 802.3 interface(s)
239K bytes of non-volatile configuration memory.
62720K bytes of  ATA CompactFlash (Read/Write)
Cisco IOS Software, 2800 Software (C2800NM-ADVIPSERVICESK9-M), Version 12.4(15)T
1, RELEASE SOFTWARE (fc2)
Technical Support: http://www.cisco.com/techsupport
Copyright (c) 1986-2007 by Cisco Systems, Inc.
Compiled Wed 18-Jul-07 06:21 by pt_rel_team


       --- System Configuration Dialog ---

Continue with configuration dialog? [yes/no]: |
```

图 5-8 选择进入 Setup 模式

在 Setup 模式下,系统会显示配置对话的提示问题,并在很多问题后面的方括号内显示默认的答案,用户按 Enter 键就能使用这些默认值。通过 Setup 模式可以为无法从其他途径找到配置文件的路由器快速建立一个最小配置。图 5-9 给出了利用 Setup 模式对路由器进行配置的部分过程。

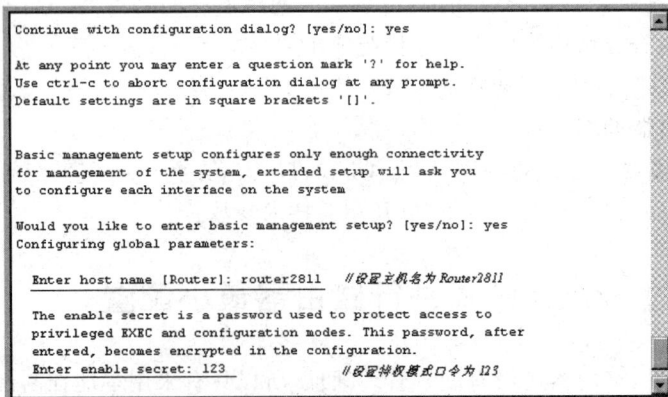

```
Continue with configuration dialog? [yes/no]: yes

At any point you may enter a question mark '?' for help.
Use ctrl-c to abort configuration dialog at any prompt.
Default settings are in square brackets '[]'.

Basic management setup configures only enough connectivity
for management of the system, extended setup will ask you
to configure each interface on the system

Would you like to enter basic management setup? [yes/no]: yes
Configuring global parameters:

  Enter host name [Router]: router2811    //设置主机名为Router2811

  The enable secret is a password used to protect access to
  privileged EXEC and configuration modes. This password, after
  entered, becomes encrypted in the configuration.
  Enter enable secret: 123          //设置特权模式口令为123
```

图 5-9 利用 Setup 模式对路由器进行配置

操作 3　通过命令行方式进行路由器基本配置

1. 切换路由器命令行工作模式

Cisco 路由器与 Cisco 交换机采用相同的操作系统，因此 Cisco 路由器命令行工作模式的切换方法与 Cisco 交换机相同，这里不再赘述。

2. 路由器的基本配置命令

了解交换机的基本配置，如配置路由器的主机名和密码、查看路由器的配置文件、路由器配置文件的备份恢复、路由器接口 IP 地址的设置、静态路由的配置和查看等。具体操作可参考路由器的说明书或其他相关文档，以下给出了通过 Console 端口配置路由器的主机名、密码和以太网 IP 地址的过程。

```
Router>                               //用户模式提示符
Router>enable                         //进入特权模式
Router#                               //特权模式提示符
Router#configure terminal             //进入全局配置模式
Router(config)#hostname R1            //设置路由器的主机名为 R1
R1(config)#                           //全局配置模式提示符
R1(config)#enable secret student      //设置 enable secret 密码为 net
R1(config)#interface F0/0             //进入接口配置模式,对 F0/0 接口进行配置
R1(config-if)#ip address 211.81.192.1 255.255.255.0
//设置路由器的 f0/0 接口的 IP 地址为 211.81.192.1,子网掩码为 255.255.255.0
R1(config-if)#no shutdown             //激活路由器的 F0/0 接口
```

操作 4　利用路由器实现网络连接

在如图 5-10 所示的网络中，一台 Cisco 2811 路由器将两个由 Cisco 2960-24 交换机组建的星形结构网络连接了起来。如果要实现网络的连通，则具体配置过程如下。

1. 为各计算机分配 IP 地址

因为路由器的每一个端口连接的是一个广播域，因此连接在路由器同一端口的计算机的 IP 地址应具有相同的网络标识，连接在路由器不同端口的计算机应具有不同的网络标识。可以把 PC1 和 PC2 的 IP 地址分别设为 192.168.1.2 和 192.168.1.3，PC3 和 PC4 的 IP 地址分别设为 192.168.2.2 和 192.168.2.3，子网掩码均为 255.255.255.0。此时连接在路由器不同端口的计算机是不能通信的。

2. 配置 Cisco 2811 路由器

在 Cisco 2811 路由器上的配置过程为：

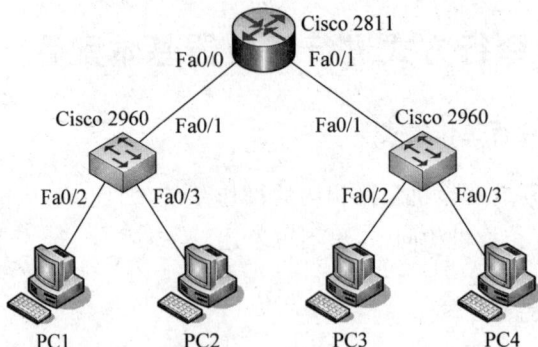

图 5-10　利用路由器实现网络连接示例

```
R2811>enable
R2811#configure terminal
Enter configuration commands,one per line. End with CNTL/Z.
R2811(config)#interface fa 0/0
R2811(config-if)#ip address 192.168.1.1 255.255.255.0
R2811(config-if)#no shutdown
R2811(config)#interface fa 0/1
R2811(config-if)#ip address 192.168.2.1 255.255.255.0
R2811(config-if)#no shutdown
```

3. 为各计算机设置默认网关

路由器端口的 IP 地址是其对应广播域的默认网关,因此 PC1 和 PC2 的默认网关应设为 192.168.1.1,PC3 和 PC4 的默认网关应设为 192.168.2.1,此时连接在路由器不同端口的计算机就可以通信了。

操作 5　利用路由器实现 VLAN 间的路由

在如图 5-11 所示的由一台 Cisco 2960 交换机组建的局域网中,已经将所有的计算机划分为 4 个 VLAN,该交换机的 1 号快速以太网端口属于一个 VLAN;2 号和 3 号快速以太网端口属于一个 VLAN;4 号快速以太网端口属于一个 VLAN;其他端口属于另一个 VLAN。此时各 VLAN 之间是无法通信的。如果要把该局域网中的 VLAN 连接起来,则可将 Cisco 2960 交换机连接到一台 Cisco 2811 路由器上,其中 Cisco 2960 使用的是 12 号快速以太网端口,Cisco 2811 路由器使用的 0 模块的 0 号快速以太网端口。具体配置过程如下。

1. 配置 Cisco 2960 交换机

在 Cisco 2960 交换机上的配置过程为:

170

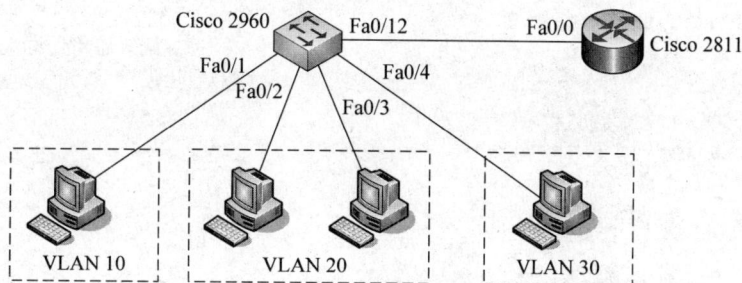

图 5-11　利用路由器实现 VLAN 间路由示例

```
S2960 >enable
S2960 #vlan database                              //进入 VLAN 配置模式
S2960 (vlan)#vlan 10 name stu1                    //创建 ID 号为 10,名称为 stu1 的 VLAN
S2960 (vlan)#vlan 20 name stu2                    //创建 ID 号为 20,名称为 stu2 的 VLAN
S2960 (vlan)#vlan 30 name stu3                    //创建 ID 号为 30,名称为 stu3 的 VLAN
S2960 (vlan)#exit
S2960 #configure terminal
S2960 (config)#interface fa 0/1
S2960 (config-if)#switchport access vlan 10       //将 Fa0/1 端口加入 VLAN 10
S2960 (config-if)#interface fa 0/2
S2960 (config-if)#switchport access vlan 20       //将 Fa0/2 端口加入 VLAN 20
S2960 (config-if)#interface fa 0/3
S2960 (config-if)#switchport access vlan 20       //将 Fa0/3 端口加入 VLAN 20
S2960 (config-if)#interface fa 0/4
S2960 (config-if)#switchport access vlan 30       //将 Fa0/4 端口加入 VLAN 30
S2960 (config)#interface fa 0/12
S2960 (config-if)#swithport mode trunk             //将 Fa0/12 配置成 Trunk 模式
S2960 (config-if)#switchport trunk allowed vlan all
//允许所有 VLAN 的数据包通过本通道传输,此处也可指明 VLAN 具体的 ID 号
```

2. 为各计算机分配 IP 地址

因为每个 VLAN 是一个广播域,因此同一个 VLAN 中计算机的 IP 地址应具有相同的网络标识,不同 VLAN 中的计算机应具有不同的网络标识。例如可以把 VLAN10 中的计算机 IP 地址设为 192.168.10.2,VLAN20 中的计算机 IP 地址设为 192.168.20.2 和 192.168.20.3,VLAN30 中的计算机 IP 地址设为 192.168.30.2,子网掩码均为 255.255.255.0。此时处在不同 VLAN 中的计算机是不能通信的。

3. 配置 Cisco 2811 路由器

在 Cisco 2811 路由器上的配置过程为:

```
Router>enable
Router#configure terminal
```

```
Router(config)#hostname R2811
R2811(config)#interface fa 0/0                    //选择配置路由器的 Fa0/0 端口
R2811(config-if)#no shutdown                      //启用端口
R2811(config-if)#interface fa 0/0.1               //创建子端口
R2811(config-subif)#encapsulation dot1q 10
//指明子端口承载 VLAN10 的流量,并定义封装类型
R2811(config-subif)#ip address 192.168.10.1 255.255.255.0
//配置子端口的 IP 地址为 192.168.10.1/24,该子端口为 VLAN10 的网关
R2811(config-subif)#interface fa 0/0.2
R2811(config-subif)#encapsulation dot1q 20
R2811(config-subif)#ip address 192.168.20.1 255.255.255.0
//配置子端口的 IP 地址为 192.168.20.1/24,该子端口为 VLAN20 的网关
R2811(config-subif)#interface fa 0/0.3
R2811(config-subif)#encapsulation dot1q 30
R2811(config-subif)#ip address 192.168.30.1 255.255.255.0
//配置子端口的 IP 地址为 192.168.30.1/24,该子端口为 VLAN30 的网关
```

4. 为各计算机设置默认网关

路由器的子端口是其对应 VLAN 的默认网关,因此 VLAN10 中的计算机的默认网关应设为 192.168.10.1,VLAN20 中的计算机的默认网关应设为 192.168.20.1,VLAN30 中的计算机的默认网关应设为 192.168.30.1。此时处在不同 VLAN 中的计算机就可以通信了。

5. 测试 VLAN 间的连通性

可以使用 ping 命令和 tracert 命令测试各 VLAN 中计算机间的连通性。

习 题 5

1. 判断题

(1) 路由器的工作就是接收信息分组,根据当前网络的情况将其导向最有效的路径。
（　　）

(2) 路由器的路由选择表是固定不变的。（　　）

(3) 路由器互连的是多个不同的逻辑网络,每个逻辑子网具有不同的网络地址。
（　　）

(4) 路由器连接的物理网络只能是异类网络。（　　）

(5) 路由器接收信息分组并读取信息分组中的目的网络地址,若路由器没有直接连接到目的网络上,则停止数据发送。（　　）

(6) 为了确保路由选择的正确无误,路由表必须及时更新,并准确地反映互联网中的当前情况。（　　）

(7) 静态路由需要手工将路由选择信息输入到路由选择表中,故很难维护。（　　）

(8) 动态路由能够在网络上自动配置,在没有管理员干预的情况下可创建并维护路由选择表。　　　　　　　　　　　　　　　　　　　　　　　　　　　　(　　)

(9) 路由器比网桥以及其他网络互联设备有更强大的异种网络互连能力和更好的安全性。　　　　　　　　　　　　　　　　　　　　　　　　　　　　　　　　　(　　)

(10) 两台连在不同子网上的计算机需要通信时,不一定必须经过路由器转发。

(　　)

(11) 路由器接收信息分组并读取信息分组中的目的网络地址,如果它不知道下一跳路由器的地址,则将包丢弃。　　　　　　　　　　　　　　　　　　　　　　　(　　)

(12) 当数据包通过网络传送时,它的物理地址是变化的,但它的网络地址是不变的。

(　　)

(13) 基于路由器的互联网络的多台计算机可以共同分配同一个网络地址。　(　　)

(14) 路由器只能连接相同网络拓扑结构的子网。　　　　　　　　　　　　(　　)

(15) 由于路由器不在子网之间转发广播信息,具有很强的隔离广播信息的能力。

(　　)

(16) 路由器可以在广域网中使用,还可以在大型复杂的互联网中使用,但不能在局域网中使用。　　　　　　　　　　　　　　　　　　　　　　　　　　　　　(　　)

(17) 路由器工作在数据链路层。　　　　　　　　　　　　　　　　　　　(　　)

(18) 路由器的主要工作就是为经过路由器的每个数据包寻找一条最佳传输路径,并将该数据包有效地传送到目的站点。　　　　　　　　　　　　　　　　　　(　　)

(19) route 命令可以在本地 IP 路由表中显示和修改条目。　　　　　　　(　　)

(20) 路由器的第一次设置必须通过 Console 端口使用配置专用连线直接连接至计算机的串口,利用终端仿真程序进行路由器本地设置。　　　　　　　　　　(　　)

2. 单项选择题

(1) 在(　　),路由器通过路由协议交换网络的拓扑结构,然后依照网络的拓扑结构动态地生成路由表。

　　A. 存储部分　　　　B. 控制部分　　　　C. 电源部分　　　　D. 数据通路部分

(2) 路由器的(　　),从输入线路接收 IP 包,分析与修改包头,使用转发表查找输出端口,把数据交换到输出线路上。

　　A. 存储部分　　　　B. 控制部分　　　　C. 电源部分　　　　D. 数据通路部分

(3) 能够对数据分组进行路由选择的设备是(　　)。

　　A. 通信控制器　　　B. 交换机　　　　　C. 多路复用器　　　D. 路由器

(4) 使用 tracert 命令测试网络时,可以(　　)。

　　A. 检验链路协议是否运行正常

　　B. 检验目标网络是否在路由表中

　　C. 检验应用程序是否正常

　　D. 显示分组到达路径上经过的各路由器

(5) 交换机与路由器在用户模式下均可对(　　)进行查询。

     A. 服务器   B. 计算机   C. 配置信息   D. 接口

(6) 在一个自治系统内部路由器使用的路由协议,称为(　　)。

     A. 网络控制协议   B. 内部网关协议   C. 外部网关协议   D. 控制报文协议

(7) 跨越不同的管理域的路由器所使用的协议,称为(　　)。

     A. 网络控制协议   B. 内部网关协议   C. 外部网关协议   D. 控制报文协议

(8) (　　)负责路由信息的交换。

     A. DNS   B. SNMP   C. RIP/OSPF   D. Telnet

3. 多项选择题

(1) 路由器内部,可以划分为(　　)。

     A. 存储部分   B. 控制部分   C. 电源部分   D. 数据通路部分

(2) 路由器最基本的功能是(　　)。

     A. 路由选择   B. 缓存数据   C. 数据转发   D. 防止病毒

(3) 路由器必须具备的两个基本功能是(　　)。

     A. 防病毒功能

     B. 确定通过互联网到达目的网络的最佳路径

     C. 视频信号传输

     D. 完成信息分组的传送

(4) 路由表有(　　)两种维护方式。

     A. 静态   B. 动态   C. 选择   D. 非选择

(5) 目前,广泛使用的路由选择算法有(　　)。

     A. 链路状态路由选择算法   B. 空间距离路由选择算法

     C. 距离矢量路由选择算法   D. 路由数量路由选择算法

(6) 下列属于路由器的主要特点的是(　　)。

     A. 较强的异种网络互联能力   B. 较强流量控制

     C. 较好的安全性和可管理维护性   D. 隔离能力较强

4. 问答题

(1) 简述路由表的结构和作用。

(2) 简述静态路由与动态路由的区别。

(3) 简述默认路由的作用。

(4) 简述路由器的主要作用。

(5) 路由器有哪些分类方法?按照不同的分类方法可将路由器分为哪些类型?

5. 技能题

(1) 阅读说明后回答问题。

说明: 假设有主机 A(IP 地址为"202.208.2.4"),通过路由器 R1 向主机 B(IP 地址为"202.208.32.8")发送信息,从 A 到 B 要经过多个路由器,根据路由表,已知最佳路径为 R1→R2→R5。

问题：试根据路由器的工作原理，说明信息从主机 A 发送到主机 B 的数据传输过程。

（2）查看计算机路由表及两台计算机之间的路由。

【内容及操作要求】

- 查看本地计算机路由表，根据路由表写出计算机的 IP 地址、子网掩码和默认网关。
- 查看本地计算机到局域网另一台计算机之间的路由，结合路由表说明数据的传输过程。
- 查看本地计算机到学校网站所在主机的路由，结合路由表说明数据的传输过程。
- 查看本地计算机到 Internet 某主机的路由，结合路由表说明数据的传输过程。

【准备工作】

安装 Windows 7 或以上操作系统的计算机；能接入 Internet 的局域网。

【考核时限】

30min。

（3）Cisco 交换机的 VLAN 连接。

【内容及操作要求】

按照如图 5-12 所示的拓扑图连接网络，按要求划分 3 个 VLAN。要求使用路由器实现 VLAN 之间的连接，为网络中的计算机设置 IP 地址信息，并对网络的连通情况进行验证。

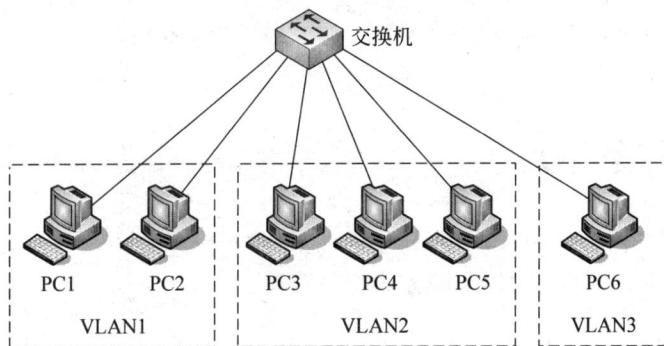

图 5-12　Cisco 交换机 VLAN 配置练习

【准备工作】

1 台 Cisco 2960 系列交换机；1 台 Cisco 2811 系列路由器；6 台安装 Windows 7 或以上操作系统的计算机；Console 线缆及其适配器若干；制作好的双绞线跳线若干。

【考核时限】

40min。

工作单元 6　接入 Internet

　　广域网通常使用电信运营商建立和经营的网络,它的地理范围大,可以跨越国界到达世界上任何地方。电信运营商将其网络分次(拨号线路)或分块(租用专线)出租给用户以收取服务费用。个人计算机或局域网接入 Internet 时,必须通过广域网的转接。采用何种接入技术从很大程度上决定了局域网与外部网络进行通信的速度。本单元的主要目标是了解常见的接入技术,能够利用 ADSL、光纤以太网等常见接入技术实现个人计算机或小型局域网与 Internet 的连接。

任务 6.1　选择接入技术

【任务目的】

　　(1) 了解广域网的设备和常见技术;
　　(2) 了解接入网的基本知识;
　　(3) 能够合理的选择接入技术。

【工作环境与条件】

　　(1) 正常联网并接入 Internet 的 PC;
　　(2) 本地区各 ISP 提供的接入服务的相关资料。

【相关知识】

6.1.1　广域网设备

　　广域网主要是为了实现大范围内的远距离数据通信,因此广域网在网络特性和技术实现上与局域网存在明显的差异。

　　广域网中的设备多种多样。通常把放置在用户端的设备称为客户端设备(CPE,Customer Premise Equipment),又称为数据终端设备(DTE,Data Terminal Equipment)。DTE 是广域网中进行通信的终端系统,如路由器、终端或 PC。大多数 DTE 的数据传输能力有限,两个距离较远的 DTE 不能直接连接起来进行通信。所以,DTE 首先应使用铜缆或者光纤连接到最近服务提供商的中心局 CO(Central Office)设备,再接入广域网。从 DTE 到 CO 的这段线路称为本地环路。在 DTE 和 WAN 网络之间提供接口的设备称为数据电路终端设备(DCE,Data Circuit-terminal Equipment),如 WAN 交换机或调制解调器(modem)。DCE 将来自 DTE 的用户数据转变为广域网设备可接受的形式,提供网络内的同步服务和交换服务。DTE 和 DCE 之间的接口要遵循物理层协议即物理层的接口标准,如 RS-232、X. 21、V. 24、V. 35 和 HSSI 等。当通信线路为数字线路时,设备还需要一个信道服务单元(CSU,Channel Service Unit)和一个数据服务单元(DSU,Data Service Unit),这两个单元往往合并为同一个设备,内建于路由器的接口卡中。而当通信线路为模拟线路时,则需要使用调制解调器。图 6-1 所示的示例说明了 DTE 和 DCE 之间的关系。

终端/PC　　　调制解调器　　　　　　WAN交换机　　　路由器
DTE　　　　　DCE　　　　　　　　　DCE　　　　　DTE

图 6-1　DTE 和 DCE 示例

常用的广域网设备包括以下几种。

① 路由器:提供诸如局域网互联、广域网接口等多种服务,包括局域网和广域网的设备连接端口。

② WAN 交换机:连接到广域网带宽上,进行语音、数据资料及视频通信。WAN 交换机是多端口的网络设备,通常进行帧中继、X. 25 及交换百万位数据服务(SMDS)等流量的交换。WAN 交换机通常工作于 OSI 参考模型的数据链路层。

③ 调制解调器:包括针对各种语音级服务的不同接口,负责数字信号和模拟信号的转换。计算机在发送数据时,先由 Modem 把数字信号转换为相应的模拟信号,这个过程称为"调制"。经过调制的信号通过模拟通信线路传送到另一台计算机之前,也要经由接收方的 Modem 负责把模拟信号还原为计算机能识别的数字信号,这个过程称为"解调"。

④ 通信服务器:汇聚拨入和拨出的用户通信。

6.1.2　广域网技术

广域网能够提供路由器、交换机以及它们所支持的局域网之间的数据分组/帧交换。OSI 参考模型同样适用于广域网,但广域网只定义了下三层,即物理层、数据链路层和网络层。

① 物理层:物理层协议主要描述如何面对广域网服务提供电气、机械、规程和功能特性。广域网的物理层描述的连接方式,分为电路交换连接、分组交换连接、专用或专线连接 3 种类型。广域网之间的连接无论采用何种连接方式,都使用同步或异步串行连接。还有许多物理层标准定义了 DTE 和 DCE 之间接口的控制规则,例如 RS-232、RS-449、

X.21、V.24、V.35 等。

② 数据链路层：广域网数据链路层定义了传输到远程站点的数据的封装格式，并描述了在单一数据路径上各系统间的帧传送方式。

③ 网络层：网络层的主要任务是设法将源结点出的数据包传送到目的结点，从而向传输层提供最基本的端到端的数据传送服务。常见的广域网网络层协议有 CCITT 的 X.25 协议和 TCP/IP 协议中的 IP 协议等。

1. 电路交换广域网

电路交换是广域网的一种交换方式，即在每次会话过程中都要建立、维持和终止一条专用的物理电路。公共电话交换网和综合业务数字网(ISDN)都是典型的电路交换广域网。

(1) 公共电话交换网

公共电话交换网(Public Switched Telephone Network，PSTN)是以电路交换技术为基础的用于传输话音的网络。PSTN 概括起来主要由三部分组成：本地环路、干线和交换机。其中干线和交换机一般采用数字传输和交换技术，而本地环路(也称用户环路)即用户到最近的交换局或中心局这段线路，基本上采用模拟线路。由于 PSTN 的本地回路是模拟的，因此当两台计算机想通过 PSTN 传输数据时，中间必须经双方 Modem 实现计算机数字信号与模拟信号的相互转换。

(2) 综合业务数字网

综合业务数字网(Integrated Services Digital Network，ISDN)是一个数字电话网络国际标准，是一种典型的电路交换网络系统。它通过普通的铜缆以更高的速率和质量传输话音和数据。ISDN 具有以下特点。

① 利用一对用户线可以提供电话、传真、可视图文用数据通信等多种业务。若用户需要更高速率的信息，可以使用一次群用户接口，连接用户交换机、可视电话、会议电视或计算机局域网。此外 ISDN 用户在每一次呼叫时，都可以根据需要选择信息速率、交换方式等。

② 能够提供端到端的数字连接，具有优良的传输性能。

③ ISDN 使用标准化的用户接口，该接口有基本速率接口和一次群速率接口。基本速率接口有两条 64Kb/s 的信息通路和一条 16Kb/s 的信令通路，简称 2B＋D；一次群接口有 30 条 64Kb/s 的信息通路和一条 64Kb/s 的信令通路，简称 30B＋D。标准化的接口能够保证终端间的互通。1 个 ISDN 的基本速率用户接口最多可以连接 8 个终端，而且使用标准化的插座，易于各种终端的接入。

④ 用户可以根据需要，在一对用户线上任意组合不同类型的终端，例如可以将电话机、传真机和 PC 连接在一起，可以同时打电话，发传真或传送数据。

⑤ ISDN 的终端可以在通信过程中暂停正在进行的通信，然后在需要时再恢复通信。用户可以在通信暂停后将终端将移至其他的房间，插入插座后再恢复通信，同时还可以设置恢复通信的身份密码。

⑥ ISDN 是通过电话网的数字化发展而成的，因此只需在已有的通信网中增添或更

改部分设备即可以构成 ISDN 通信网,节省了投资。

2. 分组交换广域网

与电路交换相比,分组交换(也称包交换)是针对计算机网络设计的交换技术,可以最大限度地利用带宽,目前大多数广域网是基于分组交换技术的。

(1) X.25 网络

X.25 网络是第一个公共数据网络,是一种比较容易实现的分组交换服务,其数据分组包含 3 字节头部和 128 字节数据部分。X.25 网络运行 10 年后,在 20 世纪 80 年代被帧中继网络所取代。

(2) 帧中继

帧中继(Frame Relay)是一种用于连接计算机系统的面向分组的通信方法,主要用于公共或专用网上的局域网互联以及广域网连接。帧中继的主要特点有:

① 使用光纤作为传输介质,因此误码率极低,能实现近似无差错传输,减少了进行差错校验的开销,提高了网络的吞吐量;

② 帧中继是一种宽带分组交换,使用复用技术时,其传输速率可高达 44.6Mb/s。但是帧中继不适合于传输诸如语音、电视等实时信息,仅限于传输数据。

(3) ATM

ATM(Asynchronous Transfer Mode,异步传输模式)又叫信元中继,是在分组交换基础上发展起来的一种传输模式。ATM 是一种采用具有固定长度的分组(信元)的交换技术,每个信元长 53 字节,其中报头占 5 字节,主要完成寻址的功能。之所以称其为异步,是因为来自某一用户的、含有信息的各个信元不需要周期性出现,也就是不需要对发送方的信号按一定的步调(同步)进行发送,这是 ATM 区别于其他传输模式的一个基本特征。ATM 是一种面向连接的技术,信元通过特定的虚拟电路进行传输,虚拟电路是ATM 网络的基本交换单元和逻辑通道。当发送端想要和接收端通信时,首先要向接收端发送要求建立连接的控制信号,接收端通过网络收到该控制信号并同意建立连接后,一个虚拟电路就会被建立,当数据传输完毕后还需要释放该连接。

ATM 技术的主要特点有:

① ATM 是一种面向连接的技术,采用小的,固定长度的数据传输单元,时延小,实时性较好。

② 各类信息均采用信元为单位进行传送,能够支持多媒体通信。

③ 采用时分多路复用方式动态的分配网络,网络传输延迟小,适应实时通信的要求。

④ 没有链路对链路的纠错与流量控制,协议简单,数据交换率高。

⑤ ATM 的数据传输率在 155Mb/s～2.4Gb/s。

(4) MPLS

MPLS(Multi-Protocol Label Switching,多协议标签交换)是一种用于快速数据包交换和路由的体系,它为网络数据流量提供了目标、路由、转发和交换等能力。MPLS 独立于第二层和第三层协议,它提供了一种方式,将 IP 地址映射为简单的具有固定长度的标签,用于不同的包转发和包交换技术。MPLS 是现有路由和交换协议的接口,如 IP、

ATM、帧中继、资源预留协议(RSVP)、开放最短路径优先(OSPF)等。

3. DDN

DDN(Digital Data Network,数字数据网)是一种利用数字信道提供数据通信的传输网,它主要提供点到点及点到多点的数字专线或专网。DDN 由数字通道、DDN 结点、网管系统和用户环路组成。DDN 的传输介质主要有光纤、数字微波、卫星信道等。DDN 采用了计算机管理的数字交叉连接技术,为用户提供半永久性连接电路,即 DDN 提供的信道是非交换、用户独占的永久虚电路。一旦用户提出申请,网络管理员便可以通过软件命令改变用户专线的路由或专网结构,而无须经过物理线路的改造扩建工程,因此 DDN 极易根据用户的需要,在约定的时间内接通所需带宽的线路。DDN 为用户提供的基本业务是点到点的专线。从用户角度来看,租用一条点到点的专线就是租用了一条高质量、高带宽的数字信道。

DDN 专线与电话专线的区别在于:电话专线是固定的物理连接,而且电话专线是模拟信道,带宽窄、质量差、数据传输率低;而 DDN 专线是半固定连接,其数据传输率和路由可随时根据需要申请改变。另外,DDN 专线是数字信道,其质量高、带宽宽,并且采用热冗余技术,具有路由故障自动迂回功能。

DDN 与分组交换网的区别在于:DDN 是一个全透明的网络,采用同步时分复用技术,不具备交换功能,利用 DDN 的主要方式是定期或不定期地租用专线,适合于需要频繁通信的 LAN 之间或主机之间的数据通信。DDN 网提供的数据传输率一般为 2Mb/s,最高可达 45Mb/s 甚至更高。

4. SDH

SDH(Synchronous Digital Hierarchy,同步数字系列)是一种将复接、线路传输及交换功能融为一体,并由统一网管系统操作的综合信息传送网络。它建立在 SONET(同步光网络)协议基础上,可实现网络有效管理、实时业务监控、动态网络维护、不同厂商设备间的互通等多项功能,能大大提高网络资源利用率,降低管理及维护费用,实现灵活可靠和高效的网络运行与维护。

SDH 传输系统在国际上有统一的帧结构,数字传输标准速率和标准的光路接口,使网管系统互通,因此有很好的横向兼容性,形成了全球统一的数字传输体制标准,提高了网络的可靠性。SDH 有多种网络拓扑结构,有传输和交换的性能,它的系列设备的构成能通过功能块的自由组合,实现了不同层次和各种拓扑结构的网络,十分灵活。SDH 属于 OSI 模型的物理层,并未对高层有严格的限制,因此可在 SDH 上采用各种网络技术,支持 ATM 或 IP 传输。

由于以上所述的众多特性,SDH 在广域网和专用网领域得到了巨大的发展。各大电信运营商都已经大规模建设了基于 SDH 的骨干光传输网络,一些大型的专用网络也采用了 SDH 技术,架设系统内部的 SDH 光环路,以承载各种业务。

6.1.3　Internet 与 Internet 接入网

1. Internet

Internet,中文正式译名为因特网,又叫做国际互联网。它是由使用公用语言互相通信的计算机连接而成的全球网络。1995 年 10 月 24 日,"联合网络委员会"(FNC)通过了一项关于"Internet"的决议,"联合网络委员会"认为,下述语言反映了对"Internet"这个词的定义。

Internet 指的是全球性的信息系统:

① 通过全球性的唯一的地址逻辑地链接在一起。这个地址是建立在"Internet 协议"(IP)或今后其他协议基础之上的。

② 可以通过"传输控制协议"(TCP)和"Internet 协议"(IP),或者今后其他接替的协议或与"Internet 协议"(IP)兼容的协议来进行通信。

③ 以让公共用户或者私人用户使用高水平的服务。这种服务是建立在上述通信及相关的基础设施之上的。

"联合网络委员会"是从技术的角度来定义 Internet 的,这个定义至少揭示了三个方面的内容:首先,Internet 是全球性的;其次,Internet 上的每一台主机都需要有"地址";最后,这些主机必须按照共同的规则(协议)连接在一起。

2. Internet 接入网

作为承载 Internet 应用的通信网,宏观上可划分为接入网和核心网两大部分。接入网(AN:Access Network)主要用来完成用户接入核心网的任务。在 ITU-T 建议 G.963 中接入网被定义为:本地交换机(即端局)与用户端设备之间的连接部分,通常包括用户线传输系统、复用设备、数字交叉连接设备和用户/网络接口设备。

在当今核心网已逐步形成以光纤线路为基础的高速信道情况下,国际权威专家把宽带综合信息接入网比作信息高速公路的"最后一英里",并认为它是信息高速公路中难度最大、耗资最大的一部分,是信息基础建设的瓶颈。

Internet 接入网分为主干系统、配线系统和引入线 3 部分。其中主干系统为传统电缆和光缆;配线系统也可能是电缆或光缆,长度一般为几百米;而引入线通常为几米到几十米,多采用铜线。接入网的物理参考模型如图 6-2 所示。

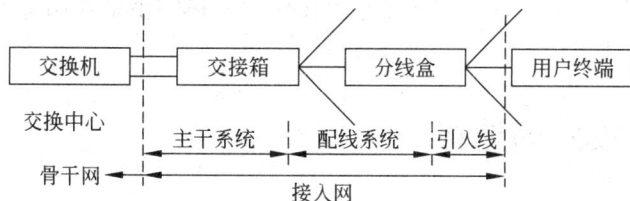

图 6-2　接入网的物理参考模型

3. ISP、ICP 和 IDC

ISP 是用户接入 Internet 的服务代理和用户访问 Internet 的入口点。ISP(Internet Service Provider)就是 Internet 服务提供者,具体是指为用户提供 Internet 接入服务、为用户制订基于 Internet 的信息发布平台以及提供基于物理层技术支持的服务商,包括一般意义上所说的网络接入服务商(IAP)、网络平台服务商(IPP)和目录服务提供商(IDP)。ISP 是用户和 Internet 之间的桥梁,它位于 Internet 的边缘,用户通过某种通信线路连接到 ISP,借助 ISP 与 Internet 的连接通道便可以接入 Internet,如图 6-3 所示。

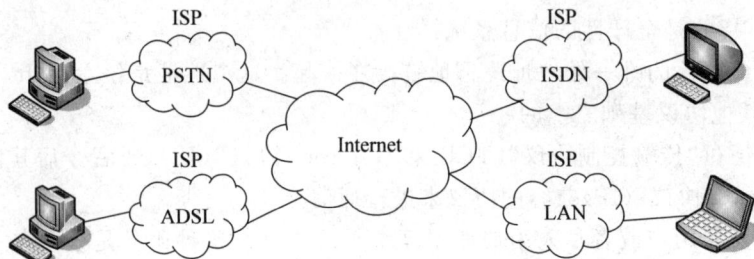

图 6-3　通过 ISP 接入 Internet

各国和各地区都有自己的 ISP,在我国具有国际出口线路的四大 Internet 运营机构(CHINANET、CHINAGBN、CERNET、CASNET)在全国各地都设置了自己的 ISP 机构。CHINANET 是我国电信部门经营管理的基于 Internet 网络技术的中国公用 Internet 网,通过 CHINANET 的灵活接入方式和遍布全国各城市的接入点,可以方便地接入国际 Internet,享用 Internet 上的丰富资源和各种服务。CHINANET 由核心层、区域层和接入层组成,核心层主要提供国内高速中继通道和连接接入层,同时负责与国际 Internet 的互联;接入层主要负责提供用户端口以及各种资源服务器。

ICP(Internet Content Provider,Internet 内容提供商)指利用 ISP 线路,通过设立的网站向广大用户综合提供信息业务和增值业务,允许用户在其域名范围内进行信息发布和信息查询,像新浪、搜狐、163、21CN 等都是国内知名的 ICP。

IDC(Internet Data Center,Internet 数据中心)是电信部门利用已有的 Internet 通信线路、带宽资源,建立标准化的电信专业级机房环境,为企业、政府提供服务器托管、租用以及相关增值等方面的全方位服务。通过使用电信的 IDC 服务器托管业务,企业或政府单位无须再建立自己的专门机房、铺设昂贵的通信线路,也无须高薪聘请网络工程师,即可解决自己使用 Internet 的许多专业需求。IDC 主机托管主要应用范围是网站发布、虚拟主机和电子商务等。

6.1.4　接入技术的选择

1. 接入技术的分类

针对不同的用户需求和不同的网络环境,目前有多种接入技术可供选择。按照传输介质的不同,可将接入网分为有线接入和无线接入两大类型,如表 6-1 所示。

表 6-1   接入网类型

		PSTN 拨号：56kb/s
		ISDN：单通道 64kb/s,双通道 128kb/s
	铜缆	ADSL：下行 256kb/s～8Mb/s,上行 1Mb/s
		VDSL：下行 12～52Mb/s,上行 1Mb/s～16Mb/s
有线接入		Ethernet：10/100/1000Mb/s,10Gb/s
	光纤	APON：对称 155Mb/s,非对称 622Mb/s
		EPON：1Gb/s
	混合	HFC(混合光纤同轴电缆)：下行 36Mb/s,上行 10Mb/s
		PLC(电力线通信网络)：2～100Mb/s
	固定	WLAN：2～56Mb/s
无线接入	激光	FSO(自由空间光通信)：155Mb/s～10Gb/s
	移动	GPRS(无线分组数据系统)：171.2kb/s

从上表可以看出,不同的接入技术需要不同的设备,能提供不同的传输速度,用户应根据实际需求选择合适的接入技术。从目前的情况来看,电信运营商采用的宽带接入策略是在新建小区大力推行综合布线,通过以太网接入;而对旧住宅区及商业楼宇中的分散用户则主要利用已有的铜缆电话线,提供 ADSL 或其他合适的 DSL 接入手段;对于用户集中的商业大楼,则采用综合数据接入设备或直接采用光纤传输设备。

2. ISP 的选择

用户能否有效地访问 Internet 与所选择的 ISP 直接相关,选择 ISP 时应注意以下方面。

(1) ISP 所在的位置

在选择 ISP 时,首先应考虑本地的 ISP,这样可以减少通信线路的费用,得到更可靠的通信线路。

(2) ISP 的性能

① 可靠性：ISP 能否保证用户与 Internet 的顺利连接,在连接建立后能否保证连接不中断,能否提供可靠的域名服务器、电子邮件等服务。

② 传输速率：ISP 能否与国家或国际 Internet 主干连接。

③ 出口带宽：ISP 的所有用户将分享 ISP 的 Internet 连接通道,如果 ISP 的出口带宽比较窄,可能成为用户访问 Internet 的瓶颈。

(3) ISP 的服务质量

对 ISP 服务质量的衡量是多方面的,如所能提供的增值服务、技术支撑、服务经验和收费标准等。增值服务是指为用户提供接入 Internet 以外的一些服务,如根据用户的需求定制安全策略、提供域名注册服务等。技术支持除了保证一天 24 小时的连续运行外,还涉及能否为客户提供咨询或软件升级等服务。ISP 的服务质量与其经营理念、服务历史及客户情况等有关。目前 ISP 常见的收费标准包括按传输的信息量收费、按与 ISP 建立连接的时间收费或按照包月、包年等形式收费。

【任务实施】

操作 1　了解本地 ISP 提供的接入业务

　　了解本地区主要 ISP 的基本情况,通过 Internet 登录其网站或走访其业务厅,了解该 ISP 能提供哪些宽带业务,了解这些宽带业务的主要技术特点和资费标准,思考这些宽带业务分别适合于什么样的用户群。

操作 2　了解本地家庭用户使用的接入业务

　　走访本地区采用不同接入技术接入 Internet 的家庭用户,了解其所使用的接入设备及相关费用,了解使用相应接入技术访问 Internet 时的速度和质量。

操作 3　了解本地局域网用户使用的接入业务

　　走访本地区采用不同接入技术接入 Internet 的局域网用户(如学校、网吧、企事业单位等),了解其所使用的接入设备及相关费用,了解使用相应接入技术访问 Internet 时的速度和质量。

任务 6.2　利用 ADSL 接入 Internet

【任务目的】

　　(1) 了解 ADSL 技术的基本知识;
　　(2) 熟悉常见的 ADSL 接入方式;
　　(3) 掌握使用外置 ADSL Modem 将计算机接入 Internet 的方法。

【工作环境与条件】

　　(1) 已经申请的 ADSL 服务;
　　(2) ADSL Modem 及相关设备;
　　(3) 安装 Windows 操作系统的 PC。

【相关知识】

6.2.1　DSL 技术

DSL(Digital Subscriber Line,数字用户线路)技术是基于普通电话线的宽带接入技术。它可以在电话线上分别传送数据和语音信号,其中数据信号并不通过电话交换设备。DSL 有许多模式,如 ADSL、RADSL、HDSL 和 VDSL 等,一般称为 xDSL。它们主要的区别体现在信号传输速度和距离的不同以及上行速率和下行速率对称性的不同这两个方面。

HDSL 与 SDSL 支持对称的 T1/E1 传输。其中 HDSL 的有效传输距离为 3～4km,且需要 2～4 对铜质双绞电话线;SDSL 最大有效传输距离为 3km,只需一对铜线。比较而言,对称 DSL 更适用于企业点对点连接应用,如文件传输、视频会议等。

VDSL、ADSL 和 RADSL 属于非对称式传输。其中 VDSL 技术是 xDSL 技术中最快的一种,但其传输距离只在几百米以内;ADSL 在一对铜线上支持上行速率 640Kb/s 到 1Mb/s,下行速率 256Kb/s 到 8Mb/s,有效传输距离在 3～5km;RADSL 能够提供的速度与 ADSL 基本相同,但它可以根据铜线的质量优劣和传输距离动态调整用户的访问速度。

6.2.2　ADSL 技术的特点

ADSL(Asymmetric Digital Subscriber Line,非对称数字用户线路)是一种非对称的 DSL 技术,所谓非对称是指用户线的上行速率与下行速率不同,上行速率低,下行速率高,特别适合传输多媒体信息业务,如视频点播(VOD)、多媒体信息检索和其他交互式业务。

传统的电话线系统使用的是铜线的低频部分(4kHz 以下频段)。而 ADSL 采用 DMT(离散多音频)技术,将原来电话线路 0kHz 到 1.1MHz 频段划分成 256 个频宽为 4.3kHz 的子频带。其中,4kHz 以下频段用于传送传统电话业务,20～138kHz 的频段用来传送上行信号,138kHz～1.1MHz 的频段用来传送下行信号。DMT 技术可以根据线路的情况调整在每个信道上所调制的比特数,以便充分的地利用线路。由上可以看到,对于原先的电话信号而言,仍使用原先的频带,而基于 ADSL 的业务,使用的是话音以外的频带。所以,原先的电话业务不受任何影响。

ADSL 技术具有以下特点:

① 可直接利用现有用户电话线,节省投资。

② 可享受高速的网络服务,为用户提供上、下行不对称的传输带宽。

③ 上网同时可以打电话,互不影响,ADSL 传输的数据并不通过电话交换机,所以上网时不需要另交电话费。

④ 安装简单,不需要另外申请增长率加线路,只需要在普通电话线上加装 ADSL Modem,在计算机上装上网卡即可。

⑤ ADSL 的数据传输速率是根据线路的情况自动调整的,它以"尽力而为"的方式进行数据传输。

6.2.3　ADSL 通信协议

利用 ADSL 接入的方式主要有 PPPoA、PPPoE 虚拟拨号方式、专线方式和路由方式4 种,每种方式支持的协议是不一样的。一般用户多采用 PPPoA、PPPoE 虚拟拨号方式,用户没有固定的 IP 地址,使用 ISP 分配的用户账户进行身份验证。而企业用户更多的选择静态 IP 地址的专线方式和路由方式。

1. PPPoE 协议

PPPoE(point to point protocol over Ethernet)的中文名称为以太网的点到点连接协议,这个协议是为了满足越来越多的宽带上网设备和越来越快的网络之间的通信而制订的标准,它基于两个被广泛接受的标准即 Ethernet 和 PPP(点对点拨号协议)。PPPoE 的实质是以太网和拨号网络之间的一个中继协议,继承了以太网的快速和 PPP 拨号的简单,用户验证,IP 分配等优势。在实际应用上,PPPoE 利用以太网的工作机理,将 ADSL Modem 的以太网接口与计算机或局域网互联,在 ADSL Modem 中采用 RFC1483 的桥接封装方式对终端发出的 PPP 包进行 LLC/SNAP 封装后,通过连接两端的 PVC(Permanence Virtual Circuit,固定虚拟连接)在 ADSL Modem 与网络侧的宽带接入服务器之间建立连接,实现 PPP 的动态接入。PPPoE 接入利用在网络侧和 ADSL Modem 之间的一条 PVC 就可以完成以太网上多用户的共同接入,实用方便,实际组网方式也很简单,大大降低了网络的复杂程度。由于 PPPoE 具备了以上这些特点,所以成为当前 ADSL 宽带接入的主流接入协议。

2. PPPoA 协议

PPPoA(point to point protocol over ATM)的中文名称为异步传输点到点连接协议,适用于与 ATM(异步传输模式)网络连接。PPPoA 方式类似于专线接入方式,用户连接和配制好 ADSL Modem 后,在自己的计算机网络里设置好相应的 TCP/IP 协议以及网络参数,开机后,用户端和局端会自动建立一条链路,无须任何拨号软件,但需要输入相应的用户账户。目前普通用户基本上不采用 PPPoA 方式,该方式主要用于电信领域。

【任务实施】

ADSL 有多种接入方式,本次任务主要实现计算机通过 ADSL Modem 的直接接入。

操作 1　认识 ADSL Modem 和滤波分离器

1. 认识 ADSL Modem

在用户端,ADSL 接入方式的核心设备是 ADSL Modem,ADSL Modem 有内置和外置之分。内置 ADSL Modem 是一块内置板卡,受性能影响现在很少使用。外置 ADSL Modem 根据其提供的计算机接口可以分为以太网 RJ-45 接口类型和 USB 接口类型,目前常用的是以太网 RJ-45 接口类型,如图 6-4 所示。

在外置 ADSL Modem 上,可以看到一些接口,这些接口主要实现硬件的连接,常见外置 ADSL Modem 上的接口如图 6-5 所示。

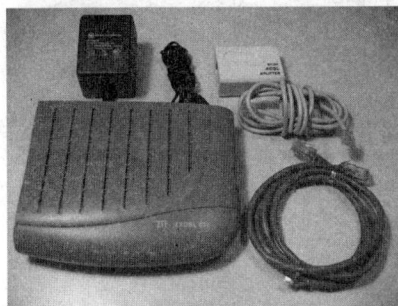

图 6-4　外置 ADSL Modem

图 6-5　外置 ADSL Modem 的接口

① DC-IN:电源接口,连接电源适配器。

② CONSOLE:调试端口,可以连接计算机。

③ ETHERNET:以太网接口,可以连接计算机的网卡。

④ LINE:ADSL 接口,连接电话线。

在外置 ADSL Modem 上,还可以看到一些状态指示灯,通过状态指示灯可以判断设备的工作情况,常见外置 ADSL Modem 上的状态指示灯如图 6-6 所示。

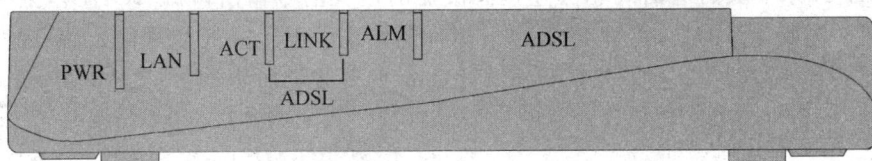

图 6-6　外置 ADSL Modem 的状态指示灯

⑤ PWR:此灯常亮表明设备通电。

⑥ LAN:此灯常亮表明以太网链路正常;闪烁时表示有数据传输,绿色表示当前数据传输速率为 10Mb/s;橙色表示当前数据传输速率为 100Mb/s。

⑦ ACT:此灯闪烁表明 ADSL 链路有数据流量。

⑧ LINK:此灯常亮表明 ADSL 链路正常。

⑨ ALM:此灯常亮表明 ADSL 设备故障。

2. 认识 ADSL 滤波分离器

如果希望上网的同时能通电话,那就需要在安装电话和 ADSL Modem 前使用滤波分离器。滤波分离器的作用是将 ADSL 电话线路中的高频信号和低频信号分离,使 ADSL 数据和语音能够同时传输,如图 6-7 所示。

187

通常在滤波分离器上会有 3 个电话线接口,一般都会有英文标注,在连接前请看清每个口的作用和位置,以免连接错误,这 3 个电话线接口的作用如图 6-8 所示。

图 6-7 ADSL 滤波分离器   图 6-8 ADSL 滤波分离器接口的连接

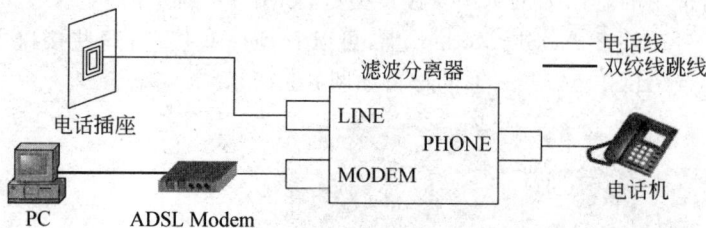

操作 2 安装和连接硬件设备

1. 检查相应硬件,制作双绞线跳线

在进行 ADSL 硬件安装前,应检查是否准备好以下材料:一块 10M 或 10M/100M 自适应网卡、一个 ADSL 调制解调器;一个滤波器;另外还有两根两端做好 RJ-11 水晶头的电话线和一根两端做好 RJ-45 水晶头的双绞线跳线(交叉线)。

2. 安装 ADSL 滤波分离器

安装时先将来自电信局端的电话线接入滤波器的输入端(LINE),然后再用准备好两端做好 RJ-11 水晶头的电话线一头连接滤波器的语音信号输出口(PHONE),另一端连接电话机。需要注意的是,在采用 G. Lite 标准的系统中由于减低了对输入信号的要求,就不需要安装滤波器了,这使得该 ADSL Modem 的安装更加简单和方便。

3. 安装 ADSL Modem

用准备好的另一根两端做好 RJ-11 水晶头的电话线将来滤波器的 Modem 口和 ADSL Modem 的 ADSL 接口连接起来,再用双绞线跳线(交叉线),一头连接 ADSL Modem 的 Ethernet 接口,另一头连接计算机网卡中的 RJ-45 接口。这时候打开计算机和 ADSL Modem 的电源,如果两边对应的 LED 都亮了,那么硬件连接成功。

ADSL Modem 的硬件连接如图 6-9 所示。

操作 3 软件设置与访问 Internet

1. 安装驱动程序与设置网卡

正确地安装网卡驱动程序和协议,网卡的安装组件中一定要有 TCP/IP 协议,通常应使用 TCP/IP 的默认配置,不要设置固定的 IP 地址。

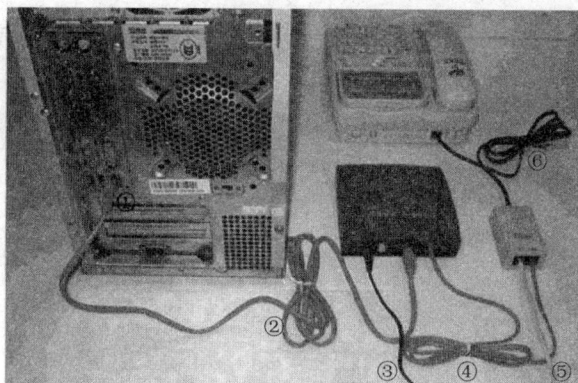

①网卡接口；　　③Modm电源线；　　　　　　　⑤电话线(连接电话插座)；
②双绞线跳线；　④电话线(连接Modem和分离器)；⑥电话线(连接电话机与分离器)

图 6-9　ADSL Modem 的硬件连接

2. 安装 PPPoE 虚拟拨号软件

ADSL 的使用有虚拟拨号和专线接入两种方式。采用专线接入的用户只要开机即可接入 Internet。所谓虚拟拨号是指用 ADSL 接入 Internet 时需要输入用户名与密码。在 Windows 操作系统中建立 ADSL 拨号连接的方法与建立电话拨号连接一样，基本操作步骤如下。

（1）右击"开始"菜单中的"网络"，在弹出的菜单中选择"属性"命令，打开"网络和共享中心"对话框，如图 6-10 所示。

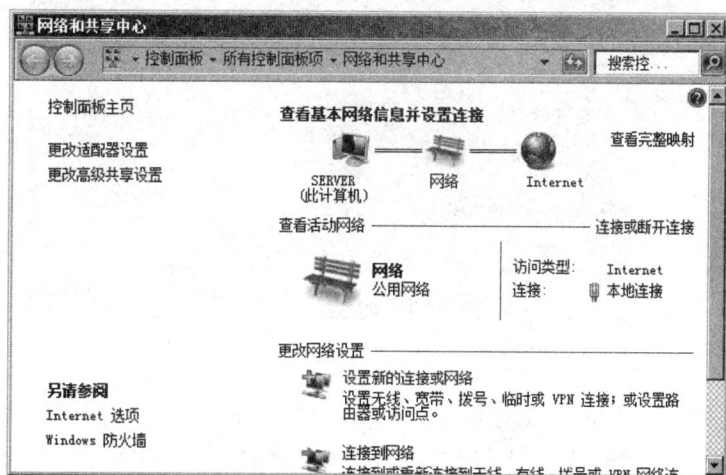

图 6-10　"网络和共享中心"对话框

（2）在"网络和共享中心"对话框中，单击"设置新的连接或网络"链接，打开"选择一个连接选项"对话框，如图 6-11 所示。

（3）在"选择一个连接选项"对话框中，选择"连接到 Internet"，单击"下一步"按钮，打开"您想如何连接"对话框，如图 6-12 所示。

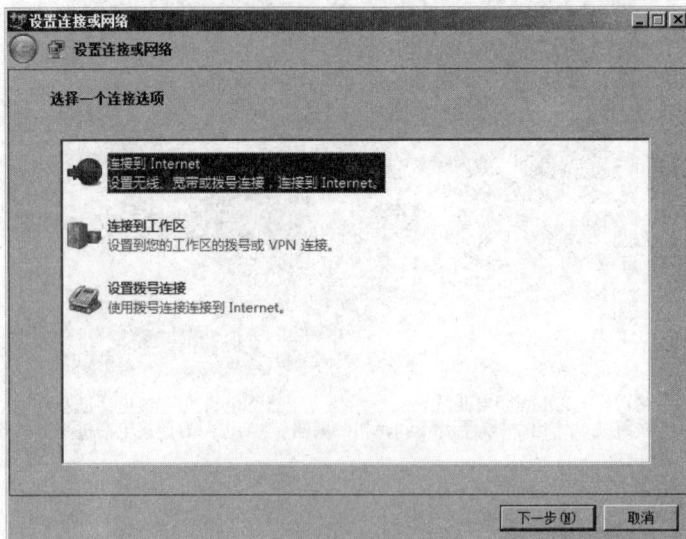

图 6-11　"选择一个连接选项"对话框

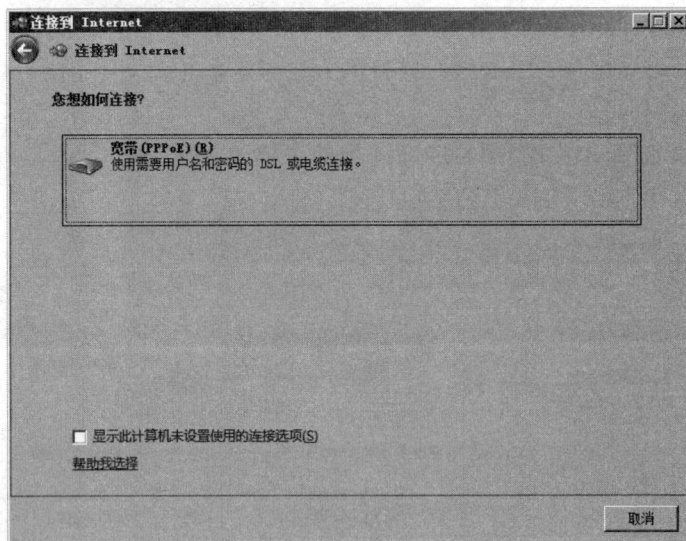

图 6-12　"您想如何连接"对话框

　　(4) 在"您想如何连接"对话框中,选择"宽带(PPPoE)",单击"下一步"按钮,打开"输入您的 Internet 服务提供商(ISP)提供的信息"对话框,如图 6-13 所示。

　　(5) 在"输入您的 Internet 服务提供商(ISP)提供的信息"对话框中的"用户名"文本框处填入申请的账户名,在"密码"与"确认密码"文本框处填入用户密码。用户名、密码是区分大、小写字母的,这里输入的资料必须正确,否则将不能成功登录。单击"连接"按钮,完成设置。

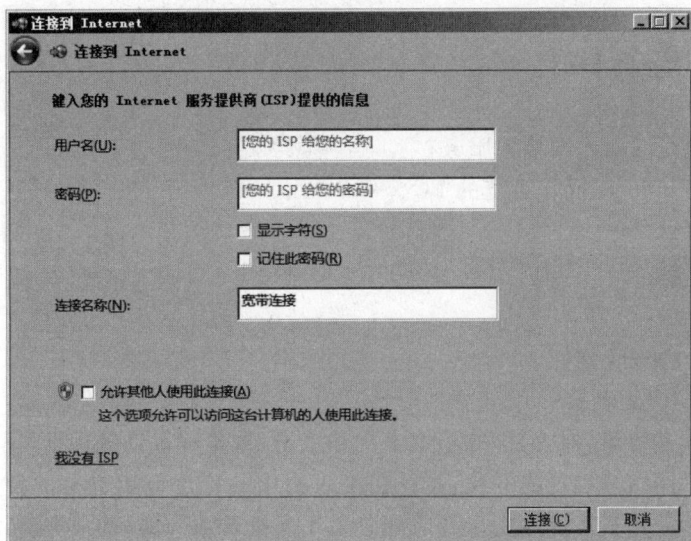

图 6-13　"输入您的 Internet 服务提供商(ISP)提供的信息"对话框

3. 访问 Internet

在 Windows 系统中,利用 PPPoE 访问 Internet 的操作步骤为:右击"开始"菜单

中的"网络",在弹出的菜单中选择"属性"命令,在打开的"网络和共享中心"对话框中单击"更改适配器设置"链接,打开"网络连接"窗口。在"网络连接"窗口中双击所创建的 PPPoE 连接,系统会打开 PPPoE 连接窗口,如图 6-14 所示。输入用户名和密码后,单击窗口左下角的"连接"按钮。如果连接成功,就可以访问 Internet 了。

注意:与本地连接相同,用户可以对 PPPoE 连接的属性进行查看和设置,也可以使用"ipconfig"或"ipconfig /all"命令查看计算机通过虚拟拨号连接所获得的 IP 地址信息。

图 6-14　PPPoE 连接窗口

任务 6.3　利用光纤以太网接入 Internet

【任务目的】

(1) 了解光纤接入的主要方式;

(2) 掌握使用光纤以太网将计算机接入 Internet 的方法。

【工作环境与条件】

(1) 已有的光纤以太网接入服务；

(2) 安装 Windows 操作系统的 PC。

【相关知识】

6.3.1 FTTx 概述

光纤由于其大容量、保密性好、不怕干扰和雷击、重量轻等诸多优点，正在得到迅速发展和应用。主干网线路迅速光纤化，光纤在接入网中的广泛应用也是一种必然趋势。光纤接入技术实际就是在接入网中全部或部分采用光纤传输介质，构成光纤用户环路(或称光纤接入网 OAN)，实现用户高性能宽带接入的一种方案。

光纤接入分为多种情况，可以表示为 FTTx，如图 6-15 所示，图中，OLT(Optical Line Terminal)称为光线路终端，ONU(Optical Network Unit)称为光网络单元。根据 ONU 位置不同，目前有 3 种主要的光纤接入网，即 FTTC(Fiber To The Curb，光纤到路边/小区)、FTTB(Fiber To The Building，光纤到楼)和 FTTH(Fiber To The Home，光纤到户)。

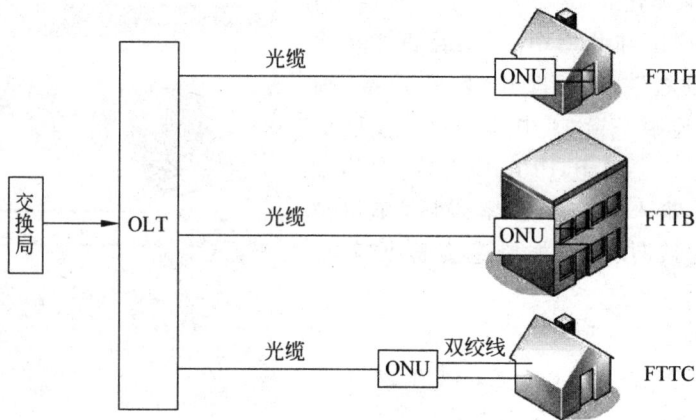

图 6-15 光纤接入方式

1. FTTC

FTTC 主要为住宅区的用户提供服务，它将光网络单元设备放置于路边机箱，可以从光网络单元接出同轴电缆传送 CATV(有线电视)信号，也可以接出双绞线电缆传送电话信号或提供 Internet 接入服务。

2. FTTB

FTTB 可以按服务对象分为两种，一种是为公寓大厦提供服务，另一种是为商业大楼提供服务,两种服务方式都将光网络单元设置在大楼的地下室配线箱处,只是公寓大厦的光网络单元是 FTTC 的延伸,而商业大楼是为中大型企业单位提供服务,因此必须提高传输的速率,以提供高速的电子商务、视频会议等宽带服务。

3. FTTH

对于 FTTH,ITU(国际电信联盟)认为从光纤端头的光电转换器(或称为媒体转换器)到用户桌面不超过 100m 的情况才是 FTTH。FTTH 将光纤的距离延伸到终端用户家里,从而为家庭用户提供各种多种宽带服务。从发展趋势来看,从本地交换机一直到用户全部为光纤连接,没有任何铜缆,也没有有源设备,是接入网发展的长远目标。

6.3.2 FTTx+LAN

因 FTTx 接入方式成本较高,就我国目前普通人群的经济承受能力和网络应用水平而言,并不完全适合。而将 FTTx 与 LAN 结合,可以大大降低接入成本,同时可以提供高速的用户端接入带宽,是目前比较理想的用户接入方式。基于光纤的 LAN 接入方式是一种利用光纤加双绞线方式实现的宽带接入方案,与其他接入方式相比,具有以下技术特点。

(1)网络可靠、稳定。实现千兆光纤到小区(大楼)中心交换机,楼道交换机和小区中心交换机、小区中心交换机和局端交换机之间通过光纤相连。网络稳定性高、可靠性强。

(2)用户投资少、价格便宜。用户不需要购买其他接入设备,只需一台带有网卡(NIC)的 PC 即可接入 Internet。

(3)安装方便。FTTx+LAN 方式采用星形拓扑结构,小区、大厦、写字楼内采用综合布线,用户主要通过双绞线接入网络,即插即用,上网速率可达 100Mb/s。根据用户群体对不同速率的需求,用户的接入速率可以方便地扩展到 1Gb/s,从而实现企业局域网间的高速互联。

(4)可支持各种多媒体网络应用。通过 FTTx+LAN 方式可以实现高速上网、远程办公、远程教学、远程医疗、VOD 点播、视频会议、VPN 等多种业务。

【任务实施】

与 ADSL 类似,利用光纤以太网接入 Internet 也有多种方式,本次任务主要实现计算机通过光纤以太网的直接接入。

操作 1 安装和连接硬件设备

对于采用 FTTx+LAN 方式接入 Internet 的用户,不需要购买其他接入设备,只需要将进入房间的双绞线接入计算机网卡即可,与局域网的连接方式完全相同。

操作 2　软件设置与访问 Internet

FTTx＋LAN 的接入方式分为虚拟拨号(PPPoE)方式和固定 IP 方式。

虚拟拨号(PPPoE)方式大多面向个人用户开放,费用相对较低。用户无固定 IP 地址,必须到指定的开户部门开户并获得用户名和密码,使用专门的宽带拨号软件接入互联网。目前大部分用户都采用这种方式,PPPoE 虚拟拨号软件的设置与 ADSL 接入的设置方式相同,用户只需要将 LAN 的双绞线接入网卡后,按照任务 5.2 所述的方法设置虚拟拨号软件,输入用户名和密码后即可访问 Internet。

固定 IP 方式多面向个人用户企事业单位等拥有局域网的客户提供,用户有固定 IP地址,费用可根据实际情况按点或按光纤带宽费用计收。用户在将 LAN 的双绞线接入网卡后,需要设置分配好应的 IP 地址信息,不需要拨号就可以连入网络。

任务 6.4　实现 Internet 连接共享

【任务目的】

(1) 了解实现 Internet 连接共享的主要方式;

(2) 熟悉利用宽带路由器实现 Internet 连接共享的方法;

(3) 熟悉使用代理服务器软件实现 Internet 连接共享的方法。

【工作环境与条件】

(1) 已经申请的接入 Internet 的服务;

(2) 几台联网的安装 Windows 操作系统的 PC;

(3) 宽带路由器及其配件;

(4) 代理服务器软件(本任务以 CCProxy 代理服务器软件为例,也可选择其他软件)。

【相关知识】

6.4.1　Internet 连接共享概述

如果一个局域网中的多台计算机需要同时接入 Internet,一般可以采取两种方式。一种方式是为每一台要接入 Internet 的计算机申请一个公有 IP 地址,并通过路由器将局域网与 Internet 相连,路由器与 ISP 通过专线(如 DDN)连接,这种方式的缺点是浪费 IP地址资源、运行费用高,所以一般不采用。另一种方式是共享 Internet 连接,即只申请一个共有 IP 地址,局域网中的一台计算机与 Internet 相连,其余的计算机共享这个 IP 地址接入 Internet。

要实现 Internet 连接共享可以通过硬件和软件两种方式。

1. 硬件方式

硬件方式是指通过路由器、宽带路由器、内置路由功能的 ADSL Modem 等实现 Internet 连接共享。使用硬件方式不但可以实现 Internet 连接共享，而且目前的宽带路由器都带有防火墙和路由功能，因此设置方便、操作简单、使用效果好，但硬件方式需要购买专门的接入设备，投资费用稍高。

2. 软件方式

软件方式主要通过代理服务器类和网关类软件实现 Internet 连接共享。常用的软件有 SyGate、WinGate、CCProxy、HomeShare、WinProxy、SinforNAT、ISA 等，Windows 操作系统中也内置了共享 Internet 工具"Internet 连接共享"。采用软件方式虽然方便性上不如硬件方式，而且对服务器的配置要求较高，但由于很多软件是免费的或系统自带的，并且可以对网络进行有效的管理和控制，因此目前也得到了广泛的应用。

6.4.2 ADSL Modem 路由方案

ADSL Modem 路由方案仅适用于家庭或小型办公网络，如果 ADSL Modem 拥有路由功能，即可实现 Internet 连接共享。采用该方案时，需要购置一台 100Mb/s 桌面式交换机，将所有的计算机和 ADSL Modem 都连接至该交换机，并启用 ADSL Modem 的路由功能，如图 6-16 所示。如果需要，还可以通过级联交换机的方式，扩展网络端口。

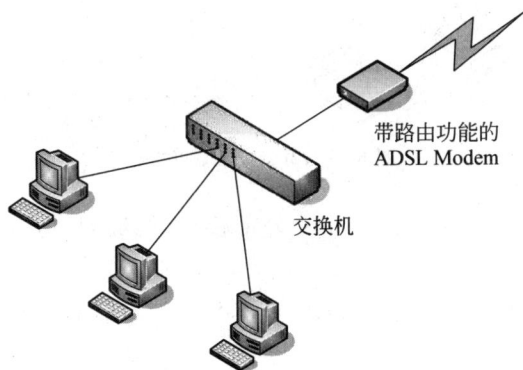

图 6-16 ADSL Modem 路由方案

6.4.3 宽带路由器方案

宽带路由器是近几年来新兴的一种网络产品，它集成了路由器、防火墙、带宽控制和管理等功能，并内置多口 10/100Mb/s 自适应交换机，方便多台机器连接内部网络与

Internet。宽带路由器可主要实现以下功能。

① 内置 PPPoE 虚拟拨号：宽带路由器内置了 PPPoE 虚拟拨号功能，可以方便地替代手工拨号接入。

② 内置 DHCP 服务器：宽带路由器都内置有 DHCP 服务器和交换机端口，可以为客户端自动分配 IP 地址信息，便于用户组网。

③ NAT 功能：宽带路由器一般利用 NAT(网络地址转换)功能以实现多用户的共享接入，内部网络用户连接 Internet 时，NAT 将用户的内部网络 IP 地址转换成一个外部公共 IP 地址，当外部网络数据返回时，NAT 则将目标地址替换成初始的内部用户地址以便内部用户接收数据。

如果采用 ADSL 方式接入 Internet，并且 ADSL Modem 不具有路由功能，则可以将 ADSL Modem 与所有的计算机连接入宽带路由器，当然也可直接选择集成了 ADSL Modem 功能的 ADSL 宽带路由器。当网络用户数量较大时，也可以先将所有计算机组成局域网，再将宽带路由器与交换机相连，如图 6-17 所示。如果采用 FTTx＋LAN 方式接入 Internet，可以选择一台 10Mb/s 或 100Mb/s 宽带路由器作为交换设备和 Internet 连接共享设备，如果需要，也可以通过级联交换机的方式，成倍地扩展网络端口。

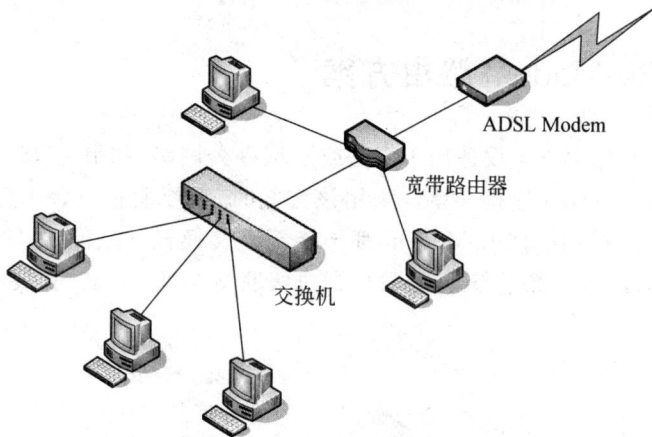

图 6-17　宽带路由器方案

另外目前有些宽带路由器提供了多个外部接口，能够同时连接 2～4 个 Internet 连接，可以把局域网内的各种传输请求，根据事先设定的负载均衡策略，分配到不同的宽带出口，从而实现智能化的信息动态分流，扩大了整个局域网的出口带宽，起到了带宽成倍增加的作用。

采用宽带路由器作为 Internet 连接共享设备，既可实现计算机之间的连接，又有效地实现了 Internet 连接共享。在该方案中，任何计算机均可随时接入 Internet，不受其他计算机的影响，适用于家庭或小型办公网络，以及网吧和其他中小型网络。

6.4.4　无线路由器方案

无线路由器(Wireless Router)是将单纯性无线 AP 和宽带路由器合二为一的扩展型

产品,它具备宽带路由器的所有功能如支持 DHCP 客户端、支持防火墙、支持 NAT 等。利用无线路由器可以实现小型无线网络中的 Internet 连接共享,实现 ADSL 和光纤以太网的无线共享接入。图 6-18 所示为利用无线路由器实现 ADSL 共享接入的连接方案。

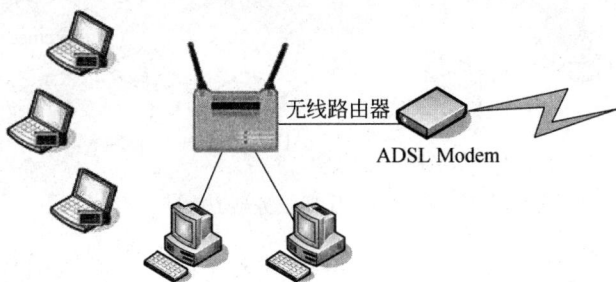

图 6-18　无线路由器方案

6.4.5　代理服务器方案

代理服务器(Proxy),处于客户机与服务器之间,对于服务器来说,Proxy 是客户机,对于客户机来说,Proxy 是服务器。它的作用很像现实生活中的代理服务商。在一般情况下,使用网络浏览器直接去连接 Internet 站点取得网络信息时,是直接联系到目的站点服务器,然后由目的站点服务器把信息传送回来。代理服务器是介于客户端和 Web 服务器之间的另一台服务器,有了它之后,浏览器不是直接到 Web 服务器去取回网页而是向代理服务器发出请求,信号会先送到代理服务器,由代理服务器来取回浏览器所需的信息并传送给浏览器。代理服务器主要有以下功能:

① 代理服务器可以代理 Internet 的多种服务,如 WWW、FTP、E-mail、DNS 等。

② 通常代理服务器都具有缓冲的功能,就好像一个大的 Cache,它有很大的存储空间,它不断将新取得数据储存到它本机的存储器上,如果浏览器所请求的数据在它本机的存储器上已经存在而且是最新的,那么它就不重新从 Web 服务器取数据,而直接将存储器上的数据传送给用户的浏览器,这样就能显著提高浏览速度和效率。

③ 代理服务器主要工作在 OSI 参考模型的对话层,可以起到防火墙的作用,在代理服务器可以设置相应限制,以过滤或屏蔽某些信息。另外目的网站只知道访问来自代理服务器,因此可以隐藏局域网内部的网络信息,从而提高局域网的安全性。

④ 客户访问权限受到限制时,而某代理服务器的访问权限不受限制,刚好在客户的访问范围之内,那么客户可通过代理服务器访问目标网站。

如果要使用代理服务器实现 Internet 连接共享,可先使用交换机组建局域网,然后将其中一台作为代理服务器。代理服务器应配置两块网卡,一块通过连接 ADSL Modem 或光纤以太网接入 Internet,另一块接入局域网。此时其他计算机可通过代理服务器接入 Internet,如图 6-19 所示。

注意:以上给出了小型局域网实现 Internet 连接共享的典型方案,目前的大中型局域网主要通过企业级路由器或代理服务器群集实现与 Internet 的连接,其实现成本较高,

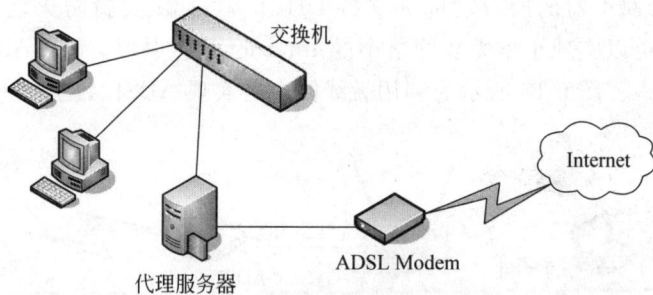

图 6-19　代理服务器方案

设置也比较复杂,这里不作介绍,请参阅相关的技术资料。

【任务实施】

操作 1　利用宽带路由器实现 Internet 连接共享

目前市场上的宽带路由器产品很多,不同的宽带路由器设置方法有所不同,下面以 TP-LINK 的 TL-R410＋有线宽带路由器为例,实现 Internet 连接共享。

1. 认识宽带路由器

TL-R410＋宽带路由器是专为小型办公室和家庭用户设计的,功能实用、易于管理。 在 TL-R410＋宽带路由器前面板,可以看到一些指示灯,如图 6-20 所示。

① PWR:电源指示灯,此灯亮表示设备已经通电。

② SYS:系统状态指示灯,此灯闪烁表示系统正常。

③ 1/2/3/4:局域网状态指示灯,分别对应相应局域网端口。灯亮表示相应端口已 正常连接;灯闪烁表示相应端口正在进行数据传输。

④ WAN:广域网状态指示灯,灯亮表示该端口已正常连接;灯闪烁表示该端口正在 进行数据传输。

在 TL-R410＋宽带路由器后面板,主要可以看到一些接口,如图 6-21 所示。

图 6-20　TL-R410＋宽带路由器前面板

图 6-21　TL-R410＋宽带路由器后面板

⑤ POWER:电源接口,用来连接电源,为路由器供电。

⑥ RESET:复位按钮,用来使设备恢复到出厂默认设置。

⑦ WAN:广域网接口,该接口为 RJ-45 接口,用来连接光纤以太网 ADSL Modem。

⑧ 1/2/3/4:局域网接口,TL-R410＋宽带路由器提供 4 个 RJ-45 局域网接口,可以 用来连接局域网中交换机或安装了网卡的计算机。

2. 硬件连接

TL-R410＋宽带路由器提供了一个广域网接口和 4 个局域网接口。如果需要接入 Internet 的计算机数量在 4 台以下,可直接将各计算机通过双绞线跳线(直通线),接入宽带路由器的局域网接口;如果接入 Internet 的计算机数量超过 4 台,可先使用交换机组建局域网,然后将交换机级联至路由器的局域网接口。如果使用的是 ADSL 接入方式,则应通过双绞线跳线(交叉线)将 ADSL Modem 接入宽带路由器的广域网接口;如果使用的是光纤以太网接入方式,可将双绞线直接接入宽带路由器的广域网接口。连接完毕后,接通设备电源,此时宽带路由器系统将开始启动,相应的指示灯将被点亮。

3. 设置用户计算机

TL-R410＋宽带路由器支持 DHCP 功能,但默认情况下,该功能并没有开启。因此应为用户计算机分配静态 IP 地址,以实现其与宽带路由器之间的相互访问。由于 TL-R410＋宽带路由器与内网连接时,默认的 IP 地址为 192.168.1.1,因此为用户计算机设置的 IP 地址可以为 192.168.1.x(2≤x≤254)、子网掩码为 255.255.255.0、默认网关为 192.168.1.1、DNS 服务器 IP 设置可咨询本地的 ISP。设置完毕后,此时局域网已经连通,可以在任意一台计算机上运行 ping 命令,测试局域网连通性。

4. 设置宽带路由器

在局域网内部的任意一台计算机上都可以通过浏览器对宽带路由器进行设置,基本设置步骤为:

(1) 打开 IE 浏览器,在地址栏中输入 http://192.168.1.1,然后按 Enter 键,此时会出现"连接到 192.168.1.1"对话框。

(2) 在"连接到 192.168.1.1"对话框中,输入默认的用户名和密码,单击"确定"按钮,此时会进入宽带路由器设置的主界面,如图 6-22 所示。

(3) 默认情况下,系统会自动出现"设置向导"对话框,若为出现可单击主界面左侧的"设置向导"按钮。在"设置向导"对话框中,单击"下一步"按钮,打开"选择上网方式"对话框,如图 6-23 所示。

图 6-22　宽带路由器设置的主界面

(4) 在"选择上网方式"对话框中选择上网方式,如采用 PPPoE 虚拟拨号方式,则选择"ADSL 虚拟拨号(PPPoE)"单选框,单击"下一步"按钮,打开"设置上网账号和口令"对话框,如图 6-24 所示。

(5) 在"设置上网账号和口令"对话框中,输入相应的账号和口令,单击"下一步"按钮,

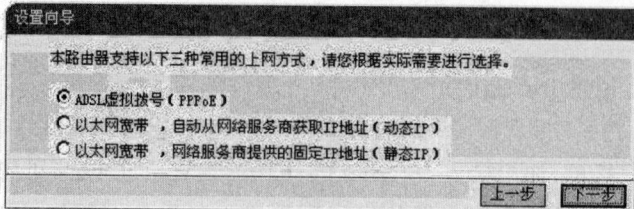

图 6-23 "选择上网方式"对话框

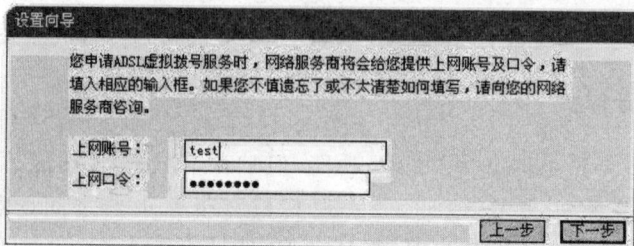

图 6-24 "设置上网账号和口令"对话框

打开完成"设置向导"对话框,单击"完成"按钮,完成设置。此时网络中所有的计算机都能够接入 Internet 了。

注意:以上只给出了宽带路由器最基本的设置,其他设置可查阅用户手册,这里不再赘述。另外不同品牌型号的宽带路由器设置方法并不相同,设置前应仔细阅读相应的产品说明和用户手册。

操作 2　使用 Windows 自带的 Internet 连接共享

Internet 连接共享是 Windows 98 第 2 版之后,Windows 操作系统内置的一个多机共享接入 Internet 的工具,该工具设置简单,使用方便。

1. 网络环境配置要求

多台计算机通过 Windows 系统自带工具共享接入 Internet 的网络结构可参照图 4-19。所有的计算机安装 Windows 操作系统。服务器安装两块网卡,一块网卡连接 Internet,另一块网卡连接局域网交换机,每块网卡的属性应按照局域网或 Internet 接入方式的要求进行配置。客户机的网卡直接连接局域网交换机。

2. 服务器端设置

服务器的操作步骤如下。

(1) 在"网络连接"窗口中右击能够连接 Internet 的网络连接,在弹出的菜单中选择"属性"命令,打开其"属性"对话框,选择"共享"选项卡。选中"Internet 连接共享"选项组中的"允许其他网络用户通过此计算机的 Internet 连接来连接"复选框,如图 6-25 所示。

（2）单击"确定"按钮，弹出"网络连接"提示对话框，如图 6-26 所示。单击"是"按钮，关闭对话框，此时已经在服务器上启用了 Internet 连接共享功能。

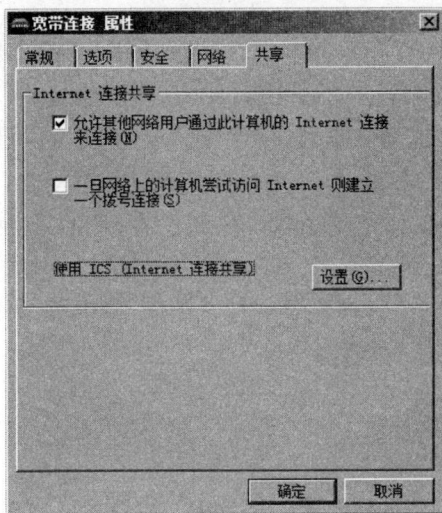

图 6-25 "共享"选项卡

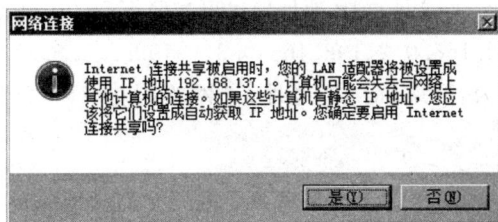

图 6-26 "网络连接"提示对话框

启用 Internet 连接共享功能后，会对服务器的系统设置进行如下修改：

① 内部网卡的 IP 地址被修改（如 IP 地址被设为 192.168.137.1，子网掩码被设为255.255.255.0）；

② 创建 IP 路由；

③ 启用 DNS 代理；

④ 启用 DHCP 分配器（DHCP 分配范围与内部网卡 IP 地址同网段，若内部网卡的IP 地址被修改为 192.168.137.1，则 DHCP 分配范围为 192.168.137.2～192.168.137.254，子网掩码为 255.255.255.0）；

⑤ 启动 Internet 连接共享服务；

⑥ 启动自动拨号。

3. 客户端设置

在客户端只需要为相应的局域网连接设置 IP 地址信息即可，设置时可以采用自动获取 IP 地址的方式，也可以设置静态 IP 地址。需要注意的是，如果使用自动获取 IP 地址的方式，则所有客户端都应采用该方式，以避免冲突；如果设置静态 IP 地址，则客户端的IP 地址应与服务器内部网卡 IP 地址同网段，若内部网卡的 IP 地址被修改为 192.168.137.1，则客户端 IP 地址应设为 192.168.137.2～192.168.137.254，子网掩码为 255.255.255.0，默认网关和 DNS 服务器 IP 地址为 192.168.137.1。

操作 3 利用代理服务器软件实现 Internet 连接共享

代理服务器软件的种类很多，在这里以 CCProxy 代理服务器软件为例，介绍使用代理服务器软件实现 Internet 连接共享的设置方法。

1. 网络环境配置要求

多台计算机通过代理服务器软件 CCProxy 共享 Internet 的网络结构与使用 Windows 自带工具共享 Internet 的网络结构相同,可参照图 6-19。安装 CCProxy 之前必须确认局域网的连通性,服务器安装两块网卡,一块网卡连接 Internet,另一块网卡连接局域网交换机,每块网卡的属性应按照局域网或 Internet 接入方式的要求进行配置。客户机的网卡直接连接局域网交换机。服务器连接局域网的网卡一般不要设置网关,否则很容易造成路由冲突。

局域网的 IP 地址信息可按照下面的方法配置:计算机的 IP 地址可设为 192.168.0.1、192.168.0.2、192.168.0.3、…192.168.0.254,其中 192.168.0.1 为服务器的 IP 地址,其他为客户机的 IP 地址;子网掩码为 255.255.255.0;默认网关为空;DNS 为 192.168.0.1。

2. 在代理服务器上安装和运行 CCProxy

在安装 CCProxy 之前,服务器必须连接好硬件并建立 Internet 连接。CCProxy 的安装非常简单,双击 CCProxy 安装文件,启用 CCProxy 安装向导,按照向导提示操作即可,安装完成后 CCProxy 将自动运行,并启动默认服务和默认服务端口,如图 6-27 所示。

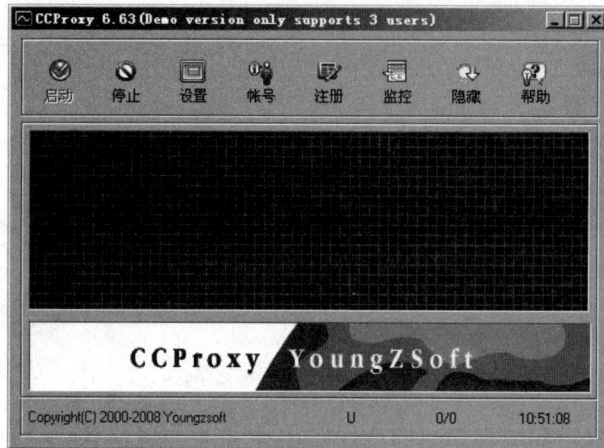

图 6-27　CCProxy 的运行界面

在图 6-27 中,单击"设置"按钮,可以看到 CCProxy 启动的默认服务和默认服务端口,如图 6-28 所示。

如果在启动时没有出现任何错误信息,那么安装成功,就可以直接设置客户端实现共享接入 Internet。当然如果想对客户段进行相应的控制和管理功能,可以对 CCProxy 进行相关的设置,具体设置方法请参考《CCProxy 使用手册》。

图 6-28　CCProxy 启动的默认服务和默认服务端口

3．客户端的设置

在确认客户端与服务器能够互相访问的前提下，可以对客户端相应网络软件进行设置，这里以 IE 浏览器为例介绍客户端网络软件的设置方法。

（1）打开 IE 浏览器，单击"工具"按钮，选择"Internet 选项"。在"Internet 选项"对话框中单击"连接"选项卡，单击"局域网设置"按钮，打开"局域网（LAN）设置"对话框，在"代理服务器中"选中"为 LAN 使用代理服务器（这些设置不会应用于拨号或 VPN 连接）"复选框，如图 6-29 所示。

（2）单击"高级"按钮，打开"代理服务器设置"对话框，在该对话框中输入各服务要使用的代理服务器地址和端口，应按照所设服务器的 IP 地址及相应服务对应端口进行设置，如图 6-30 所示。

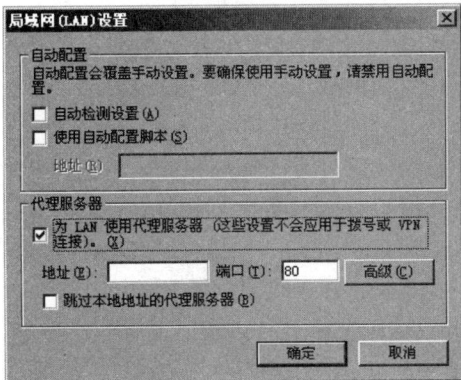

图 6-29　"局域网（LAN）设置"对话框

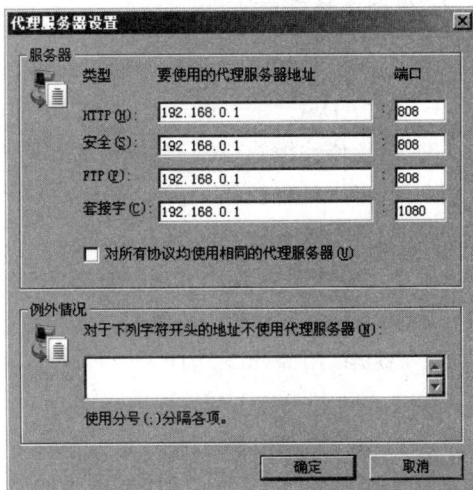

图 6-30　"代理服务器设置"对话框

(3) 单击"确定"按钮,完成设置。

客户端其他软件的设置可参考《CCProxy客户端设置说明书》,这里不再赘述。

习 题 6

1. 判断题

(1) ATM 采用同步传输模式。   (   )

(2) 帧中继是一种分组交换技术网络,它是将信息数据以帧的形式进行封装,并以帧为基础进行交换、传输、处理的数据业务。   (   )

(3) SDH 传送网称为同步光网络。   (   )

(4) CATV 是指有线电视网。   (   )

(5) CATV 是以电缆、光纤为主要传输媒介,向用户传送本地、远地及自办节目的电视广播系统。   (   )

(6) CHINANET 是邮电部门经营的中国公用因特网,是中国的因特网骨干网,向国内所有用户提供因特网接入服务。   (   )

(7) 使用公用电话交换网接入网络,为了实现数据传输就必须进行模/数、数/模转换。   (   )

(8) 调制解调器(Modem)只能将数字信号转换为模拟信号。   (   )

(9) 使用 ISDN,可以通过普通电话线支持语音、数据、图形、视频等多种业务的通信。
                                                       (   )

(10) ADSL 利用普通电话线进行高速数据传输。   (   )

(11) DDN 是指公共数字数据网,实际上也就是人们常说的租用专线。   (   )

(12) 我国各大电信运营商的基础光纤骨干网络大多都采用 SDH 传输系统。(   )

2. 单项选择题

(1) (   )是指不对称数字用户线路,是现在的一种主流宽带网接入技术。

    A. ADSL　　　　　B. HDSL　　　　　C. DSKL　　　　　D. VDSL

(2) 异步传输模式(ATM)使用的传输介质是(   )。

    A. UTP 双绞线　　B. STP 双绞线　　C. 同轴电缆　　　D. 光纤

(3) ADSL 接入互联网的方式主要有(   )。

    A. 专线接入方式和虚拟拨号方式　　　B. 虚拟拨号方式和模拟方式

    C. 专线接入方式和模拟方式　　　　　D. 模拟方式和数字方式

(4) ADSL Modem 分为(   )。

    A. 网卡式和 USB 式　　　　　　　　B. 网卡式和 PCI 式

    C. USB 式和 PCI 式　　　　　　　　D. USB 式和 ISDN 式

(5) ADSL 接入互联网采用专线方式,必须由 ISP 分配给用户(   )。

    A. 动态 IP 地址　　　　　　　　　　B. 静态 IP 地址

C. 动态和静态 IP 地址都可以　　　　D. 动态和静态 IP 地址都不可以

(6) ISP 的意思是(　　　)。

　　A. 域名服务器　　　　　　　　　　B. 互联网服务提供商

　　C. FTP 服务协议　　　　　　　　　 D. Web 服务器

(7) ADSL 技术在普通电话线上提供高达(　　　)的高速下行速率。

　　A. 2Mb/s　　　　B. 4Mb/s　　　　C. 6Mb/s　　　　D. 8Mb/s

(8) 数字数据网 DDN 采用(　　　)技术，不具备交换功能。

　　A. 同步时分复用　　　　　　　　　 B. 异步时分复用

　　C. 差分时分复用　　　　　　　　　 D. 频分复用

(9) "PPPoE"的意思是(　　　)。

　　A. Point to Point Pad out Ethernet

　　B. Pulsed Pinch Plasma over Electromagnetic

　　C. Point to Point Protocol over Ethernet

　　D. Precision Plan Position over Ethernet

3. 多项选择题

(1) xDSL 是数字用户线 DSL 的统称，包括(　　　)。

　　A. ADSL　　　　　B. HDSL　　　　　C. DSKL　　　　　D. VASL

(2) ADSL 技术特点有(　　　)。

　　A. 工作频率 4.4kHz～1MHz

　　B. 可传输声音、视频数据等信息

　　C. 使用双绞线作为传输介质

　　D. 在一根电话线上可以同时传输数据和语音

(3) DDN 的特点包括(　　　)。

　　A. 可为用户提供不同速率的数字专线

　　B. 是永久的传输信道且传输的是数字信号

　　C. 不具备交换能力，仅提供点到点的专用链路

　　D. 传输距离远，适合高速远距离的网络互联

(4) 下列方法可以实现北京和上海的两个网络之间的通信的是(　　　)。

　　A. 帧中继　　　　　B. Hub　　　　　C. X.25　　　　　D. 拨号连接

(5) 要实现 Internet 连接共享，可以通过(　　　)。

　　A. 路由器　　　　B. 宽带路由器　　C. 交换机　　　　D. 代理服务器

4. 问答题

(1) 常见的广域网技术有哪些？各有什么特点？

(2) 接入网由哪几部分组成？各部分采用什么传输介质？

(3) 选择 ISP 时应注意哪些方面的问题？

(4) ADSL 技术具有哪些特点？

(5) 什么是 PPPoE? 简述其特点和作用。

(6) FTTx 通常包括哪些类型?

(7) 对于家庭或小型办公网络,目前主要可以采用哪些方式实现 Internet 连接共享?

(8) 什么是代理服务器? 代理服务器可以实现哪些功能?

5. 技能题

(1) 利用宽带路由器实现 Internet 连接共享。

【内容及操作要求】

把所有的计算机组建为一个名为 Students 的工作组网络,利用宽带路由器使所有计算机能够通过一个网络连接访问 Internet。

【准备工作】

安装 Windows 7 或以上版本操作系统的计算机 3 台;宽带路由器及配件,能将 1 台计算机接入 Internet 的设备;组建局域网所需的其他设备。

【考核时限】

45min。

(2) 利用代理服务器实现 Internet 连接共享。

【内容及操作要求】

把所有的计算机组建为一个名为 Networks 的工作组网络,利用代理服务器使所有计算机能够通过一个网络连接访问 Internet。

【准备工作】

安装 Windows 7 或以上版本操作系统的计算机 3 台;能将 1 台计算机接入 Internet 的设备;组建局域网所需的其他设备。

【考核时限】

45min。

工作单元 7 网 络 应 用

　　组建计算机网络的主要目的是实现网络资源的共享,满足用户的各种应用需求。因此在实现了计算机网络的互联互通之后,必须对网络操作系统和相关网络工具进行设置,以满足用户的不同应用需求。本单元的主要目标理解常见网络应用所遵循的协议和相关知识;掌握网络客户端软件 Internet Explorer 的使用;掌握在局域网内实现文件共享和打印机共享的设置方法。

任务 7.1 使用 Internet Explorer

【任务目的】

　　(1) 了解 WWW 服务的基本原理;
　　(2) 熟悉统一资源定位符(URL)的格式和使用;
　　(3) 了解 DNS 的相关知识;
　　(4) 掌握网络客户端软件 Internet Explorer 的使用方法。

【工作环境与条件】

　　(1) 安装好 Windows 7 或其他 Windows 操作系统的计算机;
　　(2) 能够正常运行的网络环境。

【相关知识】

7.1.1 WWW 的工作原理

　　WWW(World Wide Web,万维网)常被当成 Internet 的同义词,但实际上 WWW 是靠 Internet 运行的一项服务。WWW 是一个资料空间,在这个空间中没一个有用的事物被称为一个资源,并且由一个“统一资源标识符”(Uniform Resource Locator,URL)标识。这些资源通过超文本传输协议(Hypertext Transfer Protocol,HTTP)传送给使用者,而后者通过点击链接来获得资源。

WWW 服务采用客户/服务器模式,客户机即浏览器,服务器即 Web 服务器,各种资源将以 Web 页面的形式存储在 Web 服务器上(也称为 Web 站点),这些页面采用超文本方式对信息进行组织,页面之间通过超链接连接起来,超链接采用 URL 的形式。这些使用超链接连接在一起的页面信息可以放置在同一主机上,也可以放置在不同的主机上。

当用户要访问 WWW 上的一个网页,或者其他网络资源的时候,通常要首先在浏览器上输入要访问网页的统一资源定位符,或者通过超链接方式链接到该网页或网络资源。在 URL 中将包含 Web 服务器的 IP 地址或域名,如果是域名,需要将该域名传送给被称为域名系统(Domain Name System,DNS)的分布于全球的 Internet 数据库解析为其对应的 IP 地址。此后客户机将向该 IP 地址对应的 Web 服务器发送一个 HTTP 请求,在通常情况下 Web 服务器会将对应的 HTML(HyperText Mark-up Language,超文本标记语言)文本、图片和构成该网页的一切其他文件逐一发送回用户。客户机浏览器接下来的工作是把 HTML 和其他接受到的文件所描述的内容,加上图像、链接和其他必须的资源,显示给用户,这些就构成了用户所看到的网页。

7.1.2 URL

统一资源定位符(URL)也被称为网页地址,是 Internet 上标准的资源的地址,是用于完整地描述 Internet 上网页和其他资源的地址的一种标识方法。在实际应用中,URL可以是本地磁盘,也可以是局域网上的某一台计算机,当然更多的是 Internet 上的站点。

URL 是统一的,因为无论寻址哪种特定类型的资源(网页、新闻组)或描述通过哪种机制获取该资源,都会采用相同的基本语法。URL 的一般格式为(带方括号[]的为可选项):

```
protocol ://hostname[:port]/path/[;parameters][?query]#fragment
```

对 URL 的格式说明如下。

(1) protocol(协议):指定使用的传输协议,表 7-1 列出 protocol 属性的部分有效方案名称,其中最常用的是 HTTP 协议,它也是目前 WWW 中应用最广的协议。

表 7-1　protocol 属性的部分有效方案名称

协议	说　明	格式
file	资源是本地计算机上的文件	file://
ftp	通过 FTP 访问资源	ftp://
http	通过 HTTP 访问该资源	http://
https	通过安全的 HTTPS 访问该资源	https://
mms	通过支持 MMS(流媒体)协议的播放软件(如 Windows Media Player)播放该资源	mms://
ed2k	通过支持 ed2k(专用下载链接)协议的 P2P 软件(如 emule)访问该资源	ed2k://
thunder	通过支持 thunder(专用下载链接)协议的 P2P 软件(如迅雷)访问该资源	thunder://
news	通过 NNTP 访问该资源	news://

（2）hostname（主机名）：是指存放资源的服务器的域名或 IP 地址。有时，在主机名前也可以包含连接到服务器所需的用户名和密码（格式：username@password）。

（3）:port（端口号）：整数，可选，省略时使用方案的默认端口，各种传输协议都有默认的端口号，如 http 的默认端口为 80。如果输入时省略，则使用默认端口号。有时候出于安全或其他考虑，可以在服务器上对端口进行重定义，即采用非标准端口号，此时，URL 中就不能省略端口号这一项。

（4）path（路径）：由零或多个"/"符号隔开的字符串，一般用来表示主机上的一个目录或文件地址。

（5）;parameters（参数）：这是用于指定特殊参数的可选项。

（6）? query（查询）：用于给动态网页（如使用 CGI、ISAPI、PHP/JSP/ASP/ASP.NET 等技术制作的网页）传递参数，可有多个参数，用"&"符号隔开，每个参数的名和值用"＝"符号隔开。

（7）fragment（信息片断）：用于指定网络资源中的片断，例如一个网页中有多个名词解释，可使用 fragment 直接定位到某一名词解释。

注意：Windows 主机不区分 URL 大小写，但 UNIX/Linux 主机区分大小写。另外由于超文本传输协议允许服务器将浏览器重定向到另一个 URL，因此许多服务器允许用户省略网页地址中的部分，比如 www。从技术上来说，这样省略后的 URL 实际上是一个不同的 URL，服务器必须完成重定向的任务。

7.1.3　DNS

域名是与 IP 地址相对应的一串容易记忆的字符，由若干个从 a～z 的 26 个拉丁字母及 0～9 的 10 个阿拉伯数字及"-"、"."等符号构成并按一定的层次和逻辑排列。目前也有一些国家在开发其他语言的域名，如中文域名。域名不仅便于记忆，而且即使在 IP 地址发生变化的情况下，通过改变其对应关系，域名仍可保持不变。

TCP/IP 的域名系统（DNS）提供了一整套域名管理的方法。在 DNS 中采用了树型结构，树的顶层被分成几个主要的组，由顶层往下的分支继续扩展，每一分支被认为是一个域，每一级的名字和前面几级的名字一起构成它的域名，如图 7-1 所示。

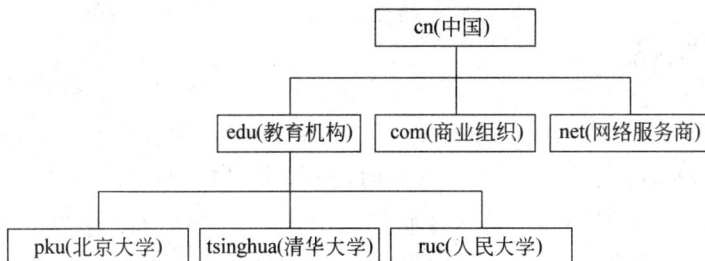

图 7-1　域名结构图

这样，就构成了如下域名：

www.pku.edu.cn(北京大学的主机域名)

www.tsinghua.edu.cn(清华大学的主机域名)

www.ruc.edu.cn(中国人民大学的主机域名)

其中,cn 表示中国;edu 表示教育机构;pku 表示北京大学;www 表示这台主机是一台 WWW 服务器。由后向前,所表示的范围越来越小。

域名的定义很简单,只要保证同层的名字不冲突就可以了。任何组织均可构造本组织内部的域名,当然这些域名的使用也仅限于组织内部。例如,域名后缀为 ruc.edu.cn 的名字空间都可以由人民大学管理,可直接在前面加一个名字表示主机,如用 www.ijfo.ruc.edu.cn 表示信息系统的 WWW 服务器。

为保证域名系统的通用性,Internet 规定了一组正式的通用标准标号,如表 7-2 所示。

表 7-2　Internet 规定了一组正式的通用标准标号

名称	含　　义	名称	含　　义
com	商业机构	mil	军事网点
edu	教育机构	net	网络机构
gov	政府部门	org	其他不符合以上分类规定的机构
int	国际机构(主要指北约组织)		

域名归中央管理机构(NIC)管辖,假如一个国家的主机要想按地理模式登记进入域名系统,需要首先向 NIC 申请登记本国的第一级域名(一般采用该国国际标准的二字符标识符)。NIC 将第一级域的管理特权分派给指定管理机构,各管理机构再对其管辖范围内的域名空间继续划分,并将各子部分管理特权授予子管理机构。如此下去,便形成层次型域名。例如,以.cn 结尾的域名全部由中国的域名管理机构管理。

域名系统的另一项主要工作就是把主机的域名转换成相应的 IP 地址。即域名和 IP 地址之间的映射,一般称为域名解析。它包括正向解析(从域名到 IP 地址)和逆向解析(从 IP 地址到域名)。这种映射是由一组域名服务器完成的。域名服务器实际上是一个服务器软件,运行在指定的计算机上,完成域名解析。与域名系统相同,域名服务也是层次型的。一个域名服务器一般只包括本网络内的名字和下一层的域名服务器,而其他网络的域名则交由上一层服务器处理。

7.1.4　浏览器

浏览器是指可以显示网页服务器或者文件系统的 HTML 文件内容,并让用户与这些文件交互的一种软件。网页浏览器主要通过 HTTP 协议与网页服务器交互并获取网页,这些网页由 URL 指定,文件格式通常为 HTML,一个网页中可以包括多个文档,每个文档都是分别从服务器获取的。大部分的浏览器本身支持除了 HTML 之外的广泛的格式,例如 JPEG、PNG、GIF 等图像格式,并且能够扩展支持众多的插件。另外,许多浏览器还支持其他的 URL 类型及其相应的协议,如 FTP、Gopher、HTTPS 等。HTTP 内容类型和 URL 协议规范允许网页设计者在网页中嵌入图像、动画、视频、声音、流媒体等。

目前个人计算机中常用的浏览器包括 Microsoft 的 Internet Explorer、Mozilla 的 Firefox、Apple 的 Safari、Opera、HotBrowser、Google 的 Chrome 等。

【任务实施】

Internet Explorer 简称 IE,是 Microsoft 开发的专用浏览器软件,它的版本在不断的升级中,目前国内常用的有 Internet Explorer 6.0、Internet Explorer 7.0 和 Internet Explorer 8.0 等。

操作 1　使用 Internet Explorer 浏览网页

单击"开始"菜单的 Internet Explorer 或双击桌面上的 Internet Explorer 图标,即可打开 Internet Explorer。使用 Internet Explorer 浏览网页的最简单也是最直接的方法就是直接在地址栏中输入要浏览网页的 URL。如在地址栏中输入 http://www.baidu.com,然后按 Enter 键,就可以浏览百度网站的主页了,如图 7-2 所示。

图 7-2　使用 Internet Explorer 浏览网页

操作 2　访问历史记录

1. 访问刚刚访问过的网页

若想访问刚刚浏览过的网页时,可以使用标准工具栏中的"后退"按钮。如果向后退几页,可单击"后退"按钮旁边的小箭头,从出现的列表中选择某个网页即可。

如果要转到下一页,请单击标准工具栏中的"前进"按钮。如果要向前跳过几页,可单击"前进"按钮右侧的小箭头,从出现的列表中选择某个网页即可。

当浏览某一个网页时,浏览器端很长时间内没有信息传输,则可以单击标准工具栏中的"停止"按钮,暂时停止访问该网页。

在浏览的过程中,由于线路或其他故障,传输过程被突然中断时,可以使用标准工具栏中的"刷新"按钮,再次下载该网页。

2. 访问最近查看过的网页

单击"收藏夹"按钮,在弹出窗口的"历史记录"窗格中将出现近期访问过的网页在主机中存放的文件夹列表。该文件夹列表包含最近几天或几周访问过的网页的链接。保存时间的长短由"网页保存在历史记录中的天数"决定的。选择历史记录中的某个网址就可以脱机浏览该网页,这样既提高了查找速度又节约了费用。

可以单击"工具"菜单,选择"Internet 选项"命令,打开"Internet 选项"对话框的"常规"选项卡,如图 7-3 所示。在"浏览历史记录"中单击"删除"按钮可以将已有的历史记录清除;单击"设置"按钮,在打开的"Internet 临时文件和历史记录设置"对话框中可以设置"网页保存在历史记录中的天数",如图 7-4 所示。

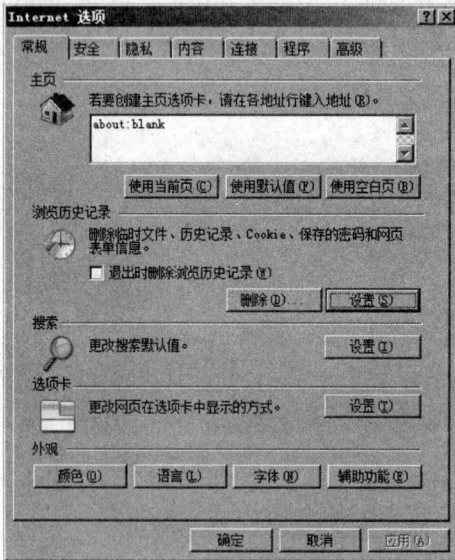

图 7-3 "Internet 选项"对话框　　图 7-4 "Internet 临时文件和历史记录设置"对话框

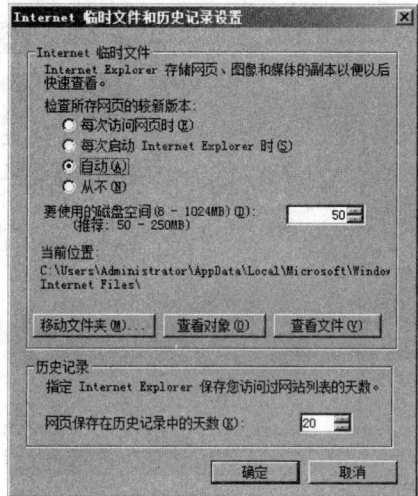

操作 3　使用和整理收藏夹

对于用户需要经常访问的 Internet 站点,Internet Explorer 提供了"收藏夹"的功能。所谓"收藏夹"就是一个类似于资源管理器的管理工具。有了它,用户就不必记忆一长串字符的 URL 了。收藏夹为用户提供了两个功能:保存 URL 和管理 URL。

1. 添加到收藏夹

用户可以将常用的网站 URL 添加到收藏夹中,日后打开收藏夹,单击该页面的链接,就可以浏览或脱机浏览该站点了。将一个 URL 添加到收藏夹的方法有两种,一是当进入某个主页后,单击"收藏夹"按钮,在弹出窗口中单击"添加到收藏夹"按钮;二是在主页的空白处右击,在弹出的菜单中单击"添加到收藏夹"命令。

2. 整理收藏夹

当收藏夹中的内容太多时,要在收藏夹中寻找某一网页的 URL 是一件比较麻烦的事情,这时可以使用"整理收藏夹"功能,将不同分类的网页地址分放在不同的子收藏夹中。

单击"收藏夹"按钮,在弹出窗口中单击"添加到收藏夹"按钮右侧的下拉箭头,在出现的下拉菜单中,单击"整理收藏夹"命令,就可以对收藏夹进行整理,包括创建多个文件夹,将不同类型的 URL 添加到不同的文件夹中,还可以实现文件的重命名、同一文件夹中的删除和不同文件夹之间的移动等,如图 7-5 所示。

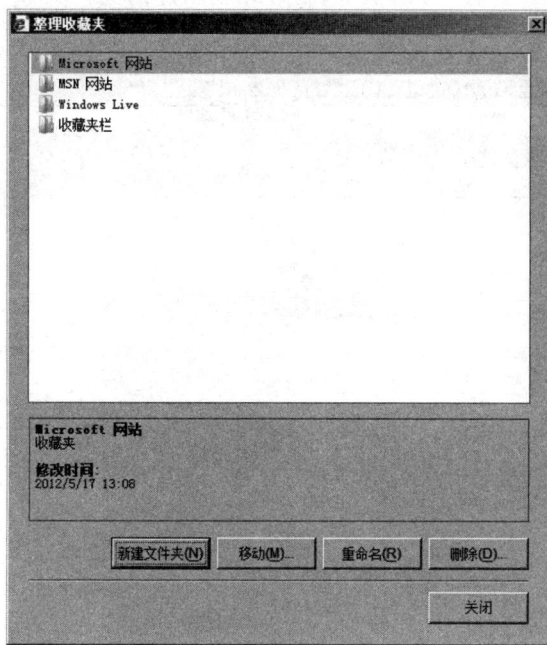

图 7-5　"整理收藏夹"对话框

操作 4　打印和保存网页

打印网页和其他的常用软件类似,可以直接单击"打印"命令,直接使用系统默认的页面设置打印网页。

保存网页是将网页保存到本地计算机,以便日后查阅或者与其他用户共享。保存一个完整的网页一般包括三部分:文本信息、图像和背景图像。根据具体情况有以下几种保存方法可供选择。

1. 只保存相关文字

如果浏览的网页上只有一部分的文字资料是需要保存下来的,那么可以用鼠标将该部分选中,然后单击菜单栏中的"编辑"菜单,在出现的下拉菜单中,单击"复制"命令(也可右击,在弹出的菜单中选择"复制"命令,或使用 Ctrl+C 组合键)。再建立一个文字处理文件,如 Word 或记事本文件,选择"粘贴"命令把刚才复制的文字部分粘贴在新文件中,保存新文件即可。

如果选取时使用的是 Ctrl+A 组合键,然后进行复制和粘贴操作,那么整个页面的所有文字信息都会被保存下来。

2. 只保存图片

要保存网页中一幅图片,只需将鼠标移至该图片上,右击,选择"图片另存为"命令,如图 7-6 所示。在弹出的"保存"对话框中,制订存放图片的文件夹和文件名就可以保存该图片。

图 7-6　选择"图片另存为"

3. 只保存背景

网页中,除了文本和图片外,有的还有背景图像,如果要保存背景图像,则可在网页的空白处右击,选择"背景另存为"命令,在随即出现的对话框中,给出存放图像的文件夹和文件名,就可以保存该图像。

4. 保存整个页面

如果要保存整个页面,可单击"页面"菜单,选择"另存为"命令,在弹出的"保存网页"

对话框中需要选择页面的保存类型,选择存放页面的文件夹和文件名,如图 7-7 所示。使用这种方法可以把网页所有的内容都保存下来。

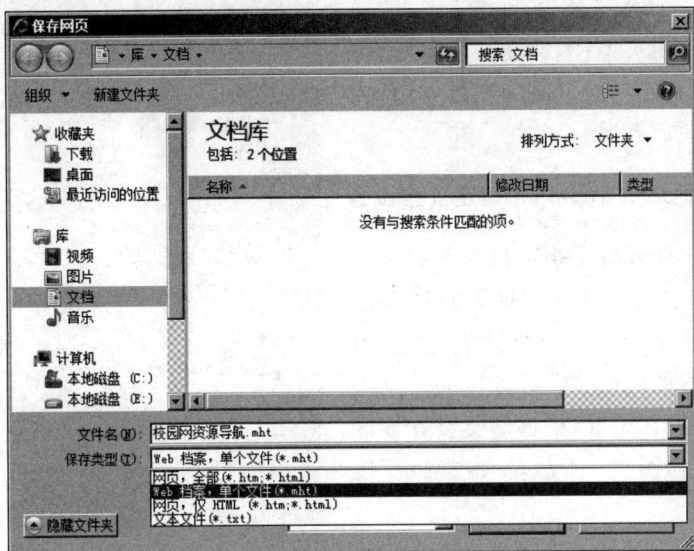

图 7-7　"保存网页"对话框

需要注意的是,在保存类型里 Internet Explorer 提供了 4 个选项。如果选择默认的"网页,全部(∗.htm,∗.html)"就会把本页面保存为一个 htm 或 html 文件,并把所有的相关内容(如图片、脚本程序等)都保存在一个和文件同名的目录下面。如果选择的是"Web 档案,单一文件(∗.mht)"就会把本页面保存为一个 mht 文件,这个文件是用 IE 浏览器打开的,页面的所有相关内容(如图片、脚本程序等)都会集成到这个单一文件中。如果选择"网页,仅 HTML(∗.htm,∗.html)",那么保存下来的虽然还是一个 htm 或 html 文件,但是所有的其他相关内容都没有保存。如果选择"文本文件(∗.txt)",那么这个页面就保存成了一个文本文件,当然保存的只有页面上的文字内容。

当然如果对要保存的页面非常熟悉,也可以不打开网页直接保存,方法是将鼠标移至要保存页面对应的超链接,右击,在弹出的菜单中选择"目标另存为"命令,就可以保存了。

操作 5　配置 Internet Explorer

一般情况下,可以直接使用 Internet Explorer 浏览相关信息,但是浏览器的默认配置并非适用于每一个用户,此时就需要对浏览器进行手工配置。

1. 更改 Internet Explorer 主页

所谓 Internet Explorer 主页就是指 Internet Explorer 的起始页,是用户打开浏览器后浏览器自动访问的页面。Internet Explorer 默认的主页是 Microsoft 公司的页面,用户可以把自己访问最频繁的一个站点设置为主页,使每次启动 Internet Explorer 时,该站点可以自动被打开。更改 Internet Explorer 主页的具体操作如下：打开 Internet Explorer，单击"工具"菜单，选择"Internet 选项"命令，根据需要在"Internet 选项"对话框"主页"项的地址栏中填入主页 URL，单击"确定"完成操作，当然如果要以当前页面为主页，可直接单击"使用当前页"按钮。

2. 为不同区域的 Web 内容指定安全设置

在 Internet Explorer 中可以为不同区域的 Web 内容指定安全设置。具体操作方法为：在"Internet 选项"对话框的"安全"选项卡中选择要设置的区域，在"该区域的安全级别"中调节滑块所在位置，根据需要设置该区域的安全级别，如图 7-8 所示，单击"确定"按钮完成设置。

注意：Internet Explorer 的其他设置方法和使用技巧请参考相关资料，这里不再赘述。

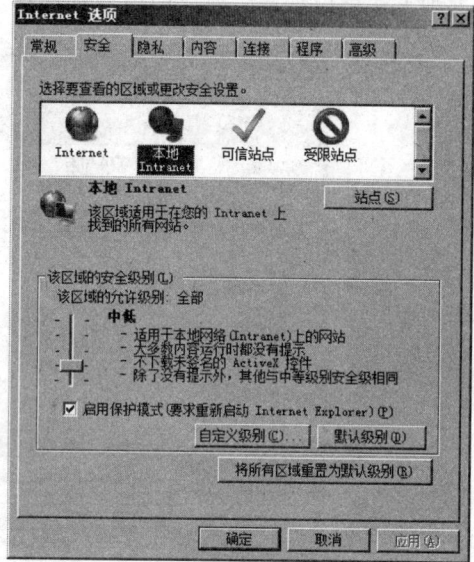

图 7-8 "安全"选项卡

任务 7.2   设置文件共享

【任务目的】

(1) 理解工作组网络的结构和特点；
(2) 掌握本地用户账户的设置方法；
(3) 掌握共享文件夹的创建和访问方法。

【工作环境与条件】

(1) 安装好 Windows Server 2008 R2 操作系统的计算机；
(2) 安装好 Windows 7 或其他 Windows 操作系统的计算机；
(3) 能够正常运行的网络环境(也可使用 VMware 等虚拟机软件)。

【相关知识】

7.2.1   工作组网络

Windows 操作系统支持两种网络管理模式。

① 工作组：分布式的管理模式，适用于小型的网络；

工作组是由一群用网络连接在一起的计算机组成，如图 7-9 所示。在工作组网络中，每台计算机的地位平等，各自管理自己的资源。工作组结构的网络具备以下特性。

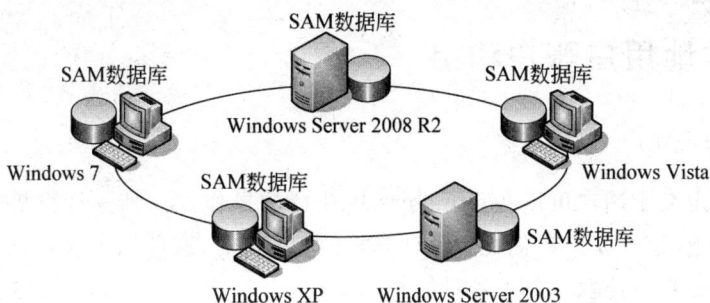

图 7-9　工作组结构的网络

- 网络上的每台计算机都有自己的本地安全数据库，称为"SAM(Security Accounts Manager，安全账户管理器)数据库"。如果用户要访问每台计算机的资源，那么必须在每台计算机的 SAM 数据库内创建该用户的账户，并获取相应的权限。
- 工作组内不一定要有服务器级的计算机，也就是说所有计算机都安装 Windows 7 系统，也可以构建一个工作组结构的网络。
- 在工作组网络中，每台计算机都可以方便地将自己的本地资源共享给他人使用。工作组网络中的资源管理是分散的，通常可以通过启用目的计算机上的 Guest 账户或为使用资源的用户创建一个专用账户的方式来实现对资源的管理。
- 若企业内计算机数量不多(如 10～20 台)，可以采用工作组结构的网络。

② 域：集中式的管理模式，适用于较大型的网络。

7.2.2　计算机名称与工作组名

1. 计算机名称

计算机名称用于识别网络上的计算机。要连接到网络，每台计算机都应有唯一的名称，计算机名称最多为 15 个字符，不能含有空格和"；∶"＜＞＊＋＝＼｜？，"等专用字符。

2. NetBIOS 名称

NetBIOS 名称是用于标识网络上的 NetBIOS 资源的地址，该地址包含 16 个字符，前 15 个字符代表计算机的名字，第 16 个字符表示服务；对于不满 15 个字符的计算机名称，系统会补上空格。系统启动时，系统将根据用户的计算机名称，注册一个唯一的 NetBIOS 名称。当用户通过 NetBIOS 名称访问本地计算机时，系统可将 NetBIOS 名称解析为 IP 地址，之后计算机之间使用 IP 地址相互访问。

3. 工作组名

工作组名用于标识网络上的工作组,同一工作组的计算机应当输入相同的工作组名。

7.2.3 本地用户账户和组

1. 本地用户账户

用户账户定义了用户可以在 Windows 中执行的操作。在独立计算机或作为工作组成员的计算机上,用户账户存储在本地计算机的 SAM 中,这种用户账户称为本地用户账户。本地用户账户只能登录到本地计算机。

作为工作组成员的计算机或独立计算机上有两种类型的可用用户账户:计算机管理员账户和受限制账户,在计算机上没有账户的用户可以使用来宾账户。

(1) 计算机管理员账户

计算机管理员账户是专门为可以对计算机进行全系统更改、安装程序和访问计算机上所有文件的用户而设置的。在系统安装期间将自动创建名为 Administrator 的计算机管理员账户。计算机管理员账户具有以下特征:

① 可以创建和删除计算机上的用户账户。

② 可以更改其他用户账户的账户名、密码和账户类型。

③ 无法将自己的账户类型更改为受限制账户类型,除非在该计算机上有其他的计算机管理员账户,这样可以确保计算机上总是至少有一个计算机管理员账户。

(2) 受限制账户

如果需要禁止某些用户更改大多数计算机设置和删除重要文件,则需要为其设置受限制账户。受限制账户具有以下特征:

① 无法安装软件或硬件,但可以访问已经安装在计算机上的程序。

② 可以创建、更改或删除本账户的密码。

③ 无法更改其账户名或者账户类型。

④ 对于使用受限制账户的用户,某些程序可能无法正常工作。

(3) 来宾账户

来宾账户供那些在计算机上没有用户账户的用户使用。系统安装时会自动创建名为 "Guest" 的来宾账户,并将其设置为禁用。来宾账户具有以下特征:

① 无法安装软件或硬件,但可以访问已经安装在计算机上的程序。

② 无法更改来宾账户类型。

2. 本地组账户

组账户通常简称为组,一般指同类用户账户的集合。一个用户账户可以同时加入多个组,当用户账户加入到一个组以后,该用户会继承该组所拥有的权限。因此使用组账户可以简化网络的管理工作。在独立计算机或作为工作组成员的计算机上创建的组都是本地组,使用本地组可以实现对本地计算机资源的访问控制。在 Windows 操作系统安装过程中会自动创建一些本地组账户,这些组账户称为内置组,不同的内置组会有不同的默认访问权限。表 7-3 列出了 Windows Server 2008 R2 操作系统的部分内置组。

表 7-3 Windows Server 2008 R2 操作系统的部分内置组

组　　名	描 述 信 息
Administrators	具有完全控制权限,并且可以向其他用户分配用户权利和访问控制权限
Backup Operators	加入该组的成员可以备份和还原服务器上的所有文件
Guests	拥有一个在登录时创建的临时配置文件,在注销时该配置文件将被删除
Network Configuration Operators	可以执行常规的网络配置功能,如更改 TCP/IP 设置等,但不可以更改驱动程序和服务,不可以配置网络服务器
Performance Monitor Users	可以监视本地计算机的运行功能
Power Users	为了简化组,Windows Server 2008 R2 并没有赋予该组比一般用户更多的权限,这与之前的 Windows 系统不同
Remote Desktop Users	可以从远程计算机使用远程桌面连接来登录
Users	可以执行常见任务,如运行应用程序、使用本地和网络打印机以及锁定服务器等,不能共享目录或创建本地打印机

7.2.4　共享文件夹

共享资源是指可以由其他设备或程序使用的任何设备、数据或程序。对于 Windows 操作系统,共享资源指所有可用于用户通过网络访问的资源,包括文件夹、文件、打印机、命名管道等。文件共享是一个典型的客户机/服务器工作模式,Windows 操作系统在实现文件共享之前,必须在网络连接属性中添加网络组件“Microsoft 网络的文件和打印共享”以及“Microsoft 网络客户端”,其中网络组件“Microsoft 网络的文件和打印共享”提供服务器功能,“Microsoft 网络客户端”提供客户机功能。

1. 共享文件夹的访问过程

在 Windows 网络中主要通过“网上邻居”实现文件共享,其基本访问过程如下。

(1) 取得网络资源列表

要实现文件共享,首先要知道当前网络上可以访问的服务器列表。如果是一个有域的 Windows 网络环境下,可以通过活动目录服务来取得这个列表;而在工作组环境中则主要依靠 Windows 的浏览服务。浏览服务为各客户机提供的资源列表并不是实时的,也不一定是全局一致的,它依靠每 12 分钟一次的轮询来刷新和同步这个列表,因此,这个列表经常与实际情况不一致。

(2) 名称解析

当访问工作组中的某台服务器时,首先会发生一个名称解析过程。网上邻居的名称解析是可以使用 DNS 系统的。不过前提是要架设局域网 DNS 服务器对局域网的各计算机名进行解析。如果没有安装局域网 DNS,可以使用 NETBIOS 的名字服务对计算机名进行解析。

(3) 访问服务器

在对服务器进行了正确的名称解析后,可登录共享服务器。登录前,客户机首先要确定目标服务器上的协议、端口、组件能是否齐备,服务是否启动,在一切都合乎要求后,开始用户的身份验证过程。如果顺利通过身份验证,服务器会检查本地的安全策略与授权,看本次访问是否允许,如果允许,会进一步检查用户希望访问的共享资源的权限设置是否允许用户进行想要的操作。在通过这一系列检查后,客户机才能最终访问到目标资源。

2. 共享权限

(1) 共享权限的类型

当用户将计算机内的文件夹设为"共享文件夹"后,拥有适当共享权限的用户就可以通过网络访问该文件夹内的文件、子文件夹等数据。表 7-4 列出共享权限的类型与其所具备的访问能力,系统默认设置为所有用户具有"读取"权限。

表 7-4　共享权限的类型与其所具备的访问能力

共 享 权 限	具备的访问能力
读取(默认权限,被分配给 Everyone 组)	查看该共享文件夹内的文件名称、子文件夹名称;查看文件内的数据,运行程序;遍历子文件夹
更改(包括读取权限)	向该共享文件夹内添加文件、子文件夹;修改文件内的数据;删除文件与子文件夹
完全控制(包括更改权限)	修改权限(只适用于 NTFS 卷的文件或文件夹);取得所有权(只适用于 NTFS 卷的文件或文件夹)

注意:共享文件夹权限仅对通过网络访问的用户有约束力,如果用户是从本地登录,则不会受该权限的约束。

(2) 用户的有效权限

如果用户同时属于多个组,而每个组分别对某个共享资源拥有不同的权限,此时用户的有效权限将遵循以下规则。

① 权限具有累加性:用户对共享文件夹的有效权限是其所有共享权限来源的总和。

② "拒绝"权限会覆盖其他权限:虽然用户对某个共享文件夹的有效权限是其所有权限来源的总和,但是只要有一个权限被设为拒绝访问,则用户最后的权限将是"拒绝访问"。

7.2.5　公用文件夹

在 Windows Server 2008 R2 系统中,磁盘内的文件在经过设置权限后,每位登录计算机的用户都只能访问有相应访问权限的文件。如果这些用户要相互共享文件,可以开放权限,也可以利用系统提供的公用文件夹。每位登录 Windows Server 2008 R2 系统的用户都可以通过依次选择"开始"→"计算机"→"本地磁盘"→"用户"→"公用"命令访问公用文件夹,如图 7-10 所示。由图可知,公用文件夹内默认已经建立了公用视频、公用图片、公用文档、公用下载与公用音乐等文件夹,用户只要把要共享的文件复制到适当的文件夹即可,也可以在公用文件夹内新建更多的文件夹。

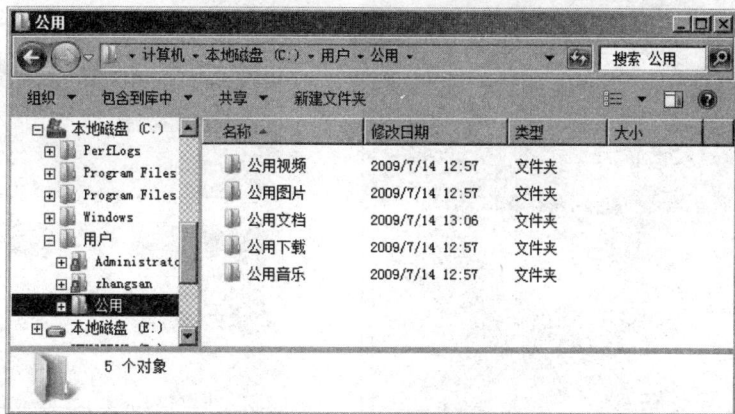

图 7-10　公用文件夹

如果要使用户可以通过网络访问公用文件夹,可在"网络和共享中心"窗口中,单击"更改高级共享设置"链接,在"高级共享设置"窗口的"公用文件夹共享"设置中选择"启用共享以便可以访问网络的用户可以读取和写入公用文件夹中的文件",如图 7-11 所示。

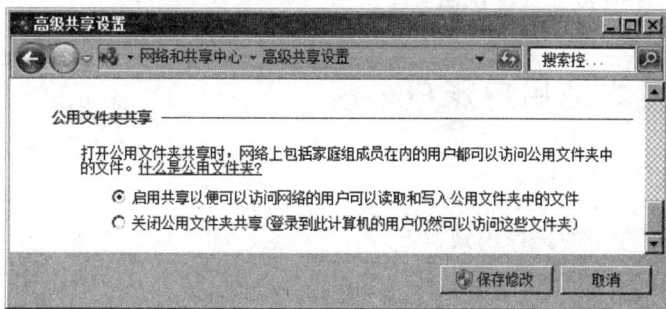

图 7-11　"高级共享设置"窗口

【任务实施】

操作 1　将计算机加入到工作组

要组建工作组网络,只要将网络中的计算机加入到工作组即可,同一工作组的计算机应当具有相同的工作组名。将计算机加入到工作组的操作步骤为:

(1) 依次选择"开始"→"管理工具"→"服务器管理器"命令,在"服务器管理器"窗口中单击"更改系统属性"链接,打开"系统属性"对话框,如图 7-12 所示。

(2) 在"系统属性"对话框中,单击"更改"按钮,打开"计算机名/域更改"对话框,如

图 7-13 所示。

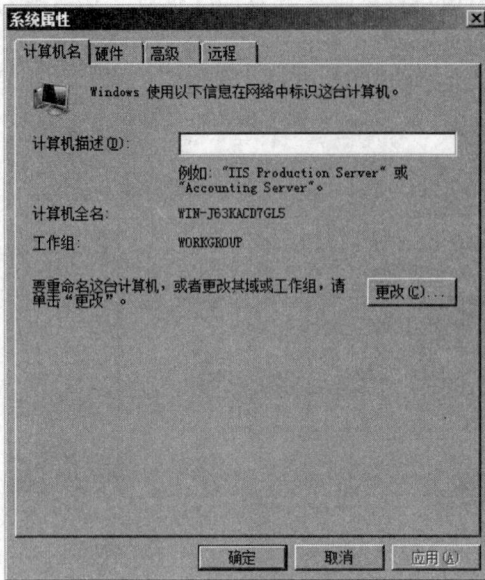

图 7-12 "系统属性"对话框　　　　　图 7-13 "计算机名/域更改"对话框

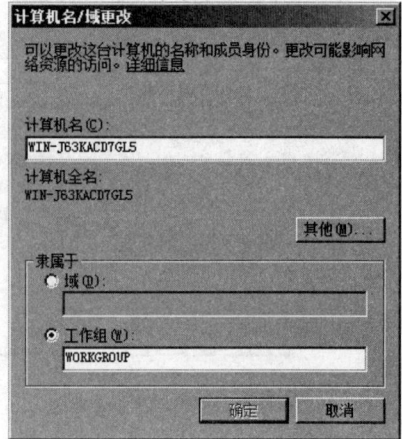

（3）在"计算机名/域更改"对话框中，输入相应的计算机名和工作组名，单击"确定"按钮，按提示信息重新启动计算机后完成设置。

操作 2　设置本地用户账户

1. 创建本地用户账户

创建本地用户账户的操作步骤如下。

（1）依次选择"开始"→"管理工具"→"计算机管理"命令，打开"计算机管理"窗口，如图 7-14 所示。

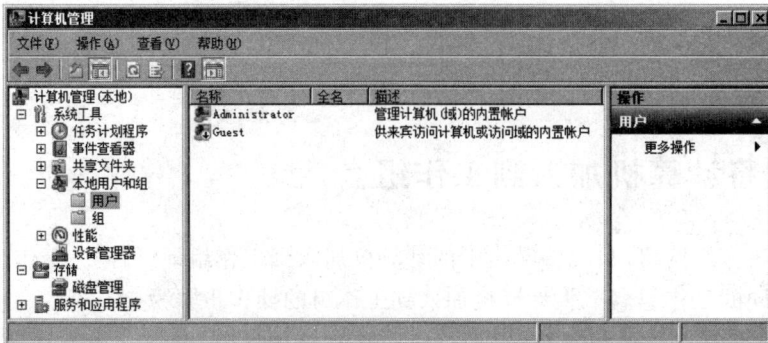

图 7-14 "计算机管理"窗口

（2）在"计算机管理"窗口的左侧窗格，依次选择"本地用户和组"→"用户"，右击鼠标，在弹出的菜单中选择"新用户"命令，打开"新用户"对话框，如图 7-15 所示。

（3）在"新用户"对话框中，输入用户名称、描述、密码等相关信息，密码相关选项的描述如表 7-5 所示。单击"创建"按钮，即可完成对本地用户账户的创建。

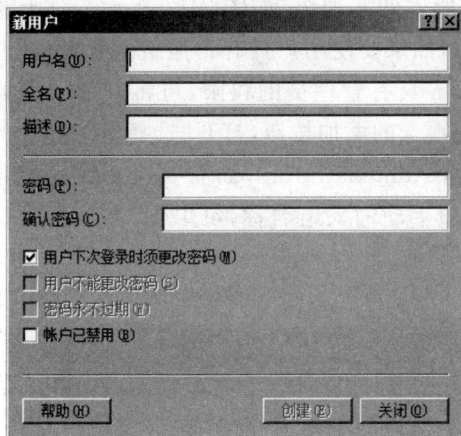

图 7-15 "新用户"对话框

表 7-5　密码相关选项描述

选　项	描　述
用户下次登录时须更改密码	要求用户下次登录计算机时必须修改该密码
用户不能更改密码	不允许用户修改密码，通常用于多个用户共同使用一个用户账户的情况，如 Guest 账户
密码永不过期	密码永久有效，通常用于系统的服务账户或应用程序所使用的用户账户
账户已禁用	禁用用户账户

2. 设置用户账户的属性

在图 7-14 所示窗口的中间窗格中，双击一个用户账户，将显示"用户属性"对话框，如图 7-16 所示。

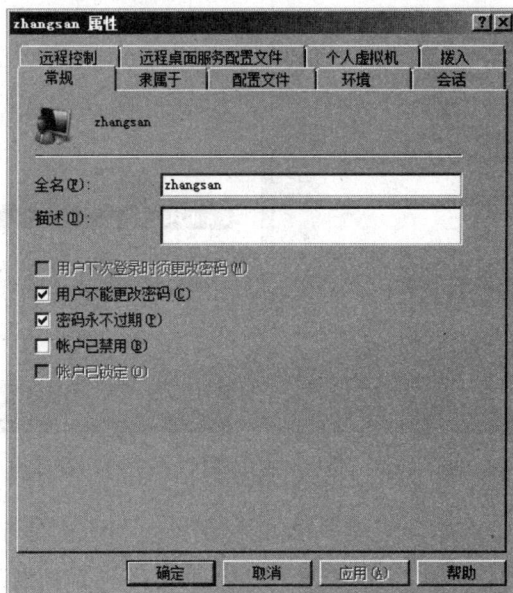

图 7-16 "用户属性"对话框

（1）设置"常规"选项卡

在该选项卡中可以设置与用户账户相关的基本信息,如全名、描述、密码选项等。如果用户账户被禁用或被系统锁定,管理员可以在此解除禁用或解除锁定。

（2）设置"隶属于"选项卡

在"隶属于"选项卡中,可以查看该用户账户所属的本地组,如图 7-17 所示。对于新增的用户账户在默认情况下将加入到 Users 组中,如果要使用户具有其他组的权限,可以将其加到相应的组中。例如,若要使用户 zhangsan 具有管理员的权限,可将其加入本地组 Administrators,操作步骤为:单击"隶属于"选项卡的添加按钮,打开"选择组"对话框。在"输入对象名称来选择"文本框中输入组的名称 Administrators,如需要检查输入的名称是否正确,可单击"检查名称"按钮。如果不希望手动输入组名称,可单击"高级"按钮,再单击"立即查找"按钮,在"搜索结果"列表中选择相应的组即可。

3. 删除和重命名用户账户

当用户不需要使用某个用户账户时,可以将其删除,删除账户会导致所有与其相关信息的丢失。要删除某用户账户只需在图 7-14 所示窗口的中间窗格中,右击该用户账户,在弹出的菜单中选择"删除"命令。此时会弹出如图 7-18 所示的警告框,单击"是"按钮,删除用户账户。

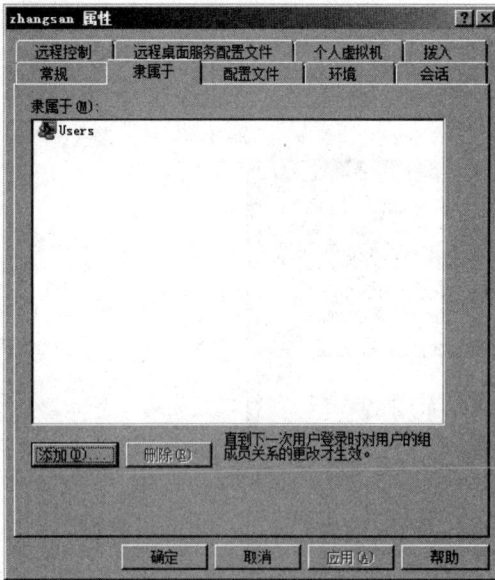

图 7-17 "隶属于"选项卡   图 7-18 删除用户账户时的警告框

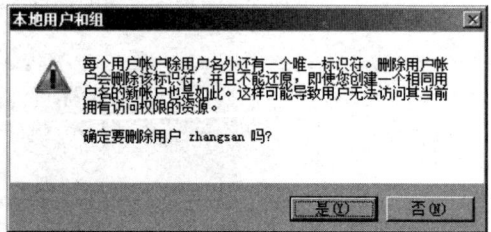

注意:由于每个用户账户都有唯一标识符 SID 号,SID 号在新增账户时由系统自动产生,不同账户的 SID 不会相同。而系统在设置用户权限和资源访问能力时,是以 SID 为标识的,因此一旦用户账户被删除,这些信息也将随之消失,即使重新创建一个相同名称的用户账户,也不能获得原账户的权限。

如果要重命名用户账户,则只需在图 7-14 所示窗口的中间窗格中,右击该用户账户,在弹出的菜单中选择"重命名"命令,输入新的用户名即可,该用户已有的权限不变。

4. 重设用户账户密码

如果管理员用户要对系统的用户账户重新设置密码,只需在图 7-14 所示窗口的中间窗格中,右击该用户账户,在弹出的菜单中选择"设置密码"命令,输入新设定的密码即可,此时无须输入旧密码。

如果其他本地用户要更改本账户的密码,可在登录后按 Ctrl＋Alt＋Delete 组合键,在出现的画面中单击"更改密码"链接,此时必须先输入正确的旧密码后才可以设置新密码。

操作3　设置共享文件夹

1. 新建共享文件夹

在 Windows Server 2008 R2 系统中,隶属于 Administrators 组的用户具有将文件夹设置为共享文件夹的权限。新建共享文件夹的基本操作步骤如下。

(1) 在"计算机"窗口中,选中要共享的文件夹,右击鼠标,在弹出的菜单中选择"共享"→"特定用户"命令,打开"选择要与其共享的网络上的用户"对话框,如图 7-19 所示。

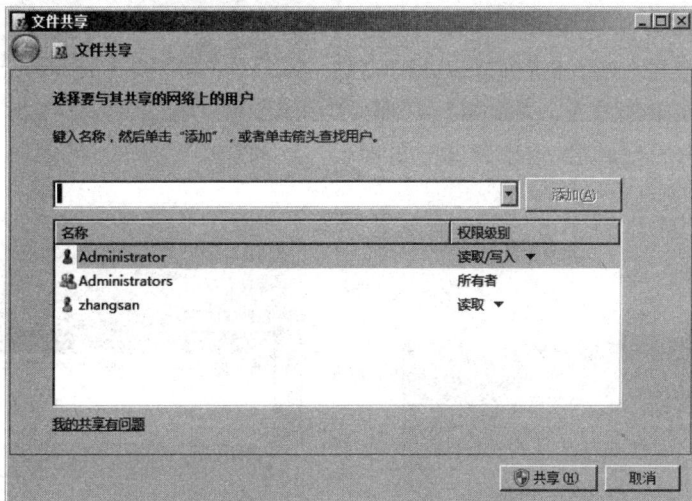

图 7-19　"选择要与其共享的网络上的用户"对话框

(2) 在"选择要与其共享的网络上的用户"对话框中输入要与之共享的用户或组名(也可单击向下箭头来选择用户或组)后单击"添加"按钮。被添加的用户或组的默认共享权限为读取,若要更改,可在用户列表框中单击"权限级别"右边向下的箭头进行选择。

(3) 设置完成后,单击"共享"按钮,若此计算机的网络位置为公用网络,则会提示用户选择是否要在所有的公用网络启用网络发现与文件共享。如果选择"否",此计算机的网络位置会被更改为专用网。当出现"您的文件夹已共享"对话框时,单击"完成"按钮,完成共享文件夹的创建。

在第一次将文件夹共享后,系统会启动"文件共享权限设置",可以在"网络与共享中心"窗口中单击"更改高级共享设置"链接来查看该设置。

2. 停止共享

如果要停止文件夹共享,可在"计算机"窗口中选中相应的共享文件夹,右击鼠标,在弹出的菜单中选择"共享"→"不共享"命令,在打开的对话框中选择"停止共享"即可。

3. 更改共享权限

如果要更改共享文件夹的共享权限,操作方法为:

(1)在"计算机"窗口中选中相应的共享文件夹,右击,在弹出的菜单中选择"属性"命令,在打开的"属性"对话框中单击"共享"选项卡,如图 7-20 所示。

(2)在"共享"选项卡中单击"高级共享"命令,打开"高级共享"对话框,如图 7-21 所示。

(3)在"高级共享"对话框中单击"权限"按钮,打开"共享权限"对话框,如图 7-22 所示。可以在该对话框中通过单击"添加"和"删除"按钮增加或减少用户或组,选中某账户后即可为其更改共享权限。

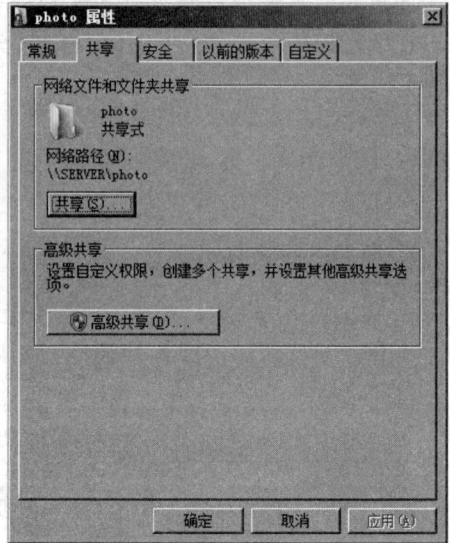

图 7-20 "共享"选项卡

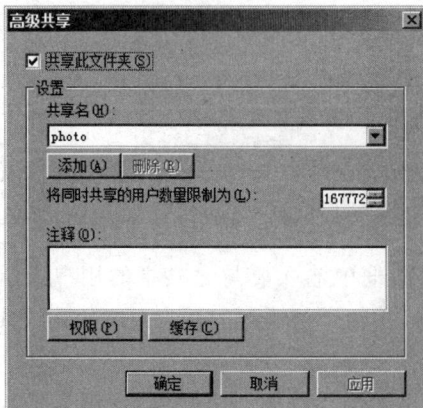

图 7-21 "高级共享"对话框

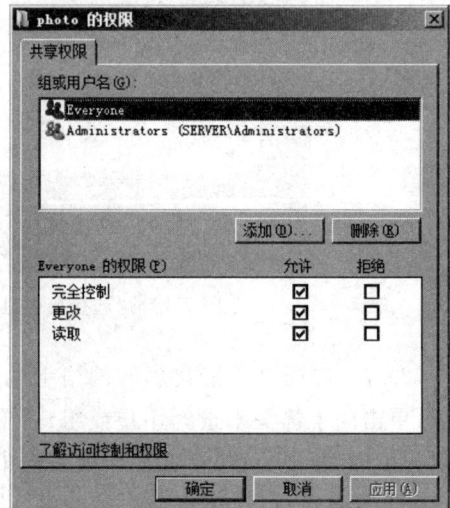

图 7-22 "共享权限"对话框

4. 更改共享名

每个共享文件夹都有一个共享名,共享名默认为文件夹名,网络上的用户通过共享名来访问共享文件夹内的文件。可在共享文件夹的"高级共享"对话框中更改共享名或添加多个共享名,不同的共享名可设置不同的共享权限。

操作 4　访问共享文件夹

客户端用户可利用以下方式访问共享文件夹。

1. 利用网络发现来连接网络计算机

客户端用户依次选择"开始"→"网络"命令,在打开的"网络"窗口中会出现"网络发现已关闭,看不到网络计算机和设备,单击以更改"的提示信息,单击该提示信息,在弹出的菜单中选择"启用网络发现和文件共享"命令,如图 7-23 所示。此时在"网络"窗口中可以看到网络上的计算机,选择相应的计算机(可能需要输入有效的用户名和密码)即可对其共享文件夹进行访问。

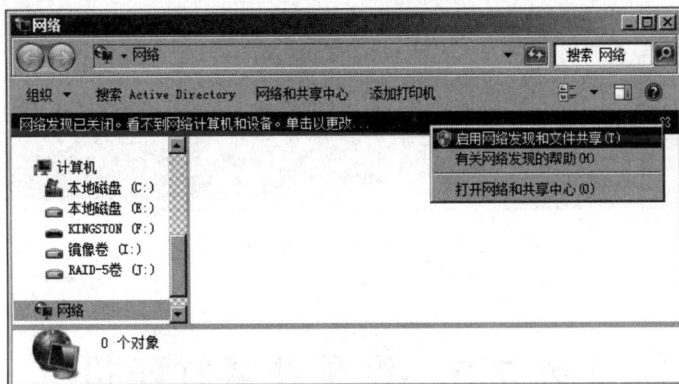

图 7-23　启用网络发现和文件共享

2. 利用 UNC 直接访问

如果已知发布共享文件夹的计算机及其共享名,则可利用该共享文件夹的 UNC 直接访问。UNC(Universal Naming Convention,通用命名标准)的定义格式为"\\计算机名称\共享名"。具体操作方法如下。

(1)依次选择"开始"→"运行"命令,在运行对话框中,输入要访问的共享文件夹的 UNC"\\计算机名称\共享名",单击"确定"按钮,即可访问相应的共享资源。

(2)在浏览器的地址栏中,输入要访问的共享文件夹的 UNC"\\计算机名称\共享名",也可完成相应资源的访问。

3. 映射网络驱动器

为了使用上的方便,可以将网络驱动器盘符映射到共享文件夹上,具体方法为:在客户端"计算机"窗口中按 Alt 键,在菜单栏中依次选择"工具"→"映射网络驱动器"命令,打开"映射网络驱动器"对话框,如图 7-24 所示。在"映射网络驱动器"对话框中,指定驱动器的盘符及其对应的共享文件夹 UNC 路径(也可单击"浏览"按钮,在"浏览文件夹"对话框中进行选择),单击"完成"按钮完成设置。设置完成后,就可以在"计算机"窗口中通过该驱动器号来访问共享文件夹内的文件了。

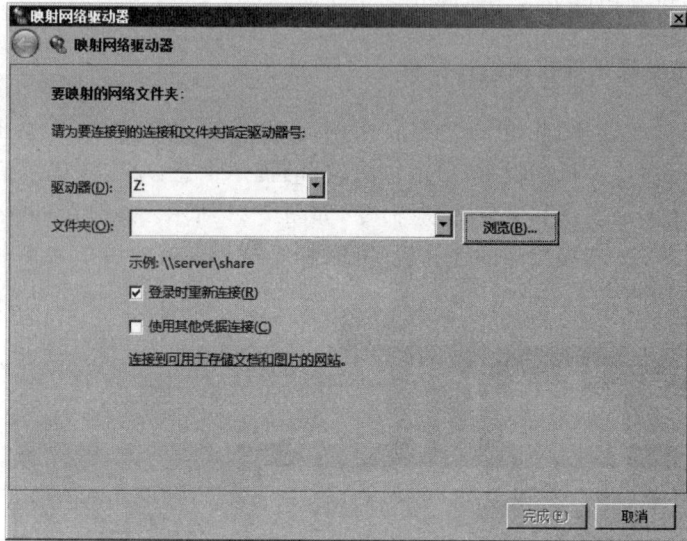

图 7-24 "映射网络驱动器"对话框

任务 7.3 设置共享打印机

【任务目的】

(1) 了解打印系统的各种类型;
(2) 掌握共享打印机的设置方法。

【工作环境与条件】

(1) 安装好 Windows Server 2008 R2 操作系统的计算机;
(2) 安装好 Windows 7 或其他 Windows 操作系统的计算机;
(3) 能够正常运行的网络环境(也可使用 VMware 等虚拟机软件);
(4) 打印机及相关配件。

【相关知识】

自从计算机网络问世以来,打印机就作为基本的共享资源提供给网络的用户使用,因此打印服务系统是网络服务系统中的基本系统。目前打印服务与管理系统主要有共享打印机、专用打印机服务器和网络打印机 3 种主要形式。

7.3.1　共享打印机

共享打印机是将打印机用 LPT 并行口或 USB 等端口连接到计算机上,在该计算机上安装本地打印机的驱动程序、打印服务程序或打印共享程序,使之成为打印服务器;网络中的其他计算机通过添加"网络打印机"实现对共享打印机的访问。共享打印机的拓扑结构如图 7-25 所示。

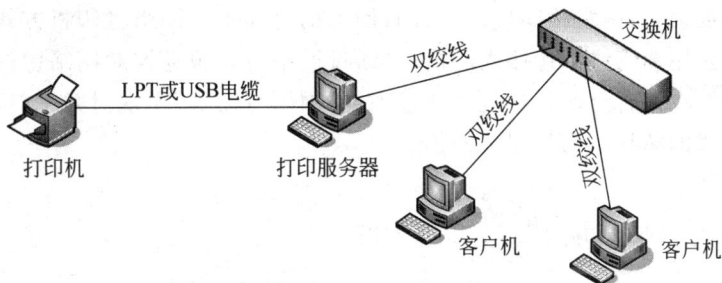

图 7-25　共享打印机的拓扑结构

共享打印机的优点是连接简单,操作方便,成本低廉;其缺点是对于充当打印服务器的计算机要求较高,无法满足高效打印的需求,因此一旦网络打印任务集中,就会造成打印服务器性能下降,打印的速度和质量也受到影响。

7.3.2　专用打印服务器

专用打印服务器方式可以弥补共享打印机方式的不足,其与共享打印机不同之处在于使用了专用的打印服务器硬件装置,该装置固化了网络打印软件,并包括 RJ-45 以太网接口,以及 LPT 或 USB 打印机接口。

专用打印服务器方式的连接方法是将专用打印服务器用双绞线接入网络,并将打印机通过 LPT 或 USB 等端口连接到专用服务器上。在每台计算机上通过添加"网络打印机"实现对共享打印机的访问。专用打印服务器方式的拓扑结构如图 7-26 所示。

专用打印服务器方式的优点是连接和设置简单,容易实现多台打印机的并行操作和管理,不会影响计算机的性能,性价比较高;其缺点是需要购买专用设备,维护管理的费用高,另外和共享打印机相似,发往打印机的数据使用 LPT 或 USB 接口,与目前局域网的吞吐能力相比,传输速率是该种网络打印方式的瓶颈。专用打印服务器方式适用于具有多台打印机的中小型办公网络。

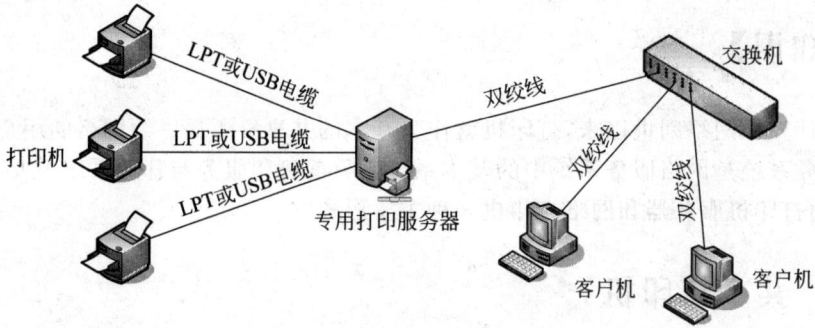

图 7-26　专用打印服务器方式的拓扑结构

7.3.3　网络打印机

就硬件角度而言,网络打印机是指具有网卡的打印机。网络打印机方式的连接方法是将网络打印机用双绞线直接接入网络,并通过网络打印服务器对网络中的各台网络打印机进行管理。在每台打印客户机上通过添加"网络打印机"实现对共享打印机的访问。网络打印机方式的拓扑结构如图 7-27 所示。

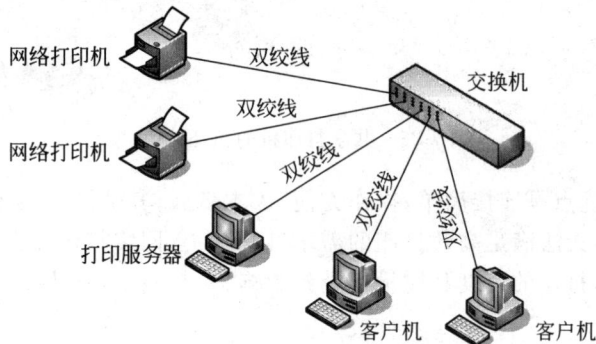

图 7-27　网络打印机方式的拓扑结构

网络打印机方式是真正意义上的网络打印,网络打印机直接连接网络,因此可以以网络本身的速度处理和传输打印任务,使得单台网络打印机的性能发挥到了极限。网络打印机方式的优点是连接和设置简单,容易实现多台打印机的并行操作和管理,不会影响计算机的性能,性价比较高,较好地解决了网络打印的瓶颈;其缺点是需要购置网络打印机,维护管理的费用高。网络打印机方式非常适合大中型公司的办公网络,可以较快的处理高密度的打印业务。

【任务实施】

不同的打印服务与管理系统有不同的设置方式,下面主要在 Windows 工作组网络中完成共享打印机的设置。

操作 1　打印机的物理连接

在 Windows 工作组网络中共享打印机网络的连接请参考图 7-25 所示的拓扑结构。在设置共享打印机之前,必须保证打印服务器与打印机之间以及整个网络的正确连接和互访,必须保证与共享打印机相关的网络组件和服务的安装和启动。

操作 2　安装和共享本地打印机

本地打印机就是直接与计算机连接的打印机。打印机除了与计算机进行硬件连接外,还需要进行软件安装,只有这样打印机才能使用。本地打印机安装也就是在本地计算机上安装打印机软件,实现本地计算机对本地打印的管理,这是实现网络打印的前提。安装和共享本地打印机的基本操作步骤为:

(1) 依次选择"开始"→"设备和打印机"命令,打开"设备和打印机"窗口。

(2) 在"设备和打印机"窗口中,单击"添加打印机"按钮,打开"要安装什么类型的打印机"对话框,如图 7-28 所示。

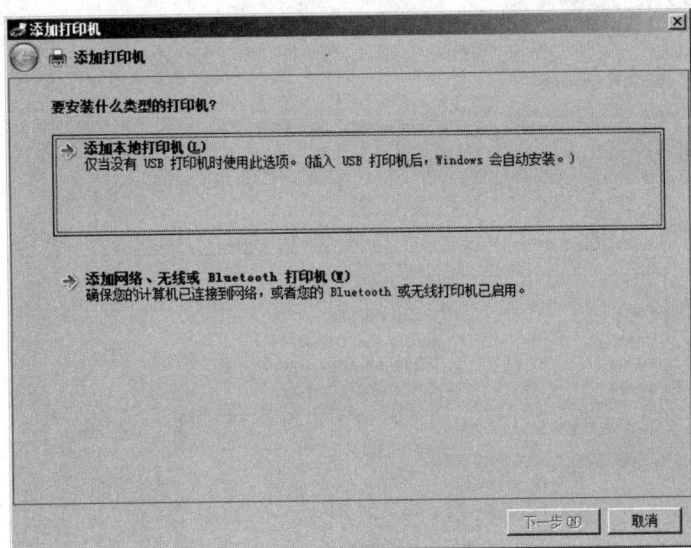

图 7-28　"要安装什么类型的打印机"对话框

(3) 在"要安装什么类型的打印机"对话框中,单击"添加本地打印机"按钮,打开"选择打印机端口"对话框,如图 7-29 所示。

(4) 在"选择打印机端口"对话框中,选择打印机所连接的端口,如果要使用计算机原有的端口,可以选择"使用以下端口"单选框,一般情况下,使用并行电缆的打印机都安装在计算机的 LTP1 打印机端口上。单击"下一步"按钮,打开"安装打印机驱动程序"对话框,如图 7-30 所示。

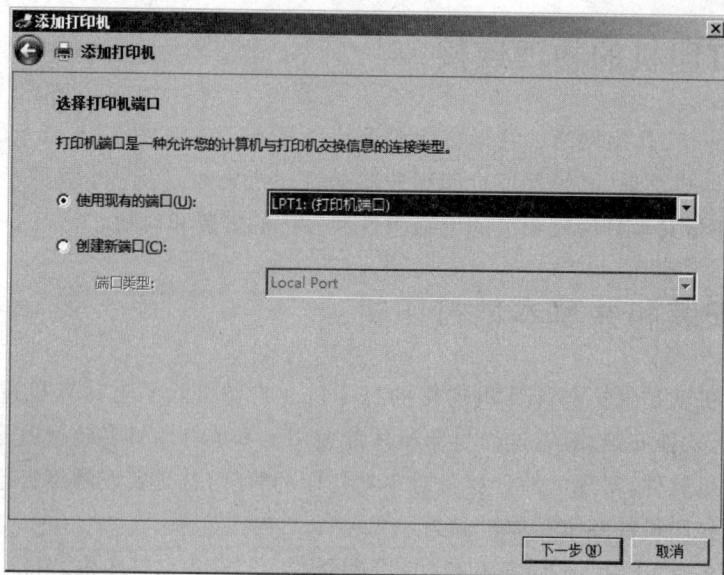

图 7-29 "选择打印机端口"对话框

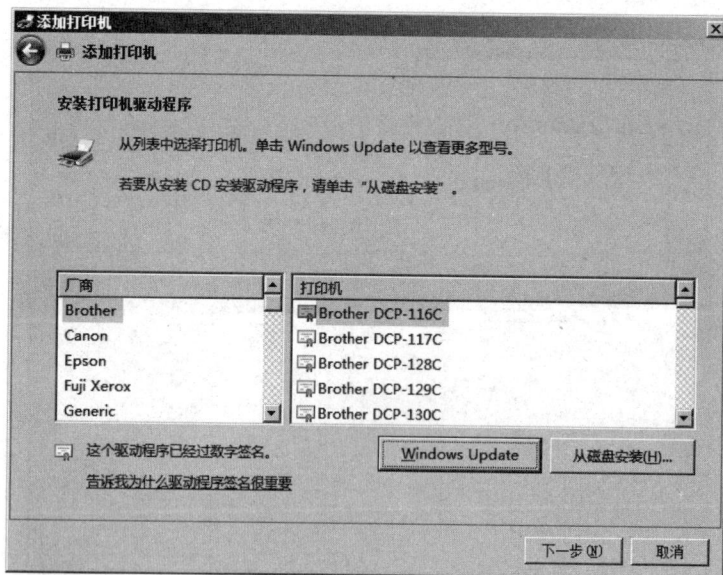

图 7-30 "安装打印机驱动程序"对话框

（5）在"安装打印机驱动程序"对话框中选择打印机的生产厂商和型号，也可选择"从磁盘安装"。单击"下一步"按钮，打开"键入打印机名称"对话框，如图 7-31 所示。

（6）在"键入打印机名称"对话框中，为打印机输入名称。单击"下一步"按钮，打开"打印机共享"对话框，如图 7-32 所示。

（7）如果希望其他计算机用户使用该打印机，在"打印机共享"对话框中，选择"共享此打印机以便网络中的其他用户可以找到并使用它"单选框，输入共享时该打印机的名

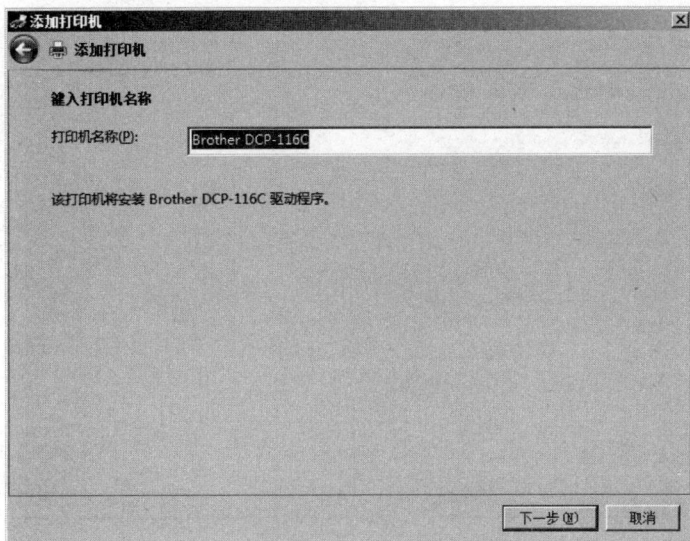

图 7-31 "键入打印机名称"对话框

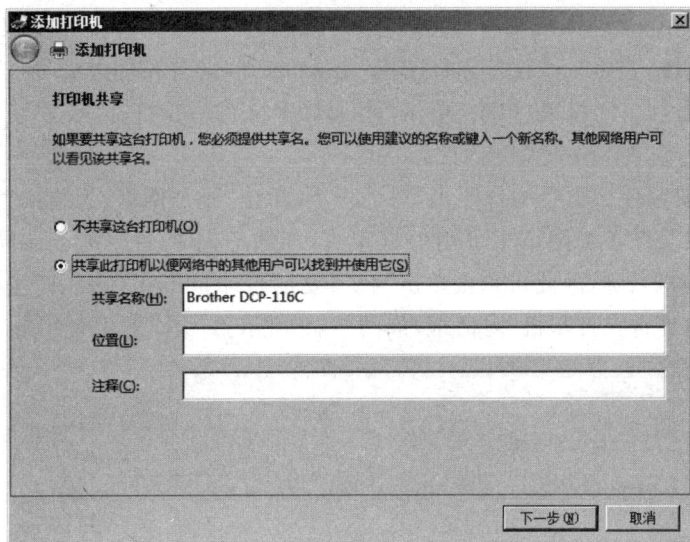

图 7-32 "打印机共享"对话框

称、位置和注释,单击"下一步"按钮,打开"您已经成功添加"对话框,如图 7-33 所示。

(8) 在"您已经成功添加"对话框中,可以单击"打印测试页"按钮,检测是否已经正确安装了打印机。若确认设置无误,单击"完成"按钮,安装完毕。

操作3 设置客户端

在连有打印机的计算机上安装好本地打印机后,接下需要在没有连接打印机的计算

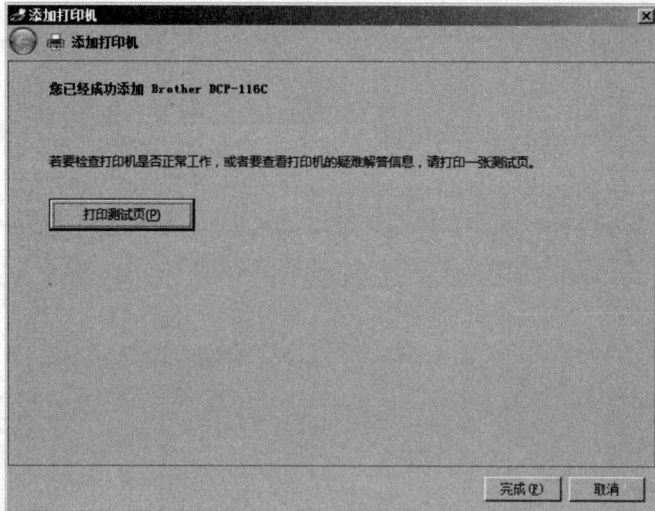

图 7-33 "您已经成功添加"对话框

机上安装网络打印机,以便没有连接打印机的计算机能够把要打印的文件传输给连有打印机的计算机,并由该计算机统一管理打印,实现网络打印。具体操作步骤如下:

(1) 依次选择"开始"→"设备和打印机"命令,打开"设备和打印机"窗口。

(2) 在"设备和打印机"窗口中,单击"添加打印机"按钮,打开"要安装什么类型的打印机"对话框。

(3) 在"要安装什么类型的打印机"对话框中,单击"添加网络、无线或 Bluetooth 打印机"按钮,系统会自动搜索网络中可用的打印机,如图 7-34 所示。由于在局域网内部,可以直接输入打印机名称,因此可直接单击"我需要的打印机不在列表中"按钮,打开"按名称或 TCP/IP 地址查找打印机"对话框,如图 7-35 所示。

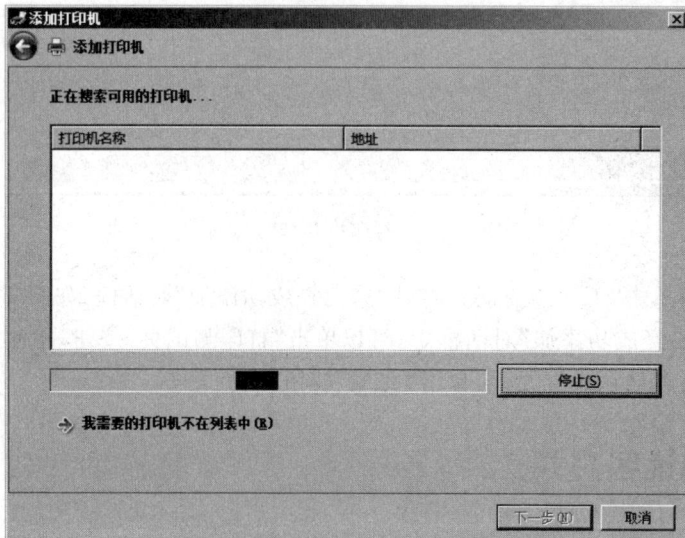

图 7-34 "正在搜索可用的打印机"对话框

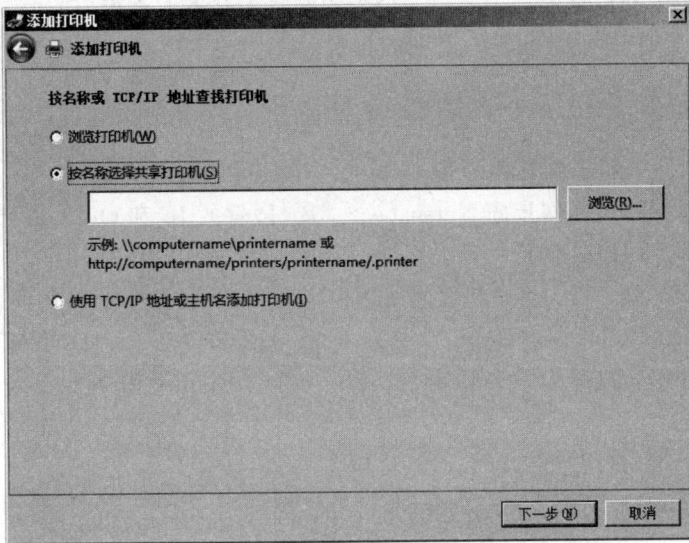

图 7-35　"按名称或 TCP/IP 地址查找打印机"对话框

（4）在"按名称或 TCP/IP 地址查找打印机"对话框中选择"按名称选择共享打印机"单选框，输入打印机名称"\\与打印机直接相连的计算机名或 IP 地址\打印机共享名"，单击"下一步"按钮，打开"已成功添加打印机"对话框。

（5）在"已成功添加打印机"对话框中，单击"下一步"按钮，打开"您已经成功添加"对话框，可以单击"打印测试页"按钮，检测是否已经正确安装了打印机。若确认设置无误，单击"完成"按钮，安装完毕。

习　题　7

1. 判断题

（1）网页浏览工具只能用于网页浏览。　　　　　　　　　　　　　　　　　　（　　）

（2）IE 的下载功能不支持断点续传功能。　　　　　　　　　　　　　　　　　（　　）

（3）WWW（World Wide Web），是一种基于 HTTP 协议的网络信息检索工具。

　　　　　　　　　　　　　　　　　　　　　　　　　　　　　　　　　　（　　）

（4）HTTP 协议传输文件的速度和稳定性都优于 FTP。　　　　　　　　　　　（　　）

（5）Web 工具主要用于从服务器上下载数据，是十分方便的下载工具。　　　（　　）

（6）WWW 是 Internet 上集文本、声音、图像、视频等多种媒体信息于一身的信息服务系统。　　　　　　　　　　　　　　　　　　　　　　　　　　　　　　　　　　（　　）

（7）WWW 的应用是对等网模式的服务系统。　　　　　　　　　　　　　　　（　　）

（8）浏览器只能浏览 Web 服务器站点上的各种数据信息，不能向服务器发送数据信息。　　　　　　　　　　　　　　　　　　　　　　　　　　　　　　　　　　　（　　）

（9）WWW 中的信息资源主要由一个个的网页为基本元素构成。　　　　（　　）

（10）域名与 IP 地址之间是一对四的关系。　　　　　　　　　　（　　）

2. 单项选择题

（1）下述软件中属于浏览器的是（　　　）。

    A. 微软的 IE 和网景的 Netscape　　B. 微软的 IE 和 Outlook Express

    C. 微软的 IE 和 BBS　　　　　　　　D. 微软的 IE 和 Web

（2）在 WWW 服务器与客户机之间发送和接收 HTML 文档时，使用的协议是（　　　）。

    A. FTP　　　　　　B. Gopher　　　　C. HTTP　　　　　D. NNTP

（3）某人的电子邮箱为 Rjspks@263.com，对于 Rjspks 和 263.com 的正确理解为（　　　）。

    A. Rjspks 是用户名，263.com 是域名

    B. Rjspks 是用户名，263.com 是计算机名

    C. Rjspks 是服务器名，263.com 是域名

    D. Rjspks 是服务器名，263.com 是计算机名

（4）若 Web 站点的 Internet 域名是 www.lwh.com，IP 为 192.168.1.21，现将 TCP 端口改成 8080，则用户在 IE 浏览器的地址栏中输入（　　　）后就可访问该网站。

    A. http://192.168.1.21　　　　　　　B. http://www.lwh.com

    C. http://192.168.1.21:8080　　　　　D. http://www.lwh.com/8080

（5）Internet 中域名与 IP 地址之间的翻译是由（　　　）来完成的。

    A. 域名服务器　　　　　　　　　　B. 代理服务器

    C. FTP 服务器　　　　　　　　　　D. Web 服务器

（6）关于 WWW 服务，以下错误的说法是（　　　）。

    A. WWW 服务采用的主要传输协议是 HTTP

    B. WWW 服务以超文本方式组织网络多媒体信息

    C. 用户访问 Web 服务器可以使用统一的图形用户界面

    D. 用户访问 Web 服务器不需要知道服务器的 URL 地址

（7）DNS 服务器最重要的功能就是查找匹配特定主机域名的（　　　）。

    A. 物理地址　　　　B. 网络地址　　　　C. IP 地址　　　　D. MAC 地址

（8）主机完整的域名是通过把自己的主机名和它与根域之间的每一个域名连接起来构成的，中间用（　　　）进行分隔。

    A. "；"　　　　　　B. "."　　　　　　C. "，"　　　　　　D. "？"

（9）DNS 通常使用（　　　）。

    A. 分布式数据库　　　　　　　　　B. 文件数据库

    C. 通信数据库　　　　　　　　　　D. 地址数据库

（10）查找对应于域名的 IP 地址的过程称为（　　　）。

    A. 浏览　　　　　　　　　　　　　　B. 扫描

    C. 解析域名查询　　　　　　　　　D. 登录

（11）WWW 网页显示方式通过（　　）来指定。

　　A. HTML　　　　　B. TXT　　　　　C. DOC　　　　　D. WPS

（12）顶级域名用（　　）的缩写形式来完全地表达某个国家或地区。

　　A. 四个字母　　　B. 三个字母　　　C. 两个字母　　　D. 一个字母

3. 多项选择题

（1）下列属于 IE 浏览器功能特点的有（　　）。

　　A. 可保存网页素材　　　　　　　　　B. 可下载网络资源

　　C. 对网站地址进行分类　　　　　　　D. 改变网页显示方式

（2）下列属于网络应用的有（　　）。

　　A. 远程教育　　　B. 电子政务　　　C. 网上邮件　　　D. 电子商务

（3）下列属于搜索引擎的有（　　）。

　　A. Google　　　　B. 百度　　　　　C. SOHU　　　　　D. 雅虎

（4）下列属于网络聊天工具的有（　　）。

　　A. ICQ　　　　　B. OICQ　　　　　C. MSN　　　　　D. Outlook

（5）邮件服务工具有（　　）。

　　A. Outlook　　　B. FrontPage　　　C. Foxmail　　　D. Dreamweaver

（6）浏览器支持（　　）。

　　A. 文字　　　　　B. 图像　　　　　C. 声音　　　　　D. 动画、视频

（7）常用的网络服务有（　　）。

　　A. WWW 服务　　B. FTP 服务　　　C. GPS 服务　　　D. DHCP 服务

（8）WWW 的整个系统由（　　）三部分组成。

　　A. Web 服务器　　B. 浏览器　　　　C. 通信协议　　　D. 超文本文件

4. 问答题

（1）简述用户通过浏览器访问 WWW 上某网页的工作过程。

（2）简述 Windows 工作组网络的基本特点。

（3）Windows Server 2008 R2 系统的本地用户账户分为哪些类型？各有什么特征？

（4）简述在 Windows 网络中通过"网上邻居"访问共享文件的工作过程。

（5）目前局域网中的打印服务与管理系统有哪些形式？分别如何实现？

5. 技能题

（1）组建工作组网络并实现文件共享。

【内容及操作要求】

把所有的计算机组建为一个名为 Students 的工作组网络，在每台计算机的 D 盘上创建一个共享文件夹，使该计算机的管理员账户可以通过其他计算机对该文件夹进行完全控制，使该计算机的其他账户可以通过其他计算机读取该文件夹中的文件。

【准备工作】

安装 Windows Server 2008 R2 或以上版本 Windows 操作系统的计算机 3 台;组建局域网所需的其他设备。

【考核时限】

30min。

(2) 共享打印机。

【内容及操作要求】

在局域网中实现打印机共享,要求局域网中的所有计算机都可以使用一台打印机直接打印文件。

【准备工作】

安装 Windows Server 2008 R2 或以上版本 Windows 操作系统的计算机 3 台;组建局域网所需的其他设备;打印机及其附件(驱动程序、连接电缆等)。

【考核时限】

30min。

工作单元 8　网络管理与安全

随着网络应用的不断普及,网络资源和网络应用服务日益丰富,网络管理和安全问题已经成为网络建设和发展中的热门话题。在实际网络运行中,提升网络管理水平,采取合理的安全措施和手段,是确保网络稳定、可靠和安全运行的重要方法。因此对于网络管理人员来说,掌握必要的网络管理和完全方面的技能非常重要。本单元的主要目标是了解基于 SNMP 的网络管理的实现;了解常用的网络安全技术;熟悉常见网络扫描工具;理解防火墙和防病毒软件的作用并能够正确安装使用。

任务 8.1　SNMP 服务的安装与测试

【任务目的】

(1) 了解网络管理的基本功能;
(2) 了解网络管理的基本模型和组成;
(3) 了解 SNMP 服务的安装和配置方法。

【工作环境与条件】

(1) 已经安装并能运行的局域网;
(2) 安装 Windows 操作系统的计算机;
(3) MIB 查询工具(本部分以 MIB Browser 为例,也可选择其他相关工具软件)。

【相关知识】

目前的网络管理打破了网络的地域限制,不再局限于保证文件的传输,而是保障网络的正常运转,维护各类网络应用和数据的有效和安全地使用、存储以及传递,同时监测网络的运行性能,优化网络的拓扑结构。在网络管理技术的研究、发展和标准化方面,国际标准化组织(ISO)和 Internet 体系结构委员会(IAB)都做出了很大的贡献。IAB 于 1988 年推出的简单网络管理协议(Simple Network Management Protocol,SNMP)已经成为事实上的计算机网络管理工业标准,该协议是 TCP/IP 协议的一部分,也可以应用于 IPX/SPX

网络。

8.1.1 网络管理的功能

在实际网络管理过程中,网络管理应具有的功能非常广泛。ISO 在 ISO/IEC 7498-4 文档中定义了网络管理的 5 大功能:配置管理、性能管理、故障管理、安全管理和计费管理。

1. 配置管理

计算机网络由各种物理结构和逻辑结构组成,这些结构中有许多参数、状态等信息需要设置并协调。另外,网络运行在多变的环境中,系统本身也经常要随着用户的增、减或设备的维修而调整配置。网络管理系统必须具有足够的手段支持这些调整的变化,使网络更有效地工作。这些手段构成了网络管理的配置管理功能。配置管理功能至少应包括识别被管理网络的拓扑结构、标识网络中的各种现象、自动修改指定设备的配置、动态维护网络配置数据库等内容。

2. 性能管理

性能管理的目的是在使用最少的网络资源和具有最小延迟的前提下,确保网络能提供可靠的通信能力,并使网络资源的使用达到最优化的程度。网络的性能管理有监测和控制两大功能,监测功能主要是对网络中的活动进行跟踪,控制功能主要是通过实施相应调整来提高网络性能。性能管理的具体内容一般包括:从被管对象中收集与网络性能有关的数据;分析和统计历史数据;建立性能分析的模型;预测网络性能的长期趋势;根据分析和预测的结果,对网络拓扑结构、某些对象的配置和参数做出调整,逐步达到最佳运行状态。

3. 故障管理

故障管理指在系统出现异常情况时的管理操作。网络管理系统应具备快速和可靠的故障检测、诊断和恢复功能,具体内容一般包括:当网络发生故障时,必须尽可能快地找出故障发生的确切位置;将网络其他部分与故障部分隔离,以确保网络其他部分能不受干扰继续运行;重新配置或重组网络,尽可能降低由于隔离故障对网络带来的影响;修复或替换故障部分,将网络恢复为初始状态。

4. 安全管理

安全管理的目的是确保网络资源不被非法使用,防止网络资源由于入侵者攻击而遭受破坏。完善的网络管理系统必须制定网络管理的安全策略,以保证网络不被侵害,并保证重要信息不被未授权的用户访问。其具体内容一般包括:与安全措施有关的信息分发(如密钥的分发和访问权设置等);与安全有关的通知(如网络有非法侵入、无权用户对特定信息的访问企图等);安全服务措施的创建、控制和删除;与安全有关的网络操作事件的记录、管理、维护和查询等。

5. 计费管理

计费管理不但将统计哪些用户、使用何信道、传输多少数据、访问什么资源等信息,还可以统计不同线路和各类资源的利用情况。由此可见,在有偿使用的网络上,计费管理功能可以依据其统计的信息,制定一种用户能够接受的计费方法。商业性网络中的计费系统还要包含诸如每次通信的开始和结束时间、通信中使用的服务等级以及通信中的另一方等更详细的计费信息,并使用户能够随时查询这些信息。

8.1.2   网络管理的基本模型

在网络管理中,网络管理人员通过网络管理系统对整个网络中的设备和设施(如交换机、路由器、服务器等)进行管理,包括查阅网络中设备或设施的当前工作状态和工作参数,对设备或设施的工作状态进行控制,对工作参数进行修改等。网络管理系统通过特定的传输线路和控制协议对远程的网络设备或设施进行具体操作。为了实现上述目标,目前网络管理系统普遍采用的是管理者(Management)—代理者(Agent)的网络管理模型,如图 8-1 所示。

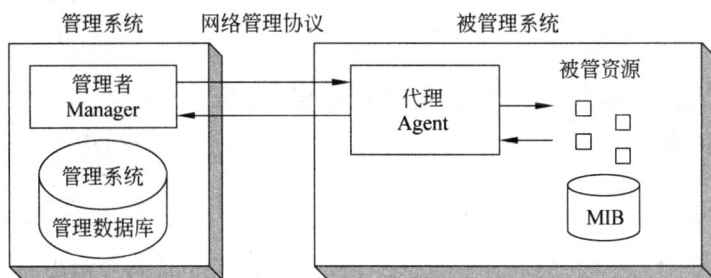

图 8-1   网络管理基本模型示意图

由图可见,网络管理模型主要由网络管理者、管理代理、网络管理协议和管理信息库(Management Information Base,MIB)4 个要素组成。

1. 网络管理者

网络管理者是实施网络管理的实体,驻留在管理工作站上,实际上就是运行于管理工作站的网络管理程序(进程)。网络管理者负责对网络中的设备和设施进行全面的管理和控制,根据网络上各个管理对象的变化来决定对不同的管理对象所采取的操作。管理工作站是一台安装了网络管理软件的 PC 或小型机,一般位于网络系统的主干或接近于主干的位置。

2. 管理代理

管理代理是一个软件模块,驻留在被管设备上。被管设备的种类繁多,包括交换机、路由器、防火墙、服务器、网络打印机等。管理代理的功能是把来自网络管理者的命令或信息转换为被管设备特有的指令,完成网络管理者的指示或把所在设备的信息返回给网络管理者。管理代理通过控制本设备管理信息库中的信息实现对被管设备的管理。

3. 网络管理协议

网络管理协议给出了网络管理者和管理代理之间通信的规则,为它们定义了交换所需管理信息的方法,负责在管理进程和代理进程之间传递操作命令,并解释管理操作命令或提供解释管理操作命令的依据。目前在网络管理中主要使用的网络管理协议是SNMP,而 ISO 开发的 CMIP(Common Management Information Protocol,公共管理信息协议)主要用于 TMN(电信管理网)。

4. 管理信息库

管理信息库是一个概念上的数据库,可以将其所存放的信息理解为网络管理中的被管资源。管理信息库中存放了被管设备的所有信息,包括被管设备的名称、运行时间、接口速度、接口接收/发出的报文等。在 SNMP 网络管理中,这些信息是用对象来表示的,每一个管理对象表示被管资源某一方面的属性,这些对象的集合就形成了管理信息库。每个管理代理管理管理信息库中属于本地的管理对象,各管理代理的管理对象共同构成全网的管理信息库。

8.1.3　SNMP 网络管理定义的报文操作

网络管理者与管理代理间的操作可以分成两种情况。
- 网络管理者可向管理代理请求状态信息;
- 当重要事件发生时,管理代理可向网络管理者主动发送状态信息。

SNMP 网络管理定义了 5 种报文操作。
- GetRequest 操作:用于网络管理者通过管理代理提取被管设备的一个或者多个 MIB 参数值,这些参数都是在管理信息库中被定义的。
- GetNextRequest 操作:用于网络管理者通过管理代理提取被管设备的一个或多个 MIB 参数的下一个参数值。
- SetRequest 操作:用于网络管理者通过管理代理设置被管设备的一个或多个 MIB 参数值。
- GetResponse 操作:管理代理向网络管理者返回一个或多个 MIB 参数值,它是前面三种操作中的响应操作。
- Trap 操作:这是管理代理主动向网络管理者发出的报文,它标记出一个可能需要特殊注意的事件的发生,例如,被管设备的重新启动就可能会触发一个 Trap 操作。

在上述操作中,前面三个操作是网络管理者向管理代理发出的,后面两个操作则是管理代理发给网络管理者的,其中除了 Trap 操作使用 UDP162 端口外,其他操作均使用

UDP161 端口。通过这些报文操作，网络管理者和管理代理之间就能够相互通信了。

8.1.4　SNMP 社区

　　社区（Community）也叫做团体、共同体，利用 SNMP 团体可以将管理进程和管理代理分组，同一团体内的管理进程和管理代理才能互相通信，管理代理不接受团体之外的管理进程的请求。在 Windows 操作系统中，一般默认团体名为"public"，一个 SNMP 管理代理可以是多个团体的成员。在图 8-2 所示 SNMP 网络管理系统中管理 1、代理 2、代理 3 和代理 4 属于同一个 SNMP 团体，管理 2 和代理 1 属于另一个 SNMP 团体，因此管理 1 中的管理进程可以和代理 2、代理 3 及代理 4 中的管理代理进行通信，管理 2 的管理进程只能和代理 1 的管理代理进行通信。

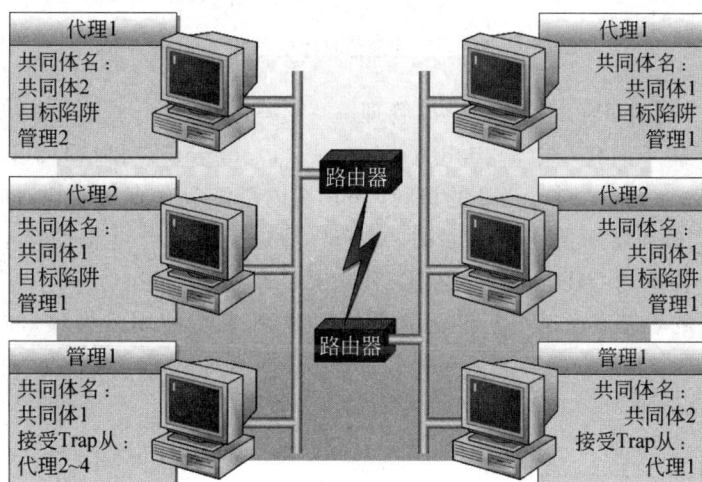

图 8-2　SNMP 团体

8.1.5　管理信息库的结构

　　管理信息库是一个概念上的数据库，存放的是网络管理可以访问的信息，SNMP 环境中的所有被管理对象都按层次性的结构或树型结构来排列，树型结构端结点对象就是实际的被管理对象，如图 8-3 所示。树型结构本身定义了如何把对象组合成逻辑相关的集合。层次树结构有三个作用：

- 表示管理和控制关系；
- 提供了结构化的信息组织技术；
- 提供了对象命名机制。

MIB 树的根节点 root 并没有名字或编号，但是它有下面 3 个子树。

- iso(1)：由 ISO 管理，是最常用的子树；
- itu(0)：由 ITU 管理；

root

itu 0　iso 1　iso-itu 2

standard 0　1　2　3 org

registration authority member body

6 dod

1 internet

directory 1　2　3　4 private

mgmt　experimental

mib-2 1　enterprise 1

tcp 6　IBM 2

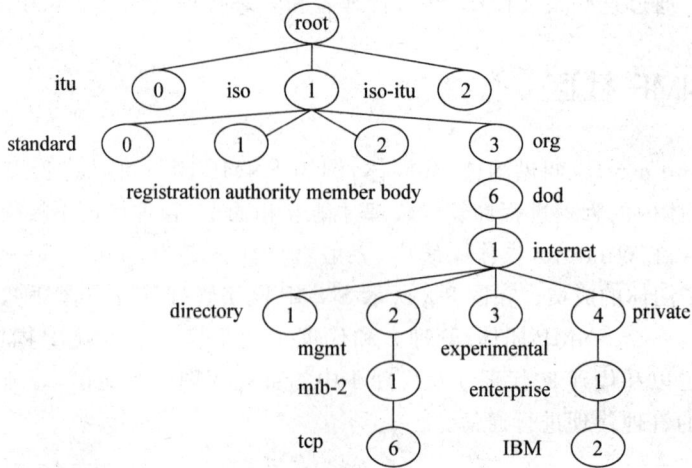

图 8-3　管理信息库的结构

- iso/itu(3)：由 ISO 和 ITU 共同管理。

在 iso(1)子树下面有 org(3)、dod(6)、internet(1)、mgmt(2)和 mib-2(1)五级子树,可以用 1.3.6.1.2.1 来表示对 mib-2 的访问。mib-2 内部又包含多棵子树,同理,也可以用 1.3.6.1.2.1.1 来表示对 mib-2 下面的 system(1)进行访问。这里的 1.3.6.1.2.1 和 1.3.6.1.2.1.1 被称为 OID,也叫对象 ID。

mib-2 定义的是基本故障分析和配置分析用对象,其中使用最为频繁的将是 system 组、interface 组、at 组和 ip 组。图 8-4 所示为 mib-2 节点处 MIB 树结构示意图。

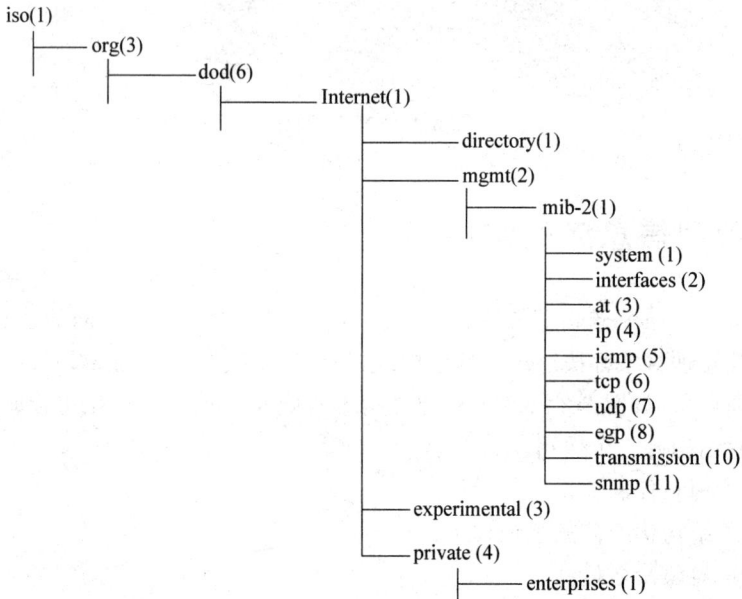

iso(1)
org(3)
dod(6)
Internet(1)
directory(1)
mgmt(2)
mib-2(1)
system (1)
interfaces (2)
at (3)
ip (4)
icmp (5)
tcp (6)
udp (7)
egp (8)
transmission (10)
snmp (11)
experimental (3)
private (4)
enterprises (1)

图 8-4　mib-2 节点处 MIB 树结构示意图

【任务实施】

操作 1　在 Windows 计算机上启用 SNMP 服务

如果要对安装 Windows 操作系统的计算机进行 SNMP 网络管理,则在该计算机上必须安装和配置 SNMP 服务。Windows 系统的 SNMP 服务可以处理来自 SNMP 管理系统的状态信息请求,并且在发生陷阱时,可将陷阱报告给一个或者多个管理工作站。

1. 安装 SNMP

SNMP 并不是 Windows 系统的默认安装组件,在 Windows Server 2008 R2 系统中安装 SNMP 的步骤如下。

(1) 依次选择"开始"→"管理工具"→"服务器管理器"命令,打开"服务器管理器"窗口。

(2) 在"服务器管理器"窗口的左侧窗格中单击"功能"超链接,如图 8-5 所示。在右侧窗格中单击"添加功能"超链接,打开"选择功能"窗口,如图 8-6 所示。

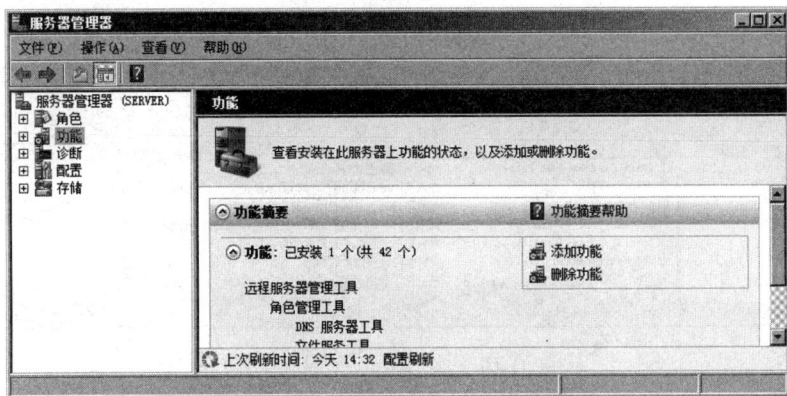

图 8-5　"服务器管理器"窗口

(3) 在"选择功能"窗口的功能列表中选中"SNMP 服务"复选框,单击"下一步"按钮,打开"确认安装选择"窗口。

(4) 在"确认安装选择"窗口中单击"安装"按钮,完成 SNMP 服务的安装。

安装完成后,打开"服务"窗口,可以看到 SNMP Service 和 SNMP Trap 两个服务都已经安装并启动,如图 8-7 所示。

2. 设置 SNMP

安装 SNMP 协议后,还需要对其进行相应的设置,具体操作步骤如下。

(1) 在"服务"窗口中,右击 SNMP Service,在弹出的菜单中选择"属性"命令,打开"SNMP Service 的属性"对话框。

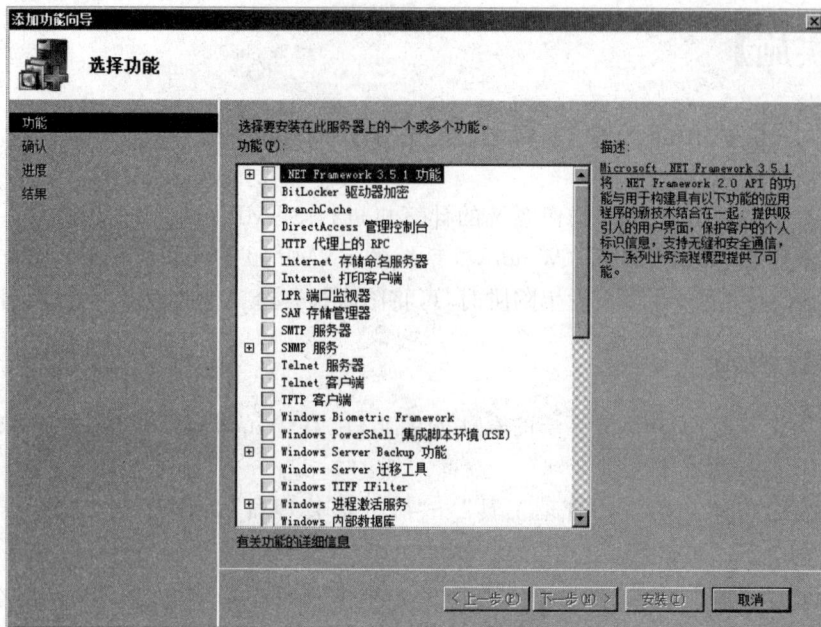

图 8-6 "选择功能"窗口

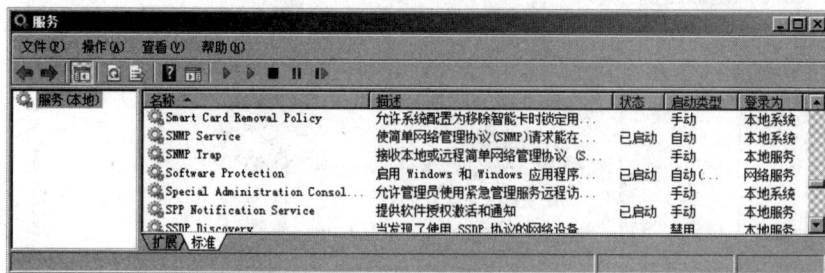

图 8-7 "服务"窗口

（2）单击"代理"选项卡，在"代理选项卡"中配置"联系人"和"位置"中的内容，并选择代理提供的服务，如图 8-8 所示。

（3）单击"陷阱"选项卡，如图 8-9 所示。在社区名称文本框中输入社区名称如"public"，单击"添加到列表"按钮，此时陷阱目标中"添加"按钮显亮。

（4）单击"添加"按钮，打开"SNMP 服务配置"对话框，如图 8-10 所示。输入陷阱目标 IP 地址，即管理工作站的 IP 地址。

（5）单击"安全"选项卡，如图 8-11 所示。选中"发送身份验证陷阱"复选框，实现当接到非法的状态信息请求，主动发送信息给管理工作站。可以添加或删除其所在的社区，并可以设置该社区管理工作站对 MIB 的权利。同时可以设置能接收哪些主机传来的SNMP 数据包。

（6）单击"应用"按钮，完成设置。

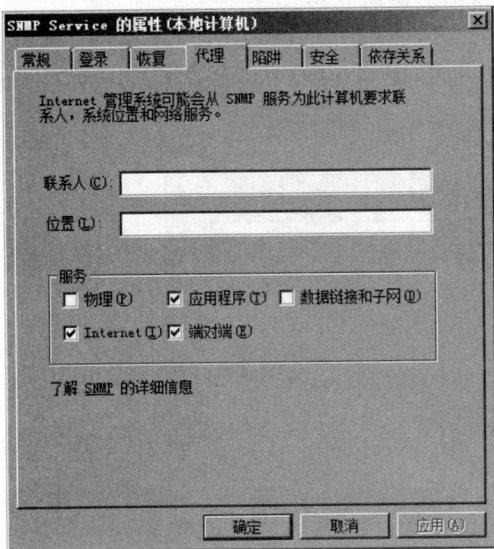

图 8-8　"代理"选项卡

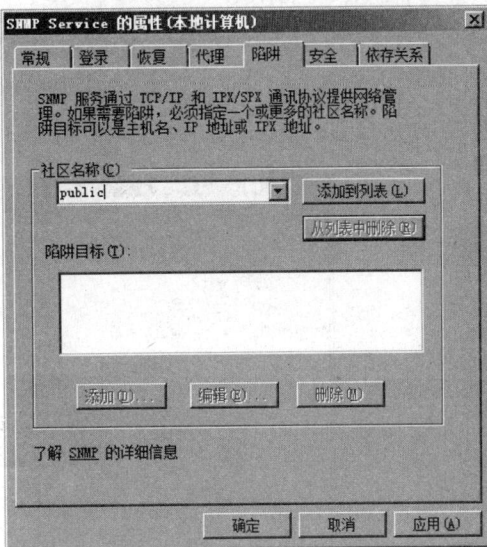

图 8-9　"陷阱"选项卡

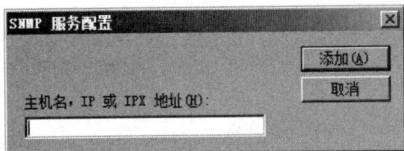

图 8-10　"SNMP 服务配置"对话框

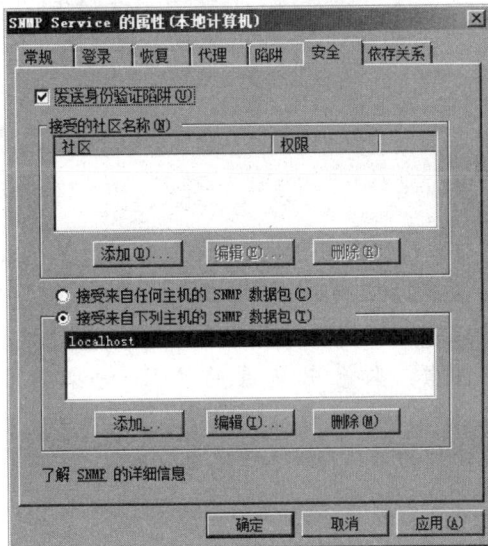

图 8-11　"安全"选项卡

操作 2　测试 SNMP 服务

在构建了 SNMP 网络管理环境后，就可以创建网络管理工作站，实现 SNMP 网络管理了。基于 SNMP 的网络管理软件很多，要测试 SNMP 服务是否实现并查看 MIB 对象的值，最简单的方法是使用 MIB Browser。该软件可以执行 SNMP GetRequest 以及 GetNextRequest 操作，允许以树形结构浏览 MIB 的层次并且可以浏览关于每个节点的额外信息。使用 MIB Browser 测试 SNMP 的操作步骤如下。

（1）从 Internet 下载 MIB Browser 工具包。

（2）运行 MIB Browser，在 MIB 树型结构中选择要查看的 MIB 对象值，右击所选中的 MIB 对象，选择要进行的操作如"Get value"，如图 8-12 所示。

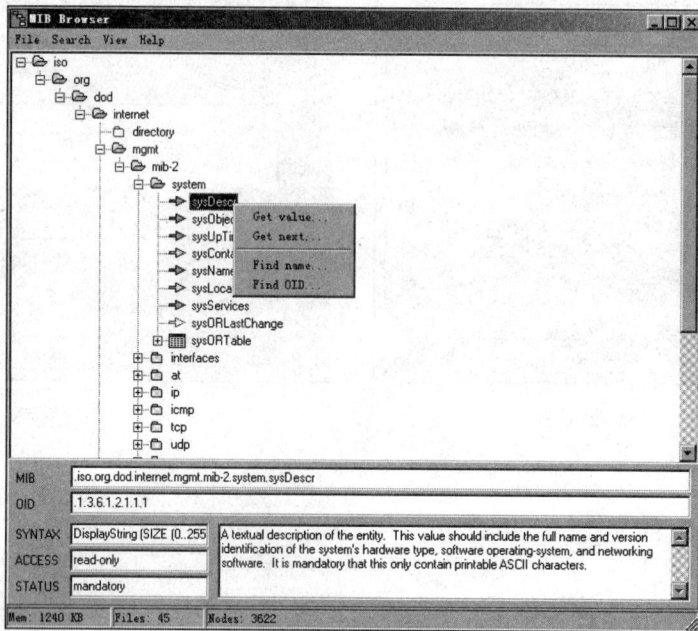

图 8-12　MIB Browser

（3）在弹出的 SNMP GET 对话框的 Agent(addr)文本框中输入要查看的管理代理所在设备的 IP 地址，在 Community 文本框中输入管理代理所在的社区名，单击 Get 按钮，可以在 Value 文本框中看到相应 MIB 对象的值。

注意：本例中查看的 MIB 对象为 iso/org/dod/internet/mgmt/mib-2/system/sysDescr，OID 为 .1.3.6.1.2.1.1.1，该变量为只读的显示串，包含所用硬件、操作系统和网络软件的名称和版本等完整信息。

任务 8.2　使用网络扫描工具

【任务目的】

（1）了解计算机网络面临的安全风险；

（2）了解常见的网络攻击手段；

（3）理解计算机网络采用的主要安全措施；

（4）了解网络安全扫描技术的基本知识；

（5）熟悉常用网络扫描工具的使用方法。

【工作环境与条件】

（1）校园网或企业网工程案例及相关文档；

（2）安装好 Windows Server 2008 R2 或其他 Windows 操作系统的计算机；

（3）能够正常运行的网络环境（也可使用 VMware 等虚拟机软件）；

（4）典型网络扫描工具（如 SuperScan、X-Scan 等）。

【相关知识】

8.2.1　网络安全的基本要素

计算机网络的安全性问题实际上包括两方面的内容：一是网络的系统安全；二是网络的信息安全。由于计算机网络最重要的资源是它向用户提供的服务及所拥有的信息，因而计算机网络的安全性可以定义为：保障网络服务的可用性和网络信息的完整性。前者要求网络向所有用户有选择地随时提供各自应得到的网络服务；后者则要求网络保证信息资源的保密性、完整性和可用性。可见建立安全的局域网要解决的根本问题是如何在保证网络的连通性、可用性的同时对网络服务的种类、范围等进行适当的控制以保障系统的可用性和信息的完整性不受影响。具体地说，网络安全应包含以下基本要素。

1. 可用性

由于计算机网络最基本的功能是为用户提供资源共享和数据通信服务，而用户对这些服务的需求是随机的、多方面（文字、语音、图像等）的，而且通常对服务的实时性有很高的要求。计算机网络必须能够保证所有用户的通信需要，也就是说一个授权用户无论何时提出访问要求，网络都必须是可用的，不能拒绝用户的要求。在网络环境下，拒绝服务、破坏网络和有关系统的正常运行等都属于对网络可用性的攻击。

2. 完整性

完整性是指网络信息在传输和存储的过程中应保证不被偶然或蓄意的篡改或伪造，保证授权用户得到的网络信息是真实的。如果网络信息被未经授权的实体修改或在传输过程中出现了错误，授权用户应该能够通过一定的手段迅速发现。

3. 可控性

可控性是指能够控制网络信息的内容和传播范围，保障系统依据授权提供服务，使系统在任何时候都不被非授权人使用。口令攻击、用户权限非法提升、IP 欺骗等都属于对网络可控性的攻击。

4. 保密性

保密性是指网络信息不被泄露给非授权用户、实体或过程,保证信息只为授权用户使用。网络的保密性主要通过防窃听、访问控制、数据加密等技术实现,是保证网络信息安全的重要手段。

5. 可审查性

可审查性是指在通信过程中,通信双方对自己发送或接收的消息的事实和内容不可否认。目前网络主要使用审计、监控、数字签名等安全技术和机制,使得攻击者、破坏者无法抵赖,并提供安全问题的分析依据。

8.2.2 网络面临的安全威胁

计算机网络是一个虚拟的世界,而其建设初衷是为了方便快捷地实现资源共享,因此网络安全的脆弱性是计算机网络与生俱来的致命弱点,可以说没有任何一个计算机网络是绝对安全的。计算机网络面临的安全威胁主要有以下方面。

1. 网络结构缺陷

在现实应用中,大多数网络的结构设计和实现都存在着安全问题,即使是看似完美的安全体系结构,也可能会因为一个小小的缺陷或技术的升级而遭到攻击。另外网络结构体系中的各个部件如果缺乏密切的合作,也容易导致整个系统被各个击破。

2. 网络软件和操作系统漏洞

网络软件不可能不存在缺陷和漏洞,这些缺陷和漏洞恰恰成为网络攻击的首选目标。另外,网络软件通常需要用户进行配置,用户配置的不完整和不正确都会造成安全隐患。

操作系统是网络软件的核心,其安全性直接影响到整个网络的安全。然而无论哪一种操作系统,除存在漏洞外,其体系结构本身就是一种不安全因素。例如,由于操作系统的程序都可以用打补丁的方法升级和进行动态连接,对于这种方法,产品厂商可以使用,网络攻击者也可以使用,而这种动态连接正是计算机病毒产生的温床。另外操作系统可以创建进程,被创建的进程具有可以继续创建进程的权力,加之操作系统支持在网络上传输文件、加载程序,这就为在远程服务器上安装间谍软件提供了条件。目前网络操作系统提供的远程过程调用(RPC)服务也是网络攻击的主要通道。

3. 网络协议缺陷

网络通信是需要协议支持的,目前普遍使用的协议是 TCP/IP 协议,而该协议在最初设计时并没有考虑安全问题,不能保证通信的安全。例如,IP 协议是一个不可靠无连接的协议,其数据包不需要认证,也没有建立对 IP 数据包中源地址的真实性进行鉴别和保密的机制,因此网络攻击者就容易采用 IP 欺骗的方式进行攻击,网络上传输的数据的真实性也就无法得到保证。

4. 物理威胁

物理威胁是不可忽视的影响网络安全的因素,它可能来源于外界有意或无意的破坏,如地震、火灾、雷击等自然灾害,以及电磁干扰、停电、偷盗等事故。计算机和大多数网络设备都属于比较脆弱的设备,不能承受重压或强烈的震动,更不能承受强力冲击,因此自然灾害对计算机网络的影响非常大,甚至是毁灭性的。计算机网络中的设备设施也会成为偷窃者的目标,而偷窃行为可能会造成网络中断,其造成的损失可能远远超过被偷设备本身的价值,因此必须采取严格的防范措施。

5. 人为的疏忽

不管什么样的网络系统都离不开人的使用和管理。如果网络管理人员和用户的安全意识淡薄,缺少高素质的网络管理人员,网络安全配置不当,没有网络安全管理的技术规范,不进行安全监控和定期的安全检查,都会对网络安全构成威胁。

6. 人为的恶意攻击

这是计算机网络面临的最大安全威胁,主要包括非法使用或破坏某一网络系统中的资源,以及非授权使得网络系统丧失部分或全部服务功能的行为。人为的恶意攻击通常具有以下特性。

① 智能性:进行恶意攻击的人员大都具有较高的文化程度和专业技能,在攻击前都会经过精心策划,操作的技术难度大、隐蔽性强。

② 严重性:人为的恶意攻击很可能会构成计算机犯罪,这往往会造成巨大的损失,也会给社会带来动荡。例如,2003 年美国一个专门为商店和银行处理信用卡交易的服务器系统遭到攻击,万事达、维萨等信用卡组织的约 800 万张信用卡资料被窃取,其影响惊动全美。

③ 多样性:随着网络技术的迅速发展,恶意攻击行为的攻击目标和攻击手段也不断发生变化。由于经济利益的诱惑,目前恶意攻击行为主要集中在电子商务、电子金融、网络上的商业间谍活动等领域。

8.2.3 常见的网络攻击手段

网络攻击是指某人非法使用或破坏某一网络系统中的资源,以及非授权使得网络系统丧失部分或全部服务功能的行为,通常可以把这类攻击活动分为远程攻击和本地攻击。远程攻击一般是指攻击者通过 Internet 对目标主机发动的攻击,其主要利用网络协议或网络服务的漏洞达到攻击的目的。本地攻击主要是指本单位的内部人员或通过某种手段已经入侵到本地网络的外部人员对本地网络发动的攻击。

目前网络攻击通常采用以下手段。

1. 扫描攻击

扫描使网络攻击的第一步,主要是利用专门工具对目标系统进行扫描,以获得操作系统种类或版本、IP 地址、域名或主机名等有关信息,然后分析目标系统可能存在的漏洞,找到开放端口后进行入侵。扫描应包括主机扫描和端口扫描,常用的扫描方法有手工扫描和工具扫描。

2. 安全漏洞攻击

主要利用操作系统或应用软件自身具有的 Bug 进行攻击。例如,可以利用目标操作系统收到了超过它所能接收到的信息量时产生的缓冲区溢出进行攻击等。

3. 口令入侵

通常要攻击目标时,必须破译用户的口令,只要攻击者能猜测用户口令,就能获得机器访问权。要破解用户的口令通常可以采用以下方式。

- 通过网络监听,使用 Sniffer 工具捕获主机间通信来获取口令。
- 暴力破解,利用 John the Ripper、Lopht Crack5 等工具破解用户口令。
- 利用管理员失误,网络安全中人是薄弱的一环,因此应提高用户,特别是网络管理员的安全意识。

4. 木马程序

木马是一个通过端口进行通信的网络客户机/服务器程序,可以通过某种方式使木马程序的客户端驻留在目标计算机里,可以随计算机启动而启动,从而实现对目标计算机远程操作。常见的木马包括 BO(BackOriffice)、冰河、灰鸽子等。

5. DoS 攻击

DoS(Denial of Service,拒绝服务攻击)的主要目标是使目标主机耗尽系统资源(带宽、内存、队列、CPU 等),从而阻止授权用户的正常访问(慢、不能连接、没有响应),最终导致目标主机死机。DoS 攻击包含了多种攻击手段,如表 8-1 所示。

表 8-1　常见的 DoS 攻击

DoS 攻击名称	说　　明
SYN Flood	TCP 连接需进行三次握手,攻击时只进行其中的前两次(SYN)(SYN/ACK),不进行第三次握手(ACK),连接队列处于等待状态,大量的这样的等待,占满全部队列空间,系统挂起。60s 后系统将自动重新启动,但此时系统已崩溃
ping of Death	IP 应用的分段使大包不得不重装配,从而导致系统崩溃。偏移量+段长度>65535,则系统崩溃,重新启动后进行内核转储等
Teardrop	分段攻击。利用了重装配错误,通过将各个分段重叠来使目标系统崩溃或挂起
Smurf	攻击者向广播地址发送大量欺骗性的 ICMP ECHO 请求,这些包被放大,并发送到被欺骗的地址,大量的计算机向一台计算机回应 ECHO 包,目标系统将会崩溃

8.2.4 常用网络安全措施

网络安全涉及各个方面,在技术方面包括计算机技术、通信技术和安全技术;在安全基础理论方面包括数学、密码学等多个学科;除了技术之外,还包括管理和法律等方面。解决网络安全问题必须进行全面的考虑,包括采取安全的技术、加强安全检测与评估、构筑安全体系结构、加强安全管理、制定网络安全方面的法律和法规等。从技术上,目前网络主要采用的安全措施如下。

1. 访问控制

对用户访问网络资源的权限进行严格的认证和控制。例如,进行用户身份认证,对密码进行加密、更新和鉴别,设置用户访问目录和文件的权限,控制网络设备配置的权限等。

2. 数据加密

加密是保护数据安全的重要手段。加密的作用是保障信息被人截获后不能读懂其含义。

3. 数字签名

简单地说,所谓数字签名就是附加在数据单元上的一些数据,或是对数据单元所作的密码变换。这种数据或变换可以使接收者确认数据单元的来源和完整性并保护数据,防止数据在传输过程中被伪造、篡改和否认。

4. 数据备份

数据备份是容灾的基础,是指为防止系统出现操作失误或系统故障导致数据丢失,而将全部或部分数据集合从应用主机的磁盘或磁盘阵列复制到其他存储介质的过程。

5. 病毒防御

网络中的计算机需要共享信息和文件,这为计算机病毒的传播带来了可乘之机,因此必须构建安全的病毒防御方案,有效控制病毒的传播和爆发。

6. 系统漏洞检测与安全评估

系统漏洞检测与安全评估系统可以探测网络上每台主机乃至网络设备的各种漏洞,从系统内部扫描安全隐患,对系统提供的网络应用和服务及相关协议进行分析和检测。

7. 部署防火墙

防火墙系统决定了哪些内部服务可以被外界访问,外界的哪些用户可以访问内部的哪些服务,哪些外部服务可以被内部用户访问等。要使一个防火墙有效,所有来自和去往Internet的信息都必须经过防火墙,接受防火墙的检查。防火墙只允许授权的数据通过,并且防火墙本身也必须能够免于渗透。

8. 部署 IDS

IDS(Intrusion Detection Systems,入侵检测系统)会依照一定的安全策略,对网络、系统的运行状况进行监视,尽可能发现各种攻击企图、攻击行为或者攻击结果,以保证网络系统资源的机密性、完整性和可用性。不同于防火墙,IDS 是一个监听设备,没有跨接在任何链路上,无须网络流量流经它便可以工作。

9. 部署 IPS

IPS(Intrusion Prevention System,入侵防御系统)突破了传统 IDS 只能检测不能防御入侵的局限性,提供了完整的入侵防护方案。实时检测与主动防御是 IPS 的核心设计理念,也是其区别于防火墙和 IDS 的立足之本。IPS 能够使用多种检测手段,并使用硬件加速技术进行深层数据包分析处理,能高效、准确地检测和防御已知、未知的攻击,并可实施丢弃数据包、终止会话、修改防火墙策略、实时生成警报和日志记录等多种响应方式。

10. 部署 VPN

VPN(Virtual Private Network,虚拟专用网络)是通过公用网络(如 Internet)建立的一个临时的、专用的、安全的连接,使用该连接可以对数据进行几倍加密达到安全传输信息的目的。VPN 是对企业内部网的扩展,可以帮助远程用户、分支机构、商业伙伴及供应商同企业内部网建立可靠的安全连接,保证数据的安全传输。

11. 部署 UTM

UTM(Unified Threat Management,统一威胁管理)是指由硬件、软件和网络技术组成的具有专门用途的设备,主要提供一项或多项安全功能,同时将多种安全特性集成于一个硬件设备里,形成标准的统一威胁管理平台。UTM 设备应具备的基本功能包括网络防火墙、网络入侵检测和防御以及网关防病毒等。

8.2.5　网络安全扫描技术

网络安全扫描技术是一种基于 Internet 远程检测目标网络或本地主机安全性脆弱点的技术。通过网络安全扫描,管理员能够发现所维护服务器的端口分配情况、服务开放情况、相关服务软件的版本和这些服务及软件存在的安全漏洞。网络安全扫描技术采用积极的、非破坏性的办法来检验系统是否有可能被攻击崩溃。它利用了一系列的脚本模拟对系统进行攻击,并对结果进行分析,这种技术通常被用来进行模拟攻击实验和安全审计。

1. 网络安全扫描的步骤

一次完整的网络安全扫描可分为 3 个阶段。

第一阶段：发现目标主机或网络。

第二阶段：发现目标后进一步搜集目标信息,包括操作系统类型、运行的服务以及服务软件的版本等。如果目标是一个网络,还可以进一步发现该网络的拓扑结构、路由设备以及各主机的信息。

第三阶段：根据搜集到的信息判断或者进一步测试系统是否存在安全漏洞。

2. 网络安全扫描技术的分类

网络安全扫描技术包括 ping 扫射(ping Sweep)、操作系统探测(Operating System Identification)、访问控制规则探测(Firewalking)、端口扫描(Port Scan)以及漏洞扫描(Vulnerability Scan)等。这些技术在网络安全扫描的 3 个阶段中各有体现。ping 扫射主要用于网络安全扫描的第 1 阶段,可以帮助管理员识别目标系统是否处于活动状态。操作系统探测、访问控制规则探测和端口扫描用于网络安全扫描的第 2 阶段,其中操作系统探测是对目标主机运行的操作系统进行识别;访问控制规则探测用于获取被防火墙保护的远端网络的资料;而端口扫描是通过与目标系统的 TCP/IP 端口连接,查看该系统处于监听或运行状态的服务。网络安全扫描第 3 阶段采用的漏洞扫描通常是在端口扫描的基础上,对得到的信息进行相关处理,进而检测出目标系统存在的安全漏洞。

【任务实施】

操作 1 分析校园网采用的安全防护技术

考察所在学校的校园网,查阅校园网的相关技术文档,分析校园网可能出现的安全隐患,了解校园网所采用的主要安全措施,了解校园网所采用的主要网络安全防御系统的基本功能、特点以及部署和使用情况。

操作 2 利用 SuperScan 进行网络扫描

在 Windows 操作系统中,SuperScan 的安装方法与一般软件相同,这里不再赘述。需要注意的是,由于 SuperScan 有可能引起网络包溢出,因此某些防病毒软件可能将其识别为 DoS(拒绝服务攻击)的代理软件。利用 SuperScan 对网络中的计算机进行扫描的操作步骤为：打开 SuperScan 主界面,默认为扫描菜单,允许输入一个或多个主机名或 IP 地址。也可以选择“从文件读取 IP 地址”。输入主机名或 IP 地址后,单击“开始”按钮,SuperScan 将对目标主机进行扫描,如图 8-13 所示。

扫描进程结束后,SuperScan 将提供一个主机列表,其中包括每台扫描过的主机被发现的开放端口信息。SuperScan 还可以提供以 HTML 格式显示信息的功能,如图 8-14 所示。

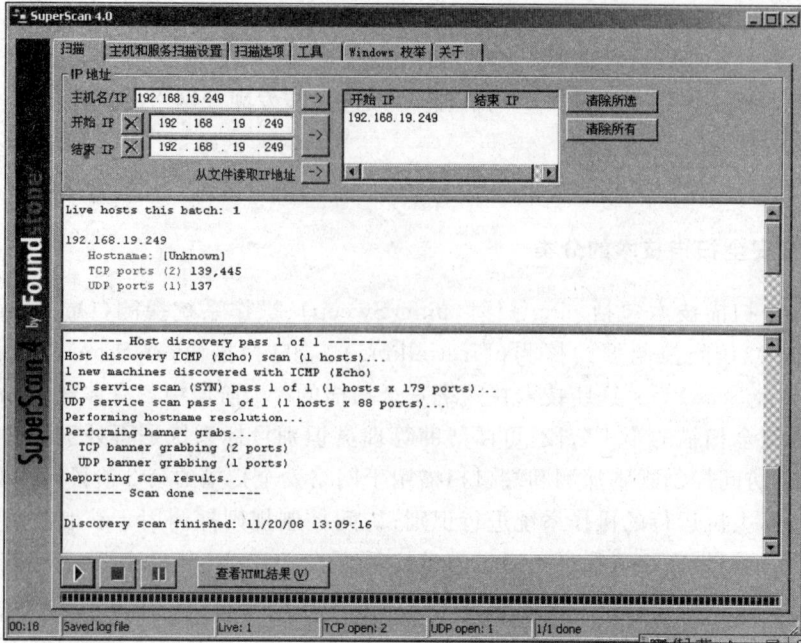

图 8-13　SuperScan 开始扫描

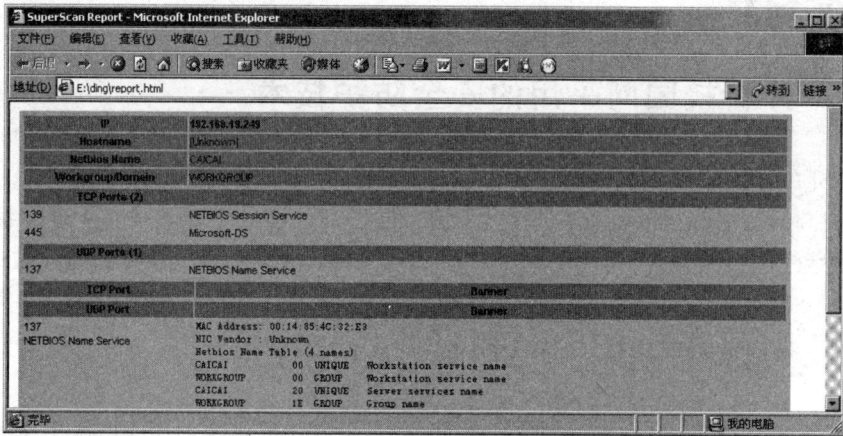

图 8-14　以 HTML 格式显示扫描信息

操作 3　设置 SuperScan 相关选项

1. 主机和服务器扫描设置

通过"主机和服务器扫描设置"选项可以在扫描的时候看到的更多信息,如图 8-15 所示。

在菜单顶部是"查找主机"项。默认情况下发现主机的方法是通过"回显请求",也能够通过利用"时间戳请求"、"地址掩码请求"和"信息请求"来查找主机。通常选择的选项

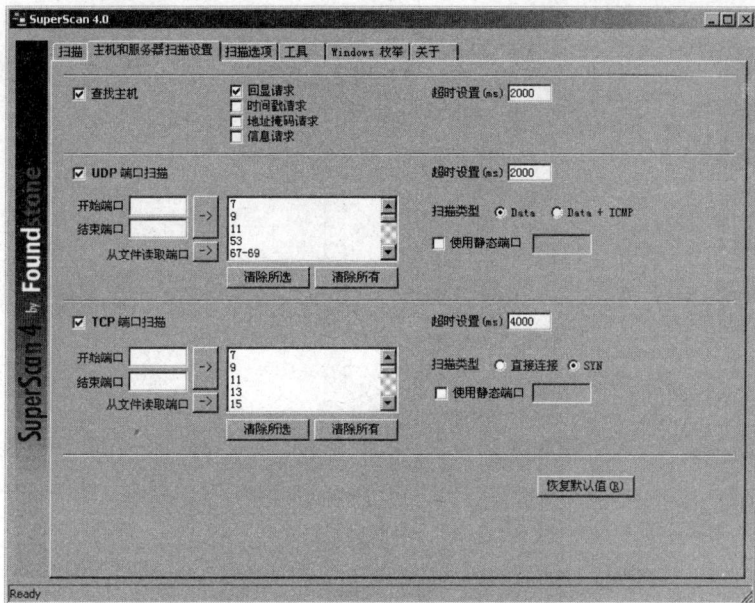

图 8-15　"主机和服务器扫描设置"选项

越多，那么扫描用的时间就越长。如果试图尽量多的收集一个明确的主机的信息，建议首先执行一次常规的扫描以发现主机，然后再利用可选的请求选项来扫描。

在菜单的下部，包括 UDP 端口扫描和 TCP 端口扫描项。实际上 SuperScan 最初开始扫描的仅仅是那些最普通的常用端口。原因是有超过 65 000 个的 TCP 和 UDP 端口，若对每个可能开放端口的 IP 地址，进行超过 130 000 次的端口扫描，需要很长的时间。

2. 扫描选项设置

通过扫描选项的设置可以进一步控制扫描进程，如图 8-16 所示。

其中检测开放主机次数、检测开放服务次数以及查找主机名中的解析通过次数，默认设置值为 1，一般来说足够了，除非连接不太可靠。

获取标志是根据显示一些信息尝试得到远程主机的回应，默认的延迟是 8000ms，如果所连接的主机较慢，这个时间就显的不够长。

旁边的滚动条是扫描速度调节选项，能够利用它来调节 SuperScan 在发送每个包所要等待的时间。当扫描速度设置为最快时，有包溢出的潜在可能，所以一般不应将扫描速度设为最快。

3. 工具选项

工具选项允许很快地得到一个明确的主机信息。正确输入主机名或者 IP 地址和默认的连接服务器，然后单击要得到相关信息的按钮，如图 8-17 所示。通过工具选项可以 ping 一台服务器，也可以发送一个 HTTP 请求。

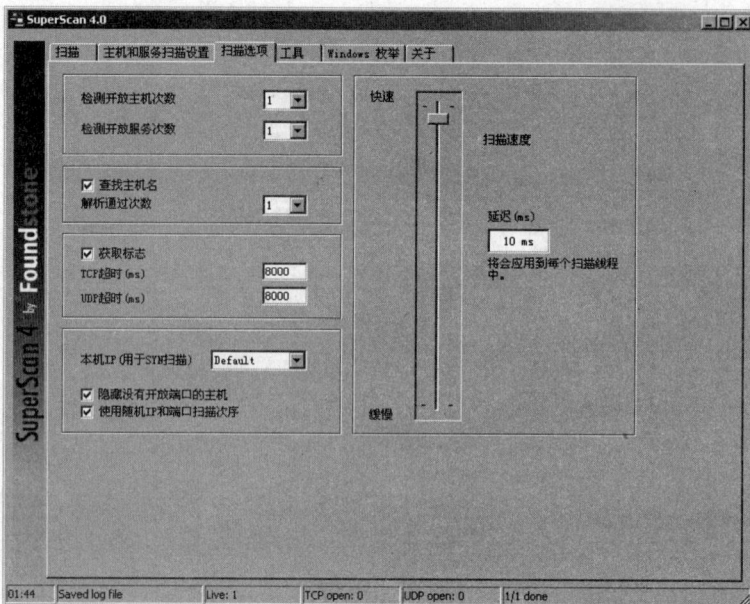

图 8-16　扫描选项

图 8-17　工具选项

4. Windows 枚举选项

Windows 枚举选项能够提供从单个主机到用户群组,再到协议策略的所有信息,如图 8-18 所示。

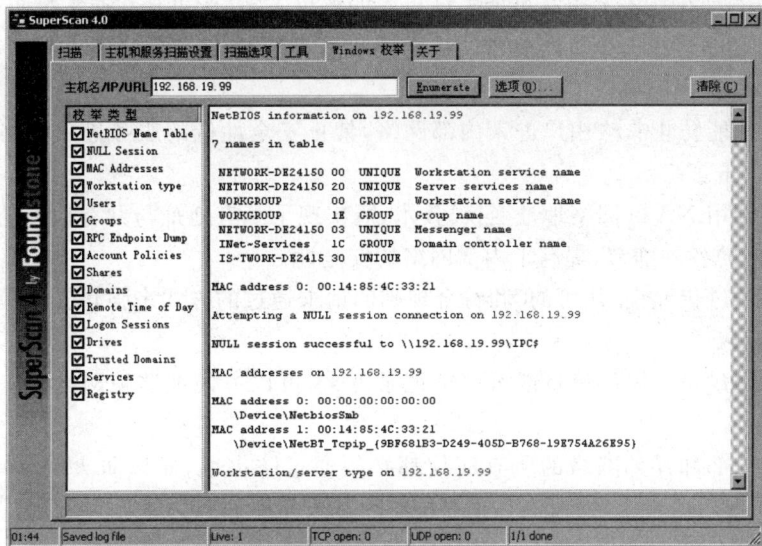

图 8-18　Windows 枚举选项

任务 8.3　认识和设置防火墙

【任务目的】

（1）了解防火墙的功能和类型；
（2）理解防火墙组网的常见形式；
（3）掌握 Windows 系统内置防火墙的启动和设置方法。

【工作环境与条件】

（1）安装好 Windows Server 2008 R2 或其他 Windows 操作系统的计算机；
（2）能够正常运行的网络环境（也可使用 VMware 等虚拟机软件）；
（3）校园网或其他网络工程案例及相关文档。

【相关知识】

8.3.1　防火墙的功能

防火墙作为一种网络安全技术，最初被定义为一个实施某些安全策略保护一个安全区域（局域网），用以防止来自一个风险区域（Internet 或有一定风险的网络）的攻击的装置。随着网络技术的发展，人们逐渐意识到网络风险不仅来自于网络外部还有可能来自于网络内部,并且在技术上也有可能实施更多的解决方案,所以现在通常将防火墙定义为"在两个网络之间实施安全策略要求的访问控制系统"。

一般说来,防火墙可以实现以下功能。

① 防火墙能防止非法用户进入内部网络,禁止安全性低的服务进出网络,并抗击来自各方面的攻击。

② 能够利用 NAT(网络地址变换)技术,既实现了私有地址与共有地址的转换,又隐藏了内部网络的各种细节,提高了内部网络的安全性。

③ 能够通过仅允许"认可的"和符合规则的请求通过的方式来强化安全策略,实现计划的确认和授权。

④ 所有经过防火墙的流量都可以被记录下来,可以方便地监视网络的安全性,并产生日志和报警。

⑤ 由于内部和外部网络的所有通信都必须通过防火墙,所以防火墙是审计和记录Internet 使用费用的一个最佳地点,也是网络中的安全检查点。

⑥ 防火墙允许 Internet 访问 WWW 和 FTP 等提供公共服务的服务器,而禁止外部对内部网络上的其他系统或服务的访问。

虽然防火墙能够在很大程度上阻止非法入侵,但它也有一些防范不到的地方,比如:

① 防火墙不能防范不经过防火墙的攻击。

② 目前,防火墙还不能非常有效地防止感染了病毒的软件和文件的传输。

③ 防火墙不能防御数据驱动式攻击,当有些表面无害的数据被邮寄或复制到主机上并被执行而发起攻击时,就会发生数据驱动攻击。

8.3.2 防火墙的实现技术

目前大多数防火墙都采用几种技术相结合的形式来保护网络不受恶意的攻击,其基本技术通常分为包过滤和应用层代理两大类。

1. 包过滤型防火墙

数据包过滤技术是在网络层对数据包进行分析、选择,选择的依据是系统内设置的过滤逻辑,称为访问控制表。通过检查数据流中每一个数据包的源地址、目的地址、所用端口号、协议状态等因素,或它们的组合来确定是否允许该数据包通过。如果检查数据包所有的条件都符合规则,则允许进行路由;如果检查到数据包的条件不符合规则,则阻止通过并将其丢弃。数据包检查是对 IP 层的首部和传输层的首部进行过滤,一般要检查下面几项。

① 源 IP 地址;

② 目的 IP 地址;

③ TCP/UDP 源端口;

④ TCP/UDP 目的端口;

⑤ 协议类型(TCP 包、UDP 包、ICMP 包);

⑥ TCP 报头中的 ACK 位;

⑦ ICMP 消息类型。

图 8-19 给出了一种包过滤型防火墙的工作机制。

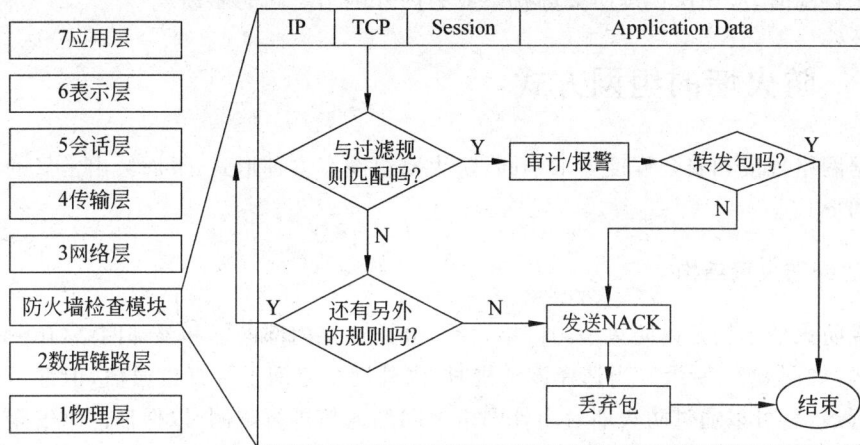

图 8-19　包过滤型防火墙的工作机制

例如,FTP 使用 TCP 的 20 和 21 端口。如果包过滤型防火墙要禁止所有的数据包只允许特殊的数据包通过,则可设置防火墙规则如表 8-2 所示。

表 8-2　包过滤型防火墙规则示例

规则号	功能	源 IP 地址	目标 IP 地址	源端口	目标端口	协议
1	Allow	192.168.1.0	*	*	*	TCP
2	Allow	*	192.168.1.0	20	*	TCP

第一条规则是允许地址在 192.168.1.0 网段内,而其源端口和目的端口为任意的主机进行 TCP 的会话。

第二条规则是允许端口为 20 的任何远程 IP 地址都可以连接到 192.168.10.0 的任意端口上。本条规则不能限制目标端口是因为主动的 FTP 客户端是不使用 20 端口的。当一个主动的 FTP 客户端发起一个 FTP 会话时,客户端是使用动态分配的端口号。而远程的 FTP 服务器只检查 192.168.1.0 这个网络内端口为 20 的设备。有经验的黑客可以利用这些规则非法访问内部网络中的任何资源。

2. 应用层代理防火墙

应用层代理防火墙技术是在网络的应用层实现协议过滤和转发功能。它针对特定的网络应用服务协议使用指定的数据过滤逻辑,并在过滤的同时,对数据包进行必要的分析、记录和统计,形成报告。这种防火墙能很容易运用适当的策略区分一些应用程序命令,像 HTTP 中的 put 和 get 等。应用层代理防火墙打破了传统的客户机/服务器模式,每个客户机/服务器的通信需要两个连接:一个是从客户端到防火墙;另一个是从防火墙到服务器。这样就将内部和外部系统隔离开来,从系统外部对防火墙内部系统进行探测将变得非常困难。

应用层代理防火墙能够理解应用层上的协议,进行复杂一些的访问控制,但其最大的缺点是每一种协议需要相应的代理软件,使用时工作量大,当用户对内外网络网关的吞吐量要求比较高时,应用层代理防火墙就会成为内外网络之间的瓶颈。

8.3.3 防火墙的组网方式

根据网络规模和安全程度要求不同,防火墙组网有多种形式,下面给出常见的几种防火墙组网形式。

1. 边缘防火墙结构

边缘防火墙结构是以防火墙为网络边缘,分别连接内部网络和外部网络(Internet)的网络结构,如图 8-20 所示。当选择该结构时,内外网络之间不可直接通信,但都可以和防火墙进行通信,可以通过防火墙对内外网络之间的通信进行限制,以保证网络安全。

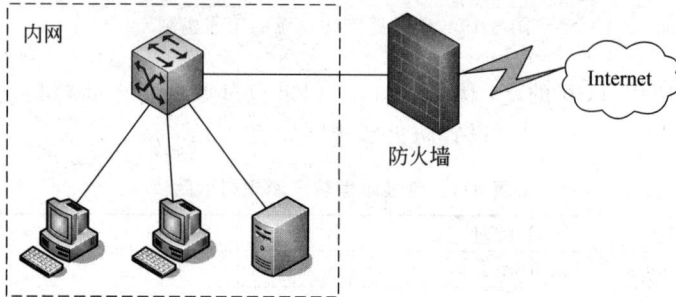

图 8-20　边缘防火墙结构

2. 三向外围网络结构

在三向外围网络结构中,防火墙有三个网络接口,分别连接到内部网络、外部网络和外围网络(也称 DMZ 区、网络隔离区或被筛选的子网),如图 8-21 所示。

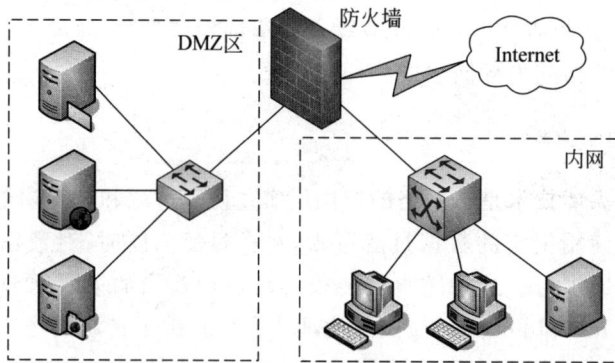

图 8-21　三向外围网络结构

外围网络是为了解决安装防火墙后外部网络不能访问内部网络服务器的问题,而设立的一个非安全系统与安全系统之间的缓冲区,这个缓冲区位于企业内部网络和外部网络之间的小网络区域内,在这个小网络区域内可以放置一些必须公开的服务器设施,如Web 服务器、FTP 服务器和论坛等。通过外围网络,可以更加有效地保护内部网络。

3. 前端防火墙和后端防火墙结构

在这种结构中,前端防火墙负责连接外围网络和外部网络,后端防火墙负责连接外围网络和内部网络,如图 8-22 所示。当选择该结构时,如果攻击者试图攻击内部网络,必须破坏两个防火墙,必须重新配置连接三个网的路由,难度很大。因此这种结构具有很好的安全性,但成本较高。

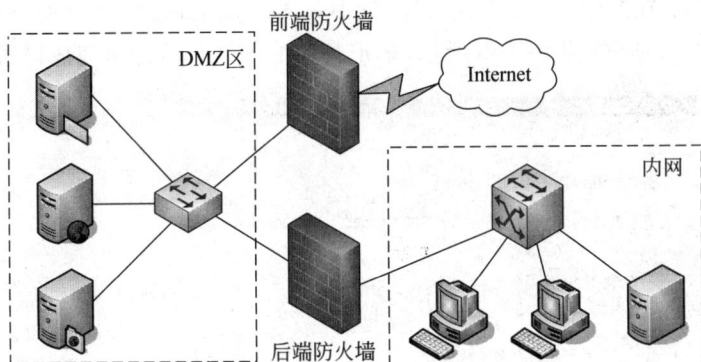

图 8-22　前端防火墙和后端防火墙结构

8.3.4　Windows 防火墙

Windows Server 2008 R2 系统内置了 Windows 防火墙,它可以为计算机提供保护,以避免其遭受外部恶意软件的攻击。在 Windows Server 2008 R2 系统中,不同的网络位置可以有不同的 Windows 防火墙设置,因此为了增加计算机在网络内的安全,管理员应将计算机设置在适当的网络位置。可以选择的网络位置主要包括以下几种。

1. 专用网

专用网包含家庭网络和工作网络。在该网络位置中,系统会启用网络搜索功能使用户在本地计算机上可以找到该网络上的其他计算机;同时也会通过设置 Windows 防火墙(开放传入的网络搜索流量)使网络内其他用户能够浏览到本地计算机。

2. 公用网络

公用网络主要指外部的不安全的网络(如机场、咖啡店的网络)。在该网络位置中,系统会通过 Windows 防火墙的保护,使其他用户无法在网络上浏览到本地计算机,并可以阻止来自 Internet 的攻击行为;同时也会禁用网络搜索功能,使用户在本地计算机上也无法找到网络上其他计算机。

3. 域网络

如果计算机加入域,则其网络位置会自动被设置为城网络,并且无法自行更改。

【任务实施】

操作 1　选择网络位置

为了增加计算机在网络内的安全,管理员应为计算机选择适当的网络位置。选择网络位置的方法为:在"网络和共享中心"窗口中单击目前的网络位置(如公用网络),打开"设置网络位置"对话框,如图 8-23 所示,单击相应的网络位置即可完成设置。

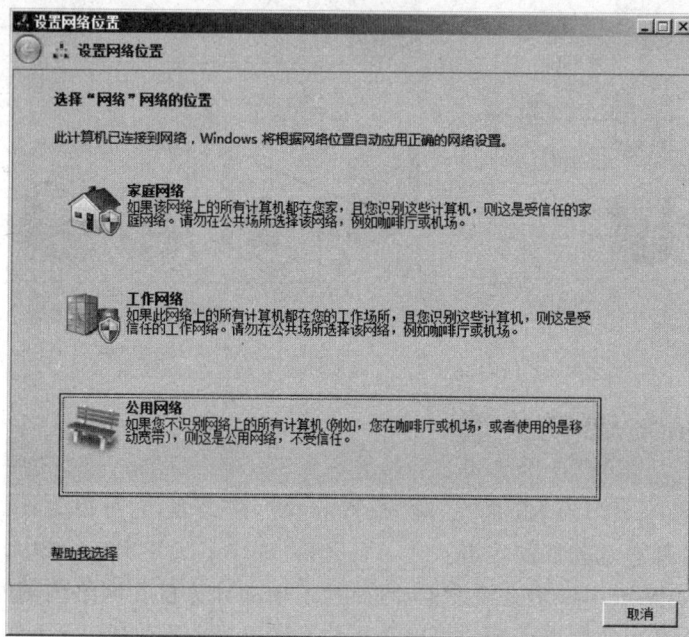

图 8-23　"设置网络位置"对话框

注意:无论选择"家庭网络"还是"工作网络",系统都会将其归属为专用网。

操作 2　打开与关闭 Windows 防火墙

Windows Server 2008 R2 系统默认已经启用 Windows 防火墙,它会阻止其他计算机与本地计算机的通信。打开与关闭 Windows 防火墙的操作方法如下。

(1) 依次选择"开始"→"控制面板"→"系统与安全"→"Windows 防火墙"命令,打开"Windows 防火墙"窗口,如图 8-24 所示。

(2) 在"Windows 防火墙"窗口中单击"打开与关闭 Windows 防火墙"超链接,打开

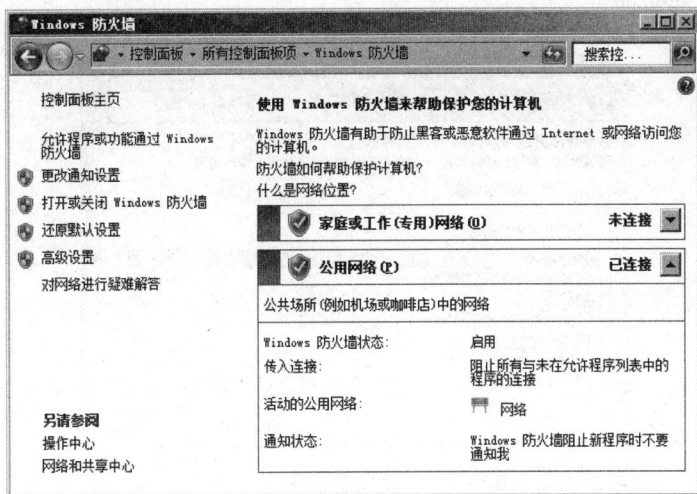

图 8-24　"Windows 防火墙"窗口

"自定义设置"窗口,如图 8-25 所示。

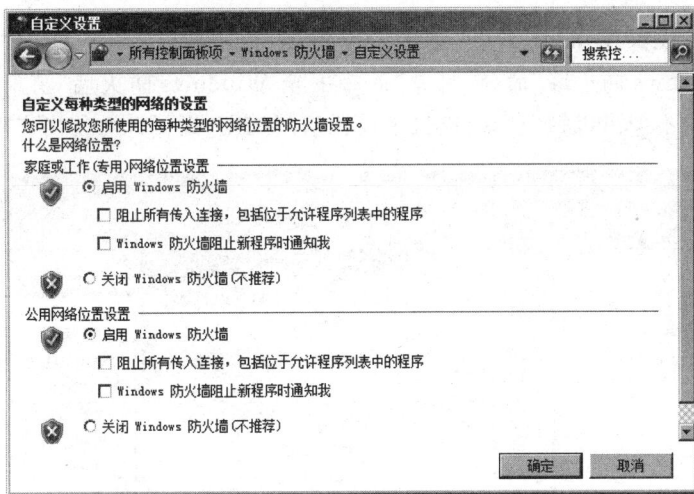

图 8-25　"自定义设置"窗口

(3) 在"自定义设置"窗口中,用户可以分别针对专用网与公用网络位置进行设置,默认情况下这两种网络位置都应经打开了 Windows 防火墙。要关闭某网络位置的防火墙,只需在该网络位置设置中选中"关闭 Windows 防火墙"复选框即可。

操作 3　解除对某些程序的封锁

Windows 防火墙会阻止所有的传入连接,若要解除对某些程序的封锁,可在"Windows 防火墙"窗口中单击"允许程序或功能通过 Windows 防火墙"链接,打开"允许的程序"对话框,如图 8-26 所示。在"允许的程序和功能"列表框中勾选相应的程序和功能,单击"确定"按钮即可。

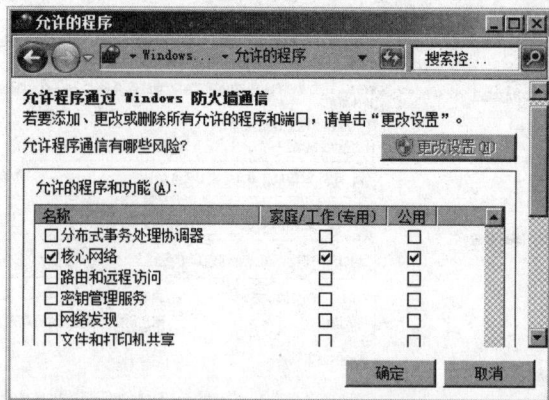

图 8-26 "允许的程序"对话框

操作 4 Windows 防火墙的高级安全设置

若要进一步设置 Windows 防火墙的安全规则,可依次选择"开始"→"管理工具"→"高级安全 Windows 防火墙"命令,打开"高级安全 Windows 防火墙"窗口,如图 8-27 所示。在该窗口中不但可以针对传入连接来设置访问规则,还可针对传出连接来设置规则。

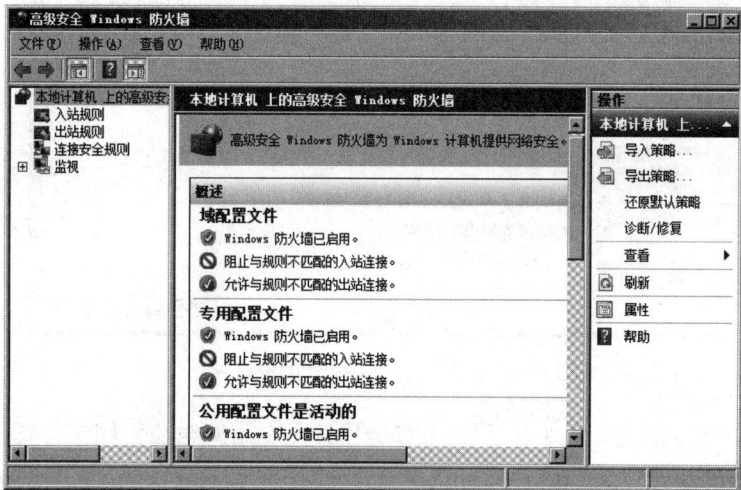

图 8-27 "高级安全 Windows 防火墙"窗口

1. 设置不同网络位置的 Windows 防火墙

在"高级安全 Windows 防火墙"窗口中,若要设置不同网络位置的 Windows 防火墙,可右击左侧窗格中的"本地计算机上的高级安全 Windows 防火墙",在弹出的菜单中选择"属性"命令,打开"本地计算机上的高级安全 Windows 防火墙属性"对话框,如图 8-28 所示。利用该对话框的"域配置文件"、"专用配置文件"和"公用配置文件"选项卡可分别针对域、专用和公用网络位置进行设置。

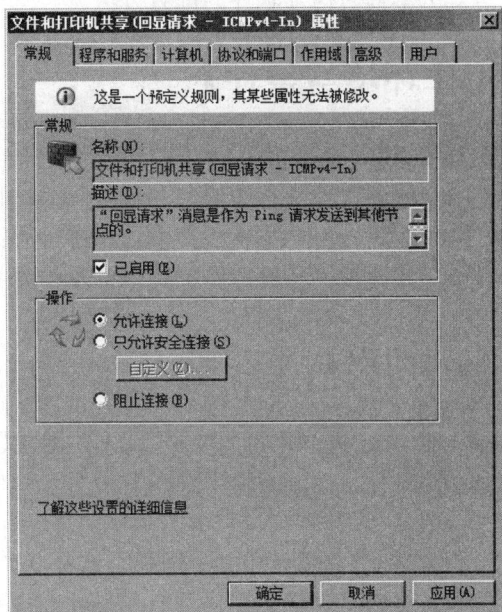

2. 针对特定程序或流量进行设置

在"高级安全 Windows 防火墙"窗口中，可以针对特定程序或流量进行设置。例如，Windows 防火墙默认是启用的，系统不会对网络上其他用户的 ping 命令进行响应。如果要允许 ping 命令的正常运行，可在"高级安全 Windows 防火墙"窗口的左侧窗格中选择"入站规则"，单击中间窗格中的入站规则"文件和打印机共享（回显请求-ICMPv4-In）"，在打开的属性对话框中勾选"已启用"复选框，单击"确定"按钮即可，如图 8-29 所示。

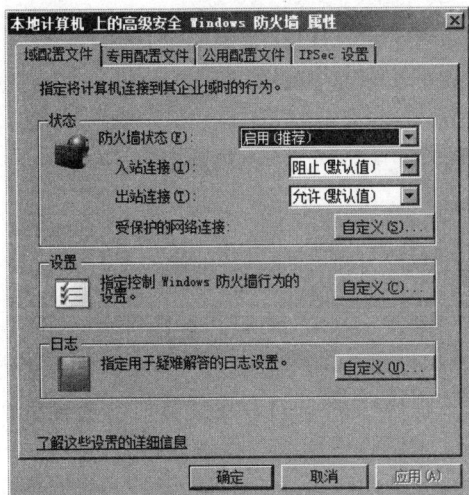

图 8-28　设置不同网络位置的 Windows 防火墙　　　图 8-29　针对特定程序或流量进行设置

注意：如果要开放的服务或应用程序未在已有的规则列表中，则可在"高级安全 Windows 防火墙"窗口中单击右侧窗格中的"新建规则"超链接，通过新建规则的方式来开放。Windows 防火墙的其他设置方法请参考系统帮助文件，这里不再赘述。

操作 5　认识企业级网络防火墙

Windows 防火墙并不是网络防火墙。企业级网络防火墙可以分为硬件防火墙和软件防火墙。一般说来，软件防火墙具有比硬件防火墙更灵活的性能，但是需要相应硬件平台和操作系统的支持；而硬件防火墙经过厂商的预先包装，启动及运作要比软件防火墙快得多。请根据实际情况，参观校园网或企业网，了解该网络所使用的网络防火墙产品，了解该网络防火墙的特点以及在实际网络中的部署情况，体会网络防火墙的功能和组网方法。

任务 8.4　安装和使用防病毒软件

【任务目的】

(1) 了解计算机病毒的传播方式和防御方法；

(2) 理解局域网中常用的防病毒方案；

(3) 掌握防病毒软件的安装方法；

(4) 掌握防病毒软件的配置方法。

【工作环境与条件】

(1) 安装好 Windows Server 2008 R2 或其他 Windows 操作系统的计算机；

(2) 能够正常运行的网络环境(也可使用 VMware 等虚拟机软件)；

(3) 防病毒软件(本次实训中以 Norton AntiVirus Online 为例,也可以选择其他软件)；

(4) 校园网或其他网络工程案例及相关文档。

【相关知识】

8.4.1　计算机病毒及其传播方式

　　一般认为,计算机病毒是指编制或者在计算机程序中插入的破坏计算机功能或者破坏数据,影响计算机使用并且能够自我复制的一组计算机指令或者程序代码。由此可知,计算机病毒与生物病毒一样具有传染性和破坏性；但是计算机病毒不是天然存在的,而是一段比较精巧严谨的代码,按照严格的秩序组织起来,与所在的系统或网络环境相适应并与之配合,是人为特制的具有一定长度的程序。计算机病毒的传播主要有以下几种方式。

　　① 通过不可移动的计算机硬件设备进行传播,即利用专用的 ASIC 芯片和硬盘进行传播。这种病毒虽然很少,但破坏力极强,目前还没有很好的检测手段。

　　② 通过移动存储设备进行传播,即利用 U 盘、移动硬盘、软盘等进行传播。

　　③ 通过计算机网络进行传播。随着 Internet 的发展,计算机病毒也走上了高速传播之路,通过网络传播已经成为计算机病毒传播的第一途径。计算机病毒通过网络传播的方式主要有通过共享资源传播、通过网页恶意脚本传播、通过电子邮件传播等。

　　④ 通过点对点通信系统和无线通道传播。

8.4.2　计算机病毒的防御

1. 防御计算机病毒的原则

　　为了使用户计算机不受病毒侵害,或是最大限度地降低损失,通常在使用计算机时应遵循以下原则，做到防患于未然。

① 建立正确的防毒观念，学习有关病毒与防病毒知识。

② 不要随便下载网络上的软件，尤其是不要下载那些来自无名网站的免费软件，因为这些软件无法保证没有被病毒感染。

③ 使用防病毒软件，及时升级防病毒软件的病毒库，开启病毒实时监控。

④ 不使用盗版软件。

⑤ 不随便使用他人的 U 盘或光盘，尽量做到专机专盘专用。

⑥ 不随便访问不安全的网络站点。

⑦ 使用新设备和新软件之前要检查病毒，未经检查的外来文件不能复制到硬盘，更不能使用。

⑧ 养成备份重要文件的习惯，有计划的备份重要数据和系统文件，用户数据不应存储到系统盘上。

⑨ 按照防病毒软件的要求制作应急盘/急救盘/恢复盘，以便恢复系统急用。在应急盘/急救盘/恢复盘上存储有关系统的重要信息数据，如硬盘主引导区信息、引导区信息、CMOS 的设备信息等。

⑩ 随时注意计算机的各种异常现象，一旦发现应立即使用防病毒软件进行检查。

2. 计算机病毒的解决方法

不同类型的计算机病毒有不同的解决方法。对于普通用户来说，一旦发现计算机中毒，应主要依靠防病毒软件对病毒进行查杀。查杀时应注意以下问题：

① 在查杀病毒之前，应备份重要的数据文件。

② 启动防病毒软件后，应对系统内存及磁盘系统等进行扫描。

③ 发现病毒后，一般应使用防病毒软件清除文件中的病毒，如果可执行文件中的病毒不能被清除，一般应将该文件删除，然后重新安装相应的应用程序。

④ 某些病毒在 Windows 系统正常模式下可能无法完全清除，此时可能需要通过重新启动计算机、进入安全模式或使用急救盘等方式运行防病毒软件进行清除。

8.4.3 局域网防病毒方案

通过计算机网络传播是目前计算机病毒传播的主要途径，目前在局域网中主要可以采用以下两种防病毒方案。

1. 分布式防病毒方案

分布式防病毒方案如图 8-30 所示。在这种方案中，局域网的服务器和客户机分别安装单机版的防病毒软件，这些防病毒软件之间没有任何联系，甚至可能是不同厂家的产品。

分布式防病毒方案的优点是用户可以对客户机进行分布式管理，客户机之间互不影响，而且单机版的防病毒软件价格比较便宜。其主要缺点是没有充分利用网络，客户机和服务器在病毒防护上各自为战，防病毒软件之间无法共享病毒库。每当病毒库升级时，每个

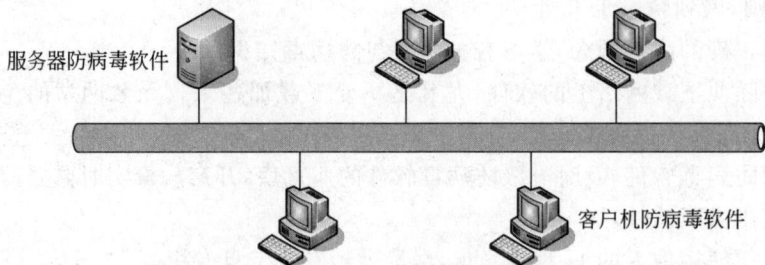

图 8-30　分布式防病毒方案

服务器和客户机都需要不停地下载新的病毒库,对于有上百台或更多计算机的局域网来说,这一方面会增加局域网对 Internet 的数据流量;另一方面也会增加网络管理的难度。

2. 集中式防病毒方案

集中式防病毒方案如图 8-31 所示。集中式防病毒方案通常由防病毒软件的服务器端和工作站端组成,通常可以利用网络中的任意一台主机构建防病毒服务器,其他计算机安装防病毒软件的工作站端并接受防病毒服务器的管理。

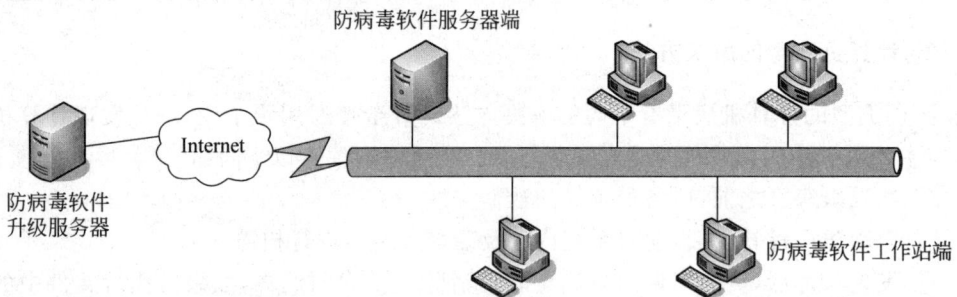

图 8-31　集中式防病毒方案

在集中式防病毒方案中,防病毒服务器自动连接 Internet 的防病毒软件升级服务器下载最新的病毒库升级文件,防病毒工作站自动从局域网的防病毒服务器上下载并更新自己的病毒库文件,因此不需要对每台客户机进行维护和升级,就能够保证网络内所有计算机的病毒库的一致和自动更新。

一般情况下对于大中型局域网应该采用集中式防病毒方案;而对于采用对等模式组建的小型局域网,考虑到成本等因素,一般应采用分布式防病毒方案。

【任务实施】

操作 1　安装防病毒软件

在对等网中主要采用分布式防病毒方案,也就是在网络中的计算机上分别安装单机版的防病毒软件。本次实训中以 Symantec(赛门铁克)公司的 Norton AntiVirus Online

为例,完成单机版的防病毒软件的安装和设置。具体安装步骤如下。

(1)安装之前,应关闭计算机上所有打开的程序。如果计算机上安装了其他防病毒程序,应首先进行删除,否则在安装开始时会出现一个面板,提示用户将其删除。

(2)购买或下载 Norton AntiVirus Online,双击该软件的安装图标,打开"感谢您选择 Norton AntiVirus Online"对话框,如图 8-32 所示。

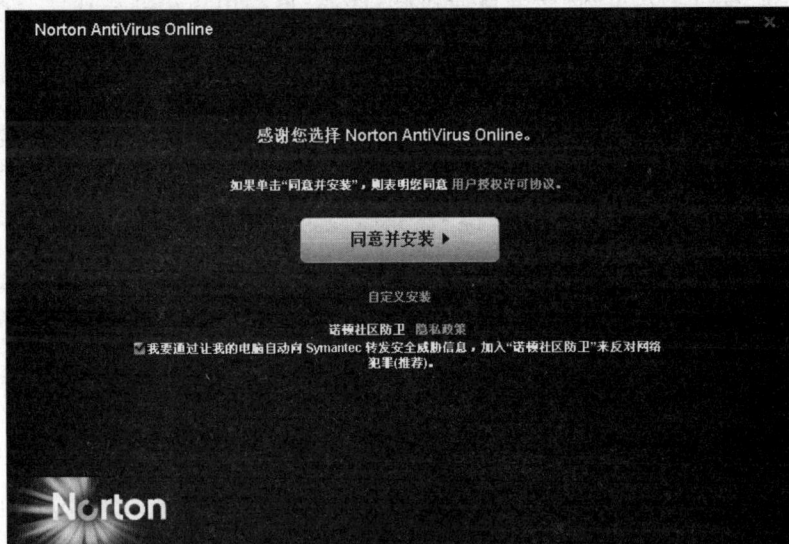

图 8-32 "感谢您选择 Norton AntiVirus Online"对话框

(3)在"感谢您选择 Norton AntiVirus Online"对话框中,单击"自定义安装"链接,打开"请选择 Norton AntiVirus Online 的安装目录"对话框,如图 8-33 所示。

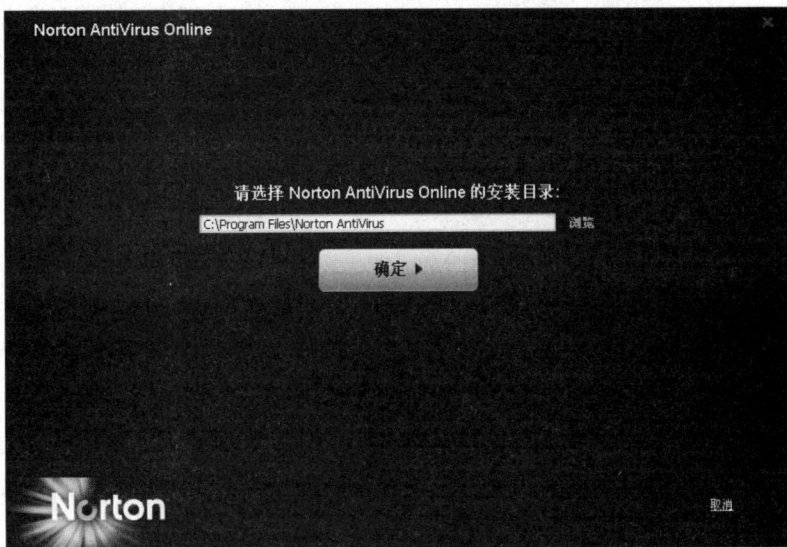

图 8-33 "请选择 Norton AntiVirus Online 的安装目录"对话框

（4）在"请选择 Norton AntiVirus Online 的安装目录"对话框中，选择安装目录后，单击"确定"按钮，返回"感谢您选择 Norton AntiVirus Online"对话框。单击"用户授权许可协议"超链接，可以阅读用户授权许可协议。

（5）设置好安装路径，并接受许可协议后，可在"感谢您选择 Norton AntiVirus Online"对话框中，单击"同意并安装"按钮，开始产品安装过程。

（6）安装完成后，会出现"安装已完成"对话框，提示用户安装完成。安装完成后，Norton AntiVirus Online 将自动运行，其主界面如图 8-34 所示。

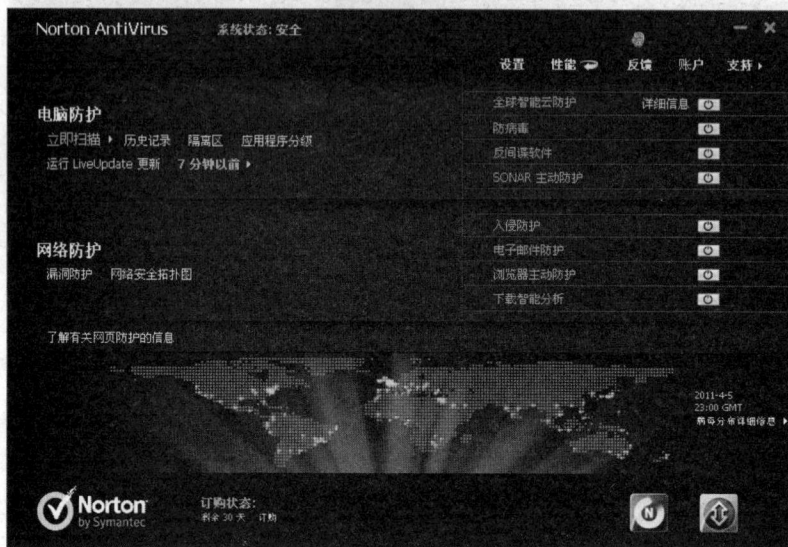

图 8-34　Norton AntiVirus Online 主界面

Norton AntiVirus Online 运行后，将连接 Internet，并提示用户激活服务。如果在首次出现提示时未激活服务，则会定期收到"需要激活"警报，用户可以直接从"需要激活"警报激活服务，也可以使用主窗口的"支持"下拉列表中的"激活"超链接。

操作 2　设置和使用防病毒软件

不同厂商生产的防病毒软件，使用方法有所不同，下面以 Norton AntiVirus Online 为例完成其设置和基本操作。

1．更新防病毒数据库

保持防病毒数据库的更新是确保计算机得到可靠保护的前提条件。因为每天都会出现新的病毒、木马和恶意软件，有规律的更新对持续保护计算机的信息是很重要的。可以在任意时间启动 Norton AntiVirus Online 的更新运行，具体操作方法是在 Norton AntiVirus Online 主界面单击"运行 LiveUpdate 更新"超链接，打开"Norton LiveUpdate"窗口，此时系统自动通过 Internet 或用户设置的更新源进行更新，如图 8-35 所示。

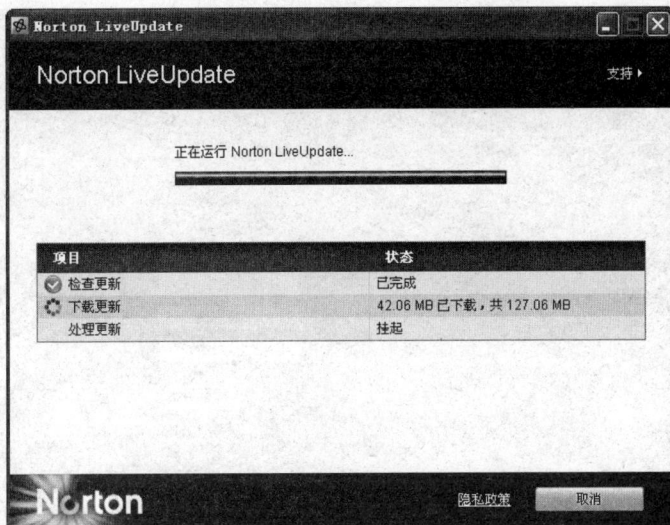

图 8-35 "Norton LiveUpdate"窗口

2. 在计算机上扫描病毒

扫描病毒是防病毒软件最重要的功能之一，可以防止由于一些原因而没有检测到的恶意代码蔓延。Norton AntiVirus Online 提供以下几种病毒扫描方式。

① 全面系统扫描：对系统进行彻底扫描以删除病毒和其他安全威胁。它会检查所有引导记录、文件和用户可访问的正在运行的进程。

② 快速扫描：通常是对病毒及其他安全风险主要攻击的计算机区域进行扫描。

③ 自定义扫描：根据需要扫描特定的文件、可移动驱动器、计算机的任何驱动器或者计算机上的任何文件夹或文件。

如果要进行全面系统扫描，则操作步骤如下。

（1）在 Norton AntiVirus Online 主界面的"电脑防护"窗格中，单击"立即扫描"链接，打开"电脑扫描"窗格，如图 8-36 所示。

（2）在"电脑扫描"窗格中，单击"全面系统扫描"按钮，打开"全面系统扫描"窗口，如图 8-37 所示。此时 Norton AntiVirus Online 将对计算机进行全面系统扫描。

（3）可以在"全面系统扫描"窗口中，单击"暂停"按钮，暂时挂起全面系统扫描；也可单击"停止扫描"按钮，终止全面系统扫描。

（4）扫描完成后，在"结果摘要"选项卡中如果没有需要注意的项目，可单击"完成"按钮结束扫描；如果有需要注意的项目，可在"需要注意"选项卡上查看风险。

3. 访问"性能"窗口

Norton AntiVirus Online 的系统智能分析功能可用于查看和监视系统活动。系统智能分析会在"性能"窗口中显示相关信息。用户可以访问"性能"窗口，查看重要的系统

图 8-36 "电脑扫描"窗格

图 8-37 "全面系统扫描"窗口

活动、CPU 使用情况、内存使用情况和诺顿特定后台作业的详细信息。

(1) 查看系统活动的详细信息

用户可以在"性能"窗口中查看过去三个月内所执行的或发生的系统活动的详细信息。这些活动包括应用程序安装、应用程序下载、磁盘优化、威胁检测、性能警报及快速扫描等。操作步骤为：

① 在 Norton AntiVirus Online 主窗口中,单击"性能"链接,打开"性能"窗口。

② 在"性能"窗口事件图的顶部,单击某个月份的相应选项卡以查看详细信息。

③ 在事件图中,将鼠标指针移动到某个活动的图标或条带上,在出现的弹出式窗口中,查看该活动的详细信息,如图 8-38 所示。

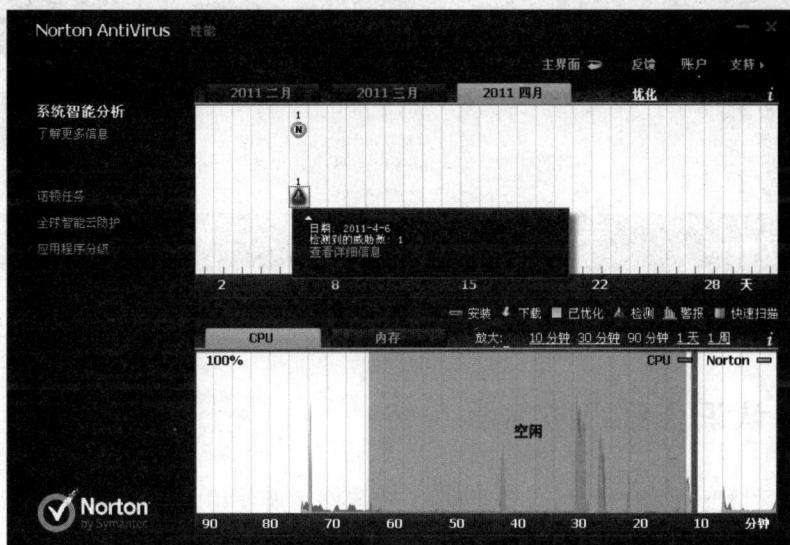

图 8-38 "性能"窗口

④ 如果弹出式窗口中出现"查看详细信息"选项,可单击该选项查看其详细信息。

(2) 查看 CPU 图和内存图

Norton AntiVirus Online 可监视整体系统 CPU 和内存的使用情况以及诺顿特定的 CPU 和内存使用情况。如果要查看 CPU 的使用情况,可在"性能"窗口中单击"CPU"选项卡;如果要查看内存的使用情况,可在"性能"窗口中单击"内存"选项卡。如果要获得放大视图,可单击"放大"选项旁边的"10 分钟"或"30 分钟";如果要获得默认性能时间,可单击"放大"选项旁边的"90 分钟"。

4. 使用诺顿智能扫描查看文件

通过"诺顿智能扫描"可以查看计算机上相关文件的详细信息,包括文件名、信任级别、社区使用情况、资源使用情况和文件安装日期等。操作步骤为:在 Norton AntiVirus Online 主窗口的"电脑防护"窗格中,单击"应用程序分级"超链接,打开"应用程序分级"窗口,如图 8-39 所示。该窗口将显示诺顿智能扫描的相关信息,也可从下拉列表中选择选项查看文件类别。

注意: 限于篇幅,以上只完成了 Norton AntiVirus Online 最基本的设置和操作,更具体的内容请参考其自带的帮助文件。如果有条件,可安装并设置其他厂商的防病毒软件,思考不同防病毒软件在设置和操作上的异同点。

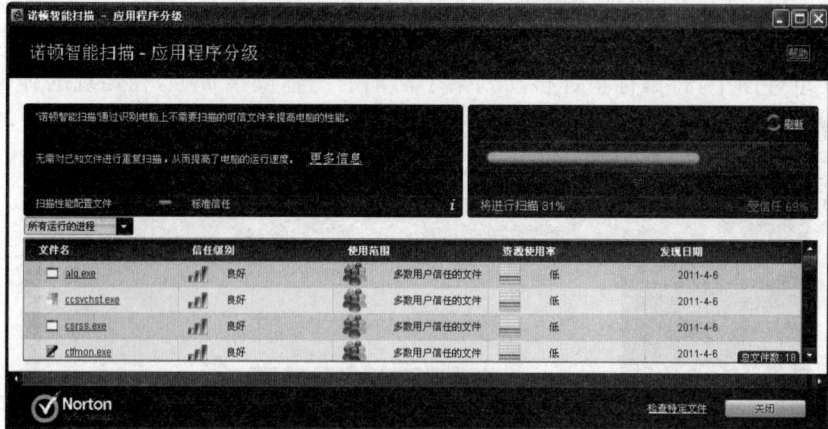

图 8-39 "应用程序分级"窗口

操作3 认识企业级防病毒系统

根据实际情况,参观校园网或企业网,了解该网络所使用的企业级防病毒系统,了解系统的特点以及在实际网络中的部署情况,体会企业级防病毒系统的功能和部署方法。

习 题 8

1. 判断题

(1) 安装在计算机上的防病毒软件不具备在线升级功能。   (   )

(2) 防病毒软件的特性扫描就是将病毒信息都保存在病毒库中,当发现带有病毒特性的文件时,便对其进行清除,或删除或隔离染毒文件。   (   )

(3) 网络管理就是通过某种方式对网络状态进行调整,使其可靠、高效地运行,并使网络资源得到可靠有效的应用。   (   )

(4) 计算机病毒就是一种附加到计算机内部的重要区域的恶意代码。   (   )

(5) 计算机病毒可以大量地自我"繁殖"。   (   )

(6) 病毒在取得系统控制权后,不会马上进行破坏,而是大量繁殖自己。   (   )

(7) 引导型病毒是将其指令插入到磁盘的引导扇区内的病毒。   (   )

(8) 宏病毒是破坏计算机宏观控制的病毒,如 CPU 的运算和处理速度。   (   )

(9) 宏病毒并不会感染程序文件,它的目标是文档文件。   (   )

(10) 安装了杀毒软件就不用安装实时监控软件或网络防火墙,也可有效防范病毒入侵计算机。   (   )

(11) 不论哪一种病毒在侵入计算机后,都会对系统及程序造成不可挽回的后果。

(   )

（12）具有远程管理能力的 SNMP 使管理人员可以对整个子网进行管理。　　（　　　）

（13）SNMP 采用 C/S 服务管理模式。　　（　　　）

（14）MIB 是用于定义通过网络管理协议可访问的对象的规则。　　（　　　）

（15）SNMP 支持对管理对象值的检索和修改等操作。　　（　　　）

2. 单项选择题

（1）（　　　）可以完成网络管理软件布置的采集设备参数的任务，是网络管理系统与被管理设备的信息中介。

　　　A. 管理软件　　　　B. 管理代理　　　　C. 管理信息库　　　　D. 代理设备

（2）（　　　）是标准网络协议软件和非标准协议软件之间的桥梁。

　　　A. 管理软件　　　　B. 管理代理　　　　C. 管理信息库　　　　D. 代理设备

（3）在 OSI 网络管理框架模型中，（　　　）的任务是自动检测和记录网络的故障，并及时通知网络管理员，使网络有效正常的运行。

　　　A. 网络故障管理　　　B. 网络配置管理　　　C. 安全管理　　　D. 性能管理

（4）（　　　）的功能是掌握和控制互联网络的状态，包括网络设备的状态及其连接关系。

　　　A. 网络故障管理　　　B. 网络配置管理　　　C. 安全管理　　　D. 性能管理

（5）（　　　）可以测量网络中的硬件、软件和媒体的性能。

　　　A. 网络故障管理　　　B. 网络配置管理　　　C. 安全管理　　　D. 性能管理

（6）性能管理最大的作用是（　　　）。

　　　A. 可以增强网络管理员对网络配置的控制

　　　B. 帮助网络管理员减少网络中过分拥挤和不可通行的现象

　　　C. 提供快速检查问题并启动恢复过程的工具，增强网络的可靠性

　　　D. 控制对计算机网络中信息的访问

（7）按实现原理的不同将防火墙分为（　　　）三类。

　　　A. 包过滤防火墙、应用层网关防火墙和状态检测防火墙

　　　B. 包过滤防火墙、应用层网关防火墙和代理防火墙

　　　C. 包过滤防火墙、代理防火墙和软件防火墙

　　　D. 状态检测防火墙、代理防火墙和动态包过滤防火墙

（8）按照检测数据的来源可将入侵检测系统（IDS）分为（　　　）。

　　　A. 基于主机的 IDS 和基于网络的 IDS

　　　B. 基于主机的 IDS 和基于域控制器的 IDS

　　　C. 基于服务器的 IDS 和基于域控制器的 IDS

　　　D. 基于浏览器的 IDS 和基于网络的 IDS

（9）如果使用大量的连接请求攻击计算机，使用所有可用的系统资源都被消耗殆尽，最终计算机无法再处理合法用户的请求，这种手段属于（　　　）攻击。

　　　A. 拒绝服务　　　　B. 口令入侵　　　　C. 网络监听　　　　D. IP 欺骗

（10）病毒是一种（　　　）。

A. 程序　　　　　　　　　　　　B. 计算机自动产生的恶性程序

C. 操作系统的必备程序　　　　　D. 环境不良引起的恶性程序

(11) 从软、硬件形式来分的话,防火墙分为(　　　)。

A. 软件防火墙和硬件防火墙　　　B. 网关防火墙和硬件防火墙

C. 路由防火墙和软件防火墙　　　D. 个人防火墙和路由防火墙

(12) 下面不属于非法攻击防火墙的基本方法的是(　　　)。

A. 从相关的子网进行攻击　　　　B. 攻击与干扰相结合

C. 从内部进行攻击　　　　　　　D. 解密

(13) 以下宏病毒的特点是(　　　)。

A. 将其指令插入到磁盘的引导扇区内

B. 将病毒代码附加到可执行文件中

C. 将病毒代码附加到扩展名为 .com 的文件中

D. 将病毒代码附加到文档文件中

(14) SNMP 协议是 TCP/IP 协议集中(　　　)协议。

A. 网络接口层　　　B. 网络层　　　C. 传输层　　　　D. 应用层

(15) 网络防火墙是外部网络与内部网络之间服务访问的(　　　)。

A. 管理技术　　　B. 控制系统　　　C. 数据加密技术　　　D. 验证技术

3. 多项选择题

(1) 下列属于防病毒软件的有(　　　)。

A. 瑞星　　　　　　　　　　　　B. Microsoft Word

C. Norton　　　　　　　　　　　D. 金山毒霸

(2) 防病毒软件查找病毒的基本方法有(　　　)。

A. 特征扫描　　　B. 实时防护　　　C. 文件备份　　　D. 文件校验

(3) 网络管理系统由(　　　)组成。

A. 管理代理　　　　　　　　　　B. 网络管理工作站

C. 网络管理协议　　　　　　　　D. 管理信息库

(4) 网络管理系统的模型包括(　　　)等基本的逻辑部分。

A. 管理对象　　　B. 管理进程　　　C. 管理信息库　　　D. 管理协议

(5) 下列属于 OSI 网络管理框架模型中网络管理基本功能的是(　　　)。

A. 网络故障管理　　　B. 网络配置管理　　　C. 安全管理　　　D. 性能管理

(6) 下列属于网络故障管理功能的有(　　　)。

A. 检测或接受管理对象发生的故障及其产生的故障报警

B. 使用冗余网络对象代替故障对象来提供临时的网络服务

C. 自动创建和维护故障日志的信息记录库,并对故障日志进行分析

D. 进行故障诊断并追踪故障,确定故障性质及故障解决方案

(7) 故障管理包括(　　　)三个步骤。

A. 发现故障　　　　　　　　　　B. 分离故障并找出原因

C. 隔离故障　　　　　　　　　　D. 修复故障

（8）配置管理包括（　　）三个方面内容。

　　A. 获得关于当前网络配置的信息

　　B. 提供远程修改设备配置的手段

　　C. 储存数据、维护一个最新的设备清单并根据数据产生报告

　　D. 修复网络问题

（9）安全管理包括（　　）。

　　A. 验证网络用户的访问权限

　　B. 验证网络用户的优先级

　　C. 检测和记录未授权用户企图进行的不应有的操作

　　D. 防止病毒

（10）性能管理测量的项目一般包括（　　）。

　　A. 整体吞吐量　　　B. 利用率　　　C. 错误率　　　D. 响应时间

（11）下列属于网络管理任务的有（　　）。

　　A. 制订网络建设计划　　　　　　B. 网络维护

　　C. 网络扩展　　　　　　　　　　D. 对计算机网络进行优化

（12）当计算机被感染病毒后，一般可能会出现的症状有（　　）。

　　A. 计算机反应较平常迟钝　　　　B. 出现一些不寻常的错误信息

　　C. 硬盘指示灯无故闪烁　　　　　D. 磁盘容量忽然大量减少

（13）按照病毒感染的内容和逃避检测的方式，它们可分为（　　）。

　　A. 运行型病毒　　　　　　　　　B. 引导型病毒

　　C. 程序型病毒　　　　　　　　　D. 宏病毒

（14）病毒侵入计算机的途径主要有（　　）。

　　A. 通过外设　　　　　　　　　　B. 通过移动硬盘等存储设备

　　C. 通过广播电视等媒体　　　　　D. 利用网络

（15）有效防止病毒入侵计算机的方法有（　　）。

　　A. 不要轻易打开来路不明的电子邮件

　　B. 不浏览一些不正规或非法的网站

　　C. 安装病毒实时监控软件或网络防火墙

　　D. 定期使用杀毒软件对计算机进行全面清查

4. 问答题

（1）简述在 OSI 网络管理标准中定义的网络管理的基本功能。

（2）目前的网络管理系统主要由哪几部分组成？各部分的作用是什么？

（3）Windows 操作系统中的 SNMP 服务具有哪些功能？

（4）目前网络攻击通常采用哪些手段？

（5）为了保证网络安全，目前局域网主要采用哪些安全措施？

（6）什么是防火墙？防火墙可以实现哪些功能？

（7）防火墙有哪些类型？各有什么特点？

（8）根据网络规模和安全程度要求不同，防火墙组网有哪些形式？

（9）简述计算机病毒的特征。

（10）目前局域网防病毒方案可以哪两种选择？各有什么特点？

5. 技能题

（1）Windows 防火墙的使用。

【内容及操作要求】

在安装 Windows Server 2008 R2 的计算机上完成以下操作：

① 启用 Windows 防火墙。

② 对 Windows 防火墙进行设置，允许 QQ 的运行，验证你的设置。

③ 对 Windows 防火墙进行设置，允许 ping 命令的运行，验证你的设置。

【准备工作】

安装 Windows Server 2008 R2 操作系统的计算机；能够正常运行的网络环境。

【考核时限】

20min。

（2）防病毒软件的使用。

【内容及操作要求】

利用 Norton AntiVirus Online 完成以下操作：

① 安装 Norton AntiVirus Online；

② 对防病毒数据库进行更新；

③ 对计算机系统的 C 盘和所插入的 U 盘进行病毒扫描；

④ 监视整体系统 CPU 和内存的使用情况；

⑤ 通过"诺顿智能扫描"查看计算机上相关文件的详细信息。

【准备工作】

安装 Windows 7 或以上版本操作系统的计算机；Norton AntiVirus Online 安装文件；能够接入 Internet 的网络环境。

【考核时限】

45min。

工作单元 9 网络运行维护

在计算机网络的使用过程中,如果对网络维护不当,会导致网络传输速度下降等问题,从而使网络不能发挥其应有的作用。网络运行维护的主要任务是监控网络的运行状况,探求网络故障产生的原因,消除故障并防止故障的再次发生,从根本上保证计算机网络的安全畅通。本单元的主要目标是能够使用网络命令监视网络的运行状况;能够使用 Windows 自带的工具监视和优化服务器性能;能够处理常见的计算机网络故障。

任务 9.1 使用网络命令监视网络运行状况

【任务目的】

(1) 掌握 Windows 系统命令行方式的使用技巧;

(2) 掌握 Windows 系统常用网络命令的使用方法;

(3) 能够使用 Windows 系统常用网络命令监视网络运行状况。

【工作环境与条件】

(1) 安装好 Windows Server 2008 R2 或其他 Windows 操作系统的计算机;

(2) 能够正常运行的网络环境(也可使用 VMware 等虚拟机软件)。

【相关知识】

9.1.1 命令行模式的使用

相对于图形化方式而言,采用命令行方式进行管理简单易用、灵活方便。Windows 操作系统提供了对命令行的支持和相应的网络命令,通过网络命令诊断网络故障和进行网络维护是一种最基本和最方便的方法。

1. 进入命令行模式

在 Windows 操作系统中,命令行工具是运行在 cmd.exe 命令解释程序的提示符下的,要打开命令提示符,常用的方法为:

① 单击"开始"→"运行"命令,在"运行"对话框中输入"cmd"后,单击"确定"按钮。

② 单击"开始"→"所有程序"→"附件"→"命令提示符"命令。

2. 命令行模式的使用技巧

Windows 操作系统在命令行模式中附带了一些特别功能,以帮助用户提高操作效率。

(1) 在命令行模式下查看帮助

Windows 系统对相应命令提供了比较完备的帮助信息,要获得某命令的帮助信息,可以在命令行模式下,输入命令名,后面加问号(?),如图 9-1 所示。

图 9-1   在命令行模式下查看帮助

(2) 自动记忆功能

在命令行模式下,已经输入的多条命令会被系统自动记录下来,如果要调用前面或后面的曾经输入过的命令,只需要按键盘上的"↑"和"↓"两个方向键即可。

(3) 快捷键的使用

在命令行模式中,可以使用以下快捷键以提高操作速度。

① Esc 键:清除当前光标所在的那行命令。

② F7 键:以图形列表框形式显示曾经输入的命令,可以通过"↑"和"↓"进行选择。每个曾经输入的命令前面都会有一个编号。

③ F9 键:提示输入曾经命令的编号,输入后就可以直接运行该命令。

④ Ctrl＋C 键:终止命令运行。

⑤ Alt＋F7 键:删除保存命令的历史记录。

9.1.2　ping 命令

简单地说,ping 命令就是一个测试程序,如果运行正确,大体上就可以排除网卡、Modem、电缆和路由器等存在的故障,从而减小了问题的范围。但由于可以自定义所发数据包的大小及数量,因此 ping 命令也可以被用作 DoS 攻击的工具,例如,可以利用数百台高速接入网络的计算机向服务器连续发送大量 ping 数据包而导致其瘫痪。

按照默认设置,Windows 操作系统运行的 ping 命令将发送 4 个 ICMP 回送请求数据包,每个数据包 32 个字节,如果一切正常,应能得到 4 个回送应答。ping 命令能够以 ms (毫秒)为单位显示发送回送请求到返回回送应答之间的时间量。如果应答时间短,表示数据包不必通过太多的路由器或网络连接速度比较快。ping 命令还能显示 TTL 值,可以通过 TTL 值推算数据包经过了多少个路由器,计算方法为:源地点 TTL 起始值(通常为比返回 TTL 略大的一个 2 的乘方数)—返回时 TTL 值。例如,返回 TTL 值为 119,那么可以推算数据包离开源地址的 TTL 起始值为 128,而源地点到目标地点要通过 9 个路由器网段(128～119);如果返回 TTL 值为 246,TTL 起始值就是 256,源地点到目标地点要通过 10 个路由器网段。

ping 命令的基本使用格式是:

ping　IP 地址或主机名

ping 命令后还可以有其他的参数,下面对常用的几个参数进行说明。

① -t:连续对 IP 地址执行 ping 命令,直到被用户以 Ctrl+C 中断。

② -a:以 IP 地址格式显示目标主机网络地址。

③ -n count:指定要 ping 多少次,具体次数由 count 来指定,默认值为 4。

④ -l size:指定 ping 命令中发送的数据长度,默认值是 32 字节。

ping 命令如果不能正常运行,通常会出现以下提示信息。

⑤ Unknown host:表示目标主机的名字不能被转换为 IP 地址。故障原因主要有 DNS 服务器出现故障,该名字是不正确的,连接本机和目标主机的网络出现了问题。

⑥ Request time out:表示目标主机没有响应,数据包全部丢失。故障原因主要有本机或目标主机配置不当,目标主机没有正常工作,连接本机和目标主机的网络出现了问题。

⑦ Network unreachable:表示目标主机不可到达,故障原因主要是没有到达目标主机的路由,路由表配置有问题。

9.1.3　arp 命令

ARP 是一个重要的 TCP/IP 协议,并且用于确定对应 IP 地址的网卡物理地址。arp 命令主要用来查看本地计算机或另一台计算机的 ARP 高速缓存中的当前内容。此外,利用 arp 命令,也可以输入静态的网卡物理地址与 IP 地址对应关系,从而减少网络上的信息量。

按照默认设置,ARP 高速缓存中的项目是动态的,每当向一个指定地点发送数据包且高速缓存中不存在对应项目时,ARP 便会自动添加该项目。如果项目添加后不进一步使用,那么该项目就会在 2~10 分钟内失效,即从 ARP 高速缓存中删除。因此,需要通过 arp 命令查看高速缓存中某计算机物理地址与 IP 地址对应关系时,最好应先访问此台计算机(例如 ping 该计算机)。

在 arp 命令后添加不同的参数可以完成不同功能,下面对常用的几个参数进行说明。

① arp -a 或 arp -g:用于查看高速缓存中的所有项目。-a 和-g 参数的结果是一样的。

② arp -a IP:用于显示与该 IP 地址相关的 ARP 缓存项目。

③ arp -s IP 物理地址:用于向 ARP 高速缓存中人工输入一个静态项目,该项目在计算机运行过程中将保持有效状态。

④ arp -d IP:用于删除一个静态项目。

9.1.4 netstat 命令

netstat 命令可以用来显示活动的 TCP 连接、计算机侦听的端口、以太网统计信息、IP 路由表、IPv4 统计信息(对于 IP、ICMP、TCP 和 UDP 协议)以及 IPv6 统计信息(对于 IPv6、ICMPv6、通过 IPv6 的 TCP 以及通过 IPv6 的 UDP 协议)。使用时如果不带参数,将显示活动的 TCP 连接。netstat 命令使用的主要参数如下。

① netstat -n:显示活动的 TCP 连接,不过只以数字形式表现地址和端口号,却不尝试确定名称。

② netstat -s:按协议显示统计信息。默认情况下,显示 TCP、UDP、ICMP 和 IP 协议的统计信息。如果安装了 IPv6 协议,就会显示 IPv6 上的协议的统计信息。

③ netstat -e:显示以太网统计信息,如发送和接收的字节数、数据包数。该参数可以与"-s"结合使用。

④ netstat -r:显示 IP 路由表的内容,除了显示有效路由外,还显示当前有效的连接。

⑤ netstat -a:显示所有活动的 TCP 连接以及计算机侦听的 TCP 和 UDP 端口。

9.1.5 Net Services

许多服务使用的网络命令都以"net"开头。使用这些 net 命令可以轻松地管理本地或者远程计算机的网络环境,完成各种服务程序的运行和配置,也可进行用户管理和登录管理等。不同的 net 命令功能不同,但也具有一些公用属性。

① 要看到所有可用的 net 命令的列表,可以在命令提示行键入"net ?"。

② 在命令行键入"net help 命令名",可以获得该 net 命令的语法帮助。例如,要获得 net accounts 命令的帮助信息,可输入"net help accounts"。

③ 所有 net 命令都接受"/y(是)"和"/n(否)"命令行选项。例如,net stop server 命

令将提示用户确认并停止所有依赖的服务器服务,而"net stop server /y"将通过自动关闭服务器服务,无须用户确认。

④ 如果服务名包含空格,则需要使用引号将其引起来。例如,若要启动网络登录服务,则应输入"net start "net logon""。

9.1.6　使用 netsh

netsh 是一个命令行脚本实用程序,可让用户从本地或远程显示或修改当前运行的计算机的网络配置。netsh 还提供了允许用户使用批处理模式对指定的计算机运行一组命令的脚本功能,而且可以将配置脚本以文本文件保存,以便存档或帮助配置其他服务器。

1. netsh 上下文

netsh 利用动态连接库(DLL)文件与其他操作系统组件交互操作,每个 DLL 文件都提供了称作上下文的功能集。这种上下文是一组与特定的网络组件相关的命令组,通过提供对服务、实用程序或协议的配置和监视支持以扩展 netsh 的功能。例如,Dhcpmon.dll 提供了用于配置和管理 DHCP 服务器的 netsh 上下文和命令集。

要运行 netsh 命令,必须从命令行模式启动 netsh 并切换到包含要使用命令的上下文中。用户可以使用的上下文取决于用户已安装的网络组件。例如,如果在 netsh 命令提示符下输入 dhcp,则将切换到 DHCP 上下文中,但如果没有安装 DHCP 组件,则系统将显示"The following command was not found:dhcp."

2. 使用多个上下文

一个上下文中可以包含另一个上下文。例如,在路由选择上下文中,可以更改到 IP 和 IPX 子上下文。在 netsh 提示符下输入"?"或"help"可以显示此上下文中的命令列表,如图 9-2 所示。若要显示可以在某上下文中使用的命令和子上下文列表,可在 netsh 提示符下输入上下文名称,然后输入"/?"或"help"。例如,要显示可以在路由选择上下文中使用的子上下文和命令列表,可在 netsh 提示符下输入"routing /?"或"routing help"。

【任务实施】

操作 1　检查 TCP/IP 设置

利用 ipconfig 命令可以检查 TCP/IP 协议是否已正常启动,以及 IP 地址是否与其他主机重复。如果正常,运行 ipconfig 命令后会出现该计算机的 IP 设置值,如图 9-3 所示。也可以利用"ipconfig /all"进行检查,此时将得到更多的信息。

如果用户计算机的 IP 地址与另一台计算机重复,而且是另一台计算机先启动,那么用户计算机将没有 1P 地址可以使用,此时在屏幕最右下角会定期出现警告窗口。如果

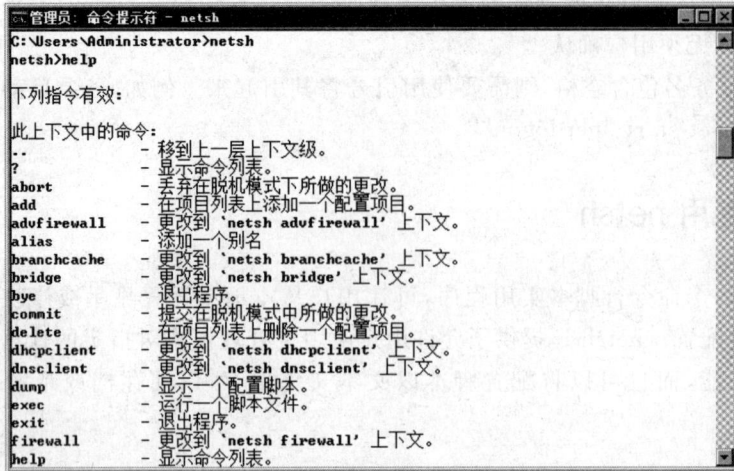

图 9-2　netsh 上下文中的命令列表

运行 ipconfig 命令将会看到其 IP 地址与子网掩码都变成 0.0.0.0。

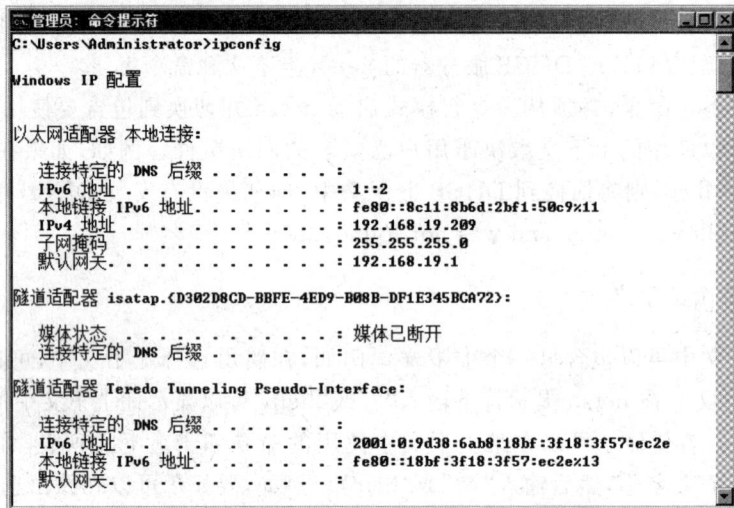

图 9-3　利用 ipconfig 命令测试 TCP/IP 设置

操作 2　检查网络链路是否工作正常

网络运行维护中最多的一项工作就是检查网络链路是否正常,通常应使用 ping 命令完成这项工作。正常情况下,当使用 ping 命令来检验网络运行情况时,需要设置一些关键点作为 ping 的对象,如果所有结果都正常,则可以相信网络基本的连通性和配置参数没有问题;如果某些 ping 命令出现运行故障,则可以根据关键点的位置去查找问题。下面给出一个典型的检测次序及对应的可能故障。

1．ping 127.0.0.1

这个命令被送到本地计算机的 TCP/IP 组件,该命令永不退出本地计算机。如果出现异常,则表示本地计算机 TCP/IP 协议的安装或运行存在问题。

2．ping 本机 IP

这个命令被送到本地计算机所配置的 IP 地址,本地计算机始终都应该对该命令做出应答。如果没有出现问题,可断开网络电缆,然后重新发送该命令。如果断开后本命令正确,则表示另一台计算机可能配置了相同的 IP 地址。

3．ping 局域网内其他 IP

这个命令会经过网卡及网络电缆到达局域网中的其他计算机,如果收到回送应答表明本地网络运行正确。如果收到 0 个回送应答,那么表示 IP 地址、子网掩码设置不正确或网络连接有问题。

4．ping 网关 IP

这个命令如果应答正确,表示局域网中的网关路由器正在运行并能够做出应答。

5．ping 远程 IP

如果收到应答,表示成功地使用了默认网关。对于接入 Internet 的用户则表示能够成功地访问 Internet。

6．ping 域名

检验本地主机与 DNS 服务器的连通性,如果这里出现故障,则表示 DNS 服务器的 IP 地址配置不正确或 DNS 服务器有故障,也可以利用该命令实现域名对 IP 地址的转换功能。

注意:当计算机通过域名访问时,首先会通过 DNS 服务器得到域名对应的 IP 地址,然后才能进行访问。在执行"ping 域名"时应重点查看是否得到了域名对应的 IP 地址。

如果上面所列出的所有 ping 命令都能正常运行,表明当前计算机的本地和远程通信都基本没有问题了。但是,这些命令的成功并不表示所有的网络配置都没有问题,例如,某些子网掩码错误有可能无法检测到。另外有时候 ping 命令不成功的原因并不是网络基本配置的问题,而可能是由于网络中安装了防火墙,屏蔽了 ping 命令的运行。

操作 3　查看其他计算机的 MAC 地址

当计算机利用 ARP 协议通过目标设备的 IP 地址,查询到其 MAC 地址后,会将目标设备的 IP 地址与 MAC 地址的对应关系存放在 ARP 缓存中。利用 arp 命令可以查看本地计算机或另一台计算机的 ARP 缓存中的内容。如果已知对方计算机的 IP 地址,通过 arp 命令获取该计算机的 MAC 地址的操作步骤如下。

(1) 打开命令行窗口,输入命令"arp -d"将 ARP 高速缓存的信息清除。

(2) 输入命令"ping 对方主机的 IP 地址",如"ping 168.168.19.1"。

(3) 输入命令"arp -a"查看 ARP 缓存的信息,可以看到刚才目标主机的 MAC 地址, 如图 9-4 所示。

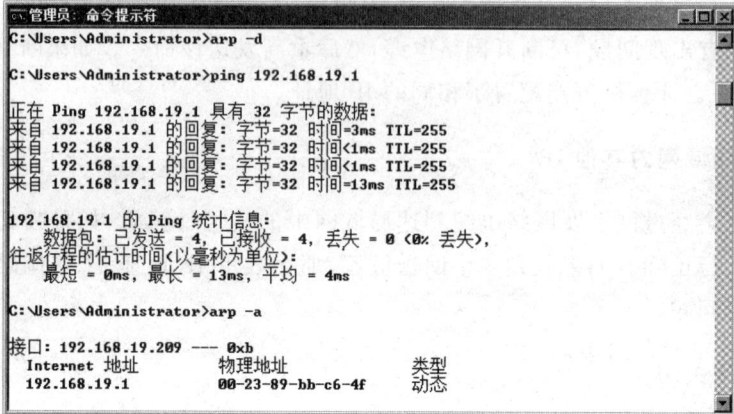

图 9-4　利用 arp 命令查看其他计算机的 MAC 地址

注意: 在 Windows 网络中,ARP 高速缓存中的项目是动态的,默认情况下会在 2～ 10 分钟内失效。所以需要通过 arp 命令查看目标计算机的 MAC 地址时,最好先访问该 计算机(如 ping 目标计算机)。

操作 4　实现 IP 地址和 MAC 地址绑定

使用 arp 命令可以实现 IP 地址和 MAC 地址的绑定,从而避免 IP 地址冲突,具体步 骤如下。

(1) 打开命令行窗口,输入命令"arp -s IP 地址 网卡物理地址",将主机的 IP 地址和 对应的物理地址作为一个静态条目加入 ARP 高速缓存。

(2) 输入命令"arp -a"可以看到相应 IP 地址的项目类型为静态的,如图 9-5 所示。

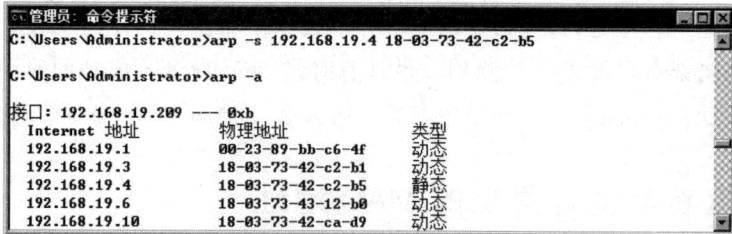

图 9-5　实现 IP 地址和 MAC 地址的绑定

注意：使用 arp 命令将 IP 地址与 MAC 地址绑定后，该项目在计算机重新启动前不会失效，当计算机重新启动后，该静态项目就会消失，此时需要重新添加。

操作 5　查看网络共享资源

可以在命令行模式下查看当前计算机所在工作组或域中有哪些计算机，具体步骤为：打开命令行窗口，输入命令"net view"，不带任何参数，则将显示当前计算机所在工作组或域的计算机列表，如图 9-6 所示。

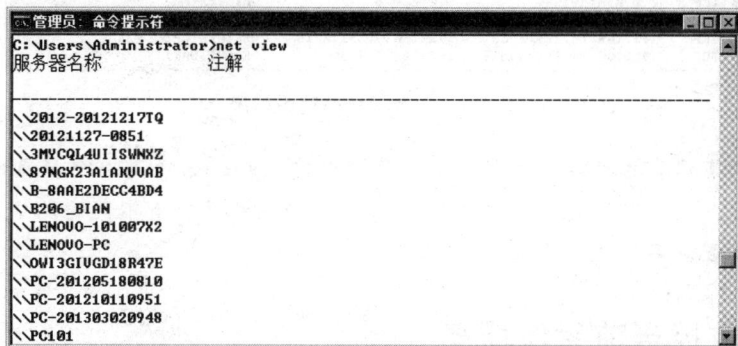

图 9-6　查看当前计算机所在工作组的计算机列表

如果要查看某台计算机提供的共享资源，可以输入命令"net view \\计算机名称"，如图 9-7 所示。

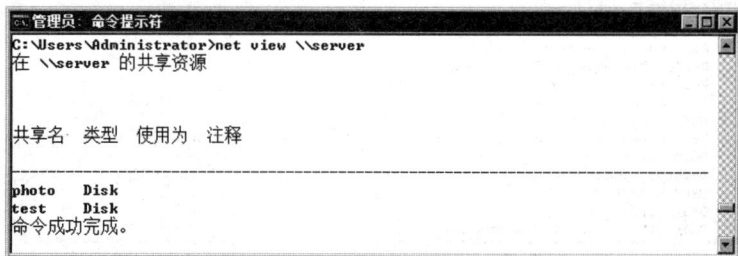

图 9-7　查看某台计算机提供的共享资源

操作 6　查看端口的使用情况

在 Windows 系统中，可以使用 netstat 命令查看端口的使用情况。基本操作方法为：在"命令提示符"窗口中输入"netstat -n -a"命令，可以看到系统正在开放的端口及其状态，如图 9-8 所示。

在"命令提示符"窗口中输入"netstat -n -a -b"命令，可以看到系统端口的状态，以及每个连接是由哪些程序创建的。

注意：在"Netstat -n -a"命令显示的是传输层所有的有效连接，这些连接是在发送端

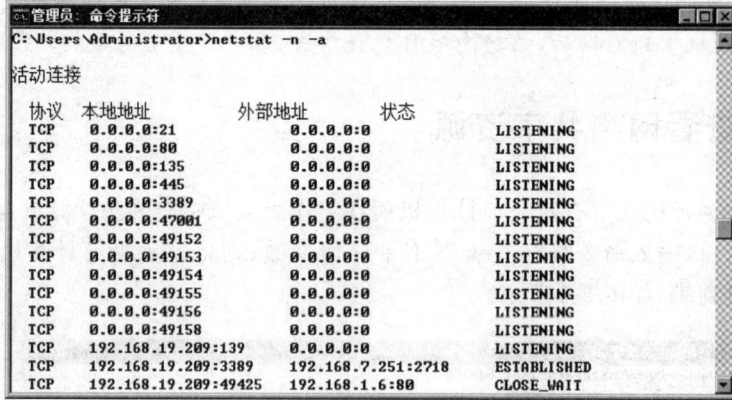

图 9-8　查看端口的使用情况

某端口和接收某端口之间遵循 TCP 或 UDP 协议建立的。端口是一个抽象的软件结构，应用程序通过系统调用与某端口建立关联，不同的应用程序会有不同的端口，从而实现不同计算机间相应应用程序间的通信。

操作 7　监控当前系统服务

如果要查看计算机当前启动的服务，可以输入命令"net start"，如图 9-9 所示。

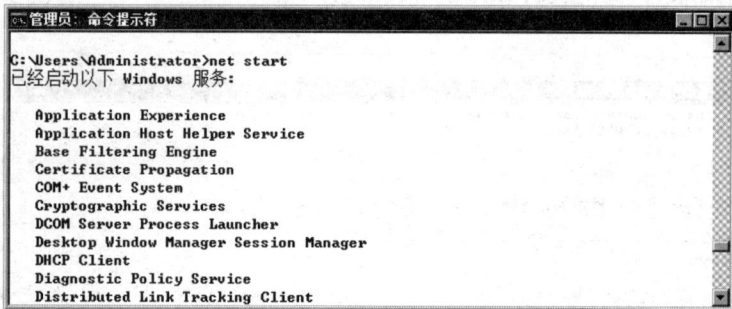

图 9-9　查看计算机当前启动的服务

如果要停止某项服务，可以输入命令"net stop 服务名"；如果要启动某项服务，可以输入命令"net start 服务名"，如图 9-10 所示。

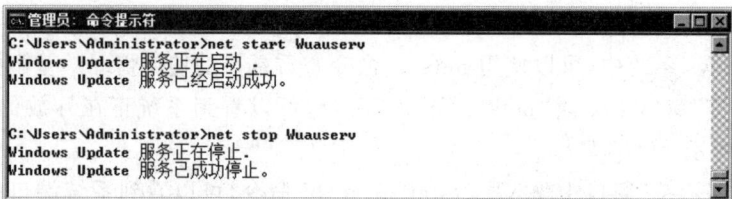

图 9-10　启动或停止系统服务

注意：限于篇幅，这里只给出了 Windows 系统中部分网络命令的使用方法。要了解更多网络命令的作用和使用方法，请查阅 Windows 系统提供的帮助文档。

任务 9.2　使用系统监视工具监视网络性能

【任务目的】

（1）能够使用 Windows 事件查看器查看系统日志；

（2）熟悉 Windows 性能监视器的使用方法；

（3）能够监控网络资源的访问情况。

【工作环境与条件】

（1）安装好 Windows Server 2008 R2 或其他 Windows 操作系统的计算机；

（2）能够正常运行的网络环境（也可使用 VMware 等虚拟机软件）。

【相关知识】

9.2.1　Windows 事件日志文件

当 Windows 操作系统出现运行错误、用户登录/注销的行为或者应用程序发出错误信息等情况时，会将这些事件记录到"事件日志文件"中。管理员可以利用"事件查看器"检查这些日志，查看到底发生了什么情况，以便做进一步的处理。

在 Windows 操作系统中主要包括以下事件日志文件。

① 系统日志：Windows 操作系统会主动将系统所产生的错误（例如网卡故障）、警告（例如硬盘快没有可用空间了）与系统信息（例如某个系统服务已启动）等信息记录到系统日志内。

② 安全日志：该日志会记录利用"审核策略"所设置的事件，例如，某个用户是否曾经读取过某个文件等。

③ 应用程序日志：应用程序会将其所产生的错误、警告或信息等事件记录到该日志内。例如，如果某数据库程序有误时，它可以将该错误记录到应用程序日志内。

④ 目录服务日志：该日志仅存在于域控制器内，会记录由活动目录所发出的诊断或错误信息。

除此之外，某些服务（例如 DNS 服务）会有自己的独立的事件日志文件。

9.2.2　Windows 性能监视器

　　Windows 性能监视器是在 Windows 系统中提供的系统性能监视工具。该工具包含两个预设管理单元:"系统监视器"和"性能日志和警报"。"系统监视器"用来收集并查看有关内存、磁盘、处理器、网络以及其他活动的实时数据。"性能日志和警报"可用来收集来自本地或远程计算机的性能数据,并可以配置日志以记录性能数据、设置系统警告,在特定计数器的数值超过或低于所限定阈值时发出通知。

【任务实施】

操作 1　使用事件查看器

1. 查看事件日志

　　依次选择"开始"→"管理工具"→"事件查看器"命令,打开"事件查看器"窗口,在左侧窗格中选择"Windows 日志"中的任意选项,在中间窗格中可以看到计算机的相关日志,如图 9-11 所示,中间窗格中的每一行代表了一个事件。它提供了以下信息。

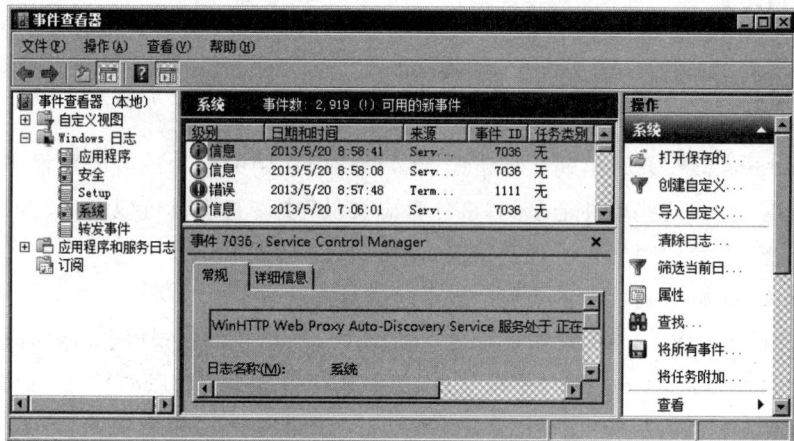

图 9-11　"事件查看器"窗口

　　① 级别:此事件的类型,例如,错误、警告、信息等。
　　② 日期与时间:此事件被记录的日期与时间。
　　③ 来源:记录此事件的程序名称。
　　④ 事件 ID:每个事件都会被赋予唯一的号码。
　　⑤ 任务类别:产生此事件的程序可能会将其信息分类,并显示在此处。
　　在每个事件之前都有一个代表事件类型的图标,现将这些图标说明如下。
　　① 信息:描述应用程序、驱动程序或服务的成功操作。
　　② 警告:表示目前不严重,但是未来可能会造成系统无法正常工作的问题,例如,硬

盘容量所剩不多时,就会被记录为"警告"类型的事件。

③ 错误:表示比较严重,已经造成数据丢失或功能故障的事件。例如,网卡故障、计算机名与其他计算机相同、IP 地址与其他计算机相同、某系统服务无法正常启动等。

④ 成功审核:表示所审核的事件为成功的安全访问事件。

⑤ 失败审核:表示所审核的事件为失败的安全访问事件。

如果要查看事件的详细内容,可直接双击该事件,打开"事件属性"对话框,如图 9-12 所示。

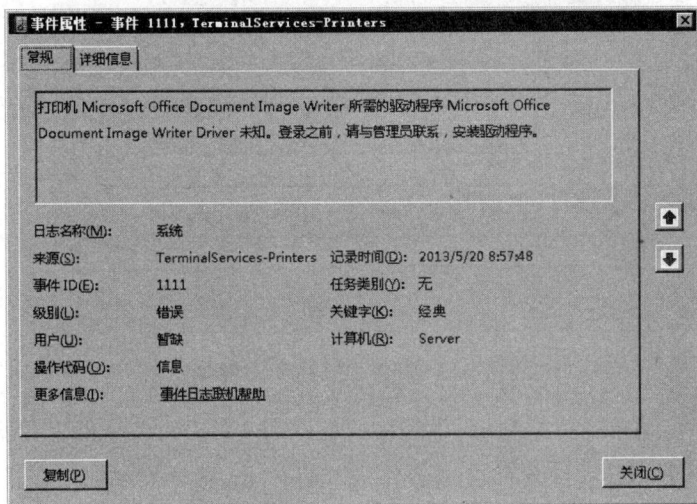

图 9-12　"事件属性"对话框

2. 查找事件

当首次启动事件查看器时,它自动显示所选日志中的所有事件,若要限制所显示的日志事件,可在"事件查看器"窗口的右侧窗格中单击"筛选当前日志"超链接,打开"筛选当前日志"对话框,如图 9-13 所示。在该对话框中,可指定需要显示的事件类型和其他事件标准,从而将事件列表缩小到易于管理的大小。

另外也可在"事件查看器"窗口的右侧窗格中单击"查找"超链接,打开"查找"对话框。在该对话框中,可设定相应的条件,查找特定事件。

3. 日志文件的设置

管理员可以针对每个日志文件更改其设置。如要设置日志文件的文件大小,可以在"事件查看器"窗口中,选中该日志文件,右击,在弹出的快捷菜单中选择"属性"命令,打开该日志文件的"属性"对话框,在该对话框中可以指定日志文件大小上限,单击"清除日志"按钮,可以将该日志文件内的所有日志都清除。

如果要保存日志文件,则可在"事件查看器"窗口中,选中该日志文件,右击,在弹出的快捷菜单中选择"将所有事件另存为"命令,在弹出的对话框中选择存储日志文件的路径和文件格式,完成文件的存储。存储日志文件时可以选择以下文件格式:

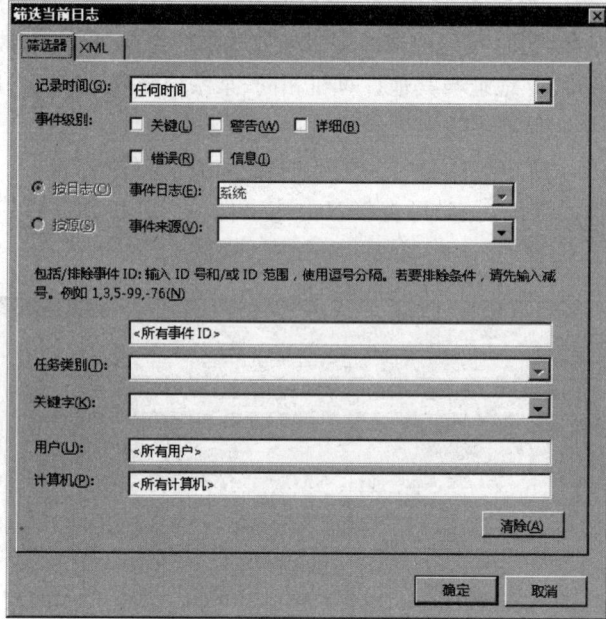

图 9-13 "筛选当前日志"对话框

① 事件文件:扩展名为.evtx。以该格式存储的文件,可在"事件查看器"内通过执行"打开日志文件"的途径进行查看。

② 文本:扩展名为.txt,各数据之间利用制表符(Tab)进行分隔。以该格式存储的文件,可利用一般的文本处理器(例如记事本)进行查看,也可供电子表格、数据库等应用程序来读取、导入。

③ CSV 格式:扩展名为.csv,各数据之间利用逗号进行分隔。以该格式存储的文件,可利用一般的文本处理器(例如记事本)进行查看,也可供电子表格、数据库等应用程序来读取、导入。

操作 2 使用性能监视器

依次选择"开始"→"管理工具"→"性能监视器"命令,打开"性能监视器"窗口。性能监视器包含"监视工具"、"数据收集器集"和报告等选项,在左侧窗格依次"监视工具"→"性能监视器",打开"性能监视器"管理单元,如图 9-14 所示。由图可见,性能监视器右边窗格显示并出现一个曲线图视窗和一个工具栏,界面有 3 个主要区域:曲线图区、图例和数值栏。

可以选择自动更新或手动更新曲线图区域中的数据。若手动更新,可使用"更新数据"按钮开始和停止数据收集间隔;单击"清除显示"按钮可删除所有的显示数据;若要将计数器添加到曲线图,可单击"添加"按钮并从"添加计数器"对话框中选择计数器。

时间栏(贯穿整个曲线图的竖向线条)的移动表示已过了一个更新间隔。无论更新间隔是多少,视窗都显示 100 个数据样本,必要时系统监视器会压缩日志数据以全部显示。

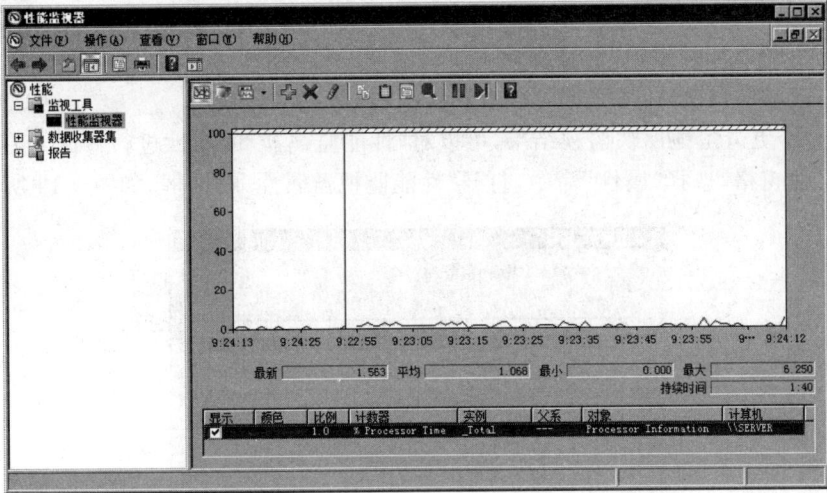

图 9-14　"性能监视器"窗口

若要查看日志中的压缩数据,可单击"属性",单击"来源"标签,选择一个日志文件,然后选择一个较短的时间范围,较短的时间范围所含数据较少,系统就不会减少数据点。

要使用性能监视器对系统的某项性能指标进行监视,必须添加该性能指标对应的计数器,添加计数器后,性能监视器开始在该曲线图区域将计数器数值转换成图。添加计数器的操作步骤如下。

(1) 在性能监视器右边窗格的工具栏上单击"添加"按钮,打开"添加计数器"对话框。

(2) 在"添加计数器"对话框中选择所要添加的计数器,如果要监视本地计算机网络接口每秒钟发送和接收的总字节数,可在"从计算机选择计数器"选项中选择"本地计算机";在计数器列表中依次选择"Network Interface"→"Bytes Total/sec";在"选定对象的范例"中选择需要监视的网络接口,如图 9-15 所示。

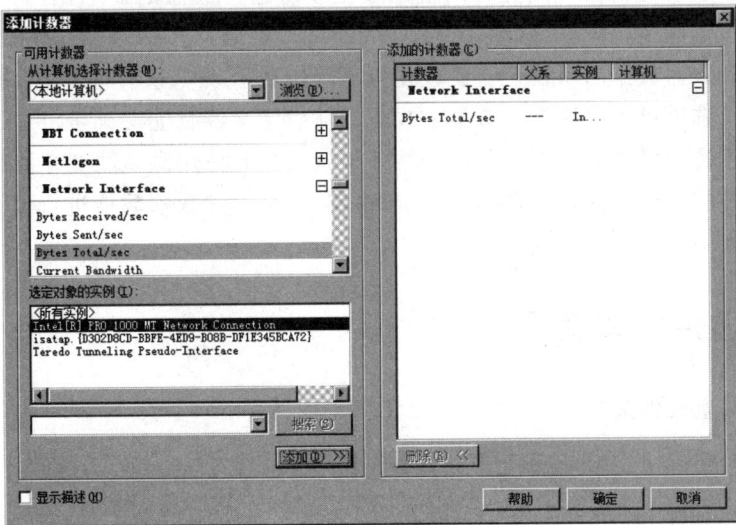

图 9-15　"添加计数器"对话框

（3）单击"添加"按钮，完成计数器的添加。如果不再添加其他计数器，即可单击"关闭"按钮，关闭"添加计数器"对话框。

（4）在"系统监视器"的底部可以看到新添加的计数器。

（5）为了更清楚地反映监视结果，可以对"性能监视器"的属性进行修改。右击"性能监视器"右侧窗格，选择"属性"命令，打开"性能监视器属性"对话框，如图 9-16 所示。

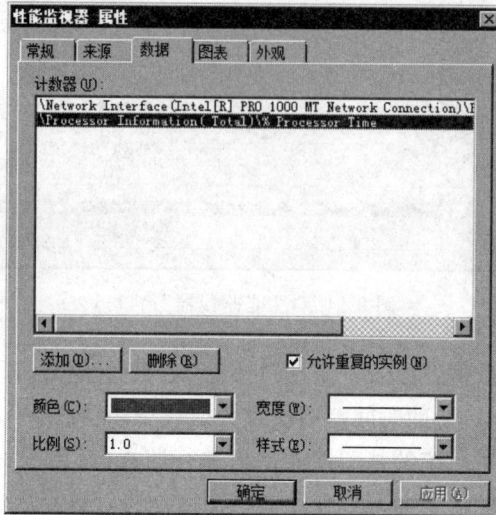

图 9-16　"性能监视器属性"对话框

（6）在"数据"选项卡上，可指定要使用的选项。其中：

- "添加"按钮将打开"添加计数器"对话框，可以在此选择要添加的其他计数器。
- "删除"按钮将删除在计数器列表中选定的计数器。
- "颜色"选项可更改所选计数器的颜色。
- "比例"选项可在图形或直方图视图中更改所选计数器的显示比例。计数器数值的幂指数比例在 0.000 000 1～1 000 000.0。可以调整计数器比例设置以提高图形中计数器数据的可视性。更改比例不影响数值条中显示的统计数据。
- "宽度"选项可更改所选计数器的线宽。注意定义线宽能够确定可用的线条样式。
- "样式"选项可更改所选计数器的线条样式。只有使用默认线宽才能选择样式。

（7）如果网络接口有数据传输，"系统监视器"就会对计数器数值进行记录，并将其转换为图形显示。

操作 3　监控共享资源

1. 监控共享文件夹

依次选择"开始"→"管理工具"→"计算机管理"命令，打开"计算机管理"窗口。在左侧窗格中，依次选择"共享文件夹"→"共享"选项，此时在中间窗格中可以看到当前计算机中所有共享文件夹，如图 9-17 所示。

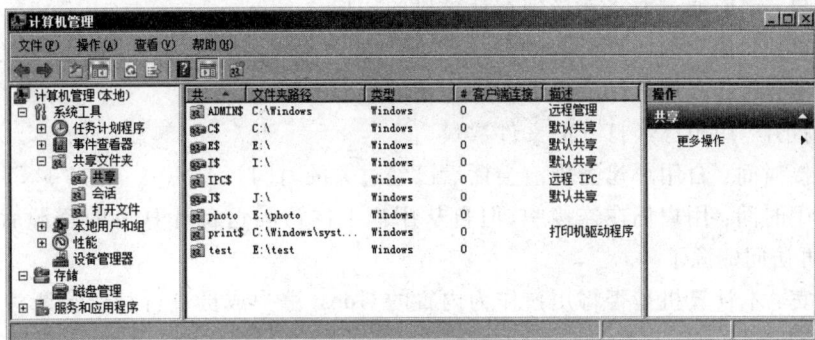

图 9-17　查看当前计算机中所有共享文件夹

如果要停止将文件夹共享给网络上的用户，可以通过右击共享文件夹，在弹出的快捷菜单中，选择"停止共享"命令。

如果要修改共享文件夹的设置，可以通过右击共享文件夹，在弹出的快捷菜单中，选择"属性"命令，打开共享文件夹的属性对话框。此处可以修改共享文件夹的允许连接的最多用户数目、共享权限、NTFS 权限、脱机文件的缓存设置等设置。

如果要新建共享文件夹，可以在"计算机管理"窗口的左侧窗格中，选中"共享"选项，右击，在弹出的快捷菜单中，选择"新建共享"命令，此时将打开"共享文件夹向导"，引导用户完成共享文件夹的创建。

2. 监控与管理连接的用户

利用"共享文件夹"管理单元可以从远程计算机上监控当前哪些用户在访问服务器上的共享文件夹，可以查看用户已连接了哪些资源，并可以断开用户，向计算机和用户发送管理性消息。

（1）查看当前对话

在"计算机管理"窗口的左侧窗格中，依次选择"共享文件夹"→"会话"选项，此时在中间窗格中可以看到已经连接到该服务器的用户，如图 9-18 所示。

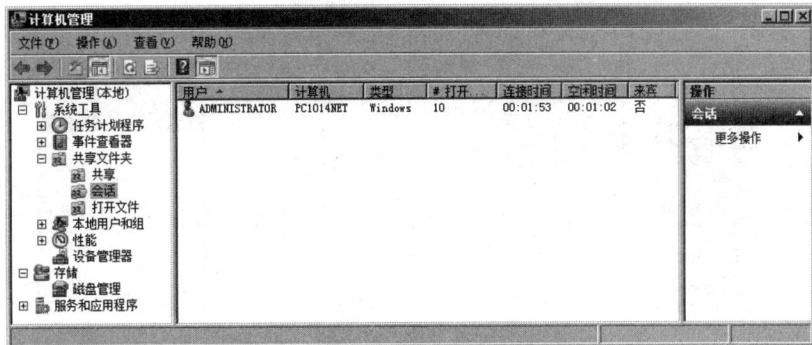

图 9-18　查看已经连接到服务器的用户

① 用户：当前通过网络连接到本计算机的用户。

② 计算机：用户的计算机名或 IP 地址。

③ 类型：运行在用户计算机上的操作系统。

④ ♯打开：用户已经打开的文件数量。

⑤ 连接时间：自用户建立当前会话后已经过去的时间。

⑥ 空闲时间：用户仍在连接中，但自从用户上次访问这台计算机的资源后，已经有很久没有再访问资源了。

⑦ 来宾：本计算机是否将用户作为内置的 Guest 账户成员进行身份验证。

（2）断开连接

在某些情况下，用户可能需要中断用户的连接，例如：

① 使共享文件夹权限更改立即生效。

② 释放繁忙计算机上的闲置连接，以便其他用户访问共享资源。用户完成访问资源后，用户与资源的连接将继续保持几分钟的活动状态，断开用户连接可立即释放连接。

③ 关闭服务器。

如需中断用户的连接，可以在图 9-18 所示窗口中，选中要中断的用户连接，右击，在弹出的快捷菜单中选择"关闭会话"命令即可。如果要中断全部的会话连接，可在"计算机管理"窗口的左侧窗格中，选中"会话"选项，右击，在弹出的快捷菜单中选择"中断全部的会话连接"命令即可。

注意：断开用户连接后，用户可立即新建一个连接。如果断开一位当前正在从基于 Windows 的客户机访问共享文件夹的用户，客户端将自动重新建立与共享文件夹的连接。重新建立连接无须用户介入，除非更改权限以防止用户访问共享文件夹，或停止共享文件夹。

3. 监控被打开的文件

（1）查看用户打开的文件

在"计算机管理"窗口的左侧窗格中，依次选择"共享文件夹"→"打开文件"选项，此时在中间窗格中可以看到用户所打开的文件，如图 9-19 所示。

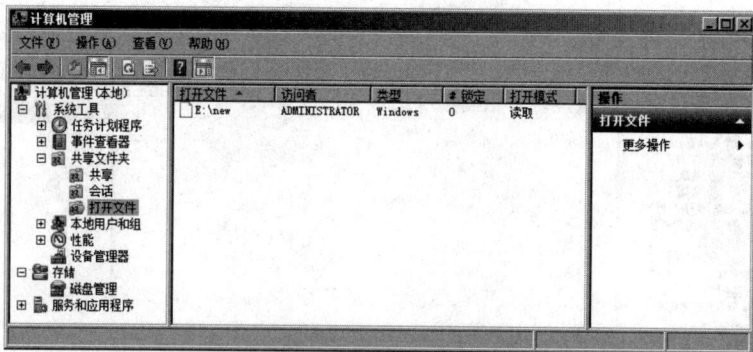

图 9-19　查看用户打开的文件

① 打开文件：被打开的文件名或其他资源名。

② 访问者：打开该文件的用户账户名。

③ 类型：用户登录的计算机上运行的操作系统。

④ ♯锁定：该文件已经被锁定的次数。有的应用程序在访问文件时，会将文件锁定。

⑤ 打开模式：用户的应用程序打开该文件的访问模式，如读取、写入等。

（2）中断用户所打开的文件

要中断某个用户所打开的文件，可以在图 9-19 所示窗口中，选中要中断的文件，右击，在弹出的快捷菜单中选择"将打开的文件关闭"命令即可。如果要中断所有用户所打开的文件，可在"计算机管理"窗口的左侧窗格中，选中"打开文件"选项，右击，在弹出的快捷菜单中选择"中断全部打开的文件"命令即可。

注意：通过将用户从文件上强制断开，可迫使用户重新打开文件。不过，如果没有提前通知用户保存更改的内容，断开会话的方式可能会造成数据丢失。

操作 4 设置远程桌面连接

Windows Server 2008 R2 系统支持远程桌面连接，通过远程桌面协议（Remote Desktop Protocol，RDP），可以实现使用本地计算机的键盘和鼠标控制远程计算机的功能。除此之外，Windows Server 2008 R2 系统也支持远程桌面服务网页访问（Remote Desktop Web Access），可以让用户通过浏览器连接远程计算机。要实现远程桌面连接，必须分别完成远程计算机和本地计算机的设置。

1. 设置远程计算机

远程桌面连接中远程计算机（即被控制端机器）的设置，主要是让该计算机启用远程桌面连接，并赋予用户使用远程桌面连接的权限，设置步骤如下。

（1）依次选择"开始"→"控制面板"→"系统和安全"→"系统"→"高级系统设置"命令，打开"系统属性"对话框。

（2）在"系统属性"对话框中，单击的"远程"选项卡。在"远程桌面"中，勾选"仅允许运行使用网络级别身份验证的远程桌面的计算机连接"复选框，如图 9-20 所示。此时会弹出"远程桌面防火墙例外将被启用"警告框，如图 9-21 所示。单击"确定"按钮，系统将在 Windows 防火墙内启用远程桌面连接。

注意：网络级别身份验证是一种比较安全的验证方法，可以避免黑客及恶意软件的攻击。Windows Vista、Windows Server 2008、Windows 7 和 Windows Server 2008 R2 的远程桌面连接都使用网络级别身份验证。

（3）默认情况下只有该计算机的管理员用户可以对其进行远程桌面连接，如果要使其他非管理员用户也具有远程连接该计算机的权限，可以在图 9-20 所示的对话框中，单击"选择用户"按钮，添加相应的用户即可。

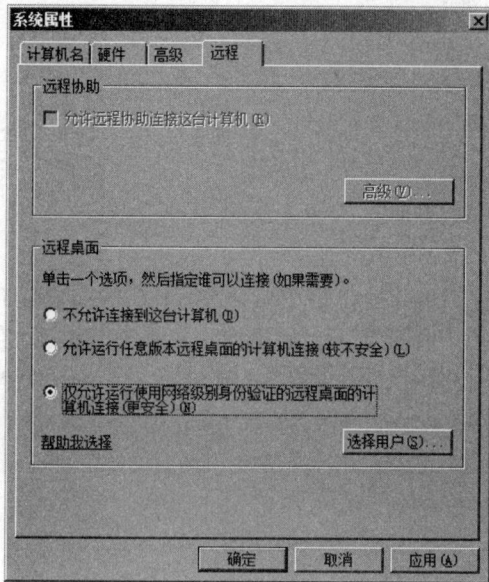

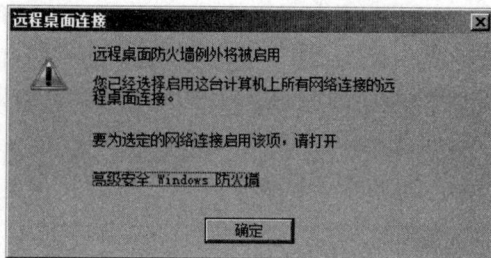

图 9-20　"远程"选项卡　　　　　图 9-21　"远程桌面防火墙例外将被启用"警告框

2. 在本地计算机使用"远程桌面连接"连接远程计算机

Windows XP、Windows Server 2003 以上的 Windows 操作系统都内置了远程桌面连接功能。使用"远程桌面连接"连接远程计算机的操作步骤如下。

（1）依次选择"开始"→"所有程序"→"附件"→"远程桌面连接"命令，打开"远程桌面连接"对话框。

（2）在"远程桌面连接"对话框中输入远程计算机的计算机名或 IP 地址，单击"连接"按钮，打开"输入您的凭据"对话框。

（3）在"输入您的凭据"对话框中输入在远程计算机内拥有远程桌面连接权限的用户账户与密码，单击"确定"按钮，完成远程桌面连接。完成连接后的窗口将显示远程计算机的桌面，此时即可在本地计算机上实现对远程计算机的各种操作。

注意：在登录前，还可以利用"远程桌面连接"对话框中的"选项"按钮对远程登录窗口进行属性设置。

任务 9.3　处理常见计算机网络故障

【任务目的】

（1）了解处理计算机网络故障的基本步骤和方法；

（2）了解网络通信线路的常见故障和排除方法；

（3）了解网络设备的常见故障和排除方法；

（4）了解服务器与客户机的常见故障和排除方法。

【工作环境与条件】

（1）安装好 Windows Server 2008 R2 或其他 Windows 操作系统的计算机；

（2）能够正常运行的网络环境（也可使用 VMware 等虚拟机软件）；

（3）设置好的故障现象或故障实例；

（4）相关诊断工具。

【相关知识】

9.3.1　处理计算机网络故障的基本步骤

虽然计算机网络故障的形式很多，但大部分计算机网络故障在处理时都可以遵守一定的步骤进行，而具体采用什么样的措施来排除故障，则要根据故障的实际情况而定。处理计算机网络故障的基本步骤如下。

1. 处理计算机网络故障前的准备工作

通常在处理计算机网络前需要完成以下准备工作：

① 了解网络的物理结构和逻辑结构。

② 了解网络中所使用的协议以及协议的相关配置。

③ 了解网络操作系统的配置情况。

2. 识别故障现象

在准备排除故障之前，必须清楚知道计算机网络上到底出现了什么样的异常现象，这是成功排除故障的基本步骤。为了与故障现象进行对比，必须知道系统在正常情况下是如何工作的，否则是无法正确对故障进行定位的。在识别故障现象时，应该思考以下问题：

① 当被记录的故障现象发生时，正在运行什么进程。

② 这个进程以前运行过没有。

③ 以前这个进程的运行是不是可以成功。

④ 这个进程最后一次成功运行是什么时候。

⑤ 从最后一次成功运行起，哪些进程发生了改变。

3. 对故障现象进行描述

在处理由用户报告的问题时，其对故障现象的详细描述显得尤为重要。通常仅凭用户对故障表面的描述，并不能得出结论。这时就需要管理员亲自操作，并注意相关的出错信息。此时可参考以下建议：

① 收集相关故障现象的信息内容并对故障现象进行详细描述,在这个过程中要注意细节,因为问题一般出在小的细节方面。

② 把所有的问题都记录下来。

③ 不要急于下结论。

4. 列举可能导致故障的原因

应当考虑导致故障的所有可能原因,是网卡硬件故障,还是网络连接故障;是网络设备故障,还是 TCP/IP 协议设置不当等。

5. 缩小故障原因的范围

应根据出错的可能性将各种原因按优先级别进行排序,一个个先后排除,要把所列出的所有可能原因全部检查一遍。另外应注意不要只根据一次测试,就断定某一区域的网络运行是否正常。

6. 制订并实施排除故障的计划

当确定了导致问题产生的最有可能的原因后,要制订一个详细的故障排除操作计划。在确定操作步骤时,应尽量做到详细,计划越详细,按照计划执行的可能性就越大。

7. 排除故障结果的评估

故障排除计划实施后,应测试是否实现了预期目的。当没有产生预期的效果时,应首先撤销在试图解决问题过程中对系统做过的修改,否则会导致出现另外的人为故障。

9.3.2　处理计算机网络故障的基本方法

在解决计算机网络故障过程中,可以采用以下方法。

1. 硬件替换法

硬件替换法是一种常用的网络维护方法,其前提条件是知道可能导致故障产生的设备,并且有能够正常工作的其他设备可供替换。

采用硬件替换法的步骤相对比较简单。在故障进行定位后,用正常工作的设备替换可能有故障的设备,如果可以通过测试,则故障也就解决了。当然由于需要更换故障设备,必然需要一定的人力物力,因此在对设备进行更换之前必须仔细分析故障的原因。

在采用硬件替换法的时候,需遵循以下原则:

① 故障定位所涉及的设备数量不能太多。

② 确保可以找到能够正常工作的同类设备。

③ 每次只可以替换一个设备,在替换第二个设备之前,必须确保前一个设备的替换已经解决了相应的问题。

2. 参考实例法

参考实例法是一种能够快速解决网络故障的方法,采用这种方法的前提条件是可以找到与发生故障的设备相同或类似的其他设备。

目前很多企业在购买计算机时,往往考虑到计算机系统的稳定性以及维护的方便性,从而选择相同型号的计算机,并设置相同或类似的参数。在这种情况下,当设备发生故障时,可以通过参考相同设备的配置来解决问题。

在采用参考实例法的时候,应注意遵守以下原则:

① 只有在可以找到与发生故障的设备相同或类似的其他设备的条件下,才可以使用参考实例法。

② 在对网络配置进行修改之前,要确保现用配置文件的可恢复性。

③ 在对网络配置进行修改之前,要确保本次修改产生的结果不会造成网络中其他设备的冲突。

3. 错误测试法

错误测试法是一种通过测试而得出故障原因的方法。与其他方法相比,错误测试法可以节约更多时间,耗费更少的人力和物力。在下列情况下可以选择采用错误测试法。

① 凭借实际经验,能够对故障部位做出正确的推测,找出产生故障的可能原因,并能够提出相应的解决方法。

② 有相应的测试和维修工具,并能够确保所做的修改具有可恢复性。

③ 没有其他可供选择的更好解决方案。

在采用错误测试法时需要遵守以下原则:

④ 在更改设备配置之前,应该对原来的配置做好记录,以确保可以将设备配置恢复到初始状态。

⑤ 如果需要对用户的数据进行修改,必须事先备份用户数据。

⑥ 确保不会影响其他网络用户的正常工作。

⑥ 每次测试仅做一项修改,以便知道该次修改是否能够有效解决问题。

【任务实施】

操作 1　处理网络通信线路常见故障

在日常的网络维护中,网络通信线路的故障所占的比例较大,一个使用正常的网络突然发生不能上网的故障,通常是网络通信线路故障引起的。

1. 了解常见的网络通信线路故障

目前小型局域网主要采用双绞线作为传输介质,主要出现的网络通信线路故障如下。

（1）断线故障

因为双绞线断线(100Base-TX 中主要是双绞线电缆中的橙色对和绿色对)引起的故障只会影响到用户自身的工作,这种故障很容易查找。在 100Base-TX 中,交换机的每个端口都对应一个标志着"连接"的发光二极管,如果用户电缆连接和工作正常,连接指示灯将点亮,反之则不亮。此时应检查电缆的连接情况,通常在连接电缆时有两种倾向,太小心或太用力,因此在检查断线故障时应注意 RJ-45 连接器与 RJ-45 接口的接触情况。

（2）电缆过分弯曲引起的故障

由于双绞线电缆相当灵活,所以可以随意地将其弯曲以适应房间角落或障碍物处布线的需要,但这可能会导致不满足电缆最小曲率半径的要求。双绞线电缆过大的弯曲所引起的主要问题是使得电缆对噪声非常敏感,会造成电缆传输性能变差或传输错误增多,而且通常为循环冗余校验错误。电缆生产商通常会提供保证电缆最小曲率半径的电缆线槽或线管,在布线时应注意选用。

（3）双绞线种类错误引起的故障

双绞线电缆有多种类型,如果在电缆安装过程中出现使用低级别电缆或电缆类型不一致的情况,从而使网络不能达到预期的传输性能要求。在 100Base-TX 的网络中通常应选择 5 类以上的双绞线电缆,在布线施工前应进行相应的测试。

（4）电缆过长引起的故障

双绞线电缆的最远传输距离是 100m,如果超出该距离则会产生过大的衰减,从而影响传输性能。目前的双绞线电缆上一般每隔 50cm 都会有一个标记,所以很容易确定已经使用了多长的电缆。需要注意的是在目前的综合布线系统中,计算机和交换机并不是直接相连的,在 EIA/TIA 568A 标准中规定从信息插座到配线架之间的双绞线电缆最大长度为 90m,而从信息插座到计算机的跳线以及从配线架到交换机的跳线应不超过 5m。

（5）连接错误引起的故障

双绞线电缆与 RJ-45 连接器或 RJ-45 信息模块端接时可以选择两种标准 EIA/TIA 568A 和 EIA/TIA 568B,如果在同一网络中选择不同的连接标准可能会导致网络的连接断开。比如,如果信息插座使用 568A 标准,配线架使用 568B 标准,此时计算机与交换机之间会出现连接故障。因此在同一网络中必须采用相同的标准进行布线。

（6）操作不当引起的故障

一些技术员在端接线缆的时候可能会剥除几厘米甚至更长的电缆外皮,解开双绞线线对的缠绕,虽然这样可以使得电缆终端的制作快速而简单,但这会导致很大的串扰以及对电磁干扰和射频干扰的敏感。因此在制作跳线过程中,严格遵守操作规程是非常重要的。

另外在制作双绞线跳线时,有时会遇到有质量问题的 RJ-45 连接器,而且一些便宜的压线工具操作起来比较难以掌握。因此为了更好地保证网络的传输性能,建议使用正规厂家生产的机压跳线。

2. 典型故障实例分析

（1）网络通信线路导致计算机运行变慢

故障现象:某用户的计算机最近出现了运行速度慢的故障,具体表现为,每移动一下鼠标,都要等待一段时间后才能在屏幕上显示运行轨迹。经过现场检查发现,网卡指示灯闪烁,网卡安装正确,网络协议安装与配置也没有问题,而且能够 ping 到网络中的其他计算机,也能够进行 Web 浏览和收发 E-mail。从干净的系统软盘引导后,没有发现任何病毒。操作系统重新安装的时间也不长(只有两个月左右),只安装了几款常用的软件。

故障分析:能够与其他计算机进行正常通信,说明网卡和网络协议的安装没有问题。没有发现病毒,即运行速度跟病毒没有关系。操作系统所安装的时间并不长,安装的软件不多,因此运行速度跟碎片文件过多或注册表文件太多等原因也是毫无关系的。于是怀疑是否因为该计算机接收并且处理的数据包太多,从而占用了太多的 CPU 时间,导致计算机处理速度变慢。试着将双绞线跳线从计算机上拔掉,计算机的运行果然恢复了正常,看来问题就是出在网络通信线路上。

故障解决:使用双绞线电缆测试仪对双绞线跳线进行测试,结果发现该跳线的 1~8 线使用的分别是白橙、橙、白绿、绿、白蓝、蓝、白棕、棕。3、6 线来自两个线对,从而导致线缆中的串扰太大,数据包在传输过程中不断被破坏,接收双方反复发送和校验数据,使 CPU 负荷过重,系统运行速度变慢。按照 T568B 标准重新制作双绞线跳线,一切恢复正常。

(2)水晶头应压住外层绝缘皮

故障现象:由于经常拔插的原因,双绞线插头的线对被拽松了,导致接触不良,需要拔插几次才能实现网络连接。而且在网络使用过程中,经常出现偶尔的中断。

故障分析:导致线对被拽松的原因,是在压制水晶头时没有将双绞线的外层绝缘皮压住。制作双绞线跳线时应保留去掉外层绝缘皮在 13mm 左右,这个长度正好将双绞线的外层绝缘皮一同压制到 RJ-45 水晶头中,从而保证双绞线不从水晶头中脱落。

故障解决:可以对水晶头重新进行压制,使其金属片与双绞线的接触良好。如果想要彻底解决该故障就需要更换水晶头并按照要求重新进行压制。

操作 2 处理网络设备常见故障

1. 了解网卡常见故障

(1)影响网卡工作的因素

网卡能否正常工作取决于网卡及与其连接的交换设备的设置,以及网卡工作环境所产生的干扰,如信号干扰、接地干扰、电源干扰、辐射干扰等。

计算机电源故障会导致网卡工作不正常,电源发生故障时产生的放电干扰信号可能会从网卡的输出端口进入网络,占用大量的网络带宽,破坏其他工作站的正常数据包,造成大量的重发帧和无效帧,严重的影响网络系统的运行。接地干扰也会影响网卡的工作,接地不好时,静电因无处释放而在机箱上不断积累,从而使网卡的接地端电压不正常,这种情况严重时可能会击穿网卡上的控制芯片造成网卡的损坏。这种由网卡工作环境所产生的干扰时常存在,当干扰不严重时,网卡能勉强工作,用户往往感觉不到,但在进行大数据量通信时,在 Windows 系统中就可能出现"网络资源不足"的提示,造成机器死机现象。

网卡的设置也将直接影响其能够正常工作。网卡的工作方式可以分为全双工和半双工方式,如果服务器、交换机、客户机的工作状态不匹配,就会出现大量的碰撞帧和一些FCS校验错误帧,访问速度将变得非常缓慢。这方面的错误往往是由于网络维护人员的疏忽造成的,大多数情况下他们都使用网卡的默认设置,而并不验证实际的工作状态。

一般来讲网卡的协议设置不容易出错,但有时会出现设置了多余协议以及网络工作协议不一致的情况。多协议的存在必然会耗用网络带宽,并产生冲突,因此,为了使网络工作效率达到最佳,网络维护人员需要经常监测网络协议的数量及其工作状态,对于无用的非工作协议要及时清理。

(2)网卡的故障诊断

一般来说,网卡损坏以后有多种表现形式,常见的一种是网卡不向网络发送任何数据,机器无法上网,对整体网络运行基本没有破坏性,这种故障容易判断,也容易排除。另一种现象是网卡发生故障后向网络发送不受限制的数据包,这些数据包可能是正常格式的,也可能是非法帧或错误帧,这些数据包都可能对网络性能造成严重影响。

我们知道广播帧是网络设备进行网络联络的一种手段,可以到达整个网络,但过量的广播将占用不必要的带宽,使网络运行速度明显变慢。网络中的站点会因接收大量的广播帧而导致网卡向主机的 CPU 频繁的申请中断,CPU 的资源利用率迅速上升,使主机处理本地应用程序的速度大受影响。这种现象与病毒的发作非常类似,经常被当作病毒处理,但实际上问题并不在本机。此时如果对网络进行测试,可以发现网络的平均流量偏高,通过进一步的分析定位可以查出发送广播帧的机器,更换网卡即可消除故障。

2. 了解交换机常见故障

交换机的故障一般可以分为硬件故障和软件故障。

(1)交换机硬件故障

① 电源故障

电源故障主要指由于外部供电不稳定、电源线路老化或者雷击等原因,导致交换机电源损坏或风扇停止或其部件损坏。通常这类问题很容易发现,如果交换机面板上的Power 指示灯是绿色的,表明其在正常工作。如果该指示灯不亮,则说明交换机没有正常供电。针对这类故障,首先应该做好外部电源的设计,一般应引入独立的电力线来提供独立的电源,并添加稳压器来避免瞬时高压或低压现象,如果条件允许应使用 UPS(不间断电源)来保证交换机的正常供电。在机房内应设置专业的避雷措施,来避免雷电对交换机的伤害。

② 端口故障

端口故障是交换机最常见的硬件故障,无论是光纤端口还是双绞线的 RJ-45 端口,在插拔接头时一定要非常小心。如果不小心将光纤插头弄脏,可能导致光纤端口污染而不能正常通信。很多人喜欢带电插拔插头,这在理论上是可以的,但这样也增加了端口的故障发生率。一般情况下,端口故障是某一个或者几个端口损坏,所以在排除了端口所连接的计算机的故障后,可以通过更换所连端口来判断其是否损坏。

③ 模块故障

交换机是由很多模块组成的，比如堆叠模块、管理模块、扩展模块等，一般这些模块发生故障的几率很小，不过一旦出现问题就会造成巨大的损失。通常如果插拔模块时不小心，交换机搬运过程中受到碰撞，或者电源不稳定等情况，都可能导致此类故障的发生。在排除此类故障时，首先确保交换机及模块的电源正常工作，然后检查各个模块是否安装在正确的位置上，最后检查连接模块的线缆是否正常。在连接管理模块时，还要考虑它是否采用规定的连接速率，是否有奇偶校验，是否有数据流量控制等因素。连接扩展模块时，需要检查是否匹配通信模式等问题。如果确认模块有故障，应当联系供应商进行更换。

④ 背板故障

交换机的各个模块是接插在背板上的，如果环境潮湿，电路板受潮短路，或者元器件因高温、雷击等因素而受损都会造成电路板不能正常工作。在外部电源正常供电的情况下，如果交换机的各个内部模块都不能正常工作，则很有可能是背板出现的故障，如果确认背板有故障，则应联系供应商进行更换。

（2）交换机的软件故障

交换机的软件故障是指系统及其配置上的故障。

① 系统错误

交换机系统是硬件和软件的结合体，和常见的软件系统一样，交换机的软件系统也会存在着设计缺陷，存在着一些漏洞，可能会导致交换机出现满载、丢包或错包等情况。对于网络维护人员来说应养成经常浏览设备厂商网站的习惯，如果推出新的系统或者新的补丁要及时更新。

② 配置不当

由于不同类型交换机的配置不同，所以在配置交换机时很可能会出现配置错误，例如，虚拟局域网划分不正确导致网络不通，端口被错误关闭，交换机与网卡的模式配置不匹配等。这类故障有时很难发现，需要一定的经验积累。如果不能确定，可以先恢复出厂的默认配置，然后再一步一步重新进行配置。每台交换机都有详细的用户手册，在配置之前认真阅读用户手册是网络维护人员必须养成的工作习惯。

③ 密码丢失

密码丢失一般在人为遗忘或交换机发生故障导致数据丢失后发生，通常需要通过一定的操作步骤来恢复或者重置系统密码，不同型号的交换机的操作步骤不同，可认真阅读交换机的用户手册。

④ 外部因素

由于病毒或者黑客攻击等情况的存在，有可能网络中的某台主机会发出大量的不符合封装规则的数据包，从而造成交换机的过分繁忙，致使正常的数据包来不及转发，进而导致交换机缓冲区溢出产生丢包现象。

总的来说软件故障比硬件故障更难查找，更需要经验的积累，因此网络维护人员应在平时工作中养成记录日志的习惯，每当发生故障时，及时做好故障现象、故障分析过程、故障解决方案等情况的记录，以积累相关的经验。

（3）交换机故障的排除

交换机的故障多种多样,不同的故障有不同的表现形式。故障分析时要通过各种现象灵活地运用各种方法。表 9-1 列出了常见交换机故障诊断与解决的方法。

表 9-1　交换机故障诊断与解决的方法

故 障 现 象	故 障 原 因	解 决 方 法
加电时所有指示灯不亮	电源连接错误或供电不正常	检查电源线和供电插座
LINK 指示灯不亮	网络线缆损坏或连接不牢;网络线缆过长或类型错误	更换网络线缆
LINK 指示灯闪烁	网络线缆制作不符合标准,网络线缆过长	更换或重做网络线缆
ACTIVE 指示灯快速闪烁,网络不通	网络线缆制作不符合标准	更换或重做网络线缆
网络能通,但传输速度变慢,有丢包现象	交换机与网络终端以太网接口工作模式不匹配	设置以太网接口工作模式使其匹配或将其设置为自适应工作模式
连接到交换机某一端口时工作正常,但换到其他端口暂时不通	当交换机的某一端口连接了新的设备,而该设备没有发送数据,交换机将收不到新的地址,因此该端口会暂时不通	一段时间后交换机的地址表会自动更新,该现象将自动消失。另外从该端口发送数据也会使交换机更新其地址表
所有 ACTIVE 指示灯闪烁,网络速率变慢	广播风暴	检查网络连接是否形成环路,检查是否有站点发送大量的广播包
正常工作一段时间后停止工作	电源不正常;设备过热	检查电源是否有接触不良、电压过高或过低现象;检查周围环境;如果交换机配置了风扇,检查风扇是否正常工作

3. 典型故障实例分析

（1）更换交换机后个别计算机速度变慢

故障现象:某局域网中使用的都是 Windows 操作系统,在更换了交换机后,个别计算机在"网上邻居"中可以看到共享文件,并可以打开共享文件夹,但是当把其中的共享文件复制到本地计算机时,不是失去响应就是速度非常慢,半小时才复制 35MB,而其他计算机间的共享访问很正常。

故障分析:既然其他计算机间的共享很正常,则说明网络设备和连接没有问题,故障原因应当在故障计算机到交换机端口这一部分,包括故障计算机、网卡、双绞线跳线和交换机的端口。通过双绞线跳线检查没有发现问题。将双绞线跳线接到交换机的另一个端口上,故障仍照旧。将该网卡从该计算机上拆下,安装到其他计算机上,按照正常的方法安装驱动程序后,仍然不能正常使用,通过测试发现该网卡并没有损坏。从目前的情况来看很有可能是网卡的工作模式的原因。

故障解决:经过查看发现交换机端口使用的模式是 10/100Mb/s 自适应模式,网卡的工作模式是 10Mb/s 模式。从理论上来说,这样的设置是可以正常工作的,但并不能排除其他原因。将网卡的工作模式更改为 10/100Mbps 自适应模式,再次连接网络,故障排除。

（2）网卡故障导致网络风暴

故障现象:管理员发现图书馆电子阅览室计算机都无法接入 Internet,从文档中查找到用户的 IP 地址,用 ping 命令进行测试,发现全部连接超时。然后对图书馆的中心交换机进行 ping 测试却很正常。电子阅览室使用 Cisco Catalyst 2960 交换机,并通过一条双绞线与图书馆的中心交换机 Cisco Catalyst 3560 连接,经查看该交换机的级联端口没有明显异常。

故障分析:数量如此众多的计算机网卡不可能同时损坏,初步判断故障可能出在交换机、级联电缆和交换机端口上。首先使用双绞线电缆测试仪进行线缆测试,没有发现问题。将级联电缆插到 Cisco Catalyst 3560 交换机的另一个端口,故障仍未解决。再查看 Cisco Catalyst 2960 交换机的指示灯,凡是连接有线缆的端口,指示灯都亮。用备用交换机替换 Cisco Catalyst 2960 交换机,几分钟后计算机又无法访问 Internet 了,由此判断问题并非出在交换机上。于是怀疑故障是由网卡损坏而引起的广播风暴导致的。

故障解决:关闭 Cisco Catalyst 2960 交换机电源,然后使用命令"ping 127.0.0.1"对机房内所有计算机逐一进行测试,当发现有网卡故障的计算机后,将其所连接的线缆拔掉,再次打开交换机的电源,网络恢复正常。接下来的事情就是为故障计算机更换一块新的网卡。

(3) 改工作组名称后才能连接到网络

故障现象:某局域网扩建后,所有计算机都是通过代理服务器接入 Internet,部分计算机经常出现找不到局域网上的任何计算机的情况,也 ping 不通,但都能够接入 Internet。如果把计算机所在的工作组名字更改一下,可以非常快地连接到局域网。然而运行一段时间后又会出现同样的问题,只有再次修改工作组的名字,才可以连接到局域网。

故障分析:故障的根本原因在于同一广播域内的计算机数量太多,广播占用了大量宽带,从而导致网络故障。Internet 访问使用 TCP 或 UDP 协议,而 ping 命令使用的 ICMP 协议和发现"网上邻居"使用的 NetBEUI 协议全都是基于广播的,这就是为什么可以访问 Internet,却无法彼此 ping 通的原因。通常情况下,网络内的计算机数量多于 60 台时就应当划分 VLAN,特别是采用多协议的网络,更应当缩小广播域。

故障解决:利用交换机划分 VLAN,若无法划分,则可在网络中的计算机上只安装 TCP/IP 协议,而不再安装 NetBEUI、IPX/SPX 等网络协议,并最好禁用"文件和打印机的共享"。

操作 3 处理网络服务器和工作站常见故障

1. 了解网络服务器常见故障

网络服务器的类型很多,其管理和维护比较复杂,需要掌握相关的设置技巧以及经验的积累。服务器的故障分为软件故障和硬件故障,其中软件故障通常占有较高的比例。导致服务器出现软件故障的原因有很多,常见的有服务器软件设置不当、服务器的系统软件或驱动程序存在漏洞、服务器应用程序有冲突等。

2. 了解网络工作站常见故障

工作站的故障也分为软件故障和硬件故障,其中软件故障也占有较高的比例。网络工作站常见故障主要有未安装网络协议、IP 地址冲突、IP 地址信息设置错误、系统设置和应用程序设置错误等。

3. 典型故障实例分析

(1) 打开"网上邻居"的速度非常慢

故障现象:某小型局域网,8 台安装 Windows 的计算机通过交换机相连接,自动分配 IP 地址。网络中的计算机在打开"网上邻居"时速度非常慢,大概需要 10 多秒。

故障分析:自动获取 IP 地址只适用于有 DHCP 服务服务的网络。当采用自动获取 IP 地址时,计算机将首先发出 DHCP 请求,在网络中查找可用的 DHCP 服务器。如果没有找到 DHCP 服务器,计算机将自动采用 169.254.0.0～169.254.255.255 段的 IP 地址,子网掩码为 255.255.0.0,然后继续发送 DHCP 请求,这将会影响网络的响应速度。

故障解决:搭建 DHCP 服务器,或利用宽带路由器和代理服务器在网络中提供 DHCP 服务。当然也可采用静态 IP 地址分配。

(2) 最多允许 10 个用户

故障现象:网络中使用了 Windows XP 和 Windows 7 提供的文件共享服务,设置共享文件夹的"用户数限制"为"最多用户",但客户机访问时发现系统只允许 10 台计算机同时访问,再更改用户数时才发现只能选择 10,若设置值超过 10,系统会自动改回。

故障分析:Windows XP Professional 系统在设置文件共享时允许并发访问的最大用户数就是 10 个,这是 Microsoft 的限制。使用 Windows Server 2008 R2 等服务器版本就不会出现此类问题,可以采用添加用户许可证的方式,增加所允许连接的用户数量。

故障解决:当网络内的计算机数量超过 10 台时,建议安装一台 Windows Server 2008 R2 专用服务器。

(3) 显示"服务器没有事务响应"

故障现象:公司局域网大约有 30 台安装 Windows 系统的计算机,网络上邻居间访问很顺利,但近来在访问时经常显示"服务器没有事务响应"的提示,但这种问题是随机的。

故障分析:估计故障可能是由蠕虫病毒所导致的。在 Windows 网络中实现文件和打印共享时,往往会借助 139 和 445 端口进行通信,并且只有当 445 端口无响应时,才会使用 139 端口。因此在使用文件服务器和打印服务器的公司内部网络或对等网络环境中,都会使用 139 和 445 端口。事实上,一些蠕虫病毒也正是采用这两个端口进行病毒的传播,导致网络服务失败,甚至造成系统瘫痪和数据丢失的恶果。

故障解决:建议启用 Windows 内置的网络防火墙,以防止病毒的攻击。若欲实现文件资源共享时,可以借助 FTP 服务器,从而避免潜在的网络安全问题。

习　题　9

1. 判断题

(1) 不论管理员在建立网络时多仔细,网络建立以后仍然需要维护。　　(　　)

(2) 所谓网络性能的优化,就是在现有的网络条件下,寻找一种可行的方案,使网络性能达到最佳状态。　　(　　)

(3) 对网络进行优化时,要等到网络已经搭建起来了再进行优化。　　(　　)

(4) ipconfig 命令是用于检测网络连接性、可到达性和名称解析的疑难问题的主要命令。　　(　　)

(5) ping 命令是用来显示系统的 TCP/IP 配置参数的简单工具。　　(　　)

(6) netstat 命令可以显示活动的 TCP 连接。　　(　　)

(7) nslookup 命令显示可用来诊断域名系统(DNS)基础结构的信息,并检测 DNS 系统配置情况。　　(　　)

(8) ipconfig /all 可以显示所有适配器的完整 TCP/IP 配置信息。　　(　　)

(9) Windows 系统提供的"性能"工具是用来设置计算机中的资源使用率。　　(　　)

(10) 灰尘对计算机的运行影响非常大,所以在平时就要注意采取一些措施防止灰尘进入计算机。　　(　　)

(11) pathping 后加参数 n,表示在搜索目标的路径中指定跃点的最大数为 n。

(　　)

(12) net 命令可让用户从本地或远程显示或修改当前运行的计算机的网络配置。

(　　)

(13) netsh 是 Windows 网络客户重要的命令行工具。　　(　　)

(14) 服务器日志文件记录了服务器的运行状态、访问量等信息。　　(　　)

(15) 作为服务器运行的动力,服务器的电源要有较高的稳定性。　　(　　)

(16) 服务器电源功率与 PC 的电源功率一样。　　(　　)

(17) 长期不间断的运行会使服务器中的灰尘大量减少,所以服务器很少除尘。

(　　)

(18) 在打开机箱之前,可以不拔掉计算机的电源插头,只要保证关机就行。　　(　　)

2. 单项选择题

(1) 如果 ping 命令测试失败,ping 命令显示出错信息是很有帮助的,可以指导进行下一步的测试计划。请求超时,没有成功来连接上相应计算机的信息词是(　　)。

　　A. unknow host　　　　　　　　B. network unreacheable

　　C. request timed out　　　　　　D. the port is already open

(2) "ping teacher-a"命令的作用是(　　)。

　　A. 让用户所在的主机不断向 teacher 机发送数据

       B. 指定发送到 teacher 机的数据包的大小为最小

       C. 显示 teacher 机的配置

       D. 显示 teacher 机的 IP 地址

（3）开机的顺序是：（　　　）。

       A. 先打开外部设备的电源,然后再打开主机电源

       B. 先打开主机电源,然后再打开外部设备的电源

       C. 无所谓

       D. 同时开

（4）普通计算机的连续工作时间应当限定在（　　　）以内。

       A. 8h   B. 12h   C. 24h   D. 48h

（5）清除本地客户的 DNS 缓存的命令是（　　　）。

       A. nslookup   B. nbstar-r   C. netdiag   D. ipconfig/flushdns

（6）某 PC 有一块整合的网卡,为了提高性能更换了一块新网卡,新网卡使用 PCI 插槽。当重启计算机时,发现新网卡不响应,应该（　　　）。

       A. 在硬件管理器中禁止老网卡   B. 在硬件管理器中删除老网卡

       C. 将新网卡换一个插槽   D. 问题无法解决

（7）"nslookup"命令可以用来（　　　）。

       A. 诊断域名系统(DNS)基础结构的信息

       B. 显示网络物理拓扑结构类型

       C. 显示主机硬件配置

       D. 显示所应用到的协议名称

（8）下列工具可以用于观察处理器和内存使用情况的是（　　　）。

       A. 任务管理器   B. 系统监视器   C. 网络监视器   D. 系统分析器

3. 多项选择题

（1）网络性能优化的目标有（　　　）。

       A. 获得网络应用服务的高质量、高性能

       B. 保证网络数据不被盗取

       C. 防止病毒攻击

       D. 保持网络系统资源的合理利用率

（2）优化局域网的性能主要包括（　　　）几个方面。

       A. 合理地设置服务器硬盘

       B. 合理设置交换机参数

       C. 严格地按规则进行连线

       D. 严格执行电源接地要求及使用质量较好、速度较快的网卡

（3）设置服务器的硬盘时,需要考虑的因素有（　　　）几个方面。

       A. 服务器上应该尽量选择转速快、容量大的硬盘

       B. 服务器上的硬盘接口最好采用 SCSI 接口

    C. 给网络服务器安装硬盘列阵卡

    D. 在同一个 SCSI 通道中,不要将低速 SCSI 设备(如 CD)与硬盘共用

(4) 性能数据的用途有(　　)。

    A. 观察工作负荷和资源使用的变化和趋势,以便计划今后的升级

    B. 利用监视结果来测试配置更改或其他调整结果

    C. 诊断问题和目标来测试配置更改或其他调整结果

    D. 诊断问题和目标组件及过程,用于优化处理

(5) net 命令可实现的功能有(　　)。

    A. 显示任何特定路由器或链路的数据包的丢失程度

    B. 登录或注销网络

    C. 启动和停止服务

    D. 显示或修改当前运行的计算机的网络配置

(6) Windows 系统提供(　　)来监视计算机中的资源使用情况。

    A. 系统监视器　　　B. 性能日志　　　C. 警报工具　　　D. 图形显示

4. 问答题

(1) 在 Windows 操作系统中主要包括了哪些事件日志文件?

(2) 简述处理计算机网络故障的基本步骤。

(3) 简述处理计算机网络故障的基本方法。

(4) 采用双绞线作为传输介质的计算机网络中出现的网络通信线路故障主要有哪些?

(5) 交换机的常见故障主要有哪些?

5. 技能题

(1) 阅读说明后回答问题。

说明:一般情况下,可以使用 ping 命令来检验网络的运行情况,检测时通常需要设置一些关键点作为批 ping 的对象,如果所有都运行正确,可以相信基本的连通性和配置参数没有问题;如果某些 ping 命令出现运行故障,它也可以指明到何处去查找问题。

问题 1:ping 命令主要依据的协议是什么?

问题 2:如果用 ping 命令测试本地主机与目标主机(192.168.16.16)的连通性,要求发送 8 个回送请求且发送的数据长度为 128 个字节,请写出在本地主机应输入的命令。

问题 3:通常采用 ping 命令测试计算机与网络的连通性时,应采用什么样的检测次序?

问题 4:当使用 ping 命令测试本地计算机与某 Web 服务器之间的连通性时,系统显示"Request time out",但使用 IE 浏览器可以访问该服务器上发布的 Web 站点,请解释为什么会出现这种情况。

(2) TCP/IP 协议常用网络命令的使用。

【内容及操作要求】

① 测试本地计算机的网络连通性。

② 查看本地计算机当前开放的所有端口。

③ 查看当前网络中的共享资源。

【准备工作】

安装 Windows Server 2008 R2、Windows 7 或以上版本操作系统的计算机;组建局域网所需的其他设备。

【考核时限】

15min。

（3）监视服务器。

【内容及操作要求】

在安装 Windows Server 2008 R2 操作系统的计算机上创建共享文件夹,通过性能监视器对该服务器的数据流量进行监视,监视内容分别为服务器每秒钟发送的字节数和服务器发送的文件数。要求能通过性能监视器直接监视曲线变化,也能够使用事件查看器和 Excel 查看相应的日志。

【准备工作】

2 台安装 Windows 7 的计算机;1 台安装 Windows Server 2008 R2 操作系统的计算机;能够连通的局域网。

【考核时限】

30min。

工作单元 10　网络机房环境管理

网络机房作为数据存储、传输、设备控制中心,在温度、湿度、洁净度、供电、防火性、承重能力、防静电能力、防雷、接地等各项指标上均应满足计算机及网络设备的要求。作为网络管理员必须了解网络机房设计和施工的相关知识,掌握网络机房相关设备和系统的使用和维护方法,为计算机和网络系统的可靠运行提供合乎规范的环境条件。本单元的主要目标是了解网络机房供配电系统、空调系统和消防系统的基本知识,了解相关设备的使用和维护方法。

任务 10.1　管理供配电系统

【任务目的】

(1) 了解网络机房供配电系统的基本知识;
(2) 了解网络机房供配电系统设备的操作和管理方法。

【工作环境与条件】

(1) 学校网络机房或计算机网络实验室;
(2) 可供参观的校园网或企业网络中心机房;
(3) 不间断电源 UPS。

【相关知识】

为网络机房提供的电源系统的好坏,直接影响着其内部设备(如服务器、交换机等)是否能可靠运行。这种影响不仅来自所提供的电网电压、频率及电流等基本要素是否符合用电设备的要求,而且来自所提供的电网质量。

在目前广泛使用的微电子设备中,其内部供电系统都装有高速欠压保护电路。当电网欠压时,微电子设备靠储存在滤波电容、电感中的能量来维持存储器工作,一般能维持几毫秒,此时数据不会丢失。当供电电网瞬间中断 10ms 以上时,就会造成数据丢失。由此可见供配电系统的质量对于计算机、交换机等微电子设备非常重要。

10.1.1 供配电的基本要求

1. 线制与额定电压

各类计算机设备所用的线制与额定电压常因国别而异。我国的电力系统采用的是三相四线制,其单相额定电压(即相电压)为 220V,三相额定电压(即线电压)为 380V。因此国产计算机及其外围设备都应符合国家电气标准的这一规定。在此需要指出的是在同一个计算机系统中,送给各部分机器的电压可能会有单相 220V 和三相 380V 之分。

从国外引进的计算机及其外围设备因国别而异。例如,从日本引进的计算机,其所要求的额定电压为三相三线制,三相 220V 和单相二线 110V。遇到这种情况应设置专用变压器进行电压变换,以满足这类计算机的要求。从国外引进的计算机有的要求三相五线制,如美国 IBM 公司所生产的计算机就要求三相五线制。所谓三相五线制,实际上是在地线设置上区别于三相四线制,即它含有三根相线、一根中线、一根地线,地线要求单独接地,不能与中线共地。这种线制的额定电压为 220V/380V。

2. 频率

国产计算机及其外围设备要求供电频率为 50Hz(工频)。从国外引进的绝大部分设备已适应我国的 220V/380V、50Hz 电力系统,但有的设备要求供电的电源频率为 60Hz,对于这类设备需要采用频率变换装置以满足要求。

3. 电网波动范围

众所周知,电网在运行过程中,由于很多因素的影响,总是处于不断波动的状态。这种波动如果超出了计算机及其外围设备的用电范围,就会使设备处于不稳定的运行状态,严重时还会损坏设备。因此网络机房供电电源要求电压波动小,频率稳定,抗干扰能力强。

根据相关国家标准的规定,电网波动以及允许的电网异常范围主要有以下几种情况。

(1)电压波动

电网电压的波动常常是因电网负载出现了较大的增加或减少而引起的。例如,在用电高峰时电压往往偏低,有设备停机时电压往往偏高。根据国家标准《计算机场地技术要求》中的规定,电压波动可以分为 A、B、C 三个等级,如表 10-1 所示。机房供配电设计人员可以选取符合设备要求的相应等级进行供配电设计。

表 10-1 电压波动等级

电压等级	A 级	B 级	C 级
波动范围(%)	$-5\sim+5$	$-10\sim+7$	$-15\sim+10$

(2)频率波动

电网的频率波动主要是由于电网超负荷运行所致。根据国家标准《计算机场地技术要求》中的规定,电网频率波动可以分为 A、B、C 三个等级,如表 10-2 所示。机房供配电设计人员可以选取符合设备要求的相应等级进行供配电设计。

表 10-2　频率波动等级

频率等级	A 级	B 级	C 级
波动范围(Hz)	$-0.2\sim+0.2$	$-0.5\sim+0.5$	$-1\sim+1$

(3)波形失真率

波形失真率指计算机输入端交流电压所有高次谐波有效值之和与基波有效值之比的百分数。在国家标准《计算机场地技术要求》中,对此规定了 A、B、C 三个等级,如表 10-3 所示。

表 10-3　波形失真率等级

失真率等级	A 级	B 级	C 级
失真率(%)	$\leqslant 5$	$\leqslant 10$	$\leqslant 20$

电力设备的类型是影响电网失真率的主要因素之一。因此机房供配电设计人员应根据用电设备对供电波形失真率的要求选取相应的等级,而后根据当地电网的情况选用相应的电力设备,以满足用电设备的要求。

(4)瞬变浪涌和瞬变下跌

瞬变浪涌是指正弦波在工频一周或几周范围内,电源电压正弦波幅值快速增加。瞬变浪涌一般用最大瞬变率表示。

瞬变下跌又称凹口,是指正弦波在工频一周或几周范围内,电源电压正弦波幅值快速下降。瞬变下跌一般用最大瞬变下跌率表示。

瞬变浪涌和瞬变下跌往往是由于电网故障、大负载的变化等多种因素综合作用引起的。瞬间内电压幅值快速增加或减小会对计算机系统形成干扰,导致其运算错误或者破坏存储的数据和程序。

在设计机房供配电系统时可参考以下数值。

① 允许的最大瞬变率:(半周或更长)$\leqslant 20\%$;恢复过程中降至 15% 以内为 50ms;然后降至 6% 以内为 0.5s。

② 允许最大瞬变下跌率:(半周或更长)$\leqslant -30\%$;恢复到 -20% 以内为 50ms;恢复到 -13.3% 以内为 0.5s。

(5)瞬变脉冲

瞬变脉冲,又称尖峰或者电压闪变,是指在小于电网半个周期的时间内电网理想正弦波上叠加的窄脉冲。引起瞬变脉冲的原因很多,一般主要由以下几方面。

① 内部过电压:在电力系统的内部,由于重负荷、感性负荷、补偿电容的投入和切除,开关和保险装置的操作以及短路故障的发生,都会使系统参数发生变化,引起电力系统的内部电磁能量的转化和传递,在系统中出现过电压。据统计,在整个瞬变脉冲事故中因内部过电压造成的占有 80%。

② 雷电:在雷电中心 1.5~2km 范围内都可能产生危险过电压,损坏电路上的设备。

当雷击输电线或雷闪电发生在线路附近时,通过直接或间接耦合方式雷闪放电形成暂态过电压将以流动波形式沿线路传播,危及设备安全。据统计,在整个瞬变脉冲事故中因雷击产生过电压造成的约占 18%。

计算机和精密仪器设备的信号电压很低,一般只有 10V 左右,所以对闪电脉冲过电压极为敏感,极易受闪电脉冲过电压的干扰和损坏。

4. 供电进线方式

机房低压配电系统应采用频率为 50Hz、电压 220V/380V 的 TT 系统(TT 系统是指将电气设备的金属外壳直接接地的保护系统,也称作保护接地系统)。

按国家标准《建设防雷设计规范》,电源应采用地下电缆进线。当不得不采用架空进线时,在低压架空电源进线处或专用电力变压器低压配电母线处应安装低压避雷器。

5. 负荷等级

我国电力部门对工业企业电力负荷进行了等级划分,以便管理。按照用电设备对供电可靠性的要求,将工业企业电力负荷分为 3 个等级。

① 一级负荷:指突然停电将造成人身伤亡危险,或重大设备损坏且难以修复,或给国家带来重大的经济损失或政治影响的负荷。

② 二级负荷:指突然停电将产生大量废品,大量减产,或将发生重大设备损失事故但采取措施能够避免的负荷。

③ 三级负荷:指所有不符合一级和二级负荷的用电设备。

网络机房的负荷类型应与工业企业电力负荷分级相一致,主要取决于网络机房用电设备的工作特性。目前计算机网络已经广泛应用到国防、科学研究、交通运输、金融、石油、化工、情报检索、通信等国民生活的各个领域。就其工作性质而言,在国防、交通运输、航空管理等部门的计算机网络是不允许出现故障的,否则会造成重大的事故,显然这种用途的计算机网络的供电负荷等级是一级。而有些计算机网络,一般只完成统计计算、情报检索等工作,计算机及网络设备的暂时停止不会引起过大的损失,这种类型的计算机网络的供电负荷等级是三级。针对计算机网络的工作性质及对供电可靠性的要求,严格区分其负荷性质属于哪一类别是非常必要的。对于那些不允许停电的计算机网络系统,而原有用电又属于二级或三级负荷的用户,则要视其要求建立不停电供电系统或相应提高供电等级。

在国家标准《计算机场地技术要求》中对不同电力负荷等级的用户,提供了相应的供电技术。

① 对于一级负荷采取一类供电,即需要建立不停电系统。

② 对于二级负荷采取二类供电,即需要建立带备用的供电系统。

③ 对于三级负荷采取三类供电,即按一般用户供电考虑。

另外需要指出的是,计算机网络系统的一类供电方式与普通工业企业一级负荷的供电方式有些差别,前者除了保证不停电以外,还要保证电网的质量。

10.1.2　供配电方式

1. 直接供电方式

直接供电方式就是将市电(通常为 220V/380V,50Hz)直接接至配电柜,然后再分送给计算机设备。直接供电系统只适用于电网质量的技术指标能满足计算机的要求,且附近没有较大负荷的启动和制动以及电磁干扰很小的地方。

直接供电系统优点是供电简单、设备少、投资低、运行费用少、维修方便等。它的缺点是对电网质量要求高,对电源污染没有任何防护,易受电网负荷的变化影响等。应用范围为二级或三级负荷。

实际上,由于种种因素的影响,电网的质量是很难满足计算机及网络设备运行要求的。因此直接供电方式在实际使用中受到很大的限制,在进行网络机房供配电系统设计时,设计人员经常需要采用其他供电方式来弥补其不足。

2. UPS(不间断供电系统)供电

不间断电源(UPS,Uninterruptible Power Supply)伴随着计算机的诞生而出现,并随着计算机的发展壮大而逐渐被广大计算机用户所接受。UPS 在市电供应正常时由市电充电并储存电能,当市电异常时由它的逆变器输出恒压的不间断电流继续为计算机系统供电,使用户能够有充分的时间完成计算机关机前的所有准备工作,从而避免了由于市电异常造成的用户计算机软硬件的损坏和数据丢失,保护用户计算机不受市电电源的干扰。在许多防间断和丢失的系统中,UPS 起着不可替代的作用。

3. 直接供电与 UPS 结合方式

为了防止网络机房辅助设备干扰计算机及网络设备,可将机房的辅助设备如空调、照明设备等由市电直接供电;计算机及网络设备由 UPS 供电,这种方式不仅可以减少设备间的相互干扰,还可以降低对 UPS 的功率要求,减少工程造价。

10.1.3　UPS

1. UPS 的作用

在 UPS 出现之初,它仅被视为一种备用电源,但由于一般市电电网都存在质量问题,从而导致计算机系统经常受到干扰,造成敏感元件受损、信息丢失、磁盘程序被冲等严重后果。因此,UPS 日益受到重视,并逐渐发展成为一种具有稳压、稳频、滤波、抗电磁和射频干扰、防电压冲浪等功能的电力保护系统。尤其是我国目前电网的线路及供电质量并不很高,抗干扰、抗二次污染的技术措施还落后于世界先进国家,UPS 在我国计算机等精密设备上的保护作用就显得尤其重要。

UPS 的保护作用首先表现在对市电电源进行稳压,此时 UPS 就是一台交流市电稳压器;同时,市电对 UPS 电源中的蓄电池进行充电。UPS 的输入电压范围比较宽,一般情况下从 170~250V 的交流电均可输入;由它输出的电源的质量是相当高的,后备式 UPS 输出电压稳定在 ±5%~8%,输出频率稳定在 ±1Hz;在线式 UPS 输出电压稳定在 ±3%以内,输出频率稳定在 ±0.5Hz。当市电突然停电时,UPS 立即将蓄电池的电能通过逆变转换器向计算机供电,使计算机得以维持正常的工作并保护计算机的软硬件不受损害。

2. UPS 的分类

目前,UPS 电源工业主要提供后备式和在线式两种 UPS 电源,如果再细分,还有在线互动式和后备式方波输出式电源等类型。

① 后备式 UPS 电源在市电正常时负载由市电经转换开关供电,当市电系统出现问题时才会由 UPS 的电池经逆变器转换向负载供电。目前大部分的后备式 UPS 都是一些低功率 UPS,一般不到 1kVA。后备式 UPS 电源的主要特点是线路简单,价格便宜,但对电网污染抗干扰能力差,通常只适合办公室、家庭等要求不高的场合使用。

② 在线式 UPS 电源当市电正常时,供电途径是市电→整流器→逆变器→负载,市电中断时的供电途径是电池→逆变器→负载,因此不论外部电网状况如何,总能够提供稳定的电压。在线式 UPS 的容量从 1~100kVA 以上。虽然在线式 UPS 价格比后备式 UPS 贵些,但适合在电网质量差的环境下工作,也适合对供电质量要求较高的负载使用,目前网络机房中主要使用在线式 UPS。

按 UPS 输入输出相电压数量的不同,UPS 可以分为以下几种。
① 单相输入/单相输出,输出功率小于 10kVA;
② 三相输入/单相输出,输出功率为 10~20kVA;
③ 三相输入/三相输出,输出功率大于 20kVA。

3. UPS 的供电方式

UPS 的供电方式分为集中供电方式和分散供电方式两种:集中供电方式是指由一台 UPS(或并机)向整个线路中各个负载装置集中供电;分散供电方式是指用多台 UPS 对多路负载装置分散供电。这两种供电方式有各自的优缺点,如表 10-4 所示。

表 10-4 UPS 的供电方式优缺点比较

集中供电方式	便于管理	布线要求高	可靠性低	成本高
分散供电方式	不便管理	布线要求低	可靠性高	成本低

4. UPS 的选择

选购 UPS 通常需要注意以下问题:
① 确认所需 UPS 的类型。对于金融、证券、电信、交通等重要行业,应选择性能优异、安全性高的在线式 UPS;对于家庭和一般办公室用户,可选择后备式 UPS。
② 确定所需 UPS 的功率。计算 UPS 功率的方法是:UPS 功率=实际设备功率×

安全系数。其中,安全系数是指大设备的启动功率,一般选 1.5。也可按照总负载功率应小于 UPS 额定输入功率的 80% 来确定所需 UPS 的功率。

③ 考虑发展余量。除考虑实际负载外,还要考虑今后设备的增加所带来的增容问题,因此 UPS 的功率应在现有负载的基础上再增加 15% 的余量。

④ 选择品牌和售后服务。最好选择保修期长,售后服务及时周到的 UPS。这样,产品供应商可以方便地对其产品及时进行维护和维修,从而保证用户的正常使用。

10.1.4　供配电系统设置

1. 供配电系统配电柜

网络机房供配电系统的配电柜一般应设置在机房出入口附近,设在便于操作和控制的地方。为了避免电磁干扰和辐射,电力线在进入机房以后应用屏蔽线或金属屏蔽。从配电柜至有关设备的电缆,为了避免 50Hz 电源对网络布线系统电缆的干扰,也应采用金属网屏蔽电缆。

网络机房供配电系统用的配电柜通常由空气低压断路器、电表、指示灯等机电元件组成。设计配电柜时,必须认真研究机房设备对供配电的要求,并注意下列问题:

① 所选用的低压断路器应满足用电设备的电压、电流要求。

② 配电柜所设计的供电路数应能足够满足各类设备使用,并要考虑到设备的扩充。

③ 配电柜应设计应急开关,当机房出现严重事故或火警时,能立刻切断电源。

④ 配电柜应设置电压表,以检查供给计算机的电源电压,以及相电压的三相不平衡情况。

⑤ 配电柜应设置电流表,以检查供给计算机的电源电流,以及相电流的三相不平衡情况。

⑥ 各路电源应有指示灯指示通断。

⑦ 配电柜应根据要求设置必要的保护线。

⑧ 配电柜应有足够数量的接线端子,供各类设备使用。

⑨ 为了便于操作和维护,要标出每个低压断路器作用和控制的插座。

⑩ 有的配电柜还要求有缺相保护系统。

2. 电源插座设置

对于计算机网络中所有用电设备(包括客户机、服务器、网络设备等),都需要设置相应的电源插座为其供电。根据国家规定单相电源的三孔插座与相电压的对应关系是:正视右孔对相(火)线,左孔对零线,上孔接地线。电源插座基本设置要求如下。

(1) 网络机房

对于新建建筑物的网络机房,可以预埋管道和地插电源盒,地插电源盒的线径可根据负载大小来定。电源插座数量一般可按每 100m^2 设置 40 个以上考虑,插座必须设置接地线。

旧建筑物可破墙重新布线或走明线。电源插座数量一般可按每 $100m^2$ 设置 $20\sim$ 40 个考虑,插座必须设置接地线。

插座要按顺序编号,并在配电柜上有对应的低压断路器控制。

（2）配线间

对于配线间的通信或计算机网络互联设备应按照一级或二级负荷供电,插座数量按每 $1m^2$ 设置 1 个或按设备多少确定。

（3）办公室（工作区）

在办公室或其他工作区内,通常应使用 UPS 为服务器、高档计算机等供电;使用市电为照明、空调等设备供电。信息插座的设置应符合以下要求。

① 容量:一般办公室按 $60kVA/m^2$ 以上考虑。

② 数量:一般办公室按每 $100m^2$ 设置 20 个以上考虑,插座必须设置接地线,尽量做到与信息插座匹配。

③ 位置:一般距信息插座 30cm。

3. 电力线与双绞线电缆走线间距

双绞线电缆安装的一个重要指标是在电源干扰源与双绞线电缆之间应有一定的距离。表 10-5 给出了电磁干扰源与双绞线电缆之间最小的间隔距离（电压小于 480V）。

表 10-5 电磁干扰源和双绞线电缆之间最小的间隔距离

最小间距　负载/kVA 走线方	<2	2~5	>5
开放或非金属线槽与非屏蔽的电力线和电力设备	127mm	305mm	610mm
接地的金属线槽与非屏蔽的电力线和电力设备	64mm	152mm	305mm
接地的金属线槽与封闭接地金属导管内的电力线	38mm	76mm	152mm
变压器与电动机	800mm	1000mm	1200mm
荧光灯、氩灯	127mm		

应注意以下几点:

① 对于电压大于 480V,或功率大于 5kVA 的情况,需要进行工程计算,以确定电磁干扰源与双绞线电缆的分隔距离。

② 最小分隔距离是指双绞线电缆与电力线平行走线或距离电磁干扰源的距离。垂直走线时除考虑变压器、电动机的干扰外,其余可忽略不计。

③ 楼层配电箱与楼层配线间的间距应大于 1m。

10.1.5 网络机房安全接地系统

计算机系统的地线是保证计算机安全运行的重要措施,可以在发生事故时保证人身和设备安全。计算机系统的大小、种类不同,对地线的要求也不同,大中小型计算机比微型计算机要求高。概括起来网络机房接地有工作接地、安全接地、直流接地、静电接地、屏蔽及建筑物防雷保护接地等类型。在实际应用中应根据计算机的工作性质和实际情况进行设置。

① 交流工作接地：是交流电源的中性线，接地电阻不应大于 4Ω；

② 安全保护接地：是设备外壳的安全接地线，接地电阻不应大于 4Ω；

③ 直流工作接地：是计算机线路的逻辑地，即直流公共连接点，接地电阻应该计算机系统具体要求确定；

④ 静电接地：为了消除计算机系统运行过程中产生的静电电荷而设的一种接地，接地电阻不应大于 100Ω；

⑤ 防雷接地：应按现行国家标准《建筑防雷设计规范》执行。

⑥ 屏蔽接地：网络机房屏蔽接地主要有两个作用，一是防止计算机处理信号被窃；二是防止外界电磁场干扰计算机系统正常运行。屏蔽接地电阻应大于 2Ω。

交流工作接地、安全保护接地、直流工作接地、防雷接地四种接地宜共用一组接地装置，其接地电阻按其中最小值确定；若防雷接地单独设置接地装置时，其余三种接地宜共用一组接地装置，其接地电阻不应大于其中最小值，并应按现行国家标准《建筑防雷设计规范》要求采取防止反击措施。

10.1.6　网络机房的防静电措施

计算机设备基本上都是由半导体元器件构成，对静电特别敏感，静电是引起计算机故障的重要原因之一。静电对电子计算机影响有两种表现形式：造成器件损坏和引起计算机的误动作或运算错误。静电引起计算机误动作或运算错误是由于静电带电体触及计算机时，对计算机放电，有可能使计算机逻辑原件引入错误信号，导致计算机运算出错，严重者将会导致程序紊乱。静电对计算机的外部设备也有明显地影响，会引起显示器图像紊乱、模糊不清等。如何防止静电的危害，不仅涉及计算机设计，而且与网络机房的结构和环境条件有关。机房防静电措施有以下方面：

① 主机房内采用的活动地板可由钢、铝或其他阻燃性材料制成。活动地板表面应是导静电的，严禁暴露金属部分。

② 主机房内的工作台面及坐椅垫套材料应是导静电的。

③ 机房内的导体必须与大地作可靠的连接，不得有对地绝缘的孤立导体。

④ 导静电地面、活动地板、工作台面和坐椅垫套必须进行静电接地。

⑤ 静电接地的连接线应有足够的机械强度和化学稳定性。导静电地面和台面采用导电胶与接地导体粘接时，其接触面积不宜小于 $10cm^2$。

⑥ 静电接地可以经限流电阻及自己的连接线与接地装置相连，限流电阻的阻值宜为 $1M\Omega$。

【任务实施】

操作 1 参观网络机房

参观校园网或企业网络中心机房,查看机房中的计算机、网络设备、机柜、配线架等网络组件,了解这些网络组件在网络中的作用以及其与整个网络的连接情况。查看机房中电源设备、空调设备、消防设备、照明设备、安全设备及其他设备,了解这些设备的作用、品牌、型号和参数。查看机房的装修情况,了解机房对装修的要求。与机房工作人员进行交流,了解计算机网络机房工作人员的工作任务和工作流程。

操作 2 认识网络机房的供配电系统

实地考察学校机房或计算机网络实验室的供配电系统,了解其负荷等级和电源系统所采用的供配电方式。了解机房电源系统的配置和各种设备,着重考察该机房所使用的UPS、配电柜、电源插座以及电力线缆的布线情况。

实地考察校园网或企业网络中心机房的电源系统,了解其负荷等级和电源系统所采用的供配电方式。了解机房电源系统的配置和各种设备,着重考察该机房所使用的UPS、配电柜、电源插座以及电力线缆的布线情况。

操作 3 使用和维护 UPS

UPS 有多种类型适用于不同的机房环境,不同类型的 UPS 在使用和维护上有所不同。本实训以山特 K500 UPS 为例,可以根据实际条件选择其他类型的 UPS。

1. 认识 UPS

山特 K500 是专门针对 PC、小型工作站及工控产品用户设计的 UPS,如图 10-1 所示。

山特 K500 UPS 属于后备式 UPS,具有自动稳压输出功能,能有效滤除各类电力干扰,还能够对打印机、路由器、扫描仪、Modem 等相关外设提供电源防浪涌保护。市电中断,UPS 在电池模式下放电至关机;当市电恢复时,UPS 可自动开机,方便无人值守情况下的电源管理。图 10-2 给出了山特 K500 UPS 前面板和后面板的外观示意图。

图 10-1 山特 K500 UPS

2. 安装并使用 UPS

安装和使用 UPS 的基本操作步骤如下。

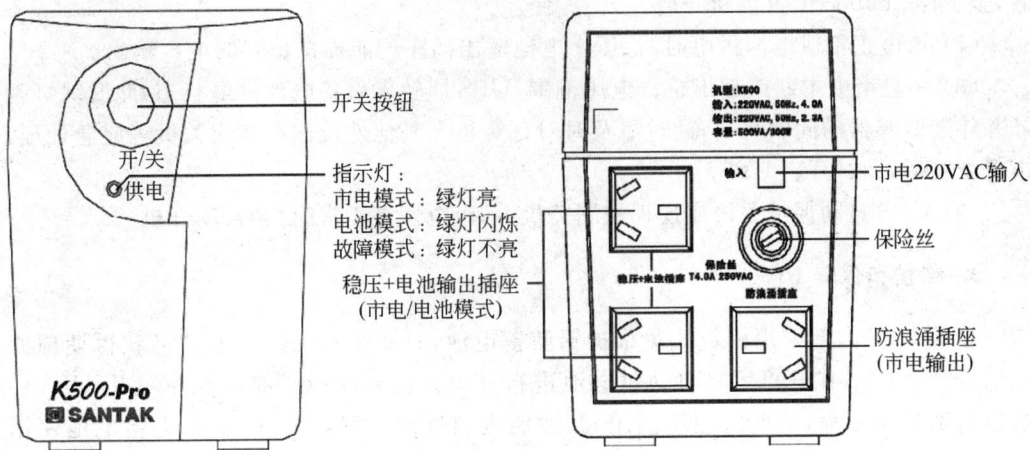

图 10-2　山特 K500 UPS 前、后面板的外观示意图

（1）将 UPS 放置于适当位置。通常 UPS 所放置的区域必须通风良好，远离水、可燃性气体和腐蚀剂，周围的环境温度保持在 0℃～40℃范围内。

（2）需 UPS 持续供电的设备（如计算机主机、网络设备等）的电源线接至 UPS 的"稳压＋电池输出"插座。

（3）将打印机、扫描仪等不需 UPS 持续供电的设备接至 UPS 的"防浪涌"插座。

（4）将 UPS 输入插座接入室内的 220VAC 市电插座，确保零、火线正确及地线良好，如图 10-3 所示。

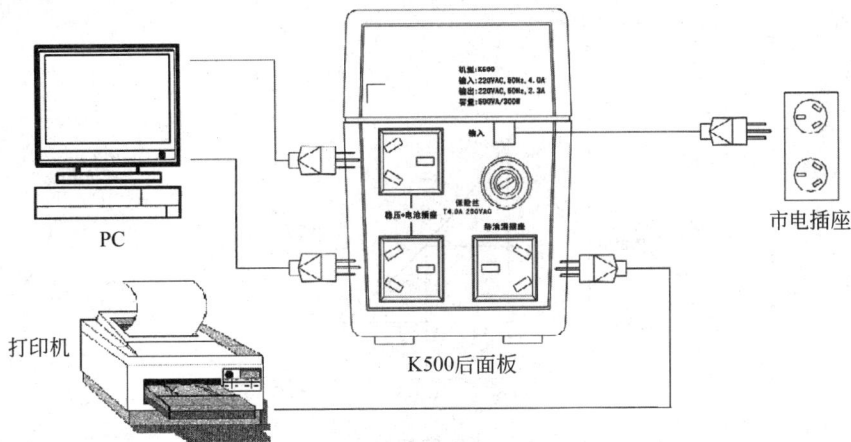

图 10-3　UPS 的安装

（5）一旦 UPS 有市电输入，"防浪涌"插座就会有电压输出，无需 UPS 开机。

（6）按 UPS 开关按钮，自检（蜂鸣器叫，绿灯亮）数秒后，蜂鸣器停止鸣叫，绿灯亮，"稳压＋电池输出"插座有电压输出，此时可开启 PC 及其他外设。通常 UPS 电源开机、关机的正确操作顺序为：开机时，先开 UPS 电源，然后根据负载从大到小顺序开启；关机时，先关闭负载，再关闭 UPS 电源。须注意不要频繁开关 UPS 电源，在 UPS 电源关闭后,至少停 1min 以上再重新开启。

（7）市电正常或电池供电时,稳压＋电池输出插座均能提供稳定的电压输出。

（8）一旦市电中断或超出正常电压范围,UPS 即转入后备电池供电状态,此时绿灯闪烁并伴随蜂鸣器的间歇鸣叫,此时需及时对计算机及其他外设作存盘或关机等应急处理。市电恢复后,及时开启 UPS。

（9）UPS 自动保护关机或远程控制关机后,市电恢复正常时,会自动开机。

3. 维护和保养 UPS

通常 UPS 内部采用密封式免维护铅酸蓄电池,只要经常保持充电就可获得期望的使用寿命。UPS 在开机后将自动对电池进行充电。需要注意的是高温下使用 UPS 会缩短电池使用寿命,即使电池不使用,其性能也会逐渐下降。另外,在临近蓄电池使用期限时,电池性能会急剧下降。通常应定期对 UPS 电池进行检查,电池的检查方法如下。

（1）UPS 接通市电,开机后对电池充电 16 小时以上。

（2）开启 UPS,接入负载并记录负载功率。

（3）拔下 UPS 的市电输入插头（模拟市电中断）,UPS 进入电池模式,记录放电时间,直到 UPS 自动关机。

（4）将放电时间与图 10-4（初始放电时间）比较,确认是否在正常范围内。当放电时间下降到初始值的 50％时,应该更换电池,更换电池前需要确认新电池参数必须与规格相同。

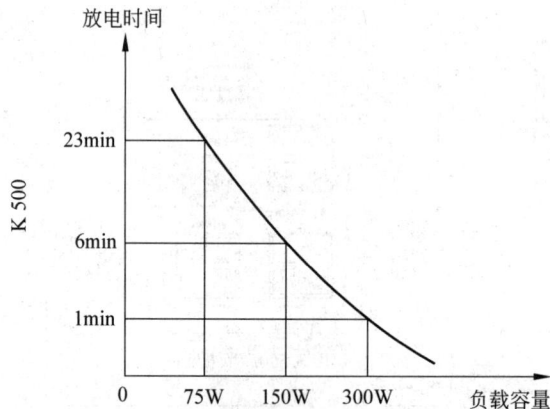

图 10-4　UPS 的初始放电时间

另外,如果 UPS 长期处于市电供电状态时,应每隔一段时间对 UPS 电源进行一次人为断电,使 UPS 电源在逆变状态下工作一段时间,以激活蓄电池的充放电能力,延长其使用寿命。UPS 长期不用时,应每隔一段时间充电一次。切忌打开蓄电池,以免电解液伤害人体。

任务 10.2　管理空调系统

【任务目的】

(1) 了解网络机房空调系统的基本知识；

(2) 了解网络机房空调系统设备的操作和管理方法。

【工作环境与条件】

(1) 学校网络机房或计算机网络实验室；

(2) 可供参观的校园网或企业网络中心机房。

【相关知识】

网络机房空调系统的任务是保证计算机及计算机网络系统能够连续、稳定的运行,排出计算机设备及其他热源所散发的热量,维持机房内的恒温恒湿。

10.2.1　温度、湿度控制对网络机房的重要性

网络机房中的设备主要是以微电子、精密机械设备为主,这些设备使用了大量的易受温度、湿度影响的电子元器件、机械构件及材料。

温度对网络机房设备的电子元器件、绝缘材料以及存储介质都有较大的影响。例如,对半导体元器件而言,室温在规定范围内每增加 $10℃$,其可靠性就会降低约 25%;对电容来说,温度每增加 $10℃$,其使用时间将下降 50%;绝缘材料对温度同样敏感,温度过高,印制电路板的结构强度会变弱,温度过低,绝缘材料会变脆,同样会使结构强度变弱;对存储介质而言,温度过高或过低都会导致数据的丢失或存取故障。

湿度对计算机设备的影响也同样明显,当相对湿度较高时,水蒸气在电子元器件或电解质材料表面形成水膜,容易引起电子元器件之间形成通路;当相对湿度过低时,容易产生较高的静电电压,试验表明在网络机房中,如相对湿度为 30%,静电电压可达 $5000V$,相对湿度为 20%,静电电压可达 $10\,000V$,相对湿度为 5% 时,静电电压可达 $20\,000V$,而高达上万伏的静电电压对计算机设备的影响是显而易见的。

我国国家标准《电子网络机房设计规范》规定了网络机房的温、湿度标准,如表 10-6 和表 10-7 所示。

因此要保证计算机及网络设备的稳定运行,必须保证其工作环境的温度和湿度。网络机房的温、湿度控制可以通过安装相应的空调设备来实现。

327

表 10-6 开机时机房的温、湿度标准

项 目	A 级		B 级(全年)
	夏季	冬季	
温度	23±2℃	20±2℃	18℃～28℃
相对湿度	45%～65%		40%～70%
温度变化度	<5℃/小时,不得结露		<10℃/小时,不得结露
适用房间	主机房		
	基本工作间(根据设备要求采用 A 级别或 B 级别)		
备注	辅助房间按工艺要求确定		

表 10-7 停机时机房的温、湿度标准

项 目	A 级	B 级
温度	5℃～35℃	5℃～35℃
相对湿度	40%～70%	20%～80%
温度变化度	<5℃/小时,不得结露	<10℃/小时,不得结露

10.2.2 网络机房专用空调

1. 网络机房对空调系统的要求

计算机及网络设备对工作环境要求的特殊性,决定了网络机房对空调系统的要求不同于一般的建筑物,主要表现在以下方面:

① 计算机设备的功耗、发热量较大,洁净度要求较高。

② 需要全年持续、稳定的降温运行。

③ 送风量大,送、回风温差小。

④ 空调系统应具有较高的可靠性。

⑤ 温、湿度须控制在一定范围内。

由于网络机房的特殊性,因此网络机房不能使用一般建筑物中使用的舒适型空调,否则就可能会由于环境温、湿度参数控制不当等因素形成设备运行不稳定,数据传输受干扰,出现静电等问题。目前网络机房通常应选择机房专用精密空调。

2. 机房专用空调与舒适型空调的区别

网络机房专用空调与一般建筑物使用的舒适型空调主要有以下区别:

① 传统的舒适型空调主要是针对家庭、办公场所、宾馆、商场等场所设计的,主要对象是人,送风量小,在制冷的同时也在除湿,因此舒适型空调对网络机房来说将会使机房内湿度过低,从而使计算机设备内部的电子元器件表面累积静电,放电损坏设备,干扰数据的传输和储存,同时由于50%左右的能量用于除湿,大大地增加了能耗;而机房专用空调由于采用了控制蒸发器内的蒸发压力和使蒸发器的表面温度高于露点温度等技术就克

服了舒适型空调的上述缺点。

②　舒适型空调风量小，风速低，只能在送风方向局部气流循环，不能在机房形成整体气流循环，使机房的冷却不均匀，存在区域温差；与相同制冷量的舒适型空调相比，机房专用空调的循环风量约大一倍，相应的焓差只有一半，使机房内能够形成整体的气流循环，使所有设备能够得到较好的冷却。

③　由于网络机房内的设备大都是长年运行，工作时间长，要求空调设备具有及高的可靠性，舒适型空调较难满足要求，尤其是在冬天，在北方寒冷地区，由于室外温度太低，舒适型空调不能够正常运行；机房专用空调可以通过控制的室外机冷凝器保证正常工作。

④　舒适型空调不能准确地控制机房内的温度，湿度也较难控制，因此不能满足网络机房的需要；机房专用空调由于有专门的加湿系统、高效的除湿系统及电加热补偿系统，能够精确地控制机房内的温度、湿度。

⑤　舒适型空调的设计寿命为 5～8 年，全年无间断运行的使用寿命为 3～5 年；机房专用空调的设计寿命一般在 10～15 年，平均无故障时间在 10 万小时以上。

表 10-8 给出了机房专用空调与一般舒适型空调的对比。

表 10-8　机房专用空调与一般舒适型空调的对比

比 较 内 容	一 般 空 调	专 用 空 调
冷风比（kcal/m3）	5	2.2～3
湿热比（湿冷量/总冷量）	0.65～0.7	0.85～1.0
焓差（kcal/kg）	3～5	2～2.5
控制精度	±1℃	±1℃，±1%RH
湿度控制	通常没有	有加湿和去湿功能
空气过滤	一般性过滤	要求过滤 0.2～0.5μm 的粒子 10～30 级
蒸发温度（℃）	较低	>5～11
蒸发器排数	4、6、8 徘	2～4 排
迎风面积（m^2）	较小	1.3～2.7
迎面风速（m/s）	较大	<2.7
备用	单制冷回路	双制冷回路
运行时间（h）	8～10	24
全年运行可靠性	不设计冬季运行	全天候运行
控制	一般控制	计算机控制
监控	无	能进行本机或远程监控

3. 机房专用空调的基本类型

机房专用空调主要由压缩机、冷凝器、膨胀阀和蒸发器等组成，还包括风机、空气过滤器、加湿器、加热器、排水器等部件。一般来说空调机的制冷过程为：压缩机将经过蒸发器后吸收了热能的制冷剂气体压缩成高压气体，然后送到室外机的冷凝器；冷凝器将高温高压气体的热能通过风扇向周围空气中释放，使高温高压的气体制冷剂重新凝结成液体，然后送到膨胀阀;膨胀阀将冷凝器管道送来的液体制冷剂降温后变成液、气混合态的制冷剂,然后送到蒸发器回路中去;蒸发器将液、气混合态的制冷剂通过吸收机房环境中的热量重新蒸发成气态制冷剂,然后又送回到压缩机,重复前面的过程。

目前机房专用空调主要有以下几种类型。

（1）双回路柜式机组

这是典型的大型机房专用空调机,各生产厂家对这种专用机组的结构布局大致相同。标准机组制冷系统采用双回路设置。两个回路可以独立运行,互不干扰,即使其中一个回路发生故障不能正常运行,另一个回路可以照常运行,可以承担机组额定制冷量的一半负荷。由于空调系统在设计时已经考虑了一定的余量,所以,不会对设备正常运行产生影响,从而提高了空调系统的可靠性。机组的蒸发器盘管采用人字形结构,可减小蒸发器所占的空间高度,以适应机房专用空调大风量、小焓差的高湿热比的负荷特点。直接蒸发盘管的两个制冷回路的制冷剂管路在蒸发器中交叉布置,这样既可使回路之间互不干扰,又使在机组处于部分负荷运行状态时,每个回路都可以尽量利用蒸发器的换热面积,从而有利于提高机组运行的热效率和部分负荷时的制冷量。

机组的冷凝方式有空气、水、乙二醇溶液作为冷却介质。标准机组还有风机盘管型,利用对接的冷冻水系统运行,本身设有制冷系统,冷量由其他冷水机组提供。

（2）单回路柜式机组

单回路柜式机组适用于大、中型机房系统,其特点是结构紧凑、占地面积小,可以靠墙角安装。机组额定制冷量在 $5.5 \sim 16kW$。冷凝方式有整体空冷式、分体室内空冷式、分体室外空冷式、整体水冷式、分体水或乙二醇溶液冷却式、整体自然冷却式、利用冷凝水供冷的风机盘管式等。

（3）模块式机组

此机组采用单元组合方法构成整机。系列的整机可以由 $1 \sim 10$ 个模块并联组成,可适用于大规模的空调系统。因为模块数量可以任意增加或减少,所以用户可以根据机房内制冷量的增加或减小来改变空调系统的总容量。当用户机房设备需要扩容或升级变化时,可以很方便地在现场对空调机组制冷能力进行重新调整。因为模块的体积和重量均比整机小得多,所以运输和安装就位比较容易。

（4）顶置式机组

安装在天花板上,不占用地面空间,尤其适用于空间较小的办公室使用。机组有整体式和分体式结构,冷凝方式在空冷、水冷或乙二醇溶液冷却和直接使用冷冻水的风机盘管式。其中空冷式有三种冷却方式:无风道整体空冷式是利用天花板和楼板之间的空间作为冷凝用空气的通道;外接风道整体冷凝式是利用专用风道输送冷凝用空气;分体式是把压缩机和冷凝器组成的室外机组安装在室外。

（5）机房专用空调的控制系统

不少机房专用空调机生产厂家专门开发一系列的控制器作为空调系统的组成部分,普遍采用微机控制器,也有把模糊控制技术应用于机房专用空调系统中。机组控制器可以独立控制机组运行,也可以和网络控制器连接,机组的运行可以利用网络控制器进行集中控制。

　　机组控制器可以显示机房内温度、湿度、气流速度和洁净度，还可以显示各主要部件的运行时间和报警记录，并自动地按照预先设置的程序控制机组的启动和停机。控制器还有自诊断功能，可以自动或手动地对机组以及控制器本身各部分的状态进行诊断，对出现异常现象的部件或出现故障的类型和发生的部位做出判断。

　　一些大型计算机系统用户的机房规模比较大，或者机房布置较分散，可以利用网络管理系统把多台设备的控制器与网络控制器连接、实现集中管理分散运行，从而减少操作人员的工作量，有利于及时发现和处理故障，提高空调系统运行安全性和可靠性。

10.2.3　机房空调的气流组织

　　空调房间的气流组织是空调系统的重要环节，即在相同的热负荷下，气流组织的方式不同，空调的效果就会有很大的差异。所谓空调房间的气流组织就是根据机房特点，选择合适的送回风方式及房间内的气流分配。机房空调通常采用上送下回或下送上回的送回风方式。

1. 上送下回气流组织方式

　　上送下回气流组织方式如图 10-5 所示，送风口设在房间顶棚上或房间侧墙上，向室内垂直向下送风或横向送风方式。此种方式在舒适型空调中应用极为普遍，但在机房特别是大、中型机房用得不多。这是因为计算机或程控交换机柜，由于要带走机柜内热量，通常采用机柜下进风，机柜上出风的方式。如果风口布置不当，顶棚风口下送的冷空气与机柜顶上排出的热空气，在房间上部混合，从而导致进入机柜的空气温度较高，影响了机柜内部的冷却效果。要改变这种情况，势必要降低送风温度，以保持室内较低的空调温度，这将增加空调能耗和影响室内舒适程度。上送下回的气流组织方式，一般仅适用在小型机房或微型网络机房。

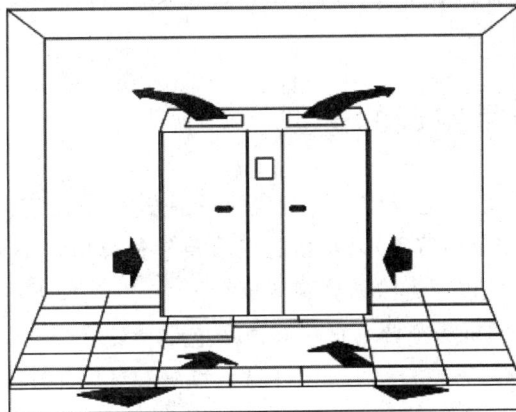

图 10-5　上送下回方式

2. 下送上回气流组织方式

下送上回气流组织方式如图 10-6 所示,空调冷风送入机房高架地板,以此作为送风静压箱,然后经过设置在高架地板上的风口,分别送入室内和机柜,被加热后的热空气,从机柜上部排出,再经顶棚回风口排出。这种气流组织的优点如下。

图 10-6　下送上回方式

① 空调送风气流流程与机柜冷风吸热后的气流流型一致,从而避免了冷热气流在室内混合,影响工作区的环境温度。

② 机柜冷却效果好,可以用较少的风量达到机柜冷却的目的。

③ 进入室内工作区和机柜内的气流洁净度好。

④ 活动地板送风口可以采用带有调节阀门的方形、矩形或圆形风口,或者采用旋流风口,可增加气流速度的衰减程度,从而减少对工作人员的吹冷风感觉。

下送上回气流组织方式通常用在设备布置密度大、设备发热量大的大、中型机房和程控交换机房。

10.2.4　机房专用空调的选型

在选择机房专用空调时,通常应根据机房内设备发热量、机房面积、机房条件(包括层高、密封、装修、室外机安装位置等)以及当地气候条件估算所需空调设备的制冷量,进而选定设备型号。可以按照以下方法估算制冷量:

$$机房空调总负荷\ Q = Q_1 + Q_2 + Q_3 + Q_4$$

① Q_1 为太阳辐射热通过机房的屋顶、门窗、墙壁、楼板围护设备传入的热量和室内外气温不同形成的温差传入的热量。

② Q_2 为网络机房内电子设备的发热量,应按设备生产厂家提供的资料和设备配置的数量或容量来计算。

③ Q_3 为机房工作人员的散热量。

④ Q_4 为机房照明灯发热量。

空调机制冷量通常在其总负荷基础上增加 5%～10%。

以上计算起来过于复杂,对于绝大多数机房(设备发热量一般),在无法准确机房内的设备发热量的情况下,当机房在单层建筑物内时,在进行机房专用空调选型时可直接按照 290～350W/m² 的标准进行设计,而为了安全起见,大多数情况下都按照 350W/m² 的标准进行设计。如机房面积为 60m²,每平方所需要的制冷量为 350W/m²,则 350W/m²×60m²=21kW,即应该选择空调制冷量为 21kW 的空调。当机房在多层建筑物内时,在进行机房专用空调选型时可按照 175～290W/m² 的标准进行设计。

注意：空调的制冷量是以其输出功率计算的。而空调匹数原指输入功率,指空调消耗的功率,1 匹=735W。平常所说的空调是多少匹,是根据空调消耗功率估算出空调的制冷量,一般来说 1 匹的制冷量大约为 2324W。

机房新风量一般按以下条件确定：

① 卫生要求。机房是人员长期停留的空间,新鲜空气量应保证人体健康要求,通常取 40m³/h·p(立方米/小时·人,即要为每人每小时提供 40 立方米的新风量)。

② 保证机房正压要求。为了防止外界环境空气渗入机房,破坏室内温湿度或空气洁净度,需要用一定量的新风来保持室内正压。通常室内正压应保持在 5～10Pa。

③ 取机房空调总风量的 5%。

空调系统的新风量可取上述最大值。

注意：当机房内的气压比周围环境的气压高时,就与周围环境之间行成压差。若机房内的气压比周围环境的气压值高,称为机房正压;若机房内的气压比周围环境下的气压值低,则为机房负压。《电子计算机机房设计规范》规定：主机房内必须维持一定的正压,主机房与其他房间、走廊间的压差不应小于 4.9Pa。

【任务实施】

操作 1　认识网络机房的空调系统

实地考察学校机房或计算机网络实验室的空调系统,了解该机房所使用的空调系统的基本情况,着重考察机房专用空调机的工作情况、技术指标和使用方法。了解该机房所采用的空调气流组织方式。

实地考察校园网或企业网络中心机房的空调系统,了解该机房所使用的空调系统的基本情况,着重考察机房专用空调机的工作情况、技术指标和使用方法。了解该机房所采用的空调气流组织方式。

操作 2　网络机房空调系统的操作

目前绝大部分机房专用空调都采用了优秀的人机交互界面,不但提供大屏幕的 LCD 背光显示和精确的微电脑控制系统,还采用先进的智能化控制技术,可以记录各主要部件的运行时间并设置参数自动保护。另外很多机房专用空调还配备标准的监控接口,提供标准的通信协议,可以实现机组自动切换、远程开关机和远程管理功能。由于不同厂家网络机房专用空调的操作方法及相应的后台控制软件不尽相同,这里不再赘述,可参考相应产品的使用手册或其他相关文档。

操作3 网络机房空调系统的维护

网络机房日常管理工作中对空调的管理和维护,主要是针对空调的各个部件去进行维护的。

1. 控制系统的维护

对空调系统的维护人员而言,在巡视时第一步就是看空调系统是否在正常运行,因此首先要做以下工作:

① 从空调系统的显示屏上检查空调系统的各项功能及参数是否正常;

② 如有报警的情况要检查报警记录,并分析报警原因;

③ 检查温度、湿度传感器的工作状态是否正常;

④ 对压缩机和加湿器的运行参数要做到心中有数,根据参数的变化可以判断网络机房中的计算机设备运行状况是否有较大的变化,以便合理地调配空调系统的运行台次和调整空调的运行参数。

2. 压缩机的巡回检查及维护

对压缩机的巡回检查一般可采用以下方法:

① 用听声音的方法,能较正确的判断出压缩机的运转情况。因为压缩机运转时,它的响声应是均匀而有节奏的。如果它的响声失去节奏声,而出现了不均匀噪音时,即表示压缩机的内部机件或气缸工作情况有了不正常的变化。

② 用手摸的方法,可了解压缩机的发热程度,能够大概判断是否在超过规定压力、规定温度的情况下运行压缩机。

③ 可以从视镜观察制冷剂的液面,看是否缺少制冷剂。

④ 通过测量在压缩机运行时的电流及吸、排气压力,能够比较准确判断压缩机的运行状况。

3. 冷凝器的巡回检查及维护

对专业空调冷凝器的维护相当于对空调室外机的维护,通常应注意以下方面:

① 首先需要检查冷凝器的固定情况,看对冷凝器的固定件是否有松动的迹象,以免对冷媒管线及室外机造成损坏。

② 检查冷媒管线有无破损的情况,检查冷媒管线的保温状况,特别是在北方地区的冬天,这是一件比较重要的工作,如果环境温度太低而冷媒管线的保温状况又不好的话,对空调系统的正常运转有一定的影响。

③ 检查风扇的运行状况：主要检查风扇的轴承、底座、电机等的工作情况，在风扇运行时是否有异常震动机风扇的扇也在转动时是否在同一个平面上。

④ 检查冷凝器下面是否有杂物影响风道的畅通，从而影响冷凝器的冷凝效果；检查冷凝器的翅片有无破损的状况。

⑤ 检查冷凝器工作时的电流是否正常，从工作电流也能够进一步判断风扇的工作情况是否正常。

⑥ 检查调速开关是否正常，一般的空调的冷凝器都有两个调速开关，分为温度和压力调速，现在比较新的控制技术采用双压力调速控制，因此我们在检查调速开关时主要是看在规定的压力范围内，调速开关能否正常控制风扇的启动和停止。

4. 蒸发器、膨胀阀的巡回检查及维护

蒸发器、膨胀阀的维护主要是检查蒸发器盘管是否清洁，是否有结霜的现象出现，以及蒸发器排水托盘排水是否畅通，如蒸发器盘管上有比较严重的结霜现象或在压缩机运转时盘管上的温度较高的话（通常状况下，蒸发器盘管的温度应该比环境温度低 10℃ 左右），就应当检查压缩机的高、低压，如果压力正常的话，就应考虑膨胀阀的开启量是否合适。当然出现这种现象也有可能是其他环境的原因引起的，比如空调的制冷量不够、风机故障引起风速过慢等原因造成的。

5. 加湿系统的巡回检查及维护

由于各个地方的空气环境不同，对加湿器的使用和影响也不一样，对加湿系统的巡回检查通常应注意以下方面：

① 观察加湿罐内是否有沉淀物质，目前空调的加湿罐一般都是电极式的，如沉淀物过多而又不及时冲洗的话，就容易在电极上结垢从而影响加湿罐的使用寿命。当然有些加湿罐的电极是可以更换的。

② 检查上水和排水电磁阀的工作情况是否正常。在加湿系统工作的过程中，有一种情况经常出现，但又不容易判断，即在空调系统正常工作的时候，由于某种原因出现了一段时间的停水，后又恢复供水，在恢复供水后加湿罐不能够正常上水。引起这种现象的主要原因是停水后的空气进到进水电磁阀前端，对进水电磁阀的正常开启造成了一定的影响，解决这种现象有两种比较有用的办法，一是卸开进水口，排掉空气；二是关掉加湿系统的电源，重新给电磁阀上电。

③ 检查加湿罐排水管道是否畅通，以便在需要排水和对加湿罐进行维修时顺利进行。

④ 检查蒸汽管道是否畅通，保证加湿系统的水蒸气能够正常为计算机设备加湿。

⑤ 检查漏水探测器是否正常，因为排水管道如果不畅通，就容易出现漏水的情况，如漏水探测器不正常的话，就易出现事故。当然，对一般的空调系统而言，漏水探测器是选件，如空调系统未配有漏水探测器，那么更要注意监测排水管道是否畅通，同时也要做好机房防水墙的维护工作。

6. 空气循环系统的巡回检查及维护

对空气循环系统的巡回检查及维护应主要考虑空调系统的过滤器、风机、隔风栅及到计算机设备的风道等因素,通常要做好以下工作:

① 网络机房的设备经常有设备移动的现象,而设备的移动可能不是由空调设备的维护人员去完成,因此在设备移动后应及时检查机房内的气流状况,看是否有气流短路的现象发生,同时在新设备的位置是否存在送风阻力过大的情况。

② 检查空调过滤器是否干净,如脏了就应及时更换或清洗。

③ 检查风机各部件的紧固情况及平衡,检查轴承、皮带、共振等情况,风机能否正常运行是空调系统能否正常运行的最后体现。风机最重要的部分是电机,在日常维护中应首先查看其皮带的状况、主从动轮是否在同一面上等方面。

④ 测量电机运转电流,看是否在规定的范围内,根据测得的参数也能够判断电机是否正常运转。

⑤ 测量温、湿度值,与面板上显示得值进行比较,如有较大的误差,应进行温度、湿度的校正,如误差过大应分析原因。出现这种情况通常有两种原因:一是控制板出现故障;二是温度、湿度探头出现故障需要更换。

⑥ 检查隔风栅的关闭情况,这是针对已经停机的空调而言的。因为一台空调停止运行,如果隔风栅未关闭其温度、湿度探头检测到的是其他空调的出口的温度和湿度,在空调下一次开启时控制系统就会根据其先前检测到的参数而对空调系统的运行情况做出控制,这时空调控制系统就会对压缩机、加湿、除湿系统地运行情况做出错误的指令。因为这种影响的时间较短,大多数空调设计时都没有考虑这种状况对空调系统的影响,但在要求很高的网络机房中可以为空调系统人为地增加隔风栅。

⑦ 检查计算机及其他需要制冷的设备进风侧的风压是否正常,因为随着计算机设备的搬迁和增加,地板下面的线缆的增加有可能就影响空调系统的风压,从而造成计算机及其他设备跟前的静压不够,这就需要对空调系统的风道做出相应的调整或增加空调设备。

当然不同品牌和型号的机房专用空调在进行巡回检查和维护时需要注意的问题不尽相同,而且随着空调设备技术的不断提高,有些巡回检查和维护工作也不需要人工去完成。因此在实际工作中,管理和维护人员必须认真学习所使用空调设备的用户手册或相关文档,制定切实可行的维护方案。

任务 10.3　管理消防系统

【任务目的】

(1) 了解网络机房消防系统的基本知识;

(2) 了解网络机房消防系统设备的操作和管理方法。

【工作环境与条件】

（1）学校网络机房或计算机网络实验室；
（2）可供参观的校园网或企业网络中心机房。

【相关知识】

10.3.1 网络机房火灾防护的特殊性

由于网络机房存在着大量用电设备，很容易因设备故障而引起火灾，因此在网络机房内必须安装消防设备。网络机房的消防系统是整个建筑物消防系统的一部分，可以纳入建筑物整体消防系统的建设中，并与建筑物的相关系统实现联动。但网络机房不同于建筑物其他房间，对火灾防护具有特殊的要求，在安装机房消防系统时必须予以考虑。

1. 网络机房及其设备的特点

通常网络机房的空间结构可以被天花板和高架地板分成三层。计算机、网络设备及其他相关辅助设备置于天花板与高架地板之间，而在高架地板下或天花板以上通常会铺设大量的电缆。一般网络机房的起火因素主要是由电气过载或短路引起的，燃烧的主要区域通常在高架地板下或天花板以上，塑料绝缘线一旦燃烧将产生大量腐蚀性烟雾，但温度上升会相对较慢。

网络机房的电子设备包含很多塑料和纸质元件，这些易燃物质会迅速燃烧并产生热量、浓烟和腐蚀性气体。而且这些设备只能在很窄的温度、湿度范围内工作。烟雾、腐蚀性气体和水都会对设备造成损害。

2. 网络机房对火灾侦测的影响因素

消防报警系统是目前建筑物消防系统的基本组成部分，其主要方式是在易燃区域设置烟感和温感探测器，侦测区域内温度或烟雾浓度的变化并及时报警。而以下因素将对网络机房的火灾侦测产生负面影响。

（1）机柜及防护箱

计算机主机或网络设备通常会安装在机柜或防护箱内，而目前很多机柜和防护箱内会装有内部风扇、空调或者水制冷系统以保证设备的工作环境。而这对于现场工作的烟感探测器的传输时间会产生负面影响，包括：

① 机柜本身会限制烟雾流动，延长烟雾离开火源到达安装在天花板上或其他位置的烟感探测器的时间。

② 机柜内部风扇或制冷系统等会稀释和冷却烟雾，降低它的浮力，这会引起烟雾分层，延长烟感探测器的反应时间。

（2）空调系统

烟雾的传输还可能被空调系统阻挡，空调系统通常使用每小时 15～60 次的换气率。

这种换气率对现场方式工作的探测器有以下负面影响。

① 烟雾被稀释,因此需要很长时间才能达到触发探测器所需的烟雾浓度级别。

② 空调系统的抽取和排放的通风配置会把烟雾推入或推出探测器。因此,空调系统通常会使得现场方式工作的探测器反应更慢或者失效。

（3）电缆

目前计算机网络电缆基本都经过了防火剂处理,增加了耐燃性,这虽然可以阻止火势蔓延,但其燃烧产物更具有腐蚀性,也增加了火灾侦测的困难。

10.3.2 网络机房消防系统的基本要求

根据我国国家标准《电子网络机房设计规范》及其他相关标准,通常网络机房的消防系统应符合以下要求。

1. 一般规定

① 计算机主机房、基本工作间应设二氧化碳或卤代烷灭火系统,并应按现行有关规范的要求执行。

② 网络机房应设火灾自动报警系统,并应符合国家标准《火灾自动报警系统设计规范》的规定。

③ 报警系统和自动灭火系统应与空调、通风系统连锁。当有火灾报警时,自动切断供电回路、关闭楼宇新风系统机房处的送风排风阀门。空调系统所采用的电加热器,应设置无风断电保护。

2. 消防设施

① 凡设置二氧化碳或卤代烷固定灭火系统及火灾探测器的网络机房,其吊顶的上、下及活动地板下,均应设置探测器和喷嘴。

② 主机房宜采用感烟探测器。当设有固定灭火系统时,应采用感烟、感温两种探测器的组合。

③ 当主机房内设置空调设备时,应受主机房内电源切断开关的控制。机房内的电源切断开关应靠近工作人员的操作位置或主要出入口。

3. 其他措施

① 网络机房内严禁存放易燃、易爆物品,如酒精、汽油等;也不要将可燃物品堆放在计算机附近,如棉丝、纸张等。网络机房要禁止吸烟及随意动火。

② 网络机房操作完毕要及时切断电源,通电运行时,要监护使用。检修计算机时,必须先关闭电源,再进行作业。

③ 机房出口应设置向疏散方向开启且能自动关闭的门,并应保证在任何情况下都能从机房内打开。

④ 凡设有卤代烷灭火装置的网络机房,应配置专用的空气呼吸器或氧气呼吸器。

⑤ 网络机房内存放废弃物应采用有防火盖的金属容器。

⑥ 网络机房内存放记录介质应采用金属柜或其他能防火的容器。

10.3.3　网络机房灭火剂的选用

网络机房的特点决定了其不能使用传统的水、泡沫、干粉等灭火系统,而应该选用在常温下能迅速蒸发,不留下蒸发残余物,并且非导电、无腐蚀的气体灭火剂。气体消防灭火系统是将某些具有灭火能力的气态化合物(常温下)贮存于常温高压或低温低压容器中,在火灾发生时通过自动或手动控制设备施放到火灾发生区域,从而达到灭火目的。目前常用的气体灭火剂有以下几种。

1. 卤代烷(1211、1301)

卤代烷灭火剂是以卤素原子取代一些低级烷烃类化合物中的部分或全部氢原子后所生成的具有一定灭火能力的化合物的总称,又称 Halon(哈龙)灭火剂。它作为一种清洁灭火剂曾得以大力推广,广泛应用于各种电力电子设备房,但后来人们发现卤代烷是破坏大气臭氧层的元凶之一,根据 1991 年通过的《蒙特利尔议定书(修正案)》,各发达国家已全面停止使用卤代烷,我国也于 2005 年和 2010 年分别对 1211 和 1301 灭火剂全面禁用。

2. 二氧化碳

二氧化碳(CO_2)是地球大气成分之一,用作灭火剂始于 19 世纪,已有 100 多年的历史,它在常温常压下是一种无色、无味、不导电、化学上呈中性、无腐蚀的气体,其灭火原理主要是稀释氧气,起窒息作用,亦有一定的冷却效果,可用于档案室、电力电子设备房等处的灭火设备。近年来,有人对 CO_2 应用于电子设备房提出质疑,主要原因是它对人体的致死浓度为 20%,而最低灭火浓度却为 34%(网络机房设计浓度≥40%),国内外均有致死致残的事例。另外,其喷射时有较强烈的冷冻效应,房内物品结霜,空气冷凝出现浓雾,此过程虽然非常短暂,但对磁记录设备是有影响的。尽管对 CO_2 灭火剂存在质疑,但由于其良好的灭火性能和极低廉的药剂价格,在网络机房中仍然得到了较广泛的应用。

3. FM200

FM200 又称七氟丙烷或 HFC-227ea,常温下气态,无色、无臭、不导电、无腐蚀、无环保限制、大气存留期较短。其灭火原理与卤代烷相同,为中断燃烧链,灭火速度极快,这对抢救性保护精密电子设备及贵重物品是有利的。FM200 在电子设备房的设计浓度为 8%,低于其 NOVEL 浓度 9%,对人体安全。喷射时有薄雾和一定冷冻作用,但并不严重影响能见度和人员逃生。药剂储存压力一般为 2.5MPa 或 4.2MPa,喷射延时一般为 10~30s,以便疏散防护区人员。FM200 除设计浓度稍高外,其性能特点均近似于卤代烷 1301,在有人场所比 1301 更具安全性。其最大的缺点是药剂价格高,为 1301 药剂的 2.5 倍。目前 FM200 作为卤代烷的过渡性替代物在我国已得到广泛应用。

4. INERGEN

INERGEN(烟烙尽)又称 IG-541,它是氮气、氩气和二氧化碳以 52∶40∶8 的体积比例混合而成的一种灭火剂。它的三个组成成分均为不活泼气体,为大气基本成分,无色、无味、不导电、无腐蚀、无环保限制,在灭火过程中无任何分解物。其灭火机理为稀释氧气,窒息灭火。其中的二氧化碳主要起刺激人体呼吸作用,使人体能够在低于 12% 的氧气浓度时仍能通过加快呼吸深度和频率而获得足够氧气,而在此氧气浓度下燃烧将无法继续。喷放时环境温度变化小,且不影响能见度,只要较好地控制设计浓度,应该说是一种较完美的灭火剂,但在喷射前还是应有足够延时以使人员撤离。其缺点是喷放时噪声大,储存瓶组多,储存压力在常温下(21℃)为 15MPa,喷射时喷口的最低压力为 2.24MPa。高压增加了危险性,也相对容易泄露,管道管件材料以及安装、维护水平要求也较高。

网络机房在选择灭火剂时,应考虑清洁、环保、灭火迅速、技术成熟以及对人体安全、投资适度等因素,目前 FM200 和 INERGEN 都是不错的卤代烷替代物,但这两种系统造价较高,在某些情况下(如小型机房、人员较少停留的场所)可采用二氧化碳灭火剂。

【任务实施】

操作 1　认识网络机房消防系统

不同类型的网络机房使用的消防系统不尽相同,一般小型机房可以使用小型气体灭火器,大型机房应设置火灾自动报警装置、气体消防灭火系统和应急广播。图 10-7 给出了一种气体消防灭火系统的组成结构示意图。

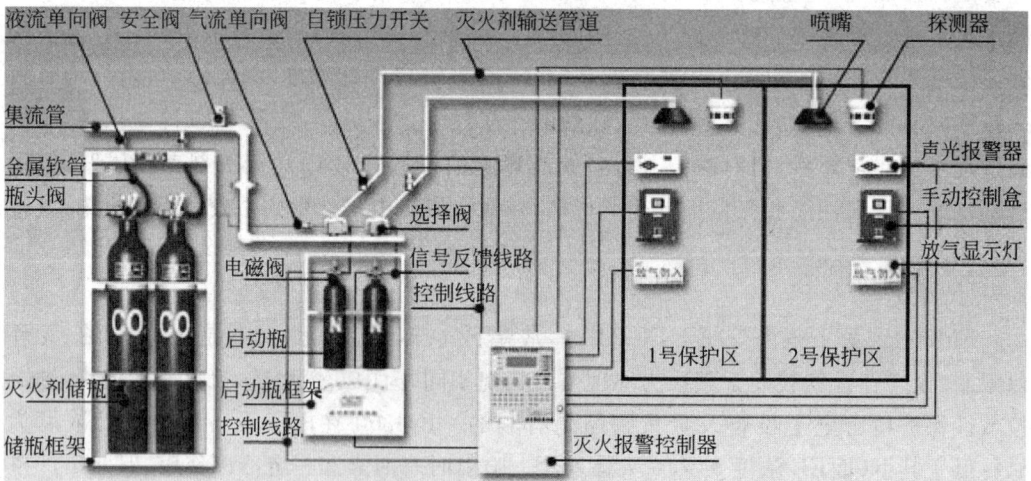

图 10-7　一种气体消防灭火系统的组成结构示意图

实地考察学校机房或计算机网络实验室的消防系统,了解该机房所使用的消防系统的基本情况,着重考察该消防系统有哪些部分组成以及各部件的安装位置,了解消防系统的工作过程和使用方法。

实地考察校园网或企业网络中心机房的消防系统，了解该机房所使用的消防系统的基本情况，着重考察该消防系统有哪些部分组成以及各部件的安装位置，了解消防系统的工作过程和使用方法。

操作 2　网络机房消防系统的操作

1. 气体消防灭火系统的操作

气体消防灭火系统分为按装配形式可分为管网灭火系统和无管网灭火系统。管网灭火系统应设有自动、手动和机械应急操作三种启动方式，无管网灭火系统应设有手动和自动两种启动方式。

（1）自动控制

将灭火控制器上的控制方式选择键拨至"自动"位置，灭火系统则处于自动控制状态。当保护区发生火情时，火灾探测器发出火灾信号，经报警控制器确认后，灭火控制器即发出声、光报警信号，同时发出联动指令，相关设备联动，经过一段延时时间，发出灭火指令，打开电磁瓶头阀释放启动气体，启动气体通过启动管路打开相应的选择阀和瓶头阀，释放灭火剂，实施灭火。

（2）手动控制

将灭火控制器上的控制方式选择键拨至"手动"位置，灭火系统则处于电气手动控制状态。当保护区发生火情时，可按下手动控制盒或灭火控制器上"启动"按钮，灭火控制器即发出声光报警信号，同时发出联动指令，相关设备联动，经过一段延时时间，发出灭火指令，打开电磁瓶头阀释放启动气体，启动气体通过启动管路打开相应的选择阀和瓶头阀，释放灭火剂，实施灭火。

（3）机械应急操作

当保护区发生火情且灭火控制器不能有效的发出灭火指令时，应立即通知有关人员迅速撤离现场，打开或关闭联动设备，然后拔除相应保护区电磁瓶头阀上的止动簧片，压下电磁瓶头阀手柄，即打开电磁瓶头阀，释放启动气体。启动气体打开相应的选择阀、瓶头阀，释放灭火剂，实施灭火。

不同气体消防灭火系统的操作方法有所不同，实际操作时需认真阅读相应产品的操作手册或其他相关文档。

2. 二氧化碳灭火器的使用

二氧化碳灭火器主要用于扑救贵重设备、档案资料、仪器仪表、600V 以下电气设备及油类的初起火灾。在小型网络机房可以配置手提式二氧化碳灭火器，如图 10-8 所示。

图 10-8　二氧化碳灭火器

在使用时,应首先将灭火器提到起火地点,放下灭火器,拔出保险销,一只手握住喇叭筒根部的手柄,另一只手紧握启闭阀的压把。对没有喷射软管的二氧化碳灭火器,应把喇叭筒往上板 $70°\sim90°$。使用时,不能直接用手抓住喇叭筒外壁或金属连线管,防止手被冻伤。灭火时,当可燃液体呈流淌状燃烧时,使用者将二氧化碳灭火剂的喷流由近而远向火焰喷射。如果可燃液体在容器内燃烧时,使用者应将喇叭筒提起。从容器的一侧上部向燃烧的容器中喷射。但不能将二氧化碳射流直接冲击可燃液面,以防止将可燃液体冲出容器而扩大火势,造成灭火困难。在室外使用二氧化碳灭火器时,应选择上风方向喷射;在室内窄小空间使用的,灭火后操作者应迅速离开,以防窒息。

操作3　网络机房消防系统的维护

1. 二氧化碳灭火器的维护

对于二氧化碳灭火器的维护主要应注意以下问题:

① 灭火器应存放在阴凉、干燥、通风处,不得接近火源,环境温度应在 $-5℃\sim45℃$ 之间。

② 灭火器每半年应检查一次重量,用称重法检查。称出的重量与灭火器钢瓶底部打的钢印总重量相比较,如果低于钢印所示量 $50g$,应送维修单位检修。

③ 每次使用后或每隔五年,应送维修单位进行水压试验。水压试验压力应与钢瓶底部所打钢印的数值相同,水压试验同时还应对钢瓶的残余变形率进行测定,只有水压试验合格且残余变形率小于 6 的钢瓶才能继续使用。

2. 气体消防灭火系统的维护

气体消防灭火系统的维护保养比较复杂,一般应由专业的维护人员定期进行检修,具体操作应参阅系统的相关手册。通常应注意以下几个方面。

(1) 对防护分区环境的维护保养

① 检查保护区必要的出入通道是否通畅无阻;各种报警信号和安全标志是否清洁、齐全并醒目易见;采光照明和事故照明是否完好。

② 检查烟感、温感探测器外表面是否清洁、无灰尘和环境污染(例如轻质粉尘、漆等),以保证其灵敏度;检查喷嘴孔口是否堵塞。

(2) 对灭火剂储存容器的维护保养

每年对灭火剂储存容器进行称重或检查储存压力,若低于允许值极限位置以下,必须予以重新灌装或替换。

(3) 对灭火控制器的维护保养

① 电源、指示灯的可靠程度检查;

② 灭火控制器的启动试验的工作情况是否正常。

(4) 对系统的维护保养

① 检查电磁阀与控制阀的连接导线是否完好,端子有否松动或脱落。

② 从启动钢瓶上卸下电磁阀,检查其动作是否灵活。

③ 卸下报警及控制系统与执行机构的连接装置,用模拟试验方法,检查自动控制、报警及延时功能的灵敏度和动作可靠性。

④ 检查储存容器开启机构灵活可靠性。

⑤ 检查灭火剂储存容器阀和启动容器阀的安全装置和管路安全阀放气口。

⑥ 检查所有钢瓶外表有无腐蚀和镀层脱落现象。

⑦ 对系统中所有软管进行外观检查,若发现有任何缺陷,更换或对软管进行耐压试验。

⑧ 将止回阀从系统上卸下,检查其密封情况和开启动作灵活程度。

⑨ 用气动和手动方式,检查所有选择阀的开启动作是否灵活可靠。

习　题　10

1. 判断题

(1) 传输信号的网络电缆和电源线之间应该避免相互的串扰,在敷设电缆时应注意不要使网络信号电缆与电源线并行走线。　　　　　　　　　　　　　　(　　)

(2) UPS 应尽量不接电感性负载,因为电感性负载的关闭会影响 USP 电源的寿命。
　　　　　　　　　　　　　　　　　　　　　　　　　　　　　　(　　)

(3) UPS 电源应该长期处于开机状态,尽量减少开、关机次数。　　　　(　　)

(4) 高频化对 UPS 电源减小体积、降低成本,以及对非线性负载有更好的响应上起着重要的作用。　　　　　　　　　　　　　　　　　　　　　　　(　　)

(5) 压缩制冷系统由制冷压缩机、冷凝器、蒸发器和节流阀四个基本部件组成。
　　　　　　　　　　　　　　　　　　　　　　　　　　　　　　(　　)

(6) 在制冷系统中,压缩剂是输送冷量的设备,制冷剂在其中吸收被冷却物体的热量实现制冷。　　　　　　　　　　　　　　　　　　　　　　　　　(　　)

(7) 在制冷系统中,制冷剂在系统中经过蒸发、压缩、冷凝、节流四个基本过程完成一个制冷循环。　　　　　　　　　　　　　　　　　　　　　　　(　　)

(8) 计算机系统工作的稳定与否与环境条件好坏没有直接关系。　　　(　　)

(9) 网络机房对温度及洁净度没有太高的要求。　　　　　　　　　　(　　)

(10) 灰尘落到电子器件上,会产生尘膜,既影响散热又影响绝缘效果,甚至产生短路。　　　　　　　　　　　　　　　　　　　　　　　　　　　　(　　)

(11) 网络机房并不要求空调全年制冷运行。　　　　　　　　　　　　(　　)

(12) 电器超长时间运行,导致发热或产生故障不会引起火灾。　　　　(　　)

(13) 灭火的原理就是破坏燃烧的条件,使燃烧反应终止的过程。其基本原理可归纳为冷却、窒息、隔离和化学抑制等。　　　　　　　　　　　　　　　(　　)

(14) 火灾自动报警装置是将燃烧产生的烟雾、热量和光辐射等物理量,通过感温、感烟和感光等火灾探测器变成电信号,发出警报的。　　　　　　　　　(　　)

(15) 火灾自动报警装置决不会产生误报的情况。　　　　　　　　　　　(　　)

(16) 机房内的各类熔丝可以使用铜、铁、铝线代替。　　　　　　　　　(　　)

(17) 机房空调的安装位置不要靠近窗帘、门帘等悬挂物,以免卷入电动机而使电动机发热起火。　　　　　　　　　　　　　　　　　　　　　　　　　　　(　　)

(18) 机房重在存储系统,供电系统的稳定性和可靠性不是很重要。　　　(　　)

(19) 在电网质量较高的大城市里,是不需要 UPS 不间断电源给机房供配电的,只有在偏远山区才需要。　　　　　　　　　　　　　　　　　　　　　　　　　(　　)

(20) UPS 电源的最大优点是:当突然停电时,它可以为计算机系统和设备供电一段时间。　　　　　　　　　　　　　　　　　　　　　　　　　　　　　　(　　)

(21) 主机房内维修和测试用电源插座可以共用一个,且同时使用就可以。　(　　)

(22) 计算机内许多敏感电路容易受外界空间电磁场的干扰,但这不会影响计算机的正常工作。　　　　　　　　　　　　　　　　　　　　　　　　　　　　　(　　)

(23) 静电会损害半导体逻辑电路。　　　　　　　　　　　　　　　　　(　　)

(24) 由于主机房内采用的活动地板可由钢、铝或其他阻燃性材料制成。所以,允许金属部分暴露在地板表面。　　　　　　　　　　　　　　　　　　　　　　(　　)

(25) 导静电地面、活动地板、工作台面和坐椅垫套必须进行静电接地。　　(　　)

(26) 网络机房不仅要求温度的波动幅度不得超过规定的范围,而且对温度变化的梯度有明确的要求。　　　　　　　　　　　　　　　　　　　　　　　　　　(　　)

(27) 对设备布置密度大、设备发热量大的主机房,宜采用活动地板下送上回的送风方式。　　　　　　　　　　　　　　　　　　　　　　　　　　　　　　(　　)

(28) 当发现空调滴水、漏水时,应检查排水管是否扭曲、压扁,是否破裂,排水管出口是否浸在水中。　　　　　　　　　　　　　　　　　　　　　　　　　　　(　　)

(29) 当感觉空调噪音较大时,应先确认声音是否源自空调,然后检查空调启动或停机时,内机塑料件因温度变化发生膨胀的声音是否正常。　　　　　　　　　　(　　)

(30) 通信设备的计算机系统属于高电平系统。　　　　　　　　　　　　(　　)

2. 单项选择题

(1) 计算机地线系统不与大地相接,而是与大地严格绝缘,称为(　　　)。

　　A. 直流悬浮接地　　　　B. 接大地　　　　C. 交流接地　　　　D. 防雷保护接地

(2) 在线式 UPS 的运行使市电经过(　　　)的变换,真正做到市电与负载的隔离,因此负载得到的电源才是真正的无污染、无中断的电源。

　　A. AC→DC→AC　　　　　　　　　B. DC→AC→DC

　　C. AC→AC→DC　　　　　　　　　D. DC→DC→AC

(3) 为延长 UPS 电源的使用寿命,总负载功率应小于 UPS 额定输入功率的(　　　)。

　　A. 90%　　　　　　B. 80%　　　　　C. 70%　　　　　D. 60%

(4) 与相同制冷量的普通空调相比,机房专用空调机的循环风量约(　　　),相应的焓差值只有一半。

　　A. 大2倍　　　　　B. 在1.5倍　　　C. 大1倍　　　　D. 小1倍

(5) 电子计算机中心建筑物的耐火等级不应低于(　　)。

　　A. 一级　　　　　　B. 二级　　　　　C. 三级　　　　　D. 四级

3. 多项选择题

(1) 网络机房的供配电系统包括(　　)。

　　A. 机房电源系统　　　　　　　　　　B. 机房照明系统

　　C. 通风系统　　　　　　　　　　　　D. 接地系统

(2) 计算机整个供配电系统所提供的电源按照用途可以分为(　　)三类。

　　A. 照明电源　　　　B. 主机电源　　　C. 外围设备电源　　D. 辅助设备电源

(3) UPS 电源是由(　　)组成的一种电源设备。

　　A. 电力变流器　　　B. 储能装置　　　C. 散热器　　　　　D. 开关

(4) UPS 的供电方式可分为(　　)两种。

　　A. 线性供电　　　　B. 环形供电　　　C. 集中供电　　　　D. 分散供电

(5) 下列属于 UPS 集中式供电方式的特点有(　　)。

　　A. 便于管理　　　　B. 布线要求高　　C. 可靠性高　　　　D. 成本高

(6) 下列属于 UPS 分散式供电方式的特点有(　　)。

　　A. 便于管理　　　　B. 布线要求高　　C. 可靠性高　　　　D. 成本低

(7) 下列需要交流工作接地的设备有(　　)。

　　A. 计算机　　　　　B. 变压器　　　　C. 空调设备　　　　D. 机柜

(8) UPS 按照工作方式主要分为(　　)两种。

　　A. 在线式　　　　　B. 离线式　　　　C. 后备式　　　　　D. 直流式

(9) 下列属于后备式 UPS 的特点的是(　　)。

　　A. 线路简单　　　　　　　　　　　　B. 价格便宜

　　C. 对电网的抗干扰能力差　　　　　　D. 适合于给精密设备供电

(10) 空调系统按照空气处理设备的装置情况来分,可以分为(　　)三类。

　　A. 集中系统　　　　B. 封闭系统　　　C. 半集中系统　　　D. 全分散系统

(11) 空调系统按照负担室内负荷所用的介质种类来分,可以分为(　　)。

　　A. 全空气系统　　　B. 全水系统　　　C. 空气水系统　　　D. 冷剂系统

(12) 空调装置的故障可分为(　　)。

　　A. 电路故障　　　　　　　　　　　　B. 制冷系统故障

　　C. 机械方面的故障　　　　　　　　　D. 电源故障

(13) 下列属于空调机组日常检查的有(　　)。

　　A. 清洗空气过滤器　　　　　　　　　B. 调整和清洗冷凝盘管

　　C. 控制水冷冷凝器的污垢状态　　　　D. 清洗排水管和控制排水

(14) 下列属于常用消防设施的有(　　)。

　　A. 消防栓　　　　　　　　　　　　　B. 消防水龙头

　　C. 灭火器　　　　　　　　　　　　　D. 紧急火灾警报器

(15) 生活中引发火灾的主要因素有(　　)。

　　A. 使用明火引发火灾　　　　　　　　B. 电器设备引发火灾

    C. 雷击引发火灾   D. 人为的麻痹大意导致火灾

(16) 燃烧必须具备的三个条件为(　　　)。

    A. 可燃物体   B. 电线

    C. 空气   D. 明火或一定的温度

(17) 当(　　　)时,应采用交流不间断电源系统供电。

    A. 需要保证顺序断电安全停机

    B. 采用备用电源自动投入方式能满足要求

    C. 计算机系统实时控制

    D. 一般稳压稳频设备不能满足要求

(18) 对电磁辐射干扰的防护需注意:(　　　)。

    A. 机房活动地板下部的电源线应尽可能远离计算机信号线,并避免并排敷设

    B. 应该设计屏蔽机房

    C. 主机房内采用的活动地板可由橡胶材料制成

    D. 主机房内的工作台面及坐椅垫套材料应是防磁的

(19) UPS 使用维护注意事项包括:(　　　)。

    A. 按照正确的开机、关机顺序进行操作

    B. 禁止频繁地关闭和开启 UPS 电源

    C. 定期清除 UPS 电源内的积尘

    D. 控制电源温度不要过高

(20) 以下说法正确的是(　　　)。

    A. UPS 电源的摆放应避免阳光直射,并留有足够的空间以便通风散热

    B. 为了让 UPS 更好的工作,应该定期对 UPS 电源的蓄电池组过度放电

    C. 长期不用的 UPS 电源,在重新开机使用之前,最好先不要加负载

    D. UPS 电源的最大启动负载最好控制在 80% 之内

(21) 机房环境的特点有(　　　)。

    A. 热负荷强度高   B. 温度要求稳定

    C. 气流组织形式多样   D. 洁净度高

(22) UPS 使用时应注意:(　　　)。

    A. UPS 电源摆放应避免阳光直射

    B. 对 UPS 电源的蓄电池组充电时严禁超过其额定电流

    C. UPS 电源不能长期连续运行,一般不能超过 24h

    D. UPS 电源不宜由柴油发电机供电

(23) 对空调系统运行状况的检查项目有(　　　)。

    A. 每年都要补充制冷剂   B. 空调电源是否正常

    C. 空调设备是否正常制冷   D. 空调表面是否有破损

(24) 空调器压缩机运转时振动和噪音过大,可能的原因有(　　　)。

    A. 安装不当   B. 压缩机不正常振动

    C. 风扇碰击   D. 风扇内有异物

（25）网络机房的温度过高会（　　）。

　　A. 使电子芯片穿透电流成倍增大　　　B. 引起 PN 结的温度进一步升高

　　C. 改变电阻值　　　　　　　　　　　D. 引起电解电容器的容量的变化

4．问答题

（1）网络机房常用的供配电方式有哪些类型？各有什么特点？

（2）简述 UPS 的作用。

（3）简述后备式 UPS 和在线式 UPS 的区别。

（4）在网络机房中一般应如何设置电源插座？

（5）简述机房专用空调与舒适型空调的区别。

（6）机房空调的气流组织方式有哪些？分别适合什么样的机房环境？

（7）网络机房通常应选择什么类型的灭火剂？目前常用的灭火剂有哪几种？

工作单元 11　使用虚拟软件模拟网络环境

在计算机网络相关课程的学习中,需要由多台计算机以及交换机、路由器等网络设备构成的网络环境。另外如果在服务器及网络设备的安装和配置过程中出现了错误,很可能会出现各种各样的问题,甚至导致整个网络系统的崩溃。目前市场上出现了很多工具软件,利用这些工具软件可以在一台计算机上模拟网络连接、构建网络环境、完成网络的各种配置和测试,效果与物理网络基本相同。本项目的主要目标是掌握虚拟机软件VMware Workstation 的基本使用方法;掌握网络模拟软件 Cisco Packet Tracer 的基本使用方法。

任务 11.1　使用虚拟机软件 VMware Workstation

【任务目的】

(1) 掌握虚拟机软件 VMware Workstation 的安装方法;
(2) 能够利用 VMware Workstation 配置虚拟机;
(3) 理解 VMware Workstation 中提供的虚拟设备和网络连接方式。

【工作环境与条件】

(1) 安装好 Windows Server 2008 R2 或其他 Windows 操作系统的计算机;
(2) 虚拟机软件 VMware Workstation。

【相关知识】

虚拟机软件可以在一台计算机上模拟出多台计算机,每台模拟的计算机可以独立运行而互不干扰,完全就像真正的计算机那样进行工作,可以安装操作系统、安装应用程序、访问网络资源等。对于用户来说,虚拟机只是运行在物理计算机上的一个应用程序,但对于在虚拟机中运行的应用程序而言,它就像是在真正的计算机中进行工作。因此,当在虚拟机中进行软件测试时,如果系统崩溃,崩溃的只是虚拟机的操作系统,而不是物理计算机的操作系统,而且通过虚拟机的恢复功能,可以马上恢复到软件测试前的状态。另外,通过配置虚拟机网卡的有关参数,可以将多台虚拟机连接成局域网,构建出所需的网络环境。目前基于 Windows 平台的虚拟机软件主要有 VMware、Virtual PC 等。

VMware 公司的 VMware Workstation 可以安装在用户的桌面计算机操作系统中,其虚拟出的硬件环境能够支持 Microsoft Windows、Linux、Novell Netware、Sun Solaris 等多种操作系统,而且还能通过添加不同的硬件实现磁盘阵列、多网卡等各种实验。对于企业的 IT 开发人员和系统管理员而言,VMware Workstation 在虚拟网络、实时快照等方面的特点使其成为必不可少的工具。

【任务实施】

操作 1 安装 VMware Workstation

在 Windows 操作系统中安装 VMware Workstation 的方法与安装其他软件基本相同,这里不再赘述。需要注意的是在安装 VMware Workstation 的过程中会默认添加 4 个 VMware 服务(如图 11-1 所示)和 2 个虚拟网卡(分别为 VMware Virtual Ethernet Adapter for VMnet1 和 VMware Virtual Ethernet Adapter for VMnet8)。

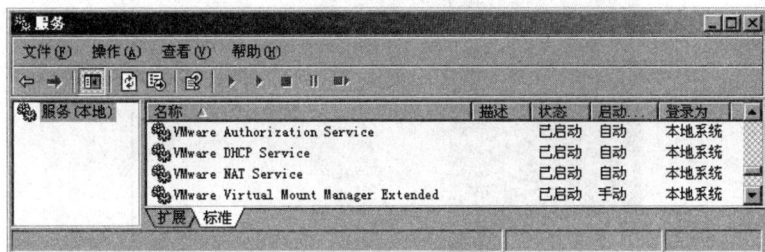

图 11-1 VMware Workstation 安装后添加的服务

操作 2 新建与配置虚拟机

1. 新建虚拟机

如果要利用 VMware Workstation 新建一台 Windows 虚拟机,则操作步骤如下。

(1) 打开 VMware Workstation 主界面,如图 11-2 所示。

(2) 在 VMware Workstation 主界面上,单击"新建虚拟机"链接,打开"欢迎来到新建虚拟机向导"对话框,如图 11-3 所示。

(3) 在"欢迎来到新建虚拟机向导"对话框中,单击"下一步"按钮,打开"选择合适的配置"对话框,如图 11-4 所示。

(4) 在"选择合适的配置"对话框中,选择"典型",单击"下一步"按钮,打开"选择一个客户机操作系统"对话框,如图 11-5 所示。

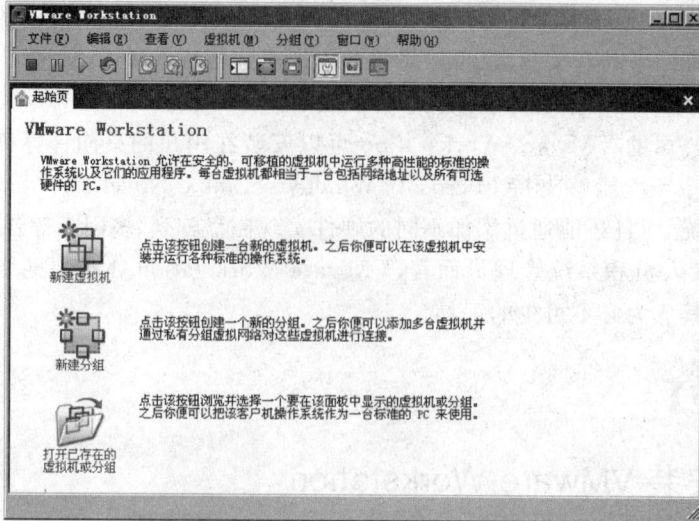

图 11-2　VMware Workstation 主界面

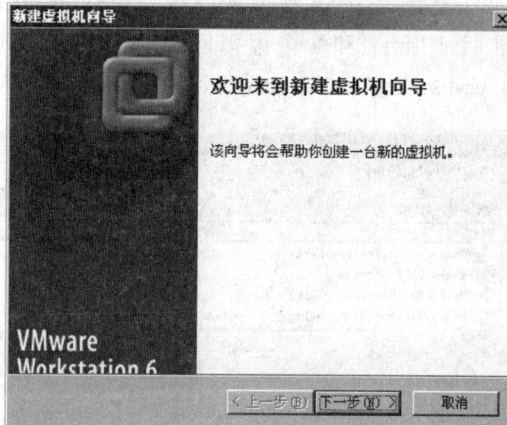

图 11-3　"欢迎来到新建虚拟机向导"对话框

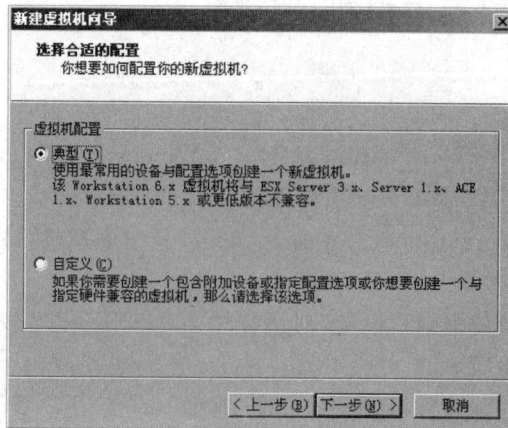

图 11-4　"选择合适的配置"对话框

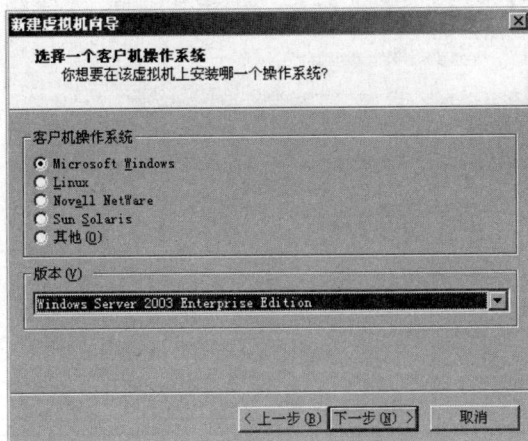

图 11-5　"选择一个客户机操作系统"对话框

（5）在"选择一个客户机操作系统"对话框中，选定要将要为虚拟机安装的操作系统，单击"下一步"按钮，打开"虚拟机名称"对话框，如图 11-6 所示。

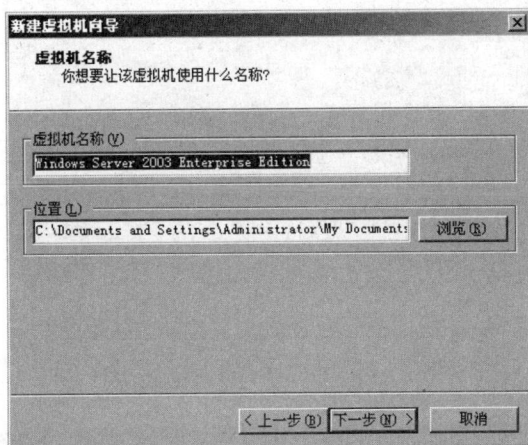

图 11-6　"虚拟机名称"对话框

（6）在"虚拟机名称"对话框输入虚拟机的名称和文件保存位置，单击"下一步"按钮，打开"网络类型"对话框，如图 11-7 所示。

（7）在"网络类型"对话框中选择要添加的网络类型，默认选择"使用桥接网络"，也可选择其他方式。单击"下一步"按钮，打开"指定磁盘容量"对话框，如图 11-8 所示。

（8）在"指定磁盘容量"对话框中确定虚拟磁盘的容量，单击"完成"按钮，打开"虚拟机已被成功创建"对话框。

（9）在"虚拟机已被成功创建"对话框中，单击"关闭"按钮，完成虚拟机创建。此时在VMware Workstation 主界面上可以看到已经创建的虚拟机，如图 11-9 所示。

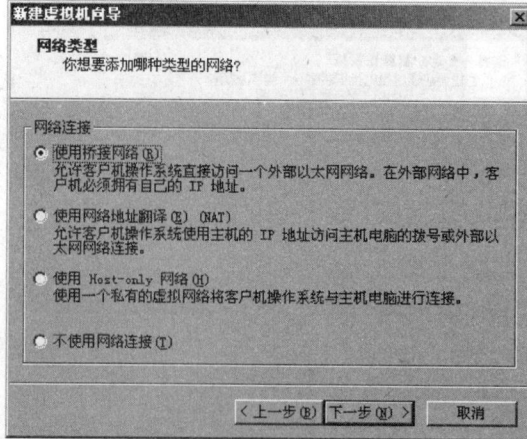

图 11-7 "网络类型"对话框

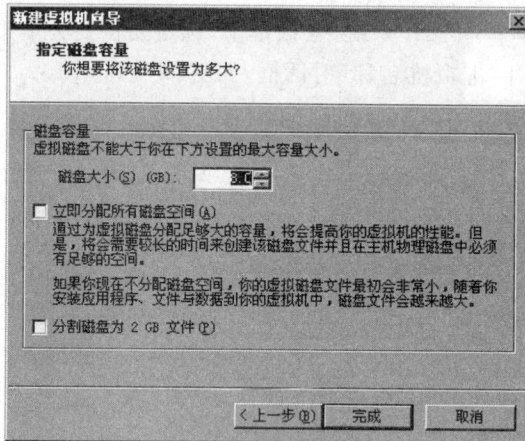

图 11-8 "指定磁盘容量"对话框

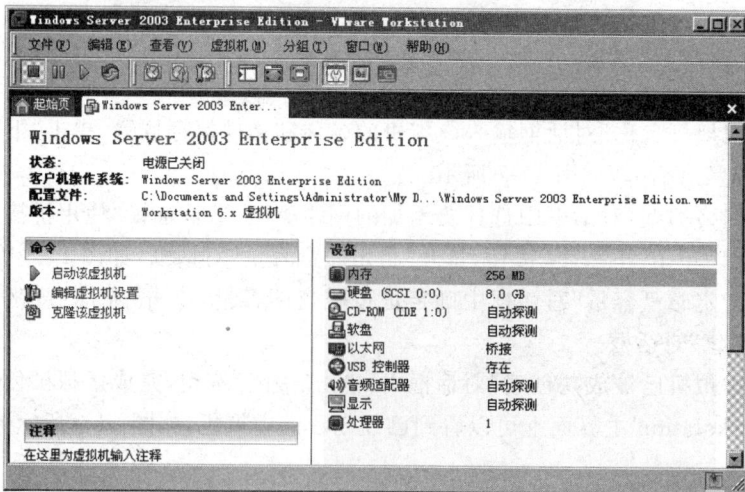

图 11-9 已经创建的虚拟机

2. 设置虚拟机硬件

在图 11-9 所示画面中可以看到虚拟机的详细硬件信息,可以根据需要对虚拟机的硬件进行设置。

（1）设置虚拟机内存

VMware Workstation 默认设置的虚拟机内存较大,在开启多个虚拟机系统时运行速度会很慢。因此可以根据物理内存的大小和需要同时启动的虚拟机的数量来调整虚拟机内存的大小。设置方法为：在图 11-9 所示的画面中,双击"内存",打开"内存"对话框,如图 11-10 所示,通过滑动条即可设置内存大小。

（2）设置虚拟机光驱

VMware Workstation 支持从物理光驱和光盘镜像文件（ISO）来安装系统和程序。如果要使用光盘镜像文件,可以在图 11-9 所示的画面中,双击"CD-ROM",打开"CD-ROM"对话框,如图 11-11 所示。选中"使用 ISO 镜像"后,单击"浏览"按钮,确定光盘镜像文件路径即可。

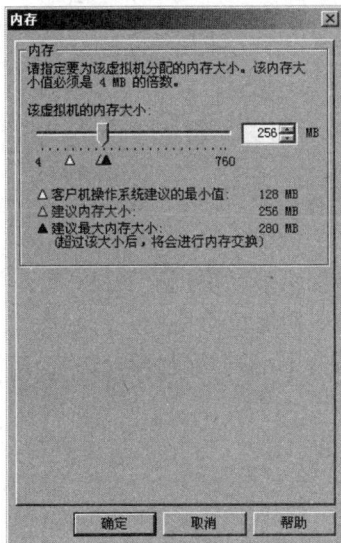

图 11-10 "内存"对话框　　　　　图 11-11 "CD-ROM"对话框

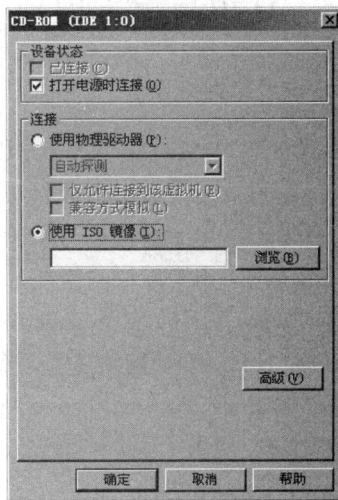

（3）更改虚拟机的网络连接方式

如果要更改虚拟机的网络连接方式可以在图 11-9 所示的画面中,双击"以太网",打开"以太网"对话框,选择相应的网络连接方式,单击"确定"按钮即可。

（4）添加移除硬件

如果要添加或移除虚拟机的硬件设备,可在图 11-9 所示的画面中单击"编辑虚拟机设置"链接,在打开的"虚拟机设置"对话框中,单击"添加"或"移除"按钮,根据向导操作即可。

3. 安装操作系统

设置好虚拟机后就可以在虚拟机上安装操作系统了,在图 11-9 所示的画面中单击"启动该虚拟机"连接,此时虚拟机将开始启动并进行操作系统的安装,安装过程与在物理计算机上的安装完全相同。

注意:默认情况下,如果将鼠标光标移至虚拟机屏幕,单击鼠标,此时鼠标和键盘将成为虚拟机的输入设备。如果要把鼠标和键盘释放到物理计算机,则应按 Ctrl+Alt 组合键。

4. 安装 VMware Tools

安装好操作系统后,可以安装 VMware Tools 来增强虚拟机操作系统的功能,如网卡速率、显示分辨率等。操作步骤为:在图 11-9 所示画面的菜单栏中依次选择"虚拟机"→"安装 VMware Tools"命令,此时系统将装载 VMware Tools 安装光盘,完成安装并重新启动虚拟机。

操作3 认识与配置虚拟机的网络连接

1. 认识虚拟网络设备

默认情况下,VMware Workstation 将创建以下虚拟网络设备。
① VMnet0:用于虚拟桥接网络下的虚拟交换机;
② VMnet1:用于虚拟只与主机互联(Host-only)网络下的虚拟交换机;
③ VMnet8:用于虚拟网络地址转换(NAT)网络下的虚拟交换机;
④ VMware Virtual Ethernet Adapter for VMnet1:Host OS(物理计算机)用于与虚拟主机互联(Host-only)网络进行通信的虚拟网卡;
⑤ VMware Virtual Ethernet Adapter for VMnet8:Host OS 用于与虚拟 NAT 网络进行通信的虚拟网卡。

2. 认识虚拟桥接网络

如果物理计算机(Host OS)在一个局域网中,那么使用虚拟桥接网络是把虚拟机(Guest OS)接入网络最简单的方法。虚拟机就像一个新增加的、与真实主机有着同等物理地位的计算机,可以享受所有局域网中可用的服务,如文件服务、打印服务等。

在虚拟桥接网络中,物理计算机和虚拟机通过虚拟交换机 VMnet0 进行连接,它们的网卡处于同等地位,也就是说虚拟机的网卡和物理计算机的网卡一样,需要有在局域网中独立的标识和 IP 地址信息。图 11-12 给出了虚拟桥接网络的示意图,如果为 Host OS 设置 IP 地址为 192.168.1.1/24,为 Guest OS 设置 IP 地址为 192.168.1.2/24,此时 Host OS 和 Guest OS 将能够相互进行通信,并且也可以与局域网中的其他 Host OS 或 Guest OS 进行通信。

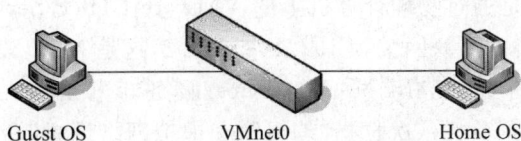

图 11-12　虚拟桥接网络的示意图

3. 认识虚拟网络地址转换(NAT)网络

当使用这种网络连接方式时,虚拟机在外部物理网络中没有独立的 IP 地址,而是与虚拟交换机和虚拟 DHCP 服务器一起构成了一个内部虚拟网络,由该 DHCP 服务器分配 IP 地址,并通过 NAT 功能利用物理计算机的 IP 地址去访问外部网络资源,图 11-13给出了虚拟网络地址转换(NAT)网络的示意图。

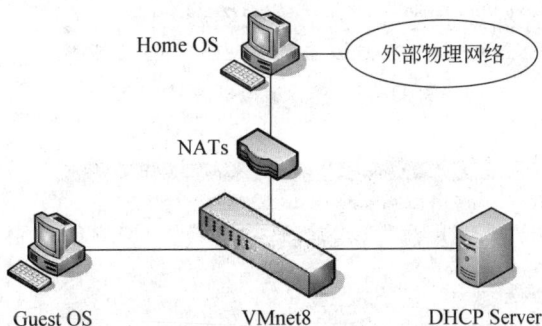

图 11-13　虚拟网络地址转换网络的示意图

其中物理计算机通过虚拟网卡 VMware Virtual Ethernet Adapter for VMnet8 与虚拟交换机 VMnet8 相连,可以在命令提示符下使用"ipconfig /all"命令查看该网卡的 IP地址信息,如图 11-14 所示。由图可知该网卡的 IP 地址是固定的,是在 VMware Workstation 安装过程中随机设置的,本例中为 192.168.203.1/24。

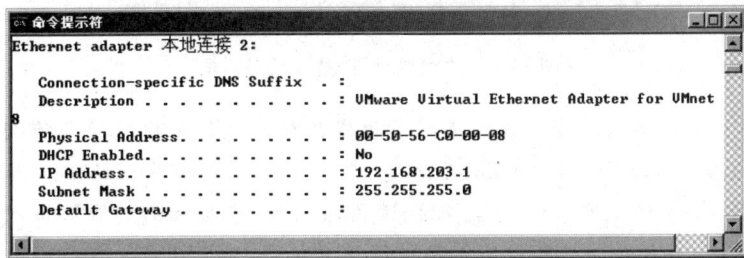

图 11-14　查看物理计算机虚拟网卡的 IP 地址

同样在虚拟机中,也可以在命令提示符下使用"ipconfig /all"命令查看其网卡的 IP地址信息,如图 11-15 所示。由图可知虚拟机的 IP 地址为 192.168.203.128/24,与物理计算机的虚拟网卡 IP 地址的网络标识相同,可以相互通信。还可以看到虚拟机的 IP 地址是由 IP 地址为 192.168.203.254 的 DHCP 服务器提供的,需要注意的是这个服务器并不是真实存在的,而是通过物理计算机上的 VMware DHCP Service 服务虚拟出来的。另外还可以看到虚拟机的默认网关为 192.168.203.2,这是 NAT 设备的 IP 地址,该设备是由物理计算机上的 VMware NAT Service 服务虚拟出来的。可以在 VMware Workstation 主界面的菜单栏依次选择"编辑"→"虚拟网络设置"命令,打开"虚拟网络编辑器"对话框,即可对 DHCP 及 NAT 等虚拟网络设备进行查看和设置,如图 11-16 所示。

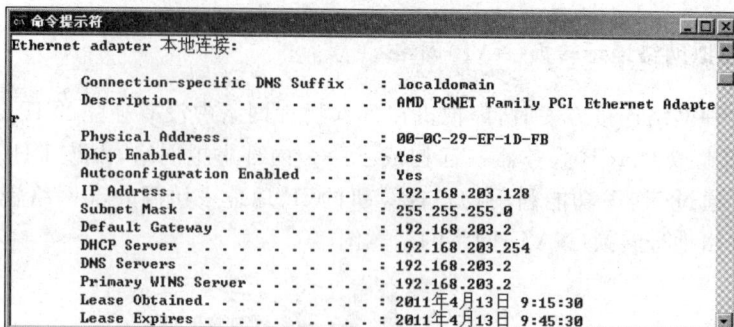

图 11-15　查看虚拟机的 IP 地址

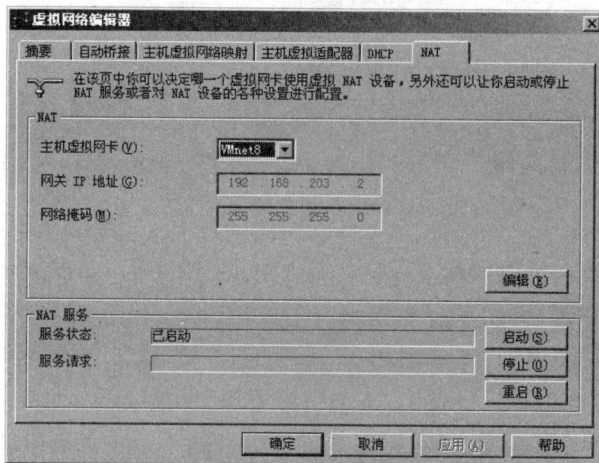

图 11-16　"虚拟网络编辑器"对话框

注意:设置时不要直接通过网络连接属性修改物理计算机虚拟网卡的 IP 地址信息,否则会导致物理计算机和虚拟机之间无法通信。另外,物理计算机的虚拟网卡只是为物理计算机与 NAT 网络之间提供接口,即使禁用该网卡,虚拟机仍然能够访问物理计算机能够访问的网络,只是物理计算机将无法访问虚拟机。

4. 认识虚拟主机互联(Host-only)网络

主机互联(Host-only)网络与 NAT 方式相似,但是没有提供 NAT 服务,只是使用虚拟交换机 VMnet1 实现物理计算机、虚拟机和虚拟 DHCP 服务器间的连接,如图 11-17 所示。

其中物理计算机通过虚拟网卡 VMware Virtual Ethernet Adapter for VMnet1 与虚

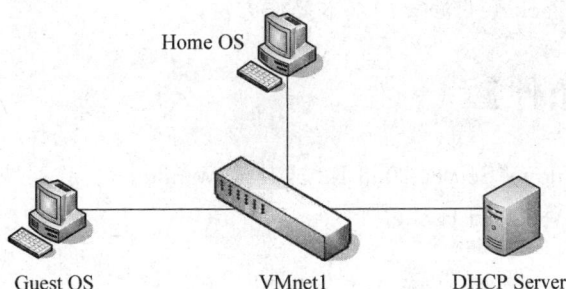

图 11-17 虚拟主机互联（Host-only）网络的示意图

拟交换机 VMnet1 相连。由于没有提供 NAT 功能，所以这种网络连接方式只可以实现物理计算机与虚拟机间的通信，并不能实现虚拟机与外部物理网络的通信。

5. 选择虚拟网络连接方式

在 VMware Workstation 的虚拟网络连接方式中，如果想要实现小型局域网环境的模拟，应采用虚拟桥接网络连接方式。如果只是要虚拟机能够访问外部物理网络，最简单的是通过虚拟网络地址转换（NAT）网络方式，因为它不需要对网卡进行设置和额外的 IP 地址。

6. 认识组功能

从 VMware Workstation 5.0 开始，可以通过其提供的"组"功能，构建虚拟网络。利用"组"功能构建的虚拟网络中的虚拟交换机并不连接到物理计算机，而是独立于物理计算机和外部物理网络的，并且各虚拟交换机之间并没有连接关系。如果对虚拟机添加多块网卡，就可以利用组功能将其连接到多个虚拟网络。

7. 配置基于桥接方式的虚拟网络

在一台计算机上安装 VMware Workstation，新建两台虚拟机，分别安装 Windows Server 2008 R2 和 Windows 7 操作系统。设置网络连接方式为桥接网络，分别对物理计算机和虚拟机进行配置，要求它们相互之间可以通信，并能共享网络资源。

注意：限于篇幅，以上只完成了 VMware Workstation 的基本操作，更详细的操作方法请参考相关的技术手册。

任务 11.2 使用网络模拟软件 Cisco Packet Tracer

【任务目的】

（1）掌握网络模拟软件 Cisco Packet Tracer 的安装方法；
（2）能够利用 Cisco Packet Tracer 模拟网络环境；

（3）掌握 Cisco Packet Tracer 的基本操作方法。

【工作环境与条件】

（1）安装好 Windows Server 2008 R2 或其他 Windows 操作系统的计算机；

（2）网络模拟软件 Cisco Packet Tracer。

【相关知识】

Packet Tracer 是由 Cisco 公司发布的一个辅助学习工具，为学习 Cisco 网络课程（如 CCNA）的用户设计、配置网络和排除网络故障提供了网络模拟环境。用户可以在该软件提供的图形界面上直接使用拖拽方法建立网络拓扑，并通过图形接口配置该拓扑中的各个设备。Packet Tracer 可以提供数据包在网络中传输的详细处理过程，从而使用户能够观察网络的实时运行情况。相对于其他的网络模拟软件，Packet Tracer 操作简单，更人性化，对网络设备（Cisco 设备）的初学者有很大的帮助。

【任务实施】

操作 1 安装并运行 Cisco Packet Tracer

在 Windows 操作系统中安装 Cisco Packet Tracer 的方法与安装其他软件基本相同，这里不再赘述。运行该软件后可以看到如图 11-18 所示的主界面，表 11-1 对 Cisco Packet Tracer 主界面的各部分进行了说明。

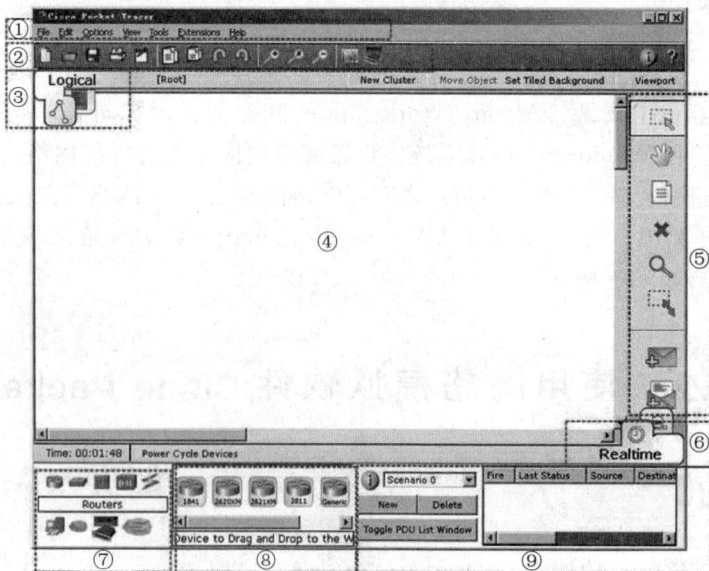

图 11-18 Cisco Packet Tracer 主界面

表 11-1　对 Cisco Packet Tracer 主界面的说明

序号	名　称	功　能
①	菜单栏	此栏中有文件、编辑和帮助等菜单项,在此可以找到一些基本的命令如打开、保存、打印等设置
②	主工具栏	此栏提供了菜单栏中部分命令的快捷方式,还可以单击右边的网络信息按钮,为当前网络添加说明信息
③	逻辑/物理工作区转换栏	可以通过此栏中的按钮完成逻辑工作区和物理工作区之间的转换
④	工作区	此区域中可以创建网络拓扑,监视模拟过程查看各种信息和统计数据
⑤	常用工具栏	此栏提供了常用的工作区工具包括:选择、整体移动、备注、删除、查看、添加简单数据包和添加复杂数据包等
⑥	实时/模拟转换栏	可以通过此栏中的按钮完成实时模式和模拟模式之间的转换
⑦	设备类型库	在这里可以选择不同的设备类型,如路由器、交换机、HUB、无线设备、连接、终端设备等
⑧	特定设备库	在这里可以选择同一设备类型中不同型号的设备,它随设备类型库的选择级联显示
⑨	用户数据包窗口	用于管理用户添加的数据包

操作 2　建立网络拓扑

可在 Cisco Packet Tracer 的工作区建立所要模拟的网络环境,操作方法如下。

1. 添加设备

如果要在工作区中添加一台 Cisco 2811 路由器,则首先应在设备类型库中选择路由器,然后在特定设备库中单击 Cisco 2811 路由器,再在工作区中单击一下就可以把 Cisco 2811 路由器添加到工作区了。可以用同样的方式添加一台 Cisco 2960 交换机和两台 PC。

注意:可以按住 Ctrl 键再单击相应设备以连续添加设备,可以利用鼠标拖拽来改变设备在工作区的位置。

2. 选取合适的线型正确连接设备

可以根据设备间的不同接口选择特定的线型来连接,如果只是想快速的建立网络拓扑而不考虑线型选择时可以选择自动连线。如果要使用直通线完成 PC 与 Cisco 2960 交换机的连接,操作步骤如下。

(1) 在设备类型库中选择 Connections,在特定设备库中单击直通线。

(2) 在工作区中单击 Cisco 2960 交换机,此时将出现交换机的接口选择菜单,选择所要连接的交换机接口。

(3) 在工作区中单击所要连接的 PC,此时将出现 PC 的接口选择菜单,选择所要连接的 PC 接口,完成连接。

用相同的方法可以完成其他设备间的连接,如图 11-19 所示。

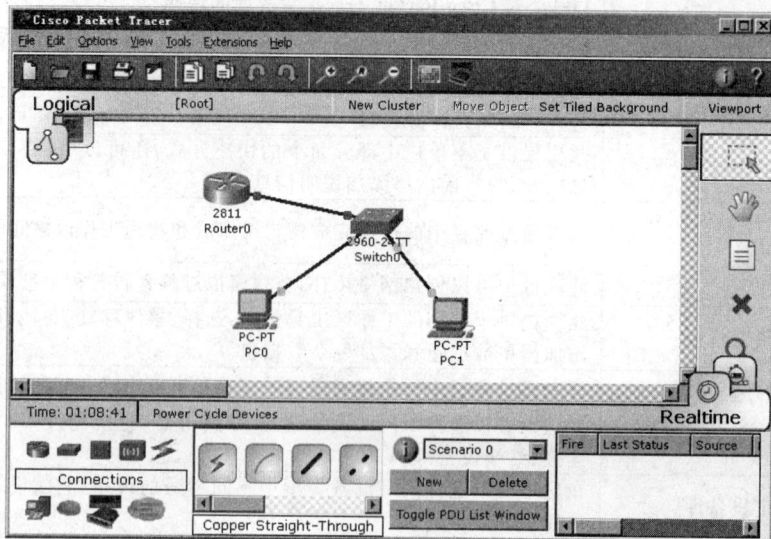

图 11-19 建立网络拓扑

在完成连接后可以看到各链路两端有不同颜色的圆点,其表示的含义如表 11-2 所示。

表 11-2 链路两端不同颜色圆点的含义

圆点状态	含 义
亮绿色	物理连接准备就绪,还没有 Line Protocol status 的指示
闪烁的绿色	连接激活
红色	物理连接不通,没有信号
黄色	交换机端口处于"阻塞"状态

操作 3 配置网络中的设备

1. 配置网络设备

在 Cisco Packet Tracer 中,配置路由器与交换机等网络设备的操作方法基本相同。如果要对图 11-19 所示网络拓扑中的 Cisco 2811 路由器进行配置,可在工作区单击该设备图标,打开路由器配置窗口,该窗口共有 3 个选项卡,分别为 Physical、Config 和 CLI。

(1) 配置 Physical 选项卡

路由器配置窗口的 Physical 选项卡主要用于添加路由器的端口模块,如图 11-20 所示。Cisco 2811 路由器采用模块化结构,如果要为该路由器添加模块,则应先将路由器电源关闭(在"Physical"选项卡所示的设备物理视图中单击电源开关即可),然后在左侧的模块栏中选择要添加的模块类型,此时在右下方会出现该模块的示意图,用鼠标将模块拖动到设备物理视图中显示的可用插槽即可。至于各模块的详细信息,请参考帮助文件。

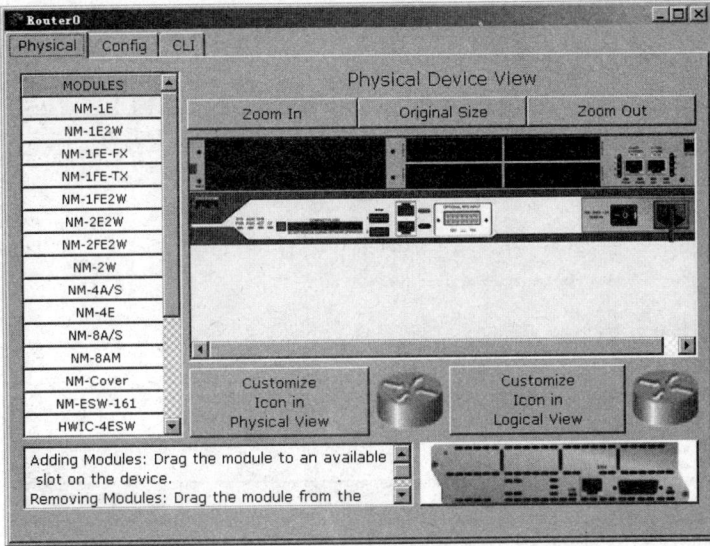

图 11-20　Physical 选项卡

（2）配置 Config 选项卡

Config 选项卡主要提供了简单配置路由器的图形化界面，如图 11-21 所示。在该选项卡中可以对全局信息、路由、交换和接口等进行配置。当进行某项配置时，在选项卡下方会显示相应的 IOS 命令。这是 Cisco Packet Tracer 的快速配置方式，主要用于简单配置，在实际设备中没有这样的方式。

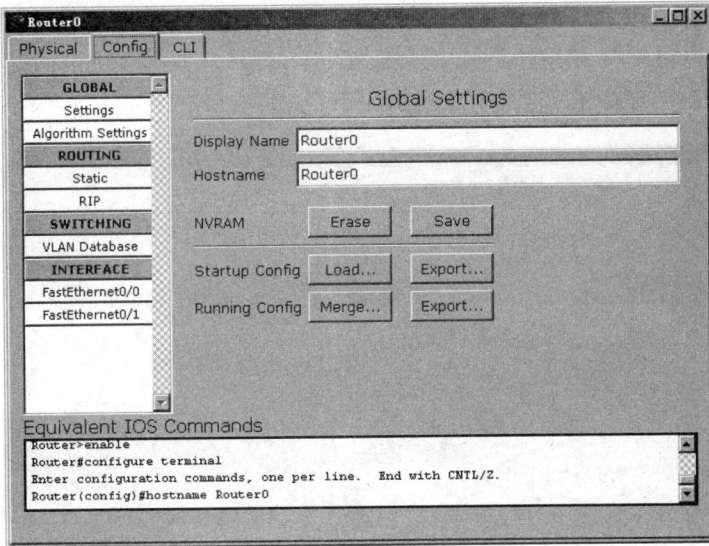

图 11-21　Config 选项卡

（3）配置 CLI 选项卡

CLI 选项卡是在命令行模式下对路由器进行配置，这种模式和实际路由器的配置环境相似，如图 11-22 所示。

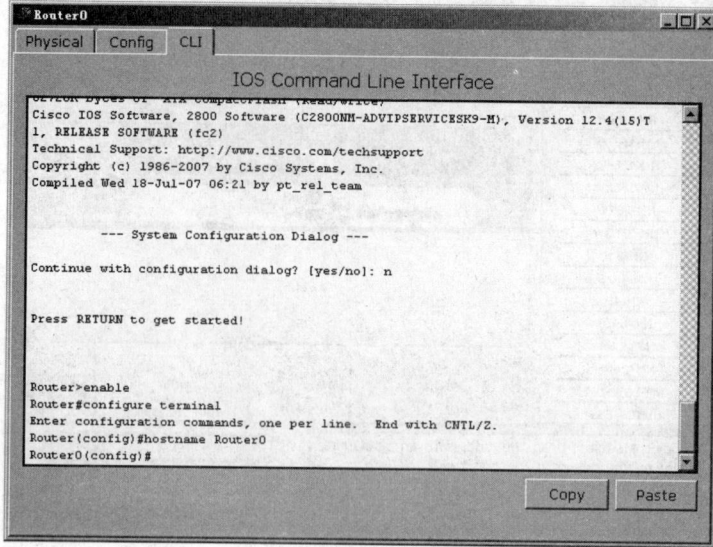

图 11-22　CLI 选项卡

2. 配置 PC

如果要对图 11-19 所示网络拓扑中的 PC 进行配置,可在工作区单击相应图标,打开 PC 配置窗口。该窗口包括 3 个选项卡,分别为 Physical、Config 和 Desktop。其中 Physical 和 Config 选项卡的作用与路由器相同,这里不再赘述。PC 的 Desktop 选项卡如图 11-23 所示,其中的 IP Configuration 选项可以完成 IP 地址信息的设置,Terminal 选项可以模拟一个超级终端对路由器或者交换机进行配置,Command Prompt 选项相当于 Windows 系统中的命令提示符窗口。

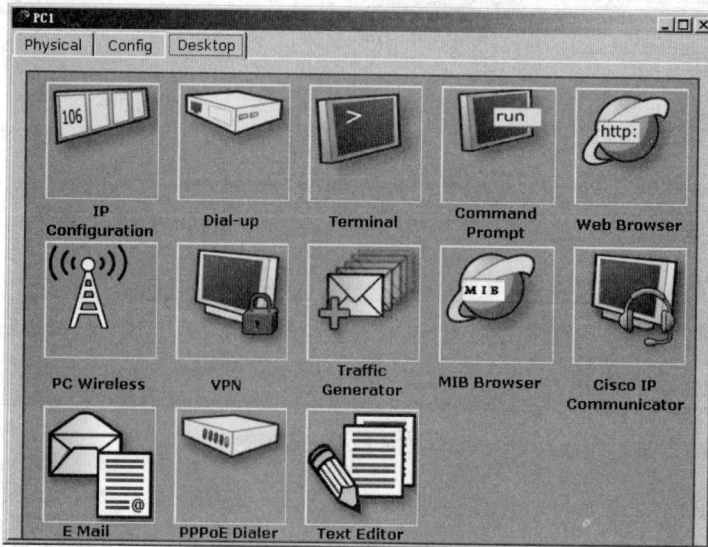

图 11-23　PC 的 Desktop 选项卡

例如,如果在图 11-19 所示的网络拓扑中将两台 PC 的 IP 地址分别设为 192.168.1.1/24 和 192.168.1.2/24,那么就可以在两台 PC 的 Desktop 选项卡中选择 Command Prompt 选项,然后使用 ping 命令测试其连通性。

操作 4　测试连通性并跟踪数据包

如果要在图 11-19 所示的网络拓扑中,测试两台 PC 间的连通性,并跟踪和查看数据包的传输情况,那么可以在 Realtime 模式中,在常用工具栏中单击 Add Simple PDU 按钮,然后在工作区中分别单击两台 PC,此时将在两台 PC 间传输一个数据包,在用户数据包窗口中会显示该数据包的传输情况,如图 11-24 所示。其中如果 Last Status 的状态是 Successful,则说明两台 PC 间的链路是通的。

Fire	Last Status	Source	Destination	Type	Color	Time (sec)	Periodic	Num	Edit	Delete
●	Successful	PC0	PC1	ICMP		0.000	N	0	(edit)	(delete)

图 11-24　数据包的传输情况

如果要跟踪该数据包,可在实时/模拟转换栏中选择 Simulation 模式,打开 Simulation Panel 对话框,如果单击 Capture/Forward 按钮,则将产生一系列的事件,这些事件将说明数据包的传输路径,如图 11-25 所示。

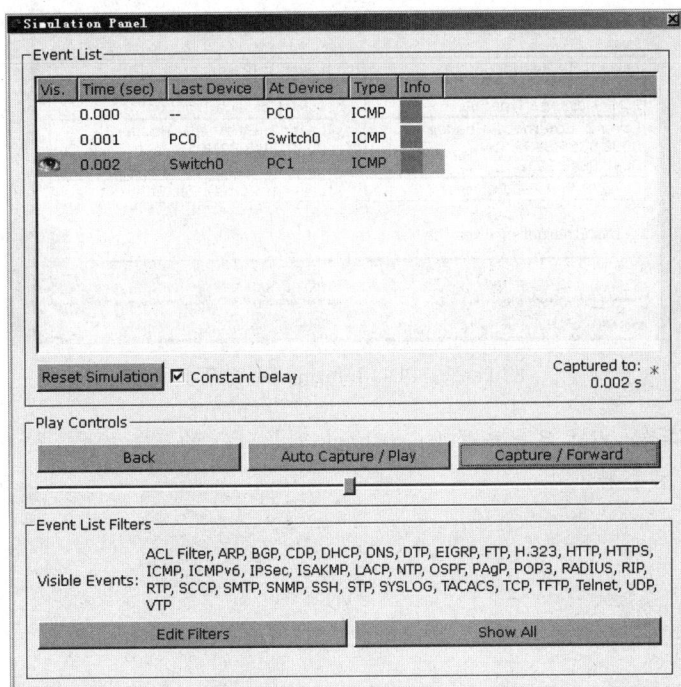

图 11-25　Simulation Panel 对话框

另外在 Simulation 模式中,在工作区的设备图标上会显示添加的数据包,如图 11-26

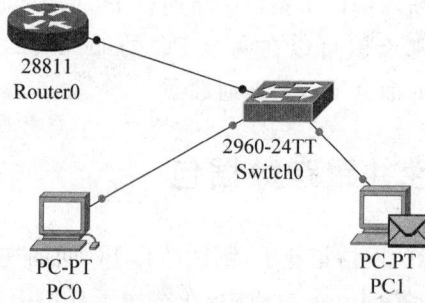

图 11-26　在设备图标上添加的数据包

所示。单击该数据包会打开 PDU Information 对话框，如图 11-27 所示。在该对话框中可以看到数据包进出设备时在 OSI 模型上的变化，在 Inbound PDU Details 和 Outbound PDU Details 选项卡中可以看到数据包或帧格式的变化，这有助对数据包进行更细致的分析。

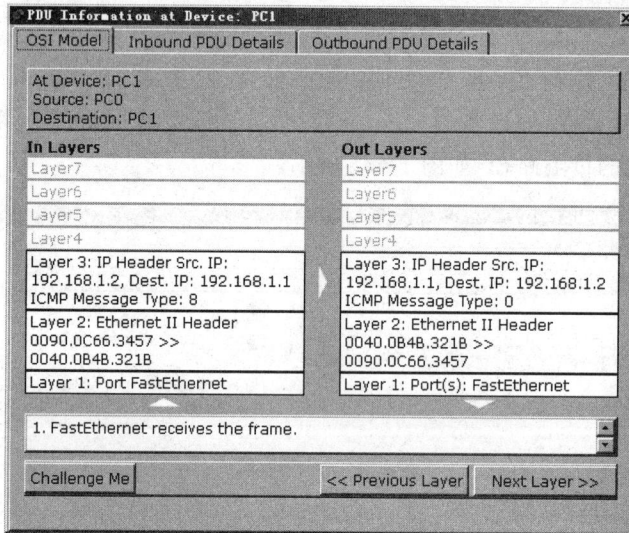

图 11-27　PDU Information 对话框

注意：限于篇幅，以上只完成了 Cisco Packet Tracer 的基本操作，更详细的操作方法请参考相关的技术手册。

附录 习题参考答案

习 题 1

1. 判断题

(1) √	(2) ×	(3) ×	(4) √	(5) √
(6) √	(7) √	(8) √	(9) √	(10) ×
(11) √	(12) ×	(13) ×	(14) √	(15) ×
(16) √	(17) ×	(18) √	(19) ×	(20) √
(21) √	(22) ×	(23) ×	(24) √	(25) ×

2. 单项选择题

(1) A	(2) A	(3) B	(4) B	(5) B
(6) D	(7) B	(8) C	(9) A	(10) A
(11) A	(12) B	(13) D	(14) B	(15) D
(16) B	(17) A	(18) C	(19) A	(20) B
(21) C	(22) A	(23) B	(24) C	(25) D
(26) C	(27) D	(28) D	(29) D	(30) C
(31) D	(32) D			

3. 多项选择题

(1) BD	(2) AB	(3) ABC	(4) ABD	(5) BCD
(6) BD	(7) ABCD	(8) ABD	(9) BCD	(10) ABCD
(11) ABCD	(12) ABCD	(13) ABCD	(14) ABC	(15) ABCD
(16) ABCD	(17) ABCD	(18) ABCD	(19) ABCD	(20) ABCD
(21) ABC	(22) ABCD	(23) ABCD	(24) ABC	(25) ABCD
(26) ABCD	(27) ACD	(28) ABCD	(29) ABCD	

4. 问答题

(略)

习 题 2

1. 判断题

(1) √   (2) ×   (3) √   (4) ×   (5) √

(6) √   (7) √   (8) ×   (9) √   (10) √

(11) √   (12) ×   (13) √   (14) √   (15) √

(16) √

2. 单项选择题

(1) A   (2) C   (3) B   (4) A   (5) D

(6) B   (7) C   (8) D   (9) A   (10) A

(11) D   (12) C   (13) D   (14) B   (15) B

(16) A   (17) C   (18) C   (19) C   (20) D

(21) C

3. 多项选择题

(1) ABCD   (2) ABD   (3) ABCD   (4) ACD   (5) ABCD

(6) ABCD   (7) ABCD   (8) AD   (9) ABCD   (10) ABCD

(11) ABD   (12) AC   (13) ABCD

4. 问答题

(略)

5. 技能题

(略)

习 题 3

1. 判断题

(1) ×   (2) ×   (3) √   (4) ×   (5) √

(6) √   (7) ×   (8) ×   (9) ×   (10) ×

(11) ×   (12) √   (13) √   (14) ×   (15) √

(16) √   (17) ×   (18) √   (19) ×   (20) ×

(21) ×   (22) √   (23) √   (24) ×   (25) √

(26) ×   (27) ×   (28) √   (29) √   (30) √

(31) √　　　(32) √　　　(33) √　　　(34) ×　　　(35) ×

2. 单项选择题

(1) A　　　(2) D　　　(3) B　　　(4) C　　　(5) A

(6) B　　　(7) C　　　(8) B　　　(9) A　　　(10) D

(11) C　　　(12) A　　　(13) B　　　(14) A　　　(15) B

(16) C　　　(17) C　　　(18) B　　　(19) B　　　(20) C

(21) D　　　(22) A　　　(23) C　　　(24) C　　　(25) B

(26) C　　　(27) C　　　(28) B　　　(29) D　　　(30) D

(31) D　　　(32) C　　　(33) D　　　(34) D　　　(35) D

(36) C　　　(37) A　　　(38) A　　　(39) B　　　(40) B

3. 多项选择题

(1) ABD　　(2) ABC　　(3) ABCD　　(4) AD　　　(5) ABCD

(6) ABCD　(7) ABCD　(8) ABCD　　(9) ABCD　(10) ABCD

(11) ABCD　(12) AD　　(13) ABCD　　(14) AB　　(15) ABD

(16) BCD　(17) ABCD　(18) BC　　　(19) ABD　(20) AD

(21) ABC　(22) ABC　　(23) ABCD　　(24) CD　　(25) ABD

4. 问答题

(略)

5. 技能题

(1)（略）

(2)（略）

(3) 问题1：5台主机分署3个子网；主机B和主机C属于同一个网段；主机D和主机E属于同一个网段。

问题2：主机D的网络地址为192.168.75.160。

问题3：IP地址的设定范围应该在192.168.75.17～192.168.75.30之间。

问题4：广播地址为192.168.75.175；主机D和主机E可以收到该信息。

问题5：路由器或三层交换机。

(4) 问题1：A和B两台主机之间可以直接通信；A和B与C之间通过路由器才能通信；A和B与D之间通过路由器才能通信；C与D之间通过路由器才能通信。网络连接示意图如附图1所示。

问题2：IP地址的范围是192.155.12.193～192.155.12.221。

问题3：直接广播地址是192.155.12.191，本地广播地址是255.255.255.255；若使用本地广播地址发送信息，主机B可以接收。

问题4：将子网掩码改为255.255.255.0。

路由器应该通过三个端口与这三个子网通信，其三个端口的IP地址
及其子网地址应为：

IP：192.155.12.116，子网地址：192.155.12.96；
IP：192.155.12.178，子网地址：192.155.12.160；
IP：192.155.12.200，子网地址：192.155.12.192。

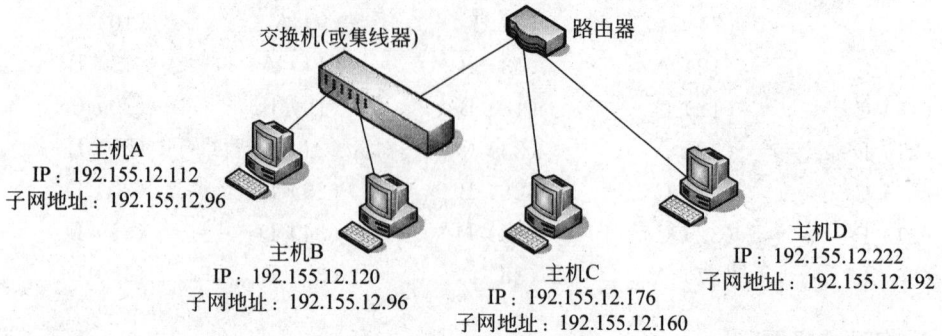

交换机(或集线器)　　　　路由器

主机A
IP：192.155.12.112
子网地址：192.155.12.96

主机B
IP：192.155.12.120
子网地址：192.155.12.96

主机C
IP：192.155.12.176
子网地址：192.155.12.160

主机D
IP：192.155.12.222
子网地址：192.155.12.192

附图1　网络连接示意图

习　题　4

1. 判断题

(1) √　　　(2) ×　　　(3) √　　　(4) ×　　　(5) √

2. 单项选择题

(1) B　　　(2) D　　　(3) B　　　(4) D　　　(5) C

3. 多项选择题

(1) ABCD　　(2) ABCD　　(3) BD　　(4) ABC　　(5) ABD

4. 问答题

(略)

5. 技能题

(略)

习　题　5

1. 判断题

(1) √　　　(2) ×　　　(3) √　　　(4) ×　　　(5) ×

(6) √　　　(7) √　　　(8) √　　　(9) √　　　(10) √
(11) √　　　(12) √　　　(13) ×　　　(14) ×　　　(15) √
(16) ×　　　(17) ×　　　(18) √　　　(19) √　　　(20) √

2. 单项选择题

(1) B　　　(2) D　　　(3) D　　　(4) D　　　(5) C
(6) B　　　(7) C　　　(8) C

3. 多项选择题

(1) BD　　　(2) AC　　　(3) BD　　　(4) AB　　　(5) AC
(6) ABCD

4. 问答题

(略)

5. 技能题

(1) ①主机 A 将主机 B 的 IP 地址"202.169.32.8"连同数据信息以数据帧的形式发送给 R1。②R1 收到主机 A 的数据帧后,先从报头中取出地址"202.169.32.8",并根据路由表中的最佳路径,将数据帧发往 R2。③R2 重复 R1 的工作,将数据帧转发给 R5。④R5 收到数据帧后,同样取出目的地址,发现"202.169.32.8"就在该路由器所在的网段上,于是将数据帧直接交给主机 B。⑤主机 B 收到主机 A 的数据帧,一次通信结束。

(2) (略)

(3) (略)

习　题　6

1. 判断题

(1) ×　　　(2) √　　　(3) √　　　(4) √　　　(5) √
(6) √　　　(7) √　　　(8) ×　　　(9) √　　　(10) √
(11) √　　　(12) √

2. 单项选择题

(1) A　　　(2) D　　　(3) A　　　(4) C　　　(5) B
(6) B　　　(7) D　　　(8) A　　　(9) C

3. 多项选择题

(1) ABD　　　(2) ABCD　　　(3) ABCD　　　(4) ACD　　　(5) ABD

4. 问答题

(略)

5. 技能题

(略)

习 题 7

1. 判断题

(1) ×　　　(2) ×　　　(3) √　　　(4) ×　　　(5) ×
(6) √　　　(7) ×　　　(8) ×　　　(9) √　　　(10) ×

2. 单项选择题

(1) A　　　(2) C　　　(3) A　　　(4) C　　　(5) A
(6) D　　　(7) C　　　(8) B　　　(9) D　　　(10) C
(11) A　　　(12) C

3. 多项选择题

(1) ABCD　　(2) ABCD　　(3) ABD　　(4) ABC　　(5) AC
(6) ABCD　　(7) ABD　　(8) ABC

4. 问答题

(略)

5. 技能题

(略)

习 题 8

1. 判断题

(1) ×　　　(2) √　　　(3) √　　　(4) √　　　(5) √
(6) ×　　　(7) √　　　(8) ×　　　(9) √　　　(10) ×
(11) ×　　　(12) √　　　(13) ×　　　(14) ×　　　(15) √

2. 单项选择题

(1) B	(2) D	(3) A	(4) B	(5) D
(6) B	(7) A	(8) A	(9) A	(10) A
(11) A	(12) D	(13) D	(14) D	(15) B

3. 多项选择题

(1) ACD	(2) ABD	(3) ABCD	(4) ABCD	(5) ABCD
(6) ABCD	(7) ABD	(8) ABC	(9) ABC	(10) ABCD
(11) ABCD	(12) ABCD	(13) BCD	(14) BD	(15) ABCD

4. 问答题

(略)

5. 技能题

(1) 问题 1：NTFS 的主要优点有：①具有用户权限控制管理功能；②具有更好的压缩效率；③具有日志功能,可以提高系统安全性。

问题 2：Administrator。

问题 3：下载并安装安全补丁,堵住安全漏洞。

问题 4：可以提高安全性,提高系统服务的效率。

问题 5：255.255.255.240。

(2) 略

习 题 9

1. 判断题

(1) √	(2) √	(3) ×	(4) ×	(5) ×
(6) √	(7) √	(8) √	(9) ×	(10) √
(11) ×	(12) √	(13) √	(14) √	(15) √
(16) ×	(17) ×	(18) ×		

2. 单项选择题

(1) C	(2) D	(3) A	(4) C	(5) D
(6) A	(7) A	(8) A		

3. 多项选择题

(1) AD	(2) ABCD	(3) ABCD	(4) ABCD	(5) BC

（6）ABC

4. 问答题

（略）

5. 技能题

（略）

习　题　10

1. 判断题

（1）√	（2）×	（3）√	（4）√	（5）√
（6）×	（7）√	（8）×	（9）×	（10）√
（11）×	（12）×	（13）√	（14）√	（15）×
（16）×	（17）√	（18）×	（19）×	（20）√
（21）×	（22）×	（23）√	（24）×	（25）√
（26）√	（27）√	（28）√	（29）√	（30）×

2. 单项选择题

（1）A	（2）A	（3）B	（4）C	（5）B

3. 多项选择题

（1）ABD	（2）BCD	（3）ABD	（4）CD	（5）ABD
（6）ACD	（7）BCD	（8）AC	（9）ABC	（10）ACD
（11）ABCD	（12）ABC	（13）ABCD	（14）ABCD	（15）ABD
（16）ACD	（17）ACD	（18）AB	（19）ABCD	（20）ACD
（21）ABCD	（22）ABD	（23）BC	（24）ABCD	（25）ABCD

4. 问答题

（略）

参 考 文 献

[1] 于鹏,丁喜纲. 计算机网络技术[M]. 北京：电子工业出版社,2011.

[2] 于鹏,丁喜纲. 计算机网络技术项目教程(计算机网络管理员级)[M]. 北京：清华大学出版社,2009.

[3] 于鹏,丁喜纲. 计算机网络技术项目教程(高级网络管理员)[M]. 北京：清华大学出版社,2010.

[4] 袁晖. 计算机网络基础[M]. 北京：人民邮电出版社,2005.

[5] 姜大庆,吴强. 网络互联及路由器技术[M]. 北京：清华大学出版社,2008.

[6] Todd Lammle. CCNA 学习指南(中文第六版)[M]. 程代伟,等,译. 北京：电子工业出版社,2008.

[7] 孙兴华,张晓. 网络工程实践教程——基于 Cisco 路由器与交换机[M]. 北京：北京大学出版社,2010.

[8] 戴有炜. Windows Server 2008 R2 安装与管理[M]. 北京：清华大学出版社,2011.

[9] 戴有炜. Windows Server 2008 R2 网络管理与架站[M]. 北京：清华大学出版社,2011.

[10] 刘本军,李建利. 网络操作系统——Windows Server 2008 篇[M]. 北京：人民邮电出版社,2010.

[11] 张晖,杨云. 计算机网络实训教程[M]. 北京：人民邮电出版社,2008.

[12] 周跃东. 计算机网络工程实训[M]. 西安：西安电子科技大学出版社,2009.

[13] 满昌勇. 计算机网络基础[M]. 北京：清华大学出版社,2010.

[14] 尹少华. 网络安全基础教程与实训(第2版)[M]. 北京：北京大学出版社,2010.

[15] 成昊,王诚君. 计算机网络应用教程[M]. 北京：科学出版社/北京科海电子出版社,2006.

[16] 彭海深. 网络故障诊断与实训[M]. 北京：科学出版社,2006.